실무 프로그램을 이용한

물순환과 하천계획

Water circulation and river planning

김민환 · 서승환

지우북스

맑은 물속에서 송사리잡고 물장구치던 내 고향에서의 어린 시절이 생각난다. 그러나 요즘은 깊은 계곡이나 하천정화사업에 의해 정비된 맑은 하천을 제외하고는 물속에 들어가기가 꺼려진다. 전국 대부분의 하천이 오염으로 몸살을 하고 있다. 하천은 단순히 물만 흐르는 곳이 아니라 물과 함께 생명이 살아 움직이는 에너지가 흐르는 곳이다. 하천의 물과 어울려 살아가는 곤충에서부터 식물과 동물들이 얼마나 많은지 헤아릴 수 없지만 어디론가 사라져간 이들이 되돌아오기를 간절히 바란다. 오염되고 황폐화된 하천을 원래의 모습으로 되돌리기 위해 하천계획이 이루어져야 할 것이다. 하천계획을 수립하기 위해 물순환을 이해하는 것이 우선이다. 물은 어디서 생성되는 것일까, 생성된 물은 어떻게 흘러갈까, 이런 의문을 품고 사는 사람은 몇이나 될까를 생각하면서 이 책을 집필하기 시작하였다.

하천에서 물고기를 잡고 놀았던 곳이 왜 지금은 물이 부족하고 오염되었을까? 인구 증가, 산업화와 도시화가 이루어지면서 물의 사용량이 증가되었으며 발생된 강우의 대부분이 짧은 시간 동안에 하천으로 유입되어 바다로 흘러가서 손실량이 많아졌다. 즉, 공업용수, 농업용수 및 생활용수의 증가에 따른 용수개발과 홍수로부터 피해를 감소시키려는 의지로 하천환경을 소홀히 하고, 이수기능과 치수기능 위주로 하천정비를 수행하기 때문이다.

이에 미래의 하천을 위해 생명의 에너지가 흐르고 다양한 생물이 살아갈 수 있는 자연형 하천정비가 되도록 하천계획 및 설계 과목의 필요성이 제기되었다. 이에 따라 하천설계 실무에 접근할 수 있도록 실무형 교재를 구성하려고 시도하였다. 본 교재가 하천설계를 위한 실무형 프로그램 활용과 자연형 하천설계에 도움이 되길 바란다. 자연형 하천설계에 도움이 되도록 한국수자원학회에서 출판된 하천설계기준의 자연형 하천계획의 일부를 7장과 8장에 소개하였으며 실무형 교재를 만들기 위해 노력해준 공동저자 서승환 엔지니어의 도움으로 완성할 수 있다. 현업에서 사용되고 있는 각종 프로그램(Arc-View, Fard 2006, Hysim, Hec-Ras 등)을 실행하고 그 예제를 편집하느라 많은 수고를 하였다. 끝으로 이 교재의 출판을 쾌히 승낙해준 지우북스의 서철종 대표에게도 고마움을 전한다.

황룡강을 바라보면서 대표저자 씀

Chapter 01

물순환과 하천계획

Chapter 02

유역과 하천조사

Chapter 05
홍수량 산정 기초

Chapter 06
홍수량과 홍수위

Chapter 07 하천환경 관리계획

Chapter 08 자연형 하천계획

1

Chapter

물순환과 하천계획

1.1 물순환

물은 인간 문명의 발달과 생명체의 생존을 위해 필수불가결한 것으로 인류 문명의 역사와 같다고 할 수 있다. 물의 양에 따라서 홍수와 가뭄이 반복되어 자연재해의 원인이 될 수 있다. 인간의 일상생활에서 친수공간 제공 여부에 따라 삶의 질이 달라지며 물의 질에 따라서 생존의 문제를 야기시킨다. 홍수와 가뭄으로부터 자유롭고 양질의 물을 공급하는 것은 전 세계적인 문제일 뿐만 아니라 인류의 당면 문제이다. 최근에 기후변화로 인해 홍수와 가뭄이 반복되고 있으며 산업발전에 따라서 하천 오염으로 이를 극복하기 위한 것이 전 인류가 해결해야 할 과제이다. 이런 문제를 해결하기 위해 물의 순환을 이해해야 한다.

태초부터 지구상에는 일정한 양의 물이 끊임없이 순환하고 있다. 다만 물순환이 지역적으로 시간적으로 불규칙하여 인류 생활에 큰 영향을 미치고 있다. 즉, 물이 언제, 어디서, 어떤 형태로 존재하는가가 다를 뿐이다. 지구상의 한 부분에서는 거의 증발만 발생되고 다른 한 부분에서 이상 강수가 발생되어 인명과 재산 피해를 주고 있다. 이와 같은 지구상의 시간적/공간적인 물분배 불균형을 해소하기 위해 물순환 과정을 이해해야 한다.

수문학에서 물순환 과정을 영역별로 구분하여 공부하였다. 즉,

① 기상수문학(hydrometeorology)

물의 순환에서 대기에서 일어나는 과정과 지표에서 일어나는 물의 순환 과정을 연관시켜 연구하는 학문이다. 즉, 증발 또는 증발산, 구름의 형성, 강수 등을 다루는 학문이다.

② 지표수문학(surface hydrology)

지표수의 흐름을 다루는 학문으로 유출, 홍수추적, 강수와 유출 관계, 차단 등을 다루는 학문이다.

③ 지하수문학(subsurface hydrology)

지표면 아래의 물 흐름을 다루는 학문으로 침투, 지하수 등을 다룬다.

물순환의 이해를 돕기 위해 순환과정을 영역별로 구분하였으나 순환이란 용어에서 알 수 있듯이 시작과 끝을 정의하기 어렵고 이 영역들이 서로 복잡하게 연결되어 있다. 이해를 돕기 위해

물순환의 시작을 강수(precipitation)라 가정하면 편리할 것이다. 강수는 강우(raifall)와 강설(snowfall)로 구분할 수 있다.

하천의 흐름은 영원히 볼 수 있는 것처럼 보인다. 그러나 폭우가 내리면 홍수가 발생하고, 반대로 오랫동안 강우(강수는 강우, 강설 등을 의미하며 이 책에서는 강우로 표현한다)가 내리지 않으면 가뭄이 들어 하천바닥이 드러나기도 한다. 그리고 인간의 힘이 미치지 않는 하천은 흐름 방향을 변화시키면서 지형을 변화시키기도 한다. 이러한 변화는 강우와 깊은 관계가 있다.
지구(규모)적 관점에서 하천을 보면 하천은 지구상에서 순환하고 있는 물의 한 형태(물순환)로 간주할 수 있다.
하천, 바다, 지표로부터 수분이 증발하여 구름이 형성되고, 강우가 발생하면서 물순환은 시작된다. 강우의 일부는 식물 줄기, 또는 잎에 의해 차단 혹은 저류되며, 나뭇잎의 기공을 통해서 대기 중으로 수분이 증발(이를 증산이라 한다)되기도 한다. 지면에 내린 강우의 일부는 땅속으로 침투하여 지하수를 보충시키며, 침투 능력을 초과한 강우는 지표면을 따라 흐름을 형성한다(이를 지표면 유출이라 한다). 지하수가 장시간에 걸쳐 땅속을 흘러 하천 등으로 유출하는 것에 비해 지표면 유출은 짧은 시간에 걸쳐 하천으로 유입된다(순환 속도는 하천수가 약 2주간이며 지하수는 약 800년이라는 연구결과도 있다). 지표면 유출은 초기에 작은 실개천에 불과하지만 흘러가는 도중에 여러 개의 실개천이 만나 합쳐지면 천(川)을 이루고 바다 부근에서는 큰 강을 이룬다. 그리고 이들 물은 다시 증발되어 물순환의 역할을 한다.

물순환은 지구의 온난화, 도시화 등의 영향을 크게 받는다. 기온이 상승하면 증발이 활발해지고 동시에 상승기류가 강화되어 많은 양의 수증기가 대기로 운송되어 강우 활동이 활발해진다. 또한 도시화에 따라 지표면이 콘크리트 등으로 덮이면 땅속에 침투하는 강우의 양이 감소하여 지표면 유출이 증가한다. 인간 활동이 물순환 과정을 변화시키게 된다. 물순환 과정을 [그림 1.1.1]에 나타냈다.

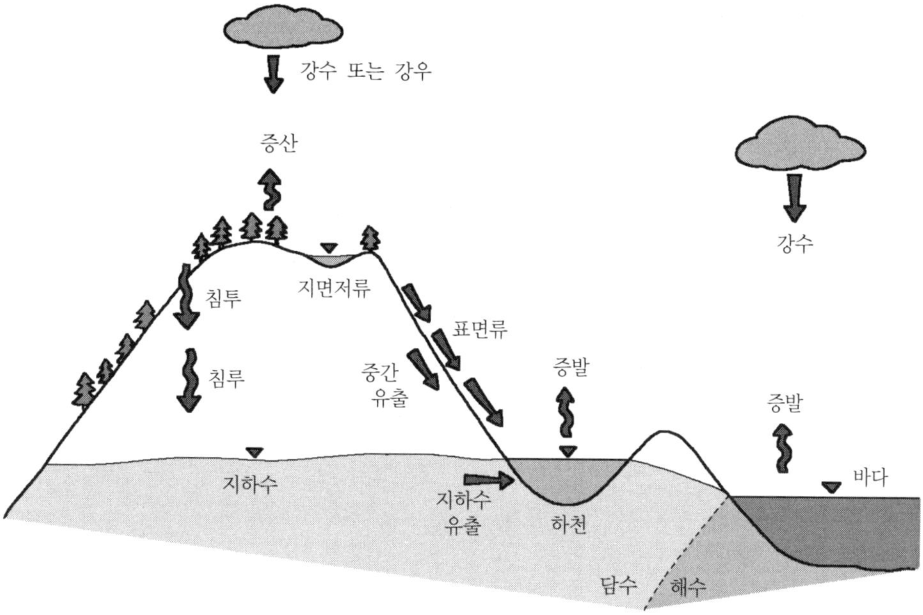

[그림 1.1.1] 물순환 과정

1.2 하천이란

지표에 도달된 강수는 지표면 아래로 침투되거나 일부는 지표면을 따라서 중력방향으로 즉, 높은 곳에서 낮은 곳으로 흐르면서 물이 집중되어 흐르는 길(하도, 河道)과 그 주변을 포함하여 하천이라고 한다. 하천을 구체적으로 정의하기 위해 하천구역이라는 용어가 사용되는데 하천 제방의 단면도를 이용하여 살펴보면 [그림 1.2.1]와 같다. 하천구역은 크게 제방부지와 제외지로 구분된다. 제방부지제와 제외지를 포함하여 통상 **하천구역**이라고 부른다. 교량 위에서 하천의 하류를 향하여 서서 보았을 때 좌측을 좌안(左岸), 우측을 우안(右岸)이라고 부른다. 좌우안 제방을 기준으로 하천 바깥쪽을 제내지, 하천의 안쪽을 제외지라고 부른다. 제외지에는 평상시 물이 흐르는 저수로 구간과 홍수 시 물이 흐를 수 있는 홍수터로 구성되어 있다. 홍수터에는 저수시에 물이 흐르지 않고 호우로 인해 하천의 수위가 상승하면 흐를 수 있는 곳으로 고수부지, 혹은 둔치라고도 부른다.

인공적인 작업을 하지 않은 자연 발생적인 하천을 자연하천이라고 하며 인위적으로 계획하여 하천을 정비한 경우에 개수하천(improvement river)이라고 부른다. 하천을 개수하는 목적은 홍수의 소통 능력을 증대시키고 급격한 수위 상승을 억제시키기 위해 저수로를 굴착하거나 홍수터

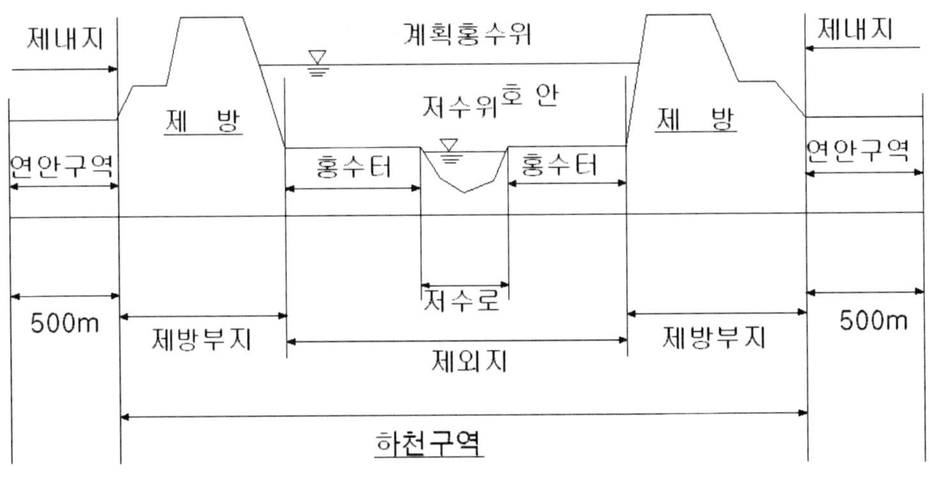

[그림 1.2.1] 하천구역과 하천단면

〈표 1.1.2〉 하천의 분류

구분	관리자	설계빈도
국가하천*	국토교통부	100~200년
지방하천	광역단체	80~100년
소하천	기초단체	50~80년

주) *국가하천의 주요구간은 설계빈도를 200년 이상으로 적용함.

를 확장시키거나 조성시키고 하천의 제방을 보강하여 하천 주변의 재산과 인명을 보호하기 위한 것이다. 하천은 중요도에 따라서 국가하천, 지방하천, 소하천으로 구분되며 관리주체가 다르다 (<표 1.1.1> 참조). 일반적으로 국가하천의 설계빈도는 100년이지만 도시를 가로지르는 중요한 하천 등은 200년 이상으로 상향시켜 적용한다. 소하천은 행정자치부의 소하천정비법의 적용을 받는다.

1.3 하천과 인간

고대 문명의 발상지는 어디인가? 문명의 역사는 물의 역사라고 할 수 있을 만큼 물과는 불가분한 관계이며 더 나아가서 모든 생물은 물 없이 존재할 수 없다. 인류 문명의 탄생을 살펴보면 나일강의 이집트 문명, 티그리스-유프라테스강의 메소포타미아 문명, 인더스-갠지스강의 인도 문명, 황하강의 황하 문명이다. 이처럼 인간은 하천 주변에서 모여 살아 왔으며 현재도 도시의 대부분이 하천 주변에 형성되었거나 하천의 물을 사용할 수 있는 곳에 모여 살고 있다. 하천의 물은 부족하거나 넘쳐도 문제가 발생된다. 호우로 인한 하천의 범람으로 재산과 인명피해를 주고, 가뭄으로 인한 기근 등과 같이 물 부족으로 인간을 비롯한 모든 생물에게 고통을 주는데 인간은 물의 과잉으로 발생되는 재해를 막기 위해 제방을 쌓아서 범람을 막으려는 치수사업에 끊임없는 투자를 하고 있다. 또한 한정된 수자원을 생활용수, 공업용수, 농업용수, 발전용수 등에 효율적으로 이용하기 위한 이수문제도 관심과 연구의 대상이다. 산업화와 도시화로 인해 하천환경에도 많은 변화를 가져왔다. 하천환경이란 물과 그 주변 공간을 포함한 수량, 수질, 공간 등의 3가지 요소로 구성된다. 그러므로 하천에는 치수기능, 이수기능, 환경기능이 있으며 환경기능은 생활수준의 향상과 자연생태계의 높은 관심으로 하천의 기능 중에 새로운 관심의 대상이 되었다. 하천 환경기능은 크게 자연보전기능, 친수기능, 공간기능으로 구분된다.

1.4 하천과 저영향 개발(LID)

우리나라 도시지역 면적은 전국토면적 106,059.8km^{2}의 16.6%인 17,609.5km^{2}이다. 도시지역에 거주하는 인구비율은 총인구의 91.82%(5,170만여 명 중 4,747만여 명, 2016년 기준)인 것으로 제시하였다(국토교통부, 2017). 도시화가 진전되면서 다양한 도시 문제가 발생되고 있으며 그 중에 하나가 물순환 왜곡 문제이다. 도시 물문제의 근본적인 원인의 하나로 불투수면적 증가이다. 2013년 기준으로 전국토의 7.9%가 빗물이 침투하지 못하는 불투수면이다. 특히 광주 지역의 불투수율은 27.0%으로 나타나 있다.

도시화가 급속도로 진행되면서 아스팔트 포장, 콘크리트 구조물 등의 불투수면적이 증가하였다. 이로 인해 물순환이 자연적으로 되지 않아서 많은 문제점이 발생되고 있다. 도시 개발로 왜곡된 물순환 체계를 개선하기 위해 도입되고 있는 기법이 LID(저영향 개발, Low Impact Development)이다. 물순환 체계를 개선할 뿐만 아니라 비점오염물질을 감소시킬 수 있는 대안으로 LID기법이 제시되고 있다. 개발 이전 자연 상태의 물순환과 유사하도록 빗물을 침투시키고 저류시키는 것이다. 예를 들면 도로 노면의 우수가 도로변 빗물받이를 통해 우수관으로 배제시키는 기존 방식을 바꿔 도로변에 완충 녹지(식생수로, 침투도랑, 측구형 침투시설, 빗물저류시설 등)에서 저류되고 침투되도록 하는 것이다. 침투와 저류를 통해서 시간에 따른 유출량 감소는 도달 시간 지연에 따른 홍수 피해를 줄여 줄 뿐만 아니라 지하수 복원, 증발산에 의한 대기 냉각 및 습도 조절, 생물 서식 환경 형성 등 친환경적인 물순환 체계 복원에도 기여한다. 도시에서 빗물의 침투와 저류를 통해 물순환에 대한 악영향을 줄여 보려는 기법이 저영향 개발이다. 강우가 발생하면 하천에 유입되는 물의 양을 지연시켜 최대유량을 감소시켜 하천 수위 상승을 억제시킬 수 있다. 또한 강우가 중지된 이후에도 저류되거나 침투된 물이 지하수를 증가시키고 하천으로 천천히 지하수 유출이 이루어져 하천 건천화 방지에 큰 역할을 할 수 있다.

LID기법을 통해서 비점오염의 유출을 감소시킬 수 있다. 오염원의 배출 지점을 특정할 수 없는 오염인 불특정 다수에 의해 도로, 농경지 등이 있다. 이곳에서 오염물질이 배출되어 빗물과 함께 하천으로 유입되는 경우가 많고 수질오염의 원인이 된다. LID기법은 개발 지역에서 자연 상태의 물순환 특성이 복원되도록 소규모의 자연적 저류, 침투, 여과, 체류 기능을 적용시켜 도시화에 따른 수생태계의 영향을 최소화하는 것으로 강우에 따른 유출량 지연과 비점오염을 감소시켜준다. 하천계획시에 이에 해당되는 유역에 LID기법 도입을 통해서 건전한 하천 계획이 이루어져야 한다.

도시지역에서 유출수의 수질 및 수량에 대하여 단일 또는 장기 연속 모의가 가능한 프로그램으로 SWMM(Storm Water Management Module)이 있다. 이 프로그램은 1971년 미국 EPA에서 개발한 것으로 강우-유출 모형의 하나이다. 이 모형은 각 소유역에 입력된 강수량을 통해 유량과 오염 물질 부하량을 모의할 수 있다. 모의된 유출량은 경로에 따라 관망, 수로, 저장 및 처리장치, 펌프, 조절장치 등의 시스템으로 전달된다. 각 시간 단계로 구성된 모의기간 동안에 각 관망과 수로에서, 각 소유역내에서 발생된 유량, 유속, 수심, 수질 등을 산정할 수 있다. 이 모형은 개발전과 개발후의 홍수량을 비교할 수 있다. 또한 SWMM 5번전(2009년)에서는 다양한 LID 시설에 대한 모의가 가능하도록 개선되었다. 적용 가능한 몇 가지 요소를 <표 1.3.1>에 제시하였다. 이 모형은 계속적으로 업그레이드 되면서 발전되고 있으나 LID 시설 하나를 설계하는데 필요한 매개변수가 다양하다는 점이 단점이다. 즉, 매개변수가 매우 복잡하게 구성되어 있으며 반복된 과정을 거쳐야 사용 가능하여 많은 시간과 노력을 필요로 한다. 이를 대신할 수 있는 모형이 WMAM(Water Management Analysis Module) 모형으로 물순환 개선 시설 효과 분석에 사용된다.

WMAM 모형은 LID 시설의 설계 및 계획에 대해 여러 가지 시나리오 분석이 가능하여 수문학적 측면에서 효과적일 수 있다. 또한 간편한 GUI를 제공하고 있어서 사용자가 쉽게 배울 수 있고 조작이 간편하다는 장점을 갖고 있다. 식생저류장치, 빗물정원, 옥상녹화, 침투트렌치, 투수성포장, 빗물통 등의 LID 시설에 대한 분석이 가능하다.

〈표 1.4.1〉 SWMM5 모형 내 적용 가능한 LID 기술

LID 기술	설치모습	설명
Bio-Retention (생태 저류지)		- 자갈 배수층 위에 배양된 토양 층을 두어 식물이 잘 자랄 수 있도록 하고, 지면 저류가 가능한 시설 - 직접 떨어진 강우와 주변 지역으로부터 유입된 유출수를 저류, 침투, 증발시키는 역할
Rain Garden (빗물 정원)		- 생태 저류지의 일종이나 하부에 자갈 배수층이 없는 형태
Green Roof (옥상 녹화)		- 특별한 배수 매트 위에 토양층을 가진 생태 저류지의 변화된 형태 - 배수 매트는 침루된 강우를 배수시키는 역할
Infiltration Trench (침투 트렌치)	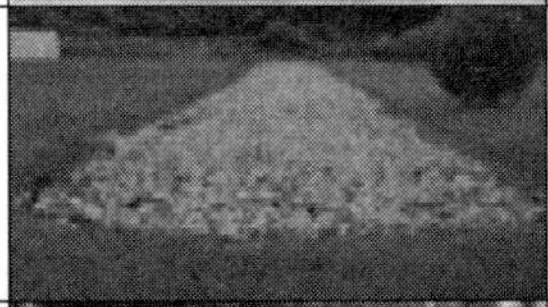	- 불투수영역으로부터 흘러온 유출수를 포집할 수 있는 자갈로 된 좁은 배수로 - 저류 공간을 가지고 있어 포집된 유출수를 하부에 있는 원지반으로 침투될 수 있도록 함
Permeable Pavement (투수성 포장)		- 원 지반의 표토를 제거하여 자갈로 채운 후 그 위에 투수성 콘크리트 또는 아스팔트로 포장한 시설 - 빗물은 포장층을 통과하여 하부의 저류층으로 이동하고, 저류층에 포집된 빗물은 원지반으로 침투됨
Rain Barrel (빗물통)		- 강우 시 지붕의 유출수를 모아 건기에 이를 재이용하거나 방류하기 위해 설치한 빗물 저류 시설
Rooftop Disconnection (옥상 유출수 단절 시설)		- 우수관이 아닌 투수성 지역이나 잔디로 배수시키는 수직 낙수 홈통
Vegetative Swale (식생 수로)	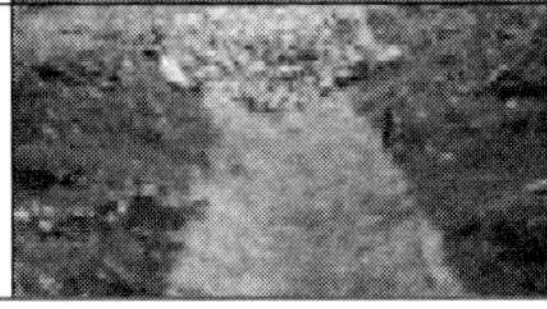	- 잔디 또는 식생으로 덮인 경사면을 가진 수로 또는 저류 공간 - 수집된 유출수를 천천히 이송하고, 하부의 원지반으로 침투될 수 있도록 함

1.5 도시홍수

홍수는 자연현상의 하나이다. 홍수를 정의하면 "범람과 침수를 발생시키는 많은 물의 이동"이라 할 수 있다. 홍수의 발생 요인과 진행 과정에 따라 포괄적인 의미인 일반적인 홍수(flood), 돌발홍수(flash flood), 태풍으로 인한 홍수(typhoon flood)로 구분된다.

도시홍수(urban flood)란 도시에서 발생하는 홍수, 돌발홍수, 태풍으로 인한 홍수를 포함한다. 도시홍수는 발생 원인에 따라 구분된다. 하천의 범람이 아닌 하수관거의 용량초과로 인해 발생되는 하수관거 홍수, 도시하천의 범람으로 인한 홍수, 해안도시에서 발생되는 해안도시 홍수로 구분한다. 도시 내에서 발생되는 모든 홍수를 도시홍수라 하는데 비도시지역과 다른 형태의 물순환 구조가 존재한다. 도시유역의 물순환 구조를 이해하기 위해 도시화 이전의 자연 녹지상태에서 물순환 구조를 파악해 보자. 이전 상태의 구조에서 강우가 발생하면 지표면에 도달한 강우는 지표면 유출과 지표면 아래로 침투와 침루, 대기 중으로 환원되는 증발 및 증산, 삼림에 의한 차단으로 이루어진다. 이 과정이 끊임없이 반복되는 과정으로 이루어져 있다. 그러나 도시화(urbanization)가 진행되면 이와 같은 물순환 구조가 바뀐다. 시가화되면 포장이 확대되어 불투수면적이 증가되어 지표면 아래로 침투되는 양이 크게 감소된다. 이로 인해 지표면 유출량이 증가되며 하수관거(혹은 도시하천)를 통한 홍수 도달시간이 짧아진다. 즉, 도시지역의 물순환 구조는 비도시지역에 비해 유출량이 증가하고 도달시간이 짧아진다. 이처럼 도시화에 따른 개발로 불투수면적이 증가하여 유출전반에 영향을 미친다.

우리나라의 도시홍수의 원인은 크게 3가지로 구분된다. 첫째, 배수관망의 설계빈도보다 큰 강우가 원인이다. 우리나라 대도시의 지선은 5년 빈도, 간선은 10년 빈도로 설계되어 있다. 최근 국지성 집중호우로 피해가 커지면서 설계빈도를 지선 10년, 간선 30년으로 상향하고 있으나 그 시설이 미비한 실정이다. 둘째, 도시하천과 도시하수관망의 연계부족이다. 도시하천의 제방 정비율(하천 개수율)은 비교적 높으나 하수관거와의 연계 부족으로 하천수위 역류에 의한 배수불량으로 인한 피해가 발생되고 있다. 셋째, 도시의 지형적인 원인이 있다. 우리나라의 도시 일부가 하천의 계획홍수위 보다 낮은 지역에 위치하고 있다는 것이다.

도시홍수를 방어하기 위한 대책은 크게 구조물대책과 비구조물대책으로 구분할 수 있다. 구조물대책으로 첫째, 도시 내의 우수배제시스템과 관련된 세부 운영 시설의 보수 및 유수기능의 강화가 필요하다. 도시화에 의해 우수의 저류, 침투 능력이 저하되어 하천으로 직접 우수가 유입된다. 이를 위해 유입량을 억제/조정할 수 있는 보수 및 유수 기능을 강화해야 한다. 특히 이상강우로 인해 강우강도가 증가하여 하수관거 설계용량을 초과하여 피해가 발생되므로 설계 빈도를 상향 조정할 필요가 있다. 둘째, 하수관거 설계시에 관거의 만관 흐름에 대한 해석을 수행하여 반영해야 한다. 일반적으로 하수 관거 흐름을 개수로 흐름으로 분류하지만 침수시에는 관수로 흐름으로 변화되기 때문에 설계 단계에서 이를 검토해야 한다. 하수관거 용량 부족으로 역류 발생 위치 및 역류량 등을 평가하여 효율적인 도시 내의 침수 방지 대책을 수립해야 한다. 셋째, 하천의 외수위 상승으로 역류가 발생되지 않도록 해야 하며 이를 방지하기 위해 배수펌프장의 건설 등을 검토해야 한다. 또한 침수 발생 가능한 저지대 건물에는 유입되는 유수에 대비하여 시설물(예 물막이판 등)을 구비해야 한다.

비구조물 대책으로 구조물의 유지관리 및 운영 등이 원활하게 수행될 수 있는 제도적 규정이 필요하다. 재해위험지역 내의 건축물 설치 시 침수방지시설을 갖추도록 제도적인 대책과, 지하주택 및 지하공간의 침수를 방지하기 위한 각종 부속구조물의 설치 및 대여, 홍수보험, 홍수예보, 경보 전달 체계 등의 관련된 제도 수립과 개선이 필요하다. 참고로 홍수방어를 위한 대책을 분류하여 <표 1.5.1>에 제시하였다.

〈표 1.5.1〉 홍수방어 및 저감 대책

구조물 대책	비구조물 대책
• 하천정비 및 하도개수(하도 증대, 굴착, 준설) • 저수지(홍수조절지, 유수지, 내수처리시설) • 제방(홍수벽, 슈퍼제방, 수제) • 홍수조절용 댐(다목적 댐) • 홍수로 정비(방수로 등)	• 댐, 저수지 운영 시스템 • 홍수예경보 시스템 • 홍수터 관리(지역구분, 홍수위험도, 건축법규) • 홍수 보험(정부 보상, 공사 보험) • 홍수 방지(내수성 건축물 설계) • 유역 관리 및 토지 이용 조정(개발조정, 투수지역 확보, 유역침수 방지, 경작법 조정, 삼림보전, 토양보전) • 대피(수방대책 운영, 재해경보 시스템)

1.5 유역

강수가 지표면에 도달되면 일부는 지표면을 통해 높은 곳에서 낮은 곳으로 흐르면서 결국에는 큰 하천으로 집수되어 최종적으로 바다로 유출된다. 이때 출구지점이나 특정지점을 기준으로 집수에 기여한 지표면을 유역이라고 하며 유역의 경계를 분수계(分水界)라고 부른다. 유역면적을 나타낼 경우에는 하도지점이 결정되어야 하며 언급이 되어 있지 않는 경우에는 하천의 최하류이거나 하구에서의 유역면적으로 이해하면 된다. 동일한 유역에서 수원(水源)에서부터 하천의 출구에 이르기까지의 지천을 포함한 모든 하천망, 또는 유로망을 수계(水系)라고 부른다.

하천계획을 위해서 중요한 지점에 대한 기준점이 국토교통부에서 발행된 하천 현황에 제시되어 있다. 기타 공사에 따라서 하천 주요 지점에 대한 유역면적 등은 지형도에 의해 산정할 수 있으며 하나의 예를 [그림 1.5.1]에 나타냈다.

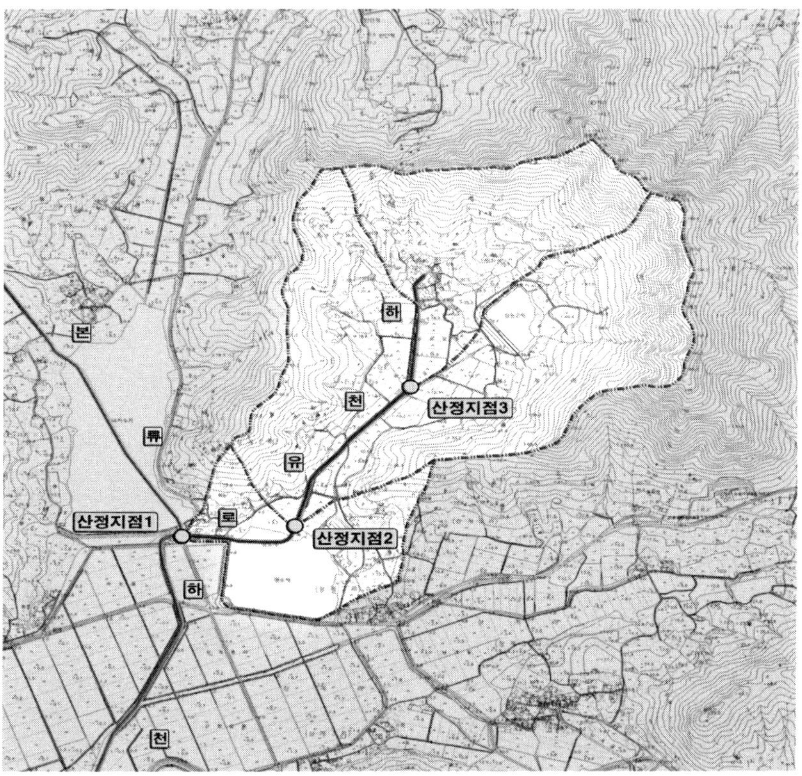

[그림 1.5.1] 유역도 산정과 홍수량 산정지점의 예

1.6 하천계획

하천계획은 하천법에 명시된 하천정비기본계획 수립 과정을 통해서 기술한다. 국토교통부에서 수행하는 하천정비기본계획의 수립 목적은 하천법에 의해 유역의 강우, 하천의 유량, 하도특성, 환경, 수자원개발 및 이용 현황 등 하천의 홍수관리, 용수공급, 하천환경보전 등에 관한 제반사항을 조사 분석하여 하천에 관한 종합적인 정비, 보전, 이용이 되도록 하는 데 있으며 10년 주기로 수립하도록 되어 있다.

하천정비기본계획을 수립하는 목적에서 나타난 바와 같이 치수, 이수, 환경이 조화된 정비사업이 되도록 명시되어 있다. 60년대에 우리나라의 하천행정은 주로 치수인 방재를 목적으로 하였고, 당시의 이수는 수력에너지를 얻는 데 불과한 정도였다. 70년대 이후에 다목적 개발을 위해 홍수조절과 용수의 확보를 위한 사업 등이 시행되었으며 생활수준이 향상된 80년대에 들어와 수질 등과 같은 환경에 대한 인식이 높아져 이를 반영한 하천정비기본계획이 수립되기 시작하였다. 하천계획 시에 고려되어야 할 하천시설물 등을 [그림 1.6.1]에 제시하였다.

본 교재에서는 하천계획을 수립하는데 도움이 되도록 학부과정에서 실무를 위한 기초과정을 배웠거나 저학년에서 이미 익힌 단원 등은 가능한 생략하였다. 실무에서 사용되는 간단한 소프트 웨어를 사용하는 방법, 자료를 해석하는 과정을 실례로 하여 보여주려고 한다. 본 교재의 특징은 실무를 위한 과정이므로 일반 교재에서처럼 기초 부분을 상세히 언급하지 않고 필요한 곳에서 기술하고자 한다. 그러므로 하천계획에서 중요한 홍수량 산정 과정에 필요한 내용을 위주로 기술하려고 한다. 유역에서 강수량 자료에 의해 홍수량 산정을 위한 모식도는 [그림 1.6.2]과 같다.

홍수량 산정을 위한 절차에 따라서 필요한 기초사항을 제 2장에서부터 기술한다. 확률홍수량이 결정되면 이 홍수량에 따라 홍수위를 결정하는 작업을 수행한다. 이런 일련의 과정을 여러 프로그램을 이용하여 해결하는 방법 등을 공부한다.

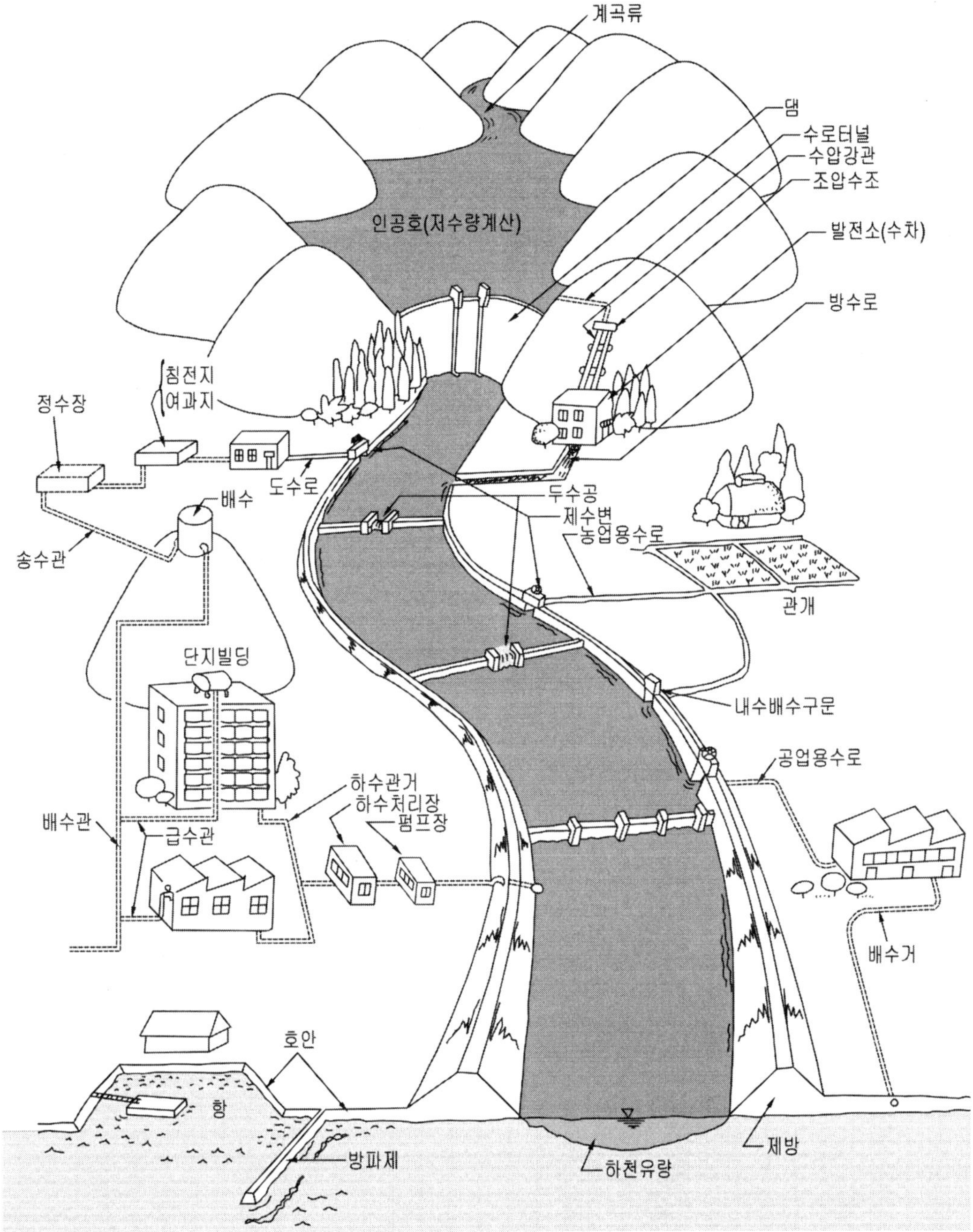
계곡류
댐
수로터널
수압강관
조압수조
발전소(수차)
방수로
인공호(저수량계산)
침전지
여과지
정수장
도수로
배수
송수관
두수공
제수변
농업용수로
관개
단지빌딩
내수배수구문
공업용수로
하수관거
하수처리장
펌프장
배수관
급수관
배수거
호안
항
방파제
하천유량
제방

[그림 1.6.1] 하천시설물

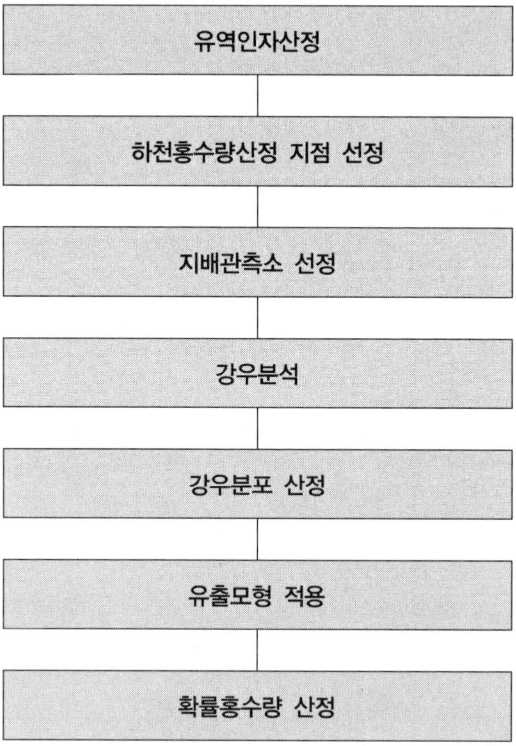

[그림 1.6.2] 홍수량 산정 모식도

2

Chapter

유역과 하천조사

유역의 유출에 영향을 주는 요소로는 크게 지형학적인 요소와 기상학적인 요소로 구분할 수 있다. 본 장에서는 유역의 특성을 나타내는 지형학적인 인자에 대해서 구체적으로 살펴보고 수문·기상 자료 수집에 대해 기술한다. 지형학적인 인자는 유역의 면적과 형상, 수로의 분포, 수로 및 지표면의 경사, 지표의 상태(습지, 호수, 토지 이용 상태 등), 유역의 자연 현상, 하천 특성 등이다. 이와 같이 기술적인 조사사항뿐만 아니라 경제적인 조사, 인문/사회적인 조사, 유역 내의 재해 현황, 하천 환경 시설 조사 등을 수행하여야 한다.

2.1 유역 특성

2.1.1 유역 면적과 유역 형상

출구 지점이나 특정지점을 통과하는 유량에 기여한 지표면을 유역이라고 하며 지형도에서 구적기로 유역면적을 산출할 수 있다. 이 경우에 3~5회 측정하여 평균값을 사용한다. 최근에는 컴퓨터의 보급과 수치지도의 이용이 용이하기 때문에 유역면적을 정확하게 산정하기 위해 수치지도를 사용하도록 되어 있다. 유역의 형상과 수계의 배치는 유역에서 강우가 발생되었을 때 유출에 영향을 주는 요소 중의 하나이다. Howard A.D.는 유역의 형상을 수지상(樹枝狀, dendritic pattern), 평행상(平行狀, parallel pattern), 우상(羽狀, pinnate pattern), 방사상(放射狀, radial pattern)으로 구분하였다. 실제로 2가지 이상의 혼합된 복합상 유역이 대부분인 경우가 많다.

(1) 수지상(樹枝狀)

전반적으로 긴 직사각형 형상으로 수계가 나뭇가지 형상으로 이루어져 있다. 본류가 유역의 중앙을 지나가면 그 주변에 지류가 위치하고 있다. 이와 같은 형상은 하천에 홍수가 일시적으로 집중되지는 않지만 홍수가 계속되는 경우에 발생된다.

(2) 평행상(平行狀)

좁고 긴 서로 독립된 유역의 하천이 평행하게 흐르다가 하천의 하류 부근에서 합류되는 형상이다. 그러므로 하류에서 두 하천의 홍수가 합류되면서 위험한 홍수가 발생될 가능성이 높다.

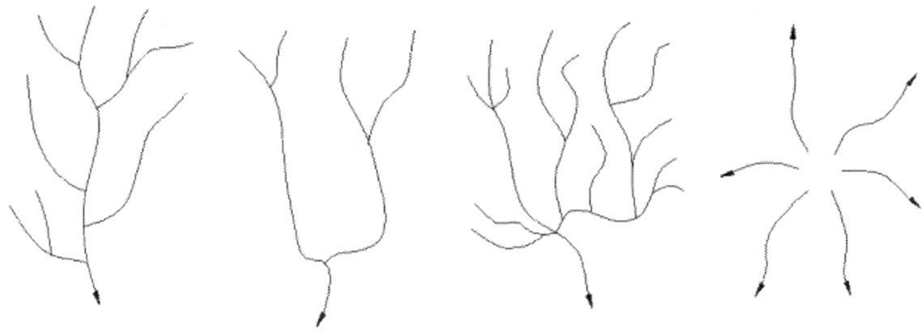

[그림 2.1.1] 유역 형상의 구분

(3) 우상(羽狀)

전반적으로 유역이 직사각형 또는 평행사변형으로 그 중앙에 본류가 흐르고 상당한 거리를 내려와 좌안 또는 우안으로부터 각 지류가 합류되는 부채모양과 유사하다. 각 지류의 홍수가 한 곳으로 유입되기 때문에 하류부에서 홍수가 발생될 가능성이 높다.

(4) 방사상(放射狀)

산의 정상으로부터 하천들이 방사성 모양으로 흘러가는 형상이다. 하천 길이에 비해 유역면적이 작기 때문에 홍수지속시간이 짧은 편이다.

Horton은 유역의 형상을 양적으로 표시하기 위해 유역의 형상계수를 제시하였다.

$$B = A/L \tag{2.1.1}$$

$$F = B/L = A/L^2 \tag{2.1.2}$$

여기서 A는 유역면적, L은 본류의 유로연장, B를 유역의 평균폭, F는 유역의 형상계수이다. 일반적으로 유역 형상계수가 크면 길이에 비해 유역면적이 큰 경우이므로 폭이 넓은 유역이며, 반대로 작으면 유역의 폭이 좁고 긴 하천이 존재하는 유역을 의미한다.

유역의 형상을 표시하는 또 다른 방법으로 Gravelius는 유역 밀집도(compactness, C)를 제시하였다.

$$C = 2\sqrt{\pi A}/P \tag{2.1.3}$$

여기서 F는 유역의 주변 길이, A는 유역면적이다. 유역의 형상이 원형에 가까울수록 밀집도는 1에 가깝다. 1 보다 훨씬 큰 밀집도는 긴형상의 유역을 의미한다. 형상계수가 1에 가까울수록 유역 형상은 정방형에 근접하여 첨두홍수량이 크게 발생하며, 0에 가까울수록 가늘고 긴 유역 형상으로 유출의 집중이 적어지므로 첨두홍수량도 작게 나타난다.

[예제 2.1.1] 어떤 유역의 면적이 80km^{2}이고 본류 유로연장이 25km이며, 유역의 주변길이가 35km라면 이 유역의 형상계수 F와 유역 밀집도 C를 구하여라.

풀이

식 (2.1.1), 식 (2.1.2) 및 식 (2.1.3)으로부터,

$$B = \frac{80}{25} = 3.2\,\mathrm{m}$$

$$F = \frac{3.2}{25} = 0.128$$

$$C = \frac{2\sqrt{\pi \times 80}}{35} = 0.906$$

[예제 2.1.2] 평림천에서 성산교 지점과 평림댐 지점의 유역과 유로연장이 다음과 같을 때 유역평균폭과 유역형상계수를 구하여라.

지점명	유역면적A (km^2)	유로연장L (km)	유역 평균폭A/L (km)	유역 형상계수F A/L^2
성산교	28.81	11.79	**2.44**	**0.21**
평림댐	19.96	8.92	**2.24**	**0.25**

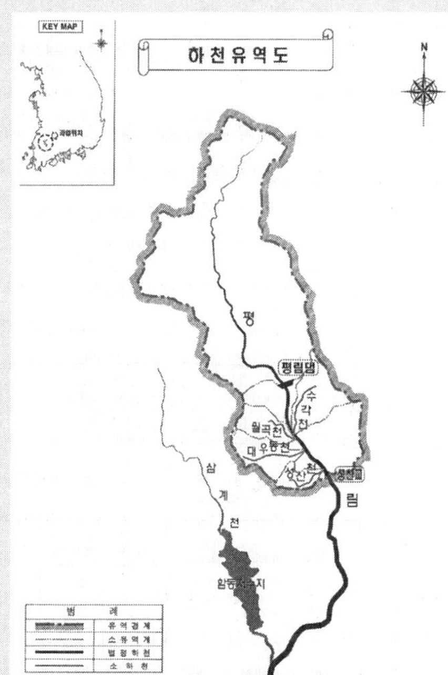

2.1.2 유역계와 유로 선정

(1) 준비물

① AutoCad 등 dxf, dwg 등의 확장명 파일을 읽고/쓰기 할 수 있는 프로그램

② 수치지형도(1 : 5,000도, 1 : 25,000도 등)

- 측량 결과를 지표면 상의 위치와 지형 등의 공간자료를 축척에 따라 수치화(문자, 기호) 하여 만든 도면이며, 국가지리정보원에서 자료를 제공하고 있다.

(2) 자료받기

- 자료제공 : 국가지리정보원-국토정보맵(http://map.ngii.go.kr/ms/map/NlipMap.do)

① 국토정보맵 사이트 접속

② 인덱스 선택

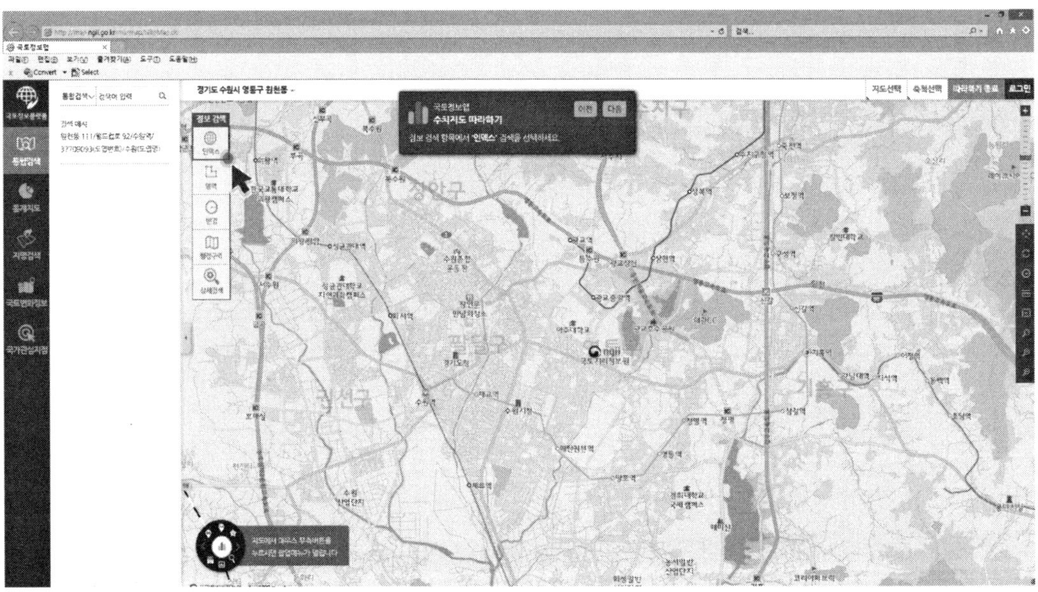

③ 제공 받을 축척 선택(1:5,000)

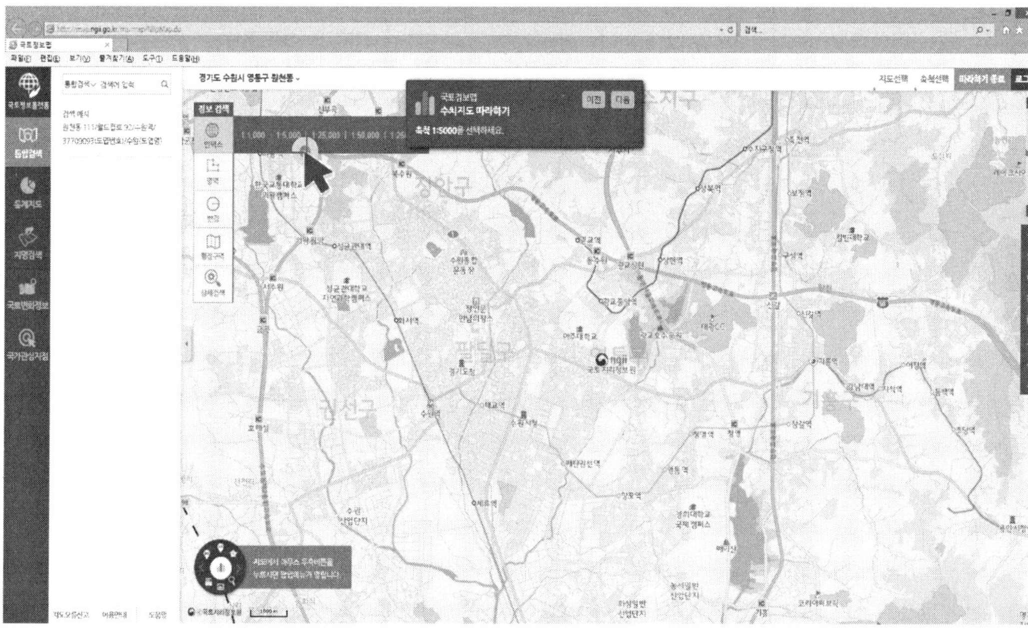

④ 제공 받을 도면 선택

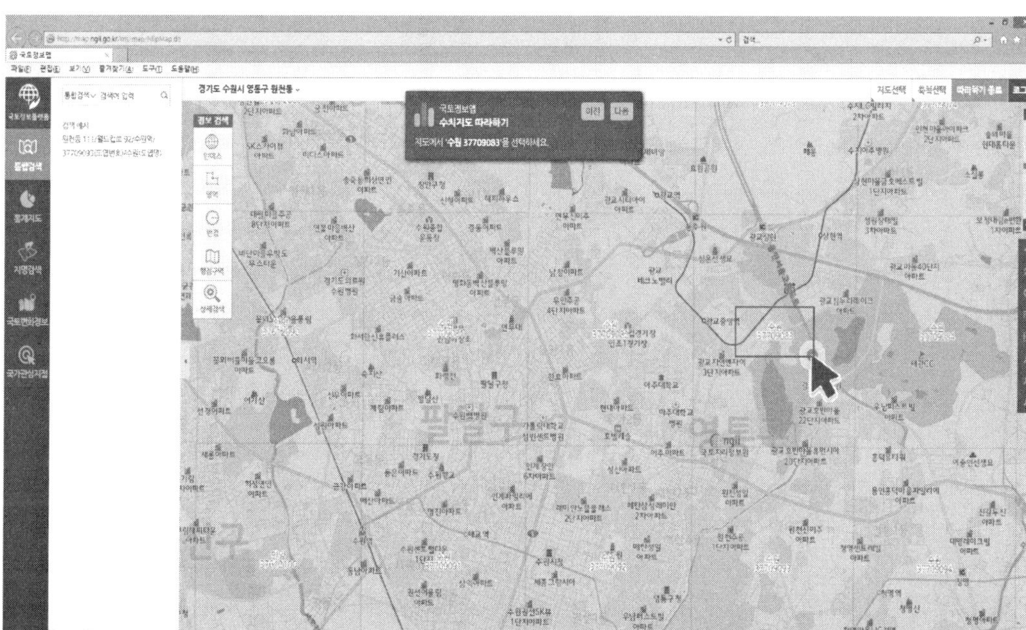

⑤ 수치지도 선택

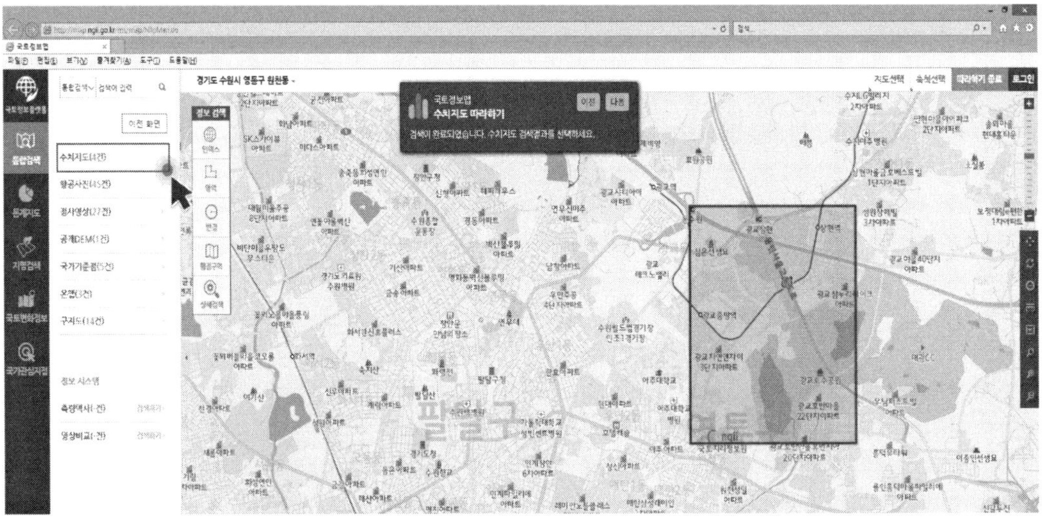

⑥ 도각 선택 후 장바구니 이동

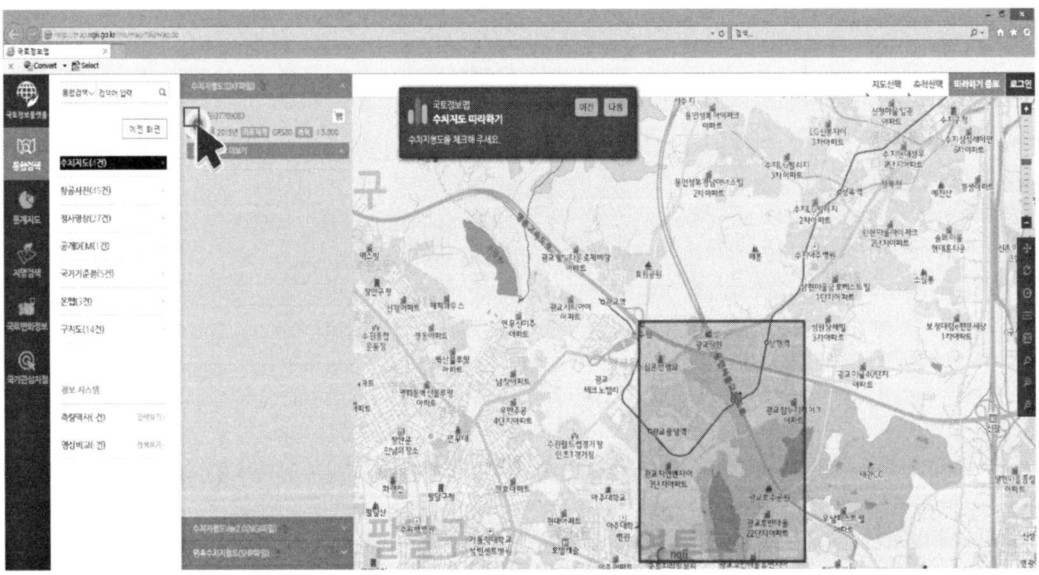

⑦ 지도 받기 선택

(3) 유로 - 유역계 산정

※ AutoCad 선 작업 시 명령어“Line”이 아닌 “PolyLine(단축키”PL“)”로 작업한다.

① 홍수량 산정지점 선택

- 하천 및 유로의 최말단부로 홍수량을 산정하고자 하는 지점

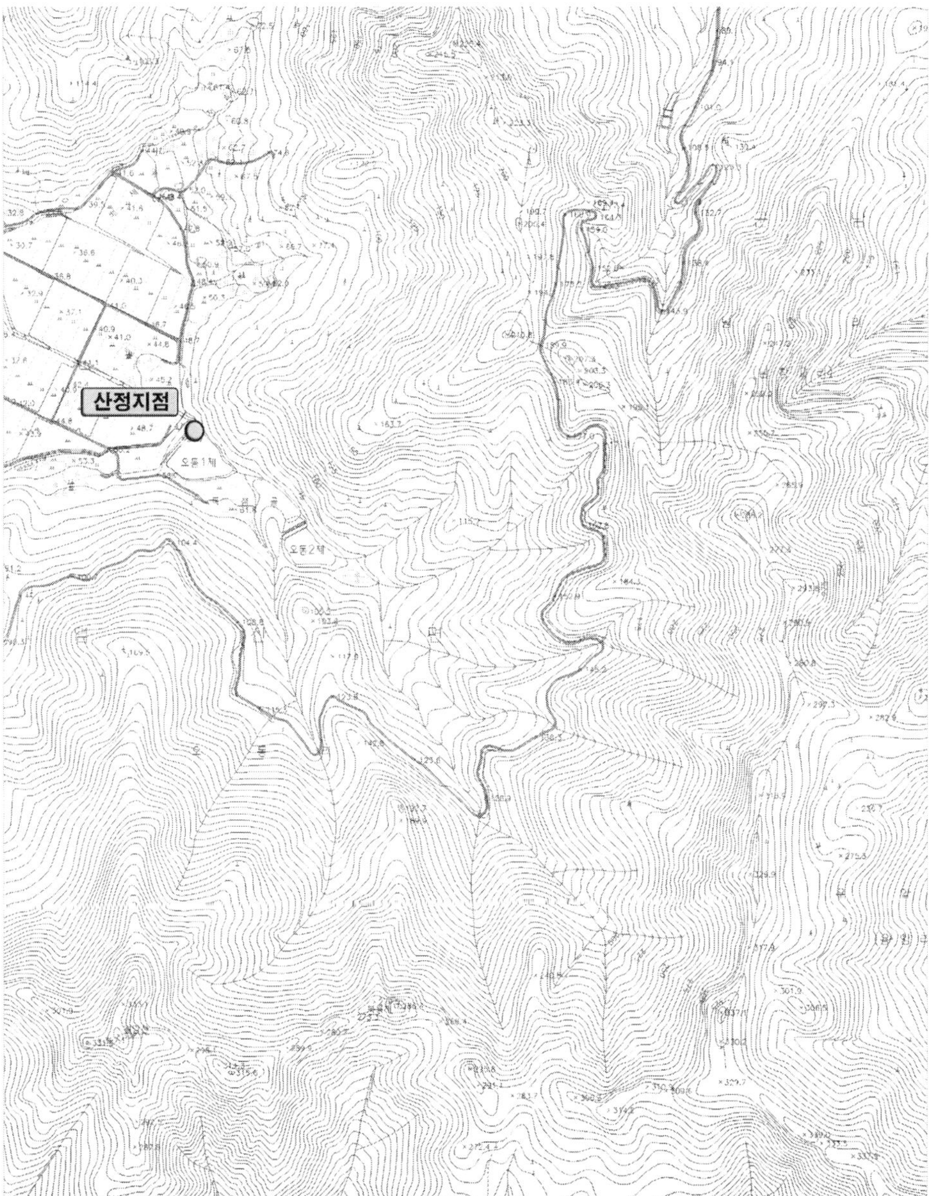

② 계곡선 작도

- 물의 흐름 방향(유집)으로 유역계를 산정하기 위한 기초 BASE 작업
- 홍수량 산정지점 채택 후 수치지형도 및 측량 성과를 토대로 최원점(정상)까지의 선

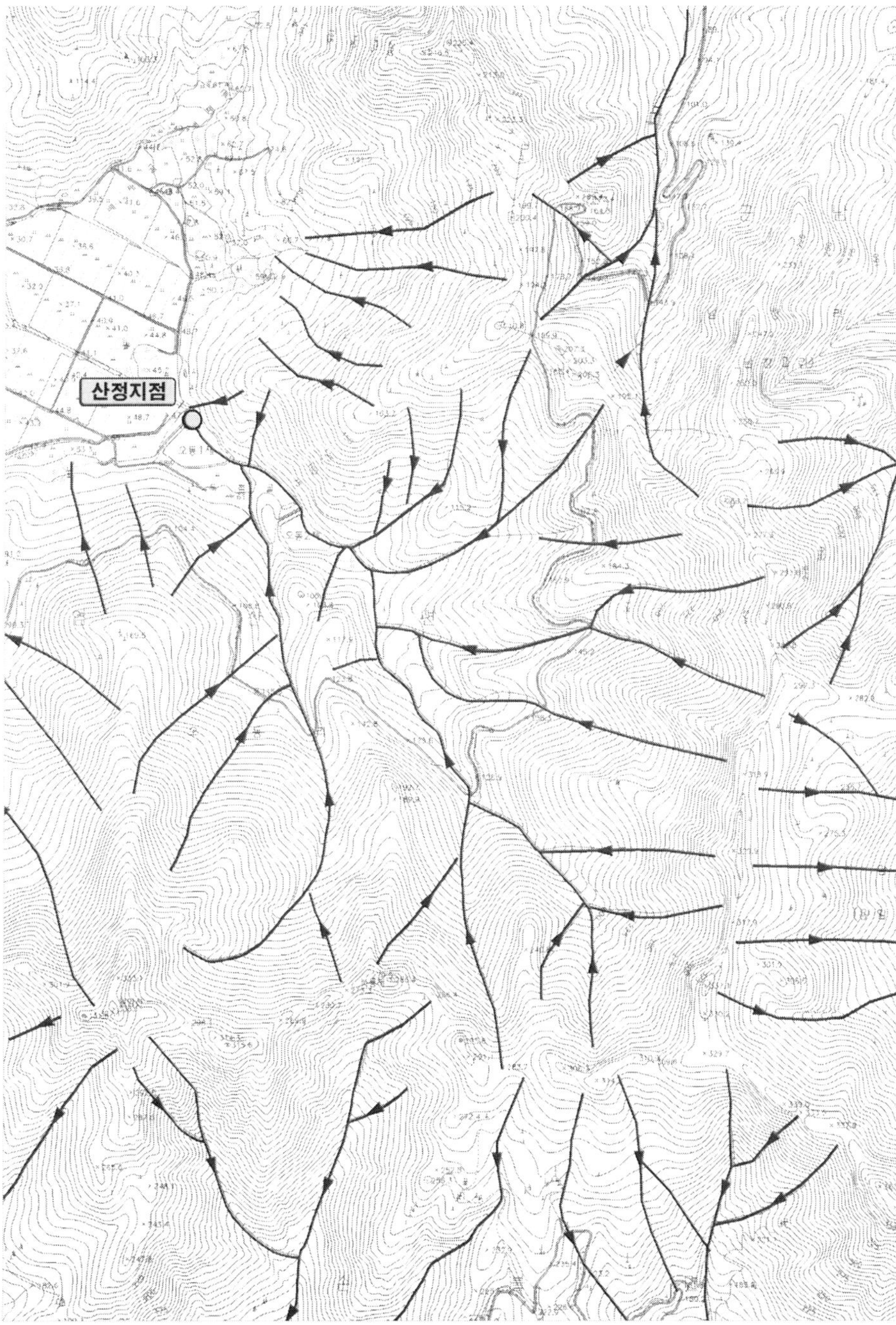

③ 유역계 작도

- 유수 흐름의 분수계로 능선을 따라 작도
- 유역계 작도 시 완전히 폐합이 되도록 작성

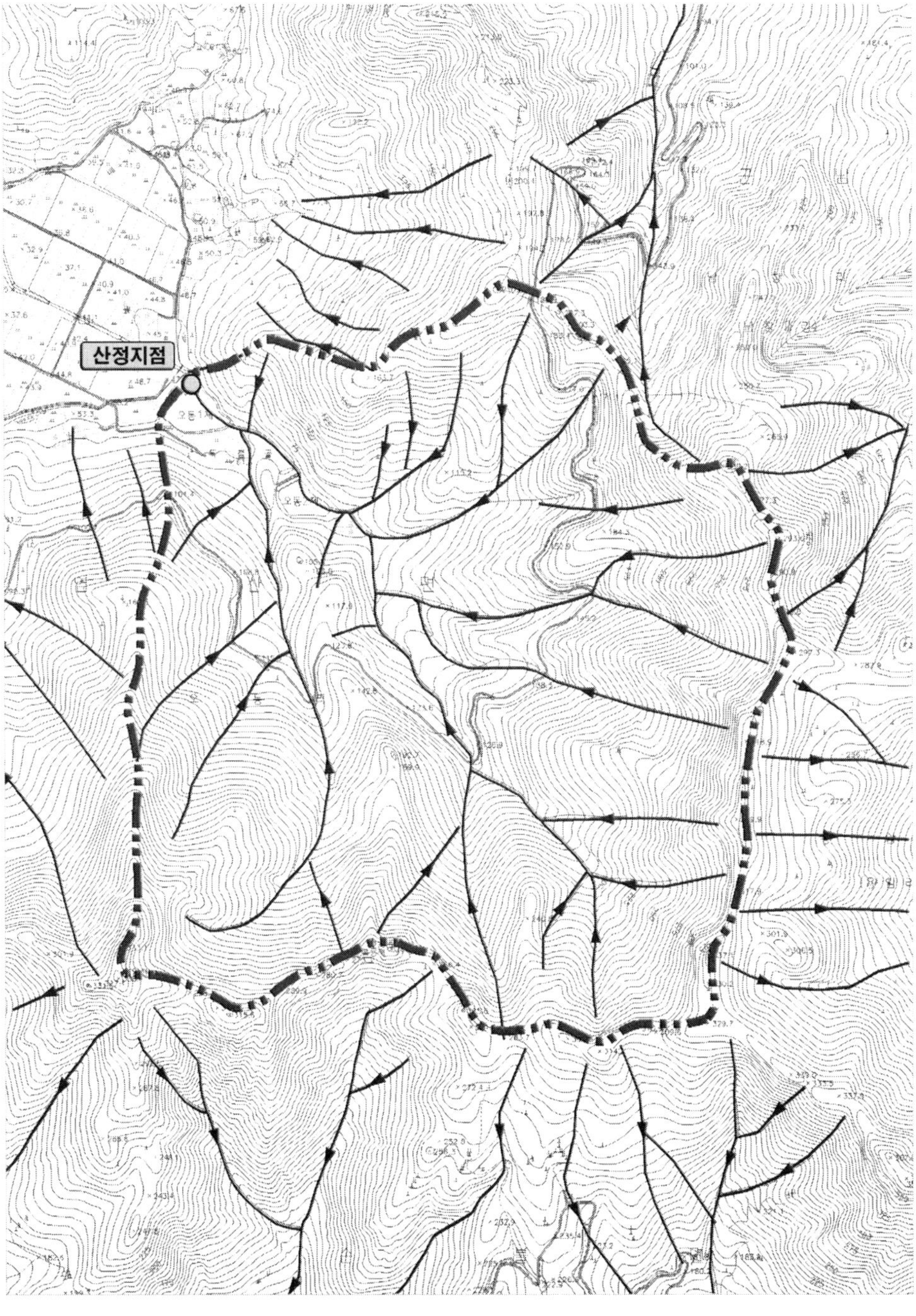

[예제 2.1.3] 다음 수치지형도는 오동2제의 홍수량을 산정하기 위한 수치지도이다. 유역계를 작도하시오.
(1) 산정지점, (2) 계곡선 작도, 유로 채택, (3) 유역계 작도

[실무예 – 유역계 산정에 따른 지형 특성]

– Auto Cad 상에서 면적 및 연장(거리)는 일반 특성에서 확인할 수 있다.

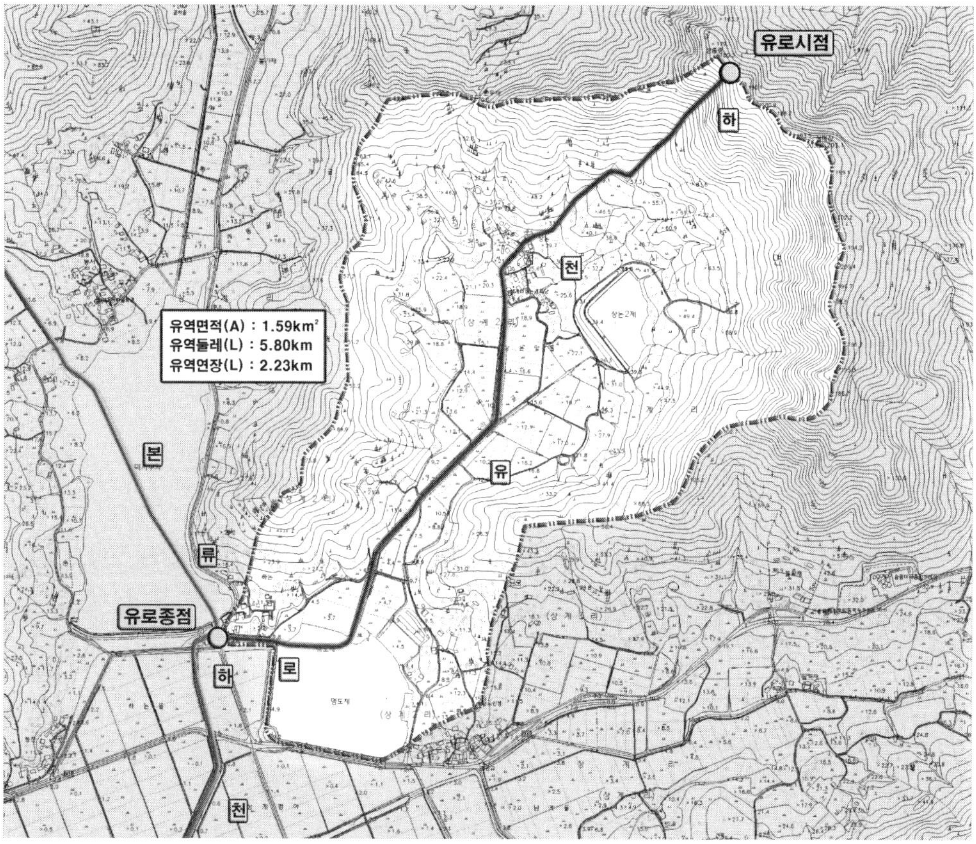

유역면적 (A, km^2)	유역둘레 (L, km)	유로연장 (L)	평균폭 (B)	형상계수 (F)	유역밀집도 (C)	비고
1.59	5.80	2.23	0.713	0.320	0.770	

[문제 2.1.1] 우리나라 5대강 하천과 우리학교 주변 5개 하천의 유역 형상계수, 유로연장, 평균폭을 조사하여라.

[문제 2.1.2] 밀집도를 나타내는 식 (2.1.3)은 유역과 동일한 면적을 갖는 등가원의 주변길이와 유역의 주변길이의 비로 정의된다. 식 (2.1.3)이 됨을 보여라.

2.1.2 지형형태 및 면적-표고곡선

유역에서 지형형태를 유년기, 장년기, 노년기로 구분함으로써 수계 전체의 지질학적 발달과정을 알 수 있다. 지형형태를 상대적 면적비와 상대적 표고비를 그려서 면적-표고곡선(hypsometric curve)을 작성한다. 면적-표고곡선을 이용하면 유역의 침식 정도에 따른 유년기, 장년기, 노년기를 구분할 수 있다([그림 2.1.2]).

(a) 유년기 지형

원래의 지표면이 침식면에 비해 넓게 남아 있는 시기이며 하천의 횡단면은 V자형인 협곡을 이룬다. 흐름은 급류나 폭포를 이루기도 한다. 하상침식이 상류로 진행되며 하류부의 측방향 침식으로 하천의 사행이나 범람 평원이 발생되기 시작한다.

(b) 장년기 지형

하천의 침식작용이 충분히 진행되어 원래의 지표면이 상실된 상태로 하천의 횡단면은 U자형이다. 이 시기에 침식이 산 정상부까지 이르러 이로 인해 분수계가 명백해진다. 하천의 하류부에서 퇴적이 발생되고 하천의 사행이 심해진다.

(c) 노년기 지형

침식이 더욱 심하게 진행되어 기복이 감소되고 준평원에 가까운 단계에 이른다.

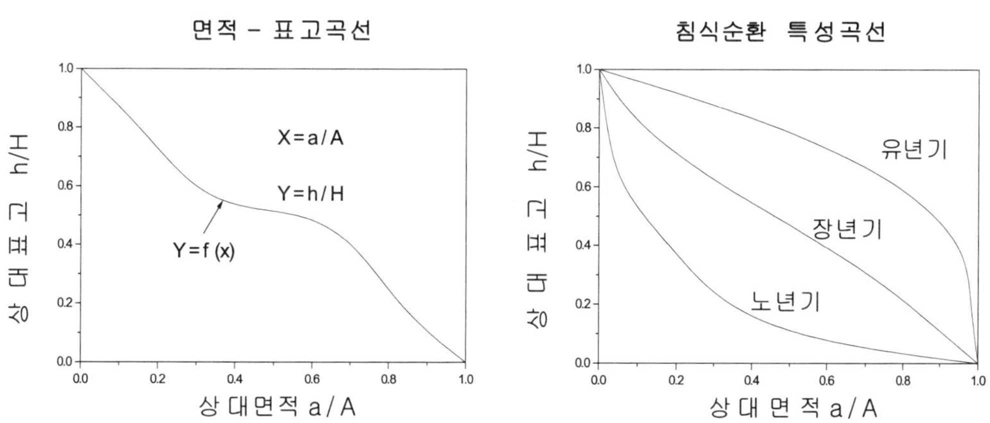

[그림 2.1.2] 면적-표고곡선

2.1.3 유역 평균경사

유역 평균경사는 강수의 침투율(혹은 유출율), 토사 침식, 유하속도 등에 영향을 미치는 지배요인이다. 그러므로 유출해석에 중요한 인자이며 산정방법으로 등고선 면적법, 등고선 연장법, 교점법이 있다.

(1) 등고선 면적법(contour area method)

지형도에서 인접한 등고선 간의 표고차 Δh_i를 등고선 간의 평균거리 d_i 나누면 두 등고선 사이의 평균경사이며 평균경사에 등고선 사이의 면적 a_i를 곱하고 누가하여 전체면적 A로 나누어 산정한다([그림 2.1.3]).

$$S=\frac{1}{A}\left[\frac{\Delta h_1}{d_1}a_1+\frac{\Delta h_2}{d_2}a_2+\cdot\cdot\cdot+\frac{\Delta h_n}{d_n}a_n\right]=\frac{1}{A}\left[\sum_{i=1}^{n}\frac{\Delta h_i}{d_i}a_i\right] \qquad (2.1.4)$$

여기서 S는 유역 평균경사이고 A는 유역의 면적이다.

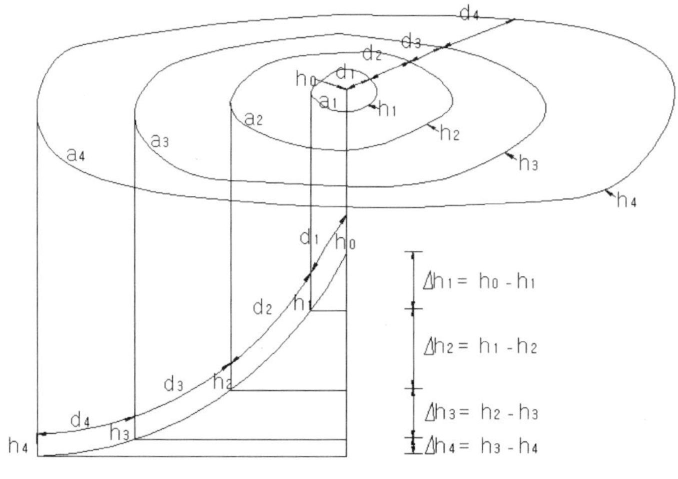

[그림 2.1.3] 등고선 면적법

[예제 2.1.4] [그림 2.1.3]에서 등고선 사이의 면적과 표고차, 등고선 간의 평균거리가 다음 표와 같을 때 이 유역의 평균 경사를 등고선 면적법에 의하여 구하여라.

구분	등고선 사이의 면적 a(km^2)	표고차 Δh(m)	등고선간 평균거리 d(m)
1	2.0	20.0	600.0
2	5.0	20.0	720.0
3	12.0	20.0	750.0
4	20.0	20.0	800.0
합계	39.0		

풀이

식 (2.1.4)로부터,

$$S=\frac{1}{39}\left[\frac{20}{600.0}\times 2.0+\frac{20}{720.0}\times 5.0+\frac{20}{750.0}\times 12.0+\frac{20}{800.0}\times 20.0\right]=0.026$$

(2) 등고선 연장법(contour length method)

각 등고선의 길이 l_i와 인접한 등고선간의 표고차 Δh_i를 곱하여 대상면적 a_i로 나누고 이를 합하여 유역의 평균경사를 산정한다([그림 2.1.4]).

$$S=\frac{\Delta h_1 l_1}{a_1}+\frac{\Delta h_2 l_2}{a_2}+\cdot\cdot\cdot+\frac{\Delta h_n l_n}{a_n}=\sum_{i=1}^{n}\frac{\Delta h_i l}{a_i}=\sum_{i=1}^{n}\frac{\Delta h_i}{a_i/l_i}=\sum_{i=1}^{n}\frac{\Delta h_i}{d_i} \quad (2.1.5)$$

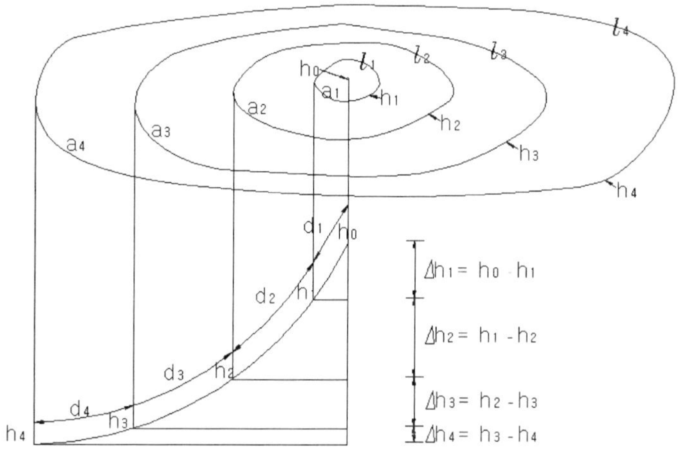

[그림 2.1.4] 등고선 연장법

(3) 교점법

지형도에 격자망을 구성한 후에 유역 내부에서 격자선과 등고선 간의 교점 개수를 N, 서로 이웃하는 등고선에 끼어 있는 격자선을 l이라 하자. 격자선과 등고선이 교차하는 각도를 α라 하면 2본의 등고선 사이의 거리는 $l\sin\alpha$이다([그림 2.1.5]). 그러므로 전교점 N에 대해서 서로 이웃하는 2본의 등고선 사이의 거리 평균값(수평거리) d는 다음과 같이 나타낼 수 있다.

$$d = \frac{1}{N}\sum l\sin\alpha \tag{2.1.6}$$

Horton에 의하면 이 식에서 N이 많아지면 각 α가 0~9°의 범위에 균일하게 분포하는 것으로 간주하여 $\sin\alpha$를 평균하여 수평거리를 계산하였다. 즉,

$$\frac{2}{\pi}\int_0^{\pi/2}\sin\alpha\, d\alpha = \frac{2}{\pi} \tag{2.1.7}$$

$$d = \frac{\sum l}{N}\frac{2}{\pi}\int_0^{\pi/2}\sin\alpha\, d\alpha = \frac{2}{\pi}\frac{\sum l}{N}C \tag{2.1.8}$$

여기서 $\int_0^{\pi/2}\sin\alpha\, d\alpha = 1$ 이므로 등고선의 평균 표고차를 수평거리로 나누면 유역 평균 경사를 구할 수 있다.

$$S = \frac{\Delta\overline{H}}{d} = \frac{\Delta\overline{H}}{\frac{2}{\pi}\frac{\sum l}{N}} = \frac{\pi}{2}\frac{\Delta\overline{H}N}{\sum l} \tag{2.1.9}$$

즉, 격자선의 총길이 $\sum l$과 격자선과 등고선의 교점수 N만 지형도상에서 측정하면 유역 평균경사를 구할 수 있다.

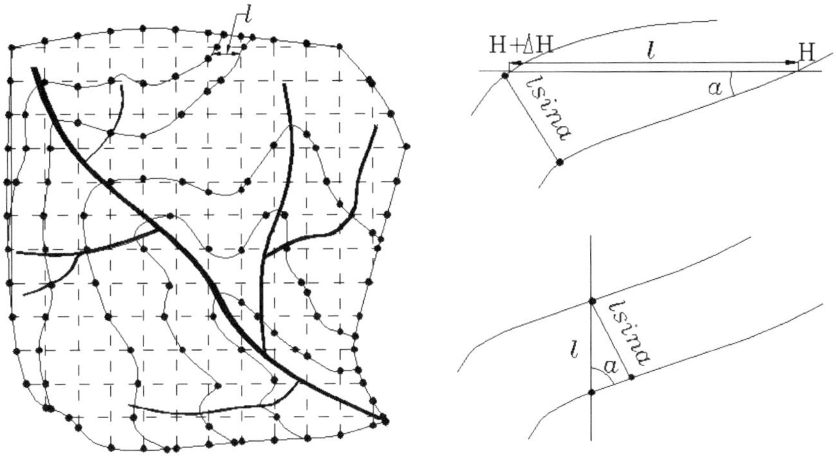

[그림 2.1.5] 교점법

2.1.4 유역 평균표고

유역에서 하천의 특성을 나타내는 인자인 유역 평균표고는 강우, 증발, 식생, 수문 상황 등에 영향을 미친다. 산정 방법은 등고선 면적법, 등고선 연장법, 교점법, 면적-표고곡선법이 있다.

(1) 등고선 면적법

서로 인접한 등고선 간의 평균표고에 두 등고선 사이의 면적을 곱하여 모두 합하고 그 값을 전 유역면적으로 나누어 산정하며, 소유역에 적합한 방법이다([그림 2.1.6]).

$$H = \frac{1}{A}\left[a_1\frac{h_0+h_1}{2} + a_2\frac{h_1+h_2}{2} + \cdot\cdot\cdot + a_n\frac{h_{n-1}+h_n}{2}\right]$$

$$= \frac{1}{A}\sum_{i=1}^{n} a_i\frac{h_{i-1}+h_i}{2} \qquad (2.1.10)$$

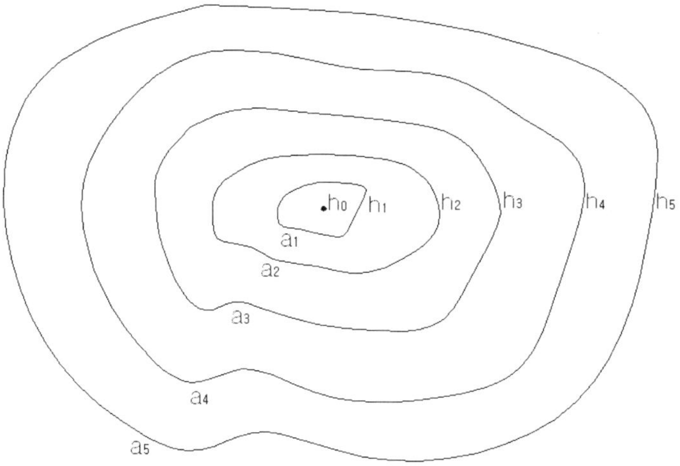

[그림 2.1.6] 등고선 면적법

[예제 2.1.5] [그림 2.1.6]의 경우 측정에 의하여 얻어진 자료가 다음과 같다면 유역의 평균 고도를 등고선 면적법에 의하여 구하여라.

구분	등고선 사이면적 a(km^2)	등고선 표고 h(m)
1	2.0	110.0
2	5.0	90.0
3	12.0	70.0
4	20.0	50.0
5	38.0	30.0
6	–	10.0
합계	77.0	

풀이

식(2.1.10)으로부터,

$$H=\frac{1}{77}[\frac{(110+90)}{2}\times 2.0+\frac{(90+70)}{2}\times 5.0+\frac{(70+50)}{2}\times 12 +\frac{(50+30)}{2}\times 2.0+\frac{(30+10)}{2}\times 38.0]=37.40\text{m}$$

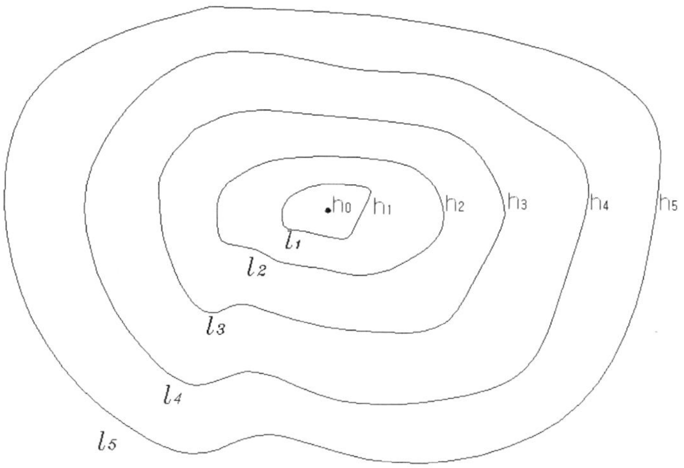

[그림 2.1.7] 등고선 연장법

(2) 등고선 연장법

각 등고선 길이에 등고선 표고를 곱하여 누가한 값을 등고선 길이의 합으로 나누어 산정한다([그림 2.1.7]).

$$H = \frac{l_1 h_1 + l_2 h_2 + \cdot \cdot \cdot + l_n h_n}{l_1 + l_2 + \cdot \cdot \cdot + l_n} = \frac{\sum_{i=1}^{n} l_i h_i}{\sum_{i=1}^{n} l_i} \tag{2.1.11}$$

(3) 교점법

지형도에서 조밀한 간격의 격자망을 구성한 후에 유역 경계와 격자선이 만나는 점을 제외한 유역 내부 각 격자점의 표고를 합하고 이를 격자점 수로 나누어 산출하는 방법이다. 대유역에 적용되는 간편한 방법이다.

$$H = (h_1 + h_2 + \cdot \cdot \cdot + h_n)/N = \frac{1}{N}\sum_{i=1}^{n} h_i \tag{2.1.12}$$

여기서 N은 유역 내부의 격자점 수, h_i는 유역 내부의 격자점 표고이다.

(4) 면적-표고곡선법

표고에 따른 면적 관계 곡선에서 면적비가 50%가 되는 표고를 평균표고로 정하는 방법이다.

2.1.5 유역의 방향성

유역을 구성하는 경사면의 방향성은 홍수 시 강우 이동방향과의 관계에 따라 하류부 유출특성 및 홍수피해에 영향을 주는 인자이다. 경사면의 주 방향과 호우전선의 이동방향에 따라 홍수 수문곡선에 영향을 줄 수 있다.

2.1.6 지형분석 프로그램(Arc-View)

(1) 준비물

① 등고선도(5,000도)

- 레이어명 : 7111(주곡선), 7114(간곡선)

② 유역계

- Polygon 형태로 점은 폐합이 되어야 한다.

(2) 분석과정

① 프로그램 실행 및 저장경로 설정

※ 저장경로를 최우선적으로 설정해야 분석 결과를 쉽게 볼 수 있으며 파일관리가 편리하다.

- File → Set Working Directory 클릭
- 텍스트창에 파일저장 경로 입력 후 ‘OK’ 선택

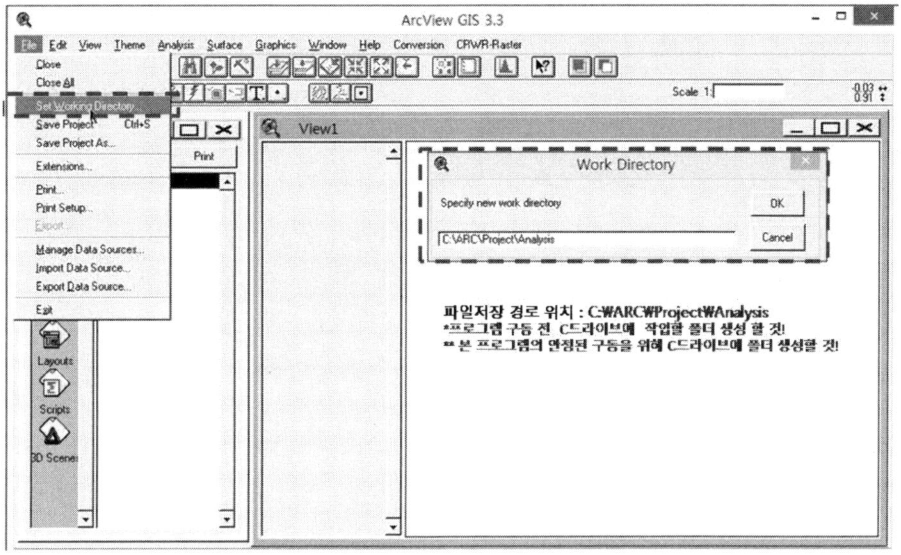

② 프로그램 툴 설정

가) File → Exensions

나) 선택사항

DXF Conversion Extension	Cad Reader
Clip Theme	Conversion, Geoprocessing
Lengend Tool	Spatial Analyst

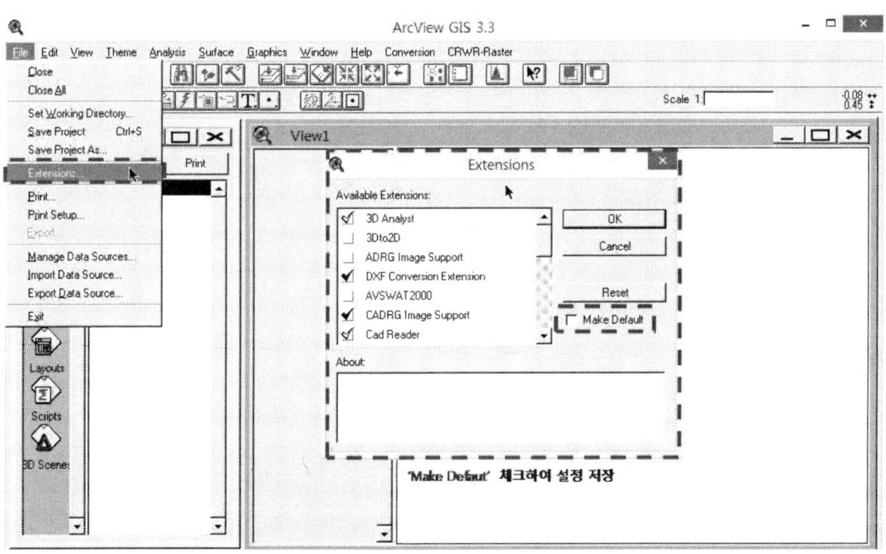

③ 자료 불러오기

- 등고선 : Line　　　　　- 유역계 : Polygon

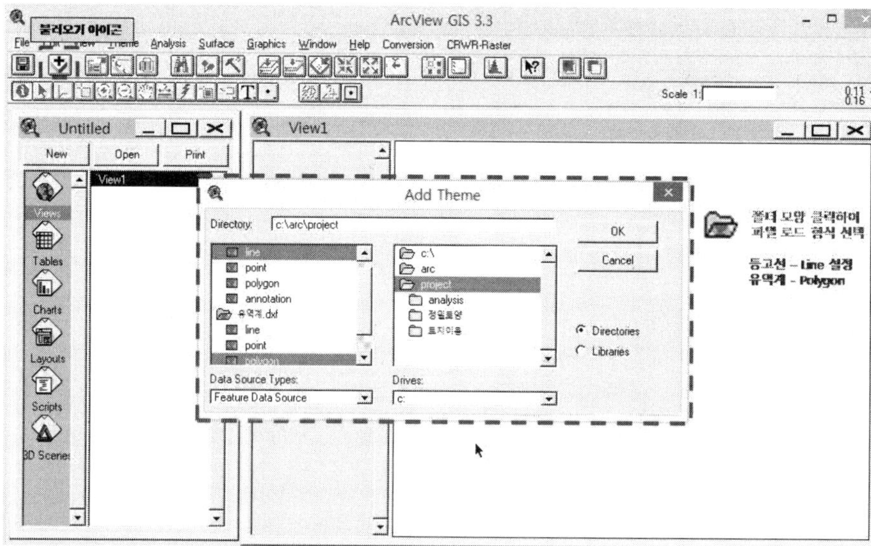

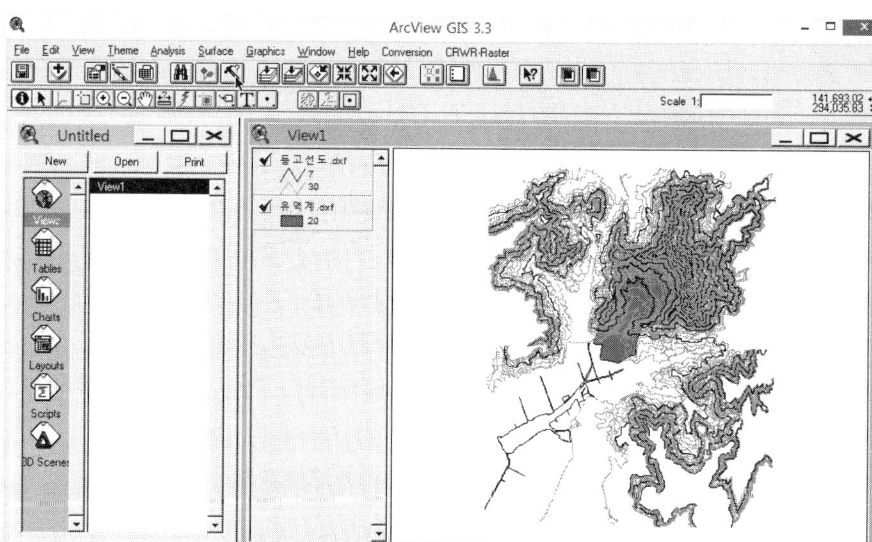

④ Tin 생성하기

가) 생성된 레이어 등고선도, 유역계 선택

- 본 프로그램에서 중복 선택은 'Shift키'로 선택가능

나) Surface → Create Tin from Features

다) Active feature theme에 레이어가 생성

라) 등고선도 선택

Height source	Elevation
Input as	Hard Breaklines
Value field	<none>

마) 유역계 선택

Height source	<none>
Input as	Soft Clip Polylgons
Value field	<none>

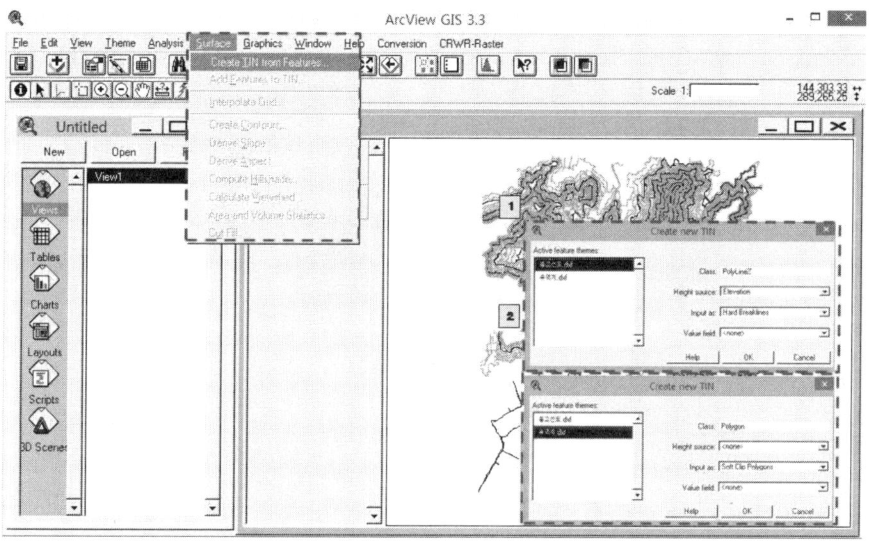

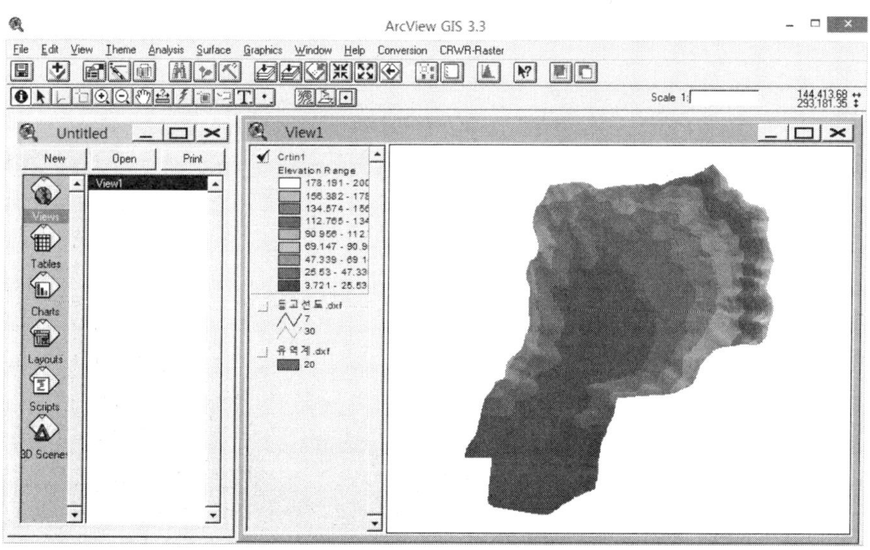

⑤ Grid 생성하기(수치 환산)

가) 생성된 Tin 선택

나) Theme → Convert to Grid

1 저장경로 선택 및 파일명칭 수정 → "OK"

2 Output Grid Cell Size '1'로 변경 → "OK"

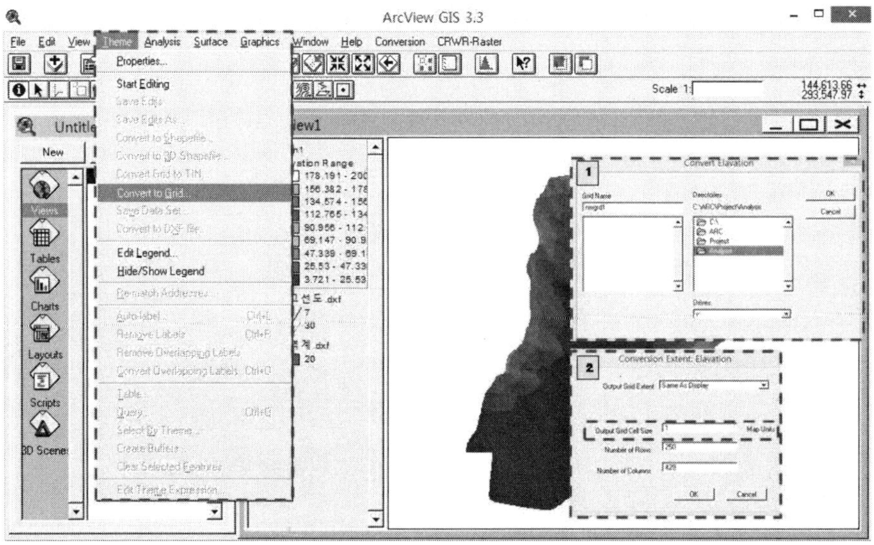

⑥ 범위 설정

가) 생성 레이어 더블클릭 (1)

나) Classify 클릭(3)

다) 범위 개수 설정(Number of classes)

라) 범위 단위 설정(Round values at)

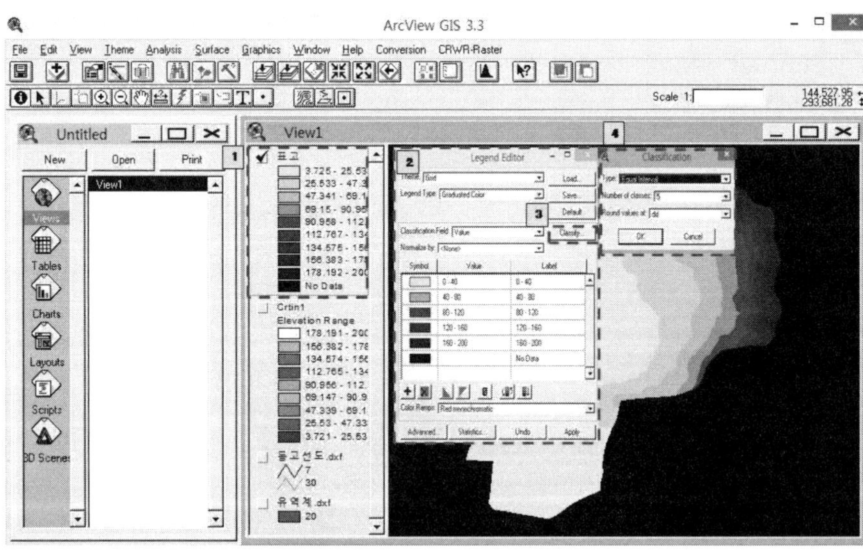

⑦ 범위별 면적 검토

가) 차트 아이콘 선택 (2)　　나) 저장경로 폴더 열기(윈도우 폴더)

다) 생성된 테이블 temp1.dbf 엑셀에서 열기

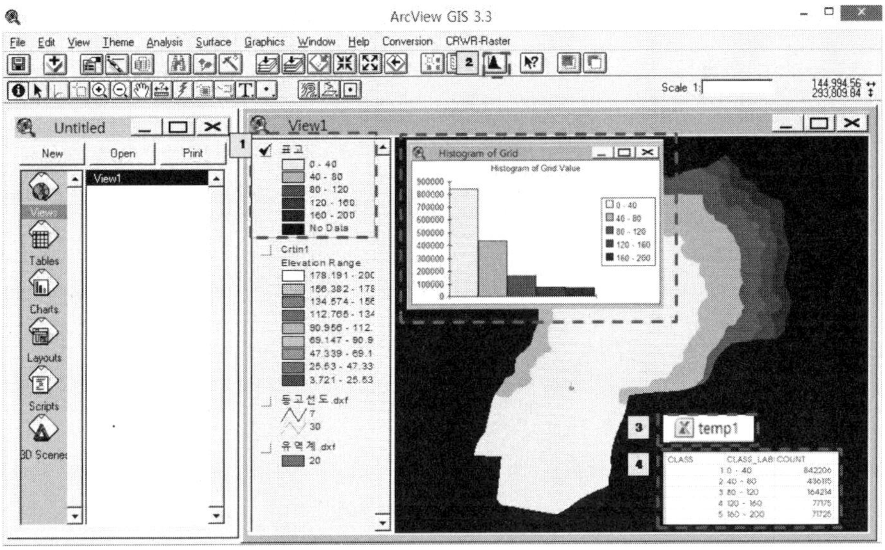

⑧ 평균 표고 산정

가) 그리드 아이콘 더블클릭 (1)　　나) Statistics 클릭(3)

다) mean 평균값 도출(5)

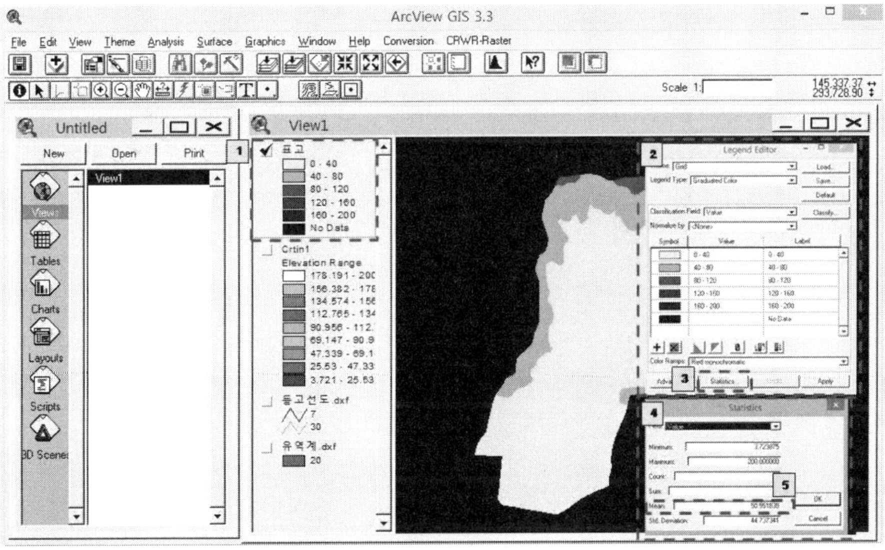

(3) 결과

〈표고별 면적〉

구 분	합 계	0m ~ 40m	80m ~ 120m	120m ~ 160m	160m ~ 200m
면적(㎢)	1.59	0.84	0.16	0.08	0.07
비율(%)	100	52.92	10.32	4.85	4.51

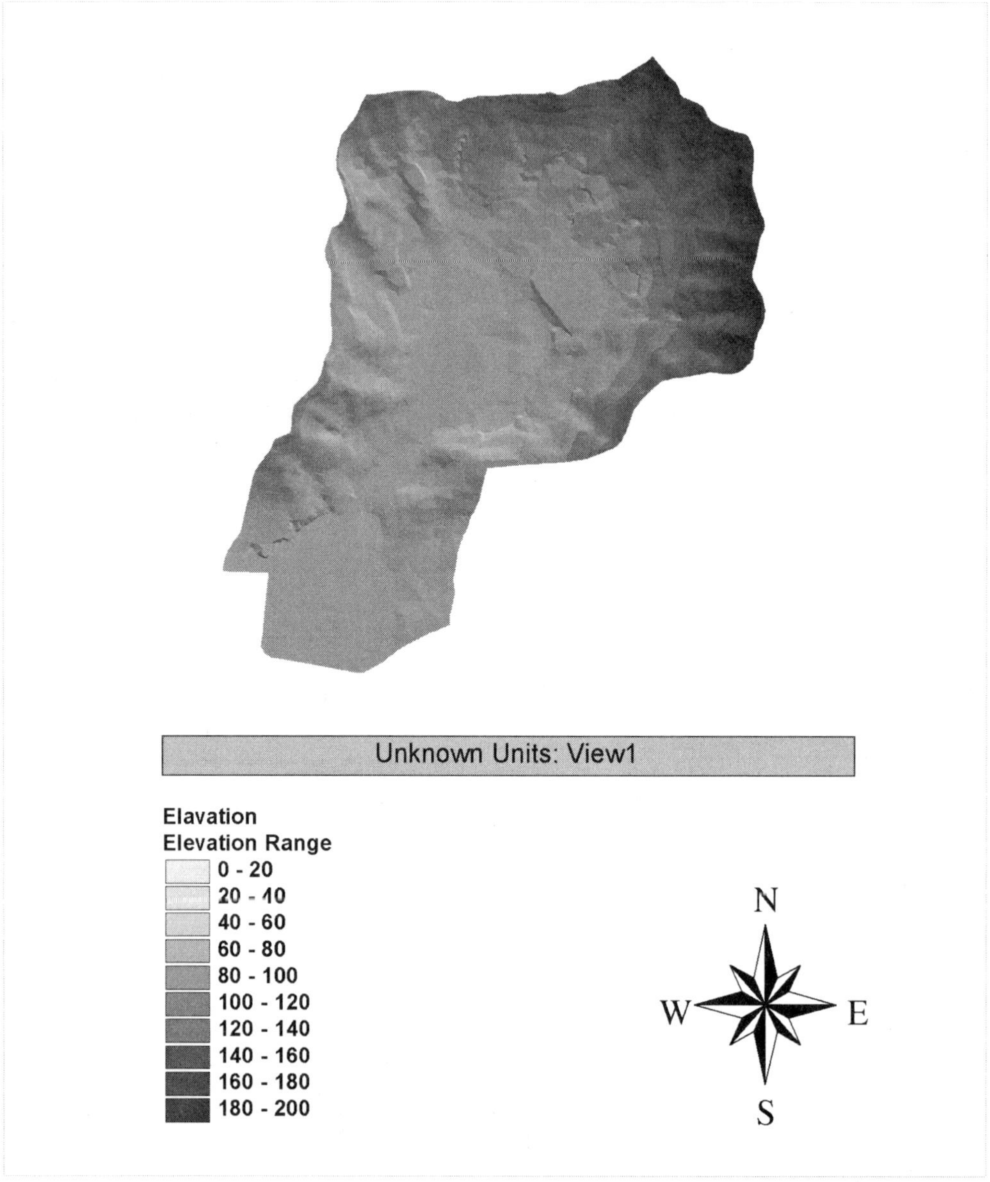

2.2 하천 특성

2.2.1 유로연장

유로연장은 하천의 종점에서 상류방향으로 제일 긴 유로를 측정한 길이이다. 보통 1:25,000 (소유역 1:50,000) 지형도에서 구적기로 산출할 수 있으나 최근에 수치지도를 사용하도록 되어 있다. 본류에 합류되는 지천이 있는 경우에 하구로부터 누가거리로 그 지점을 표시하여야 한다.

2.2.2 하천 평균경사

(1) 단순경사

하천의 상류단과 하류단의 표고차를 상·하류단의 거리로 나누어 계산한다([그림 2.2.1]).

$$S_r = \frac{\Delta h}{L} \tag{2.2.1}$$

여기서 Δh는 하천의 상류단과 하류단의 표고차이고, L은 상하류단의 거리이다.

(2) 등면적 경사

하천의 종단도에서 [그림 2.2.1]과 같이 직선을 그어서 직선 위의 면적과 아래의 면적이 같을 때의 경사 S_a를 말한다.

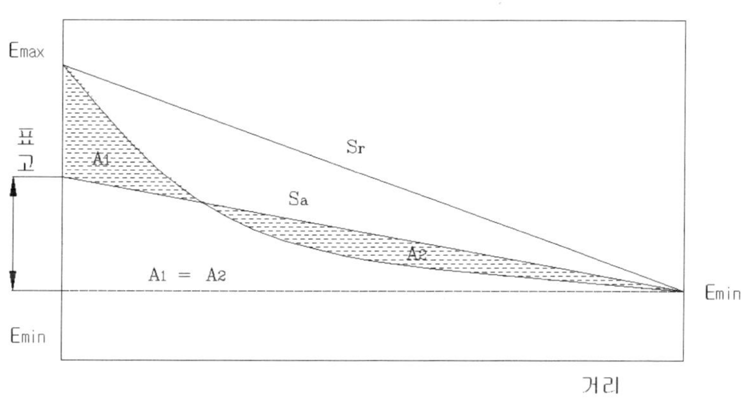

[그림 2.2.1] 수로의 경사

(3) 상하류 구간 일부를 제외한 단순경사

유역의 출구부에서 거리상으로 10%와 85%되는 두 지점간의 거리(L_{85-10})와 표고차(ΔH_{85-10})를 이용하여 산정하는 방법으로 85-10경사라고도 한다.

$$S_{85-10} = \frac{\Delta H_{85-10}}{L_{85-10}} \tag{2.2.2}$$

(4) 등가경사

하천을 따라서 하천 경사가 유사한 소구간으로 나누고 소구간의 유하시간이 경사의 제곱근에 반비례한다는 Manning 공식을 이용한다. 전 구간에 대해서도 유하시간이 등가경사에 반비례한다는 가정하에서 결정된다. 등가경사 S를 결정하는 과정은 다음과 같다.

$$V_i = \frac{L_i}{T_i} = k\ S_i^{1/2},\ T_i = L_i/(k\ S_i^{1/2}) \tag{2.2.3}$$

$$T = \sum_{i=1}^{n} T_i = \frac{1}{k}\sum_{i=0}^{n}\frac{L_i}{S_i^{1/2}} \tag{2.2.4}$$

$$V = \frac{L}{T} = \frac{\sum_{i=0}^{n} L_i}{\frac{1}{k}\sum_{i=0}^{n}\frac{L_i}{S_i^{1/2}}} = kS^{1/2} \tag{2.2.5}$$

$$S = \left(\frac{\sum_{i=0}^{n} L_i}{\sum_{i=0}^{n}\frac{L_i}{S_i^{1/2}}}\right)^2 \tag{2.2.6}$$

여기서 k는 상수, L_i는 하천의 소구간 길이, S_i는 소구간의 경사이다.

2.2.3 하천밀도와 수계빈도

하천밀도(drainage density, river density)는 하나의 수계에 있어서 본류와 모든 지류의 길이 합 L을 유역면적 A로 나누어 결정된다.

$$M = \frac{\sum L}{A} \tag{2.2.7}$$

하천밀도는 유역의 지형·지질·지표의 두께에 관계가 있고 침투되기 쉬운 지역에서 작고, 다우지역에서는 큰 값을 갖는다.

수계빈도는 유역 내 총 하천수를 유역면적으로 나눈 값이다.

$$F = \frac{\sum N}{A} \tag{2.2.8}$$

2.2.4 하상계수와 유황계수

하상계수는 하천 유황의 변동을 나타내는 지표이다. 하천의 주요지점에서 최대유량과 최소유량의 비로 정의된다.

$$\text{하상계수} = \frac{Q_{\max}}{Q_{\min}} \tag{2.2.9}$$

이 값이 크면 최소유량과 최대유량의 차이가 커서 유량변동이 심한 것으로 유황이 불안정함을 의미하며 수자원 관리가 쉽지 않다는 것을 나타낸다. 또한 하상계수는 이상갈수나 이상홍수에 대해 민감하게 반응하기 때문에 하천유황을 나타내는 지표로서는 신뢰도가 떨어진다. 이에 대한 대안으로 유황계수를 이용하는 것이 합리적이다.

$$\text{유황계수} = \frac{Q_{10}}{Q_{355}} \tag{2.2.10}$$

여기서 Q_{10}은 연중 10일 이상 지속되는 유량, Q_{355}는 연중 355일 이상 지속되는 유량으로 갈수유량이라고 한다.

[예제 2.1.6] 어떤 하천의 유량변동을 조사한 결과 다음과 같다. 이 하천의 하상계수와 유황계수를 구하여라.

구 분	유량(m^3/s)	구분	유량(m^3/sec)
최대유량	3570.0	270일 이상 지속되는 유량	620.0
10일 이상 지속되는 유량	2800.0	355일 이상 지속되는 유량	56.0
185일 이상 지속되는 유량	1200.0	최소유량	52.0

풀이

식(2.2.9)와 식 (2.2.10)을 사용하여 하상계수와 유황계수를 구한다.

하상계수 : $\frac{3750.0}{52.0} = 72.1$

유황계수 : $\frac{2800.0}{56.0} = 50.0$

2.3 기타 유역 특성

2.3.1 유역의 자연현황

(1) 지질 계통도, 지질도, 토양도 등을 조사하여 수록하고 유역의 토양에 대한 전반적인 특성을 기술한다.

지질구조는 유출, 갈수량, 지하수 등 유역의 수자원과 이수에 많은 영향을 미친다. 지질유형별 분석 상황과 구조적 특성 등을 파악하여 유역의 유출 분석 및 이수 계획, 토사 유출 등의 유역 계획에 참고 자료로 활용하기 위해 한국 지질자원 연구원의 「한국 지질도(1:50,000)」를 기본으로 지질 개황을 파악한다.

토양 특성은 강우로 인한 유출과정에 직접적인 영향을 미치는 인자로, 토양의 성질에 따라 침투능이 상이하여 총 강우량 중 직접유출에 기여하는 유효우량의 크기에 영향을 주는 중요한 인자이다. 일반적으로 실무에서 농업과학기술원에서 제작한 1/25,000의 수치정밀토양도를 이용하여 토양 특성을 분석힌다.

(2) 토지이용현황을 조사한다. 토지 용도별 면적구성비를 조사하고 투수면적과 불투수면적을 조사하여 유출에 미치는 영향을 파악한다. 유역의 토지이용현황은 NGIS에 의거하여 수행된 1:25,000의 토지피복도를 이용하여 파악한다. 토지피복지도의 분류체계는 환경특성을 반영하고 국토이용, 공간계획 등의 여러 분야에서 요구하는 항목을 반영하여 대분류, 중분류, 세분류의 3단계 피복분류체계로 구축되어 있다.

(3) 임야면적을 국유림, 공유림, 사유림 별로 조사하고 임상별 임야면적을 수록한다.

2.3.2 유역의 사회/문화적 현황 조사

(1) 유역 내 행정구역과 행정구역별 가구수, 인구수, 인구밀도, 면적 등을 기존의 통계자료를 이용하여 조사한다.

(2) 대상하천의 과거 이름과 그 유래, 하천과 관련된 역사적 사건과 전설 등을 조사한다.

(3) 본류와 지류를 구분하여 문화재의 지정별 구분, 종별, 지정번호, 시대, 지정명칭, 지정년월일, 소재지 등을 조사한다.

2.3.3 기상 · 수문 조사

일반적으로 수문관측 자료는 국가의 모든 이 · 치수 계획, 설계, 운영, 홍수예경보 등에 필요한 기본 자료이기 때문에 매우 중요하다. 수문자료를 국가의 공식적 자료로 간주하고 있으며, 국토교통부 산하의 5대 홍수통제소에서 수문관측과 관리를 담당하고 있다. 수문자료에는 강수량, 수위, 유량, 증발량, 바람, 유사량, 수질 등 여러 가지가 있다. 수문자료를 얻기 위해 기상관측소, 강우관측소, 수위관측소 현황을 파악해야 한다.

우리나라는 대부분 관측소의 관측연수가 짧아서 빈도해석의 적합성 기준을 만족하기 어려운 실정이다. 최소한 30년 이상의 관측연수가 확보되는 관측소를 대상으로 하되, 관측소의 분포를 고려하여 채택하는 것이 타당하다. 그러나 일반적으로 30년 이상의 관측연수를 확보하고 있는 관측소가 많지 않기 때문에 관측연수가 단기간인 관측소 자료에 대해서는 빈도해석을 통해서 적합성 여부를 평가하여야 한다.

하천 수계상 어떤 지점에서의 가용한 하천유량의 규모와 변동성을 평가하기 위한 수단으로 유황분석(Flow Duration Analysis)이 필요하며 이를 이용하여 유황곡선(Flow Duration Curve)을 작성한다. 유황 분석 방법은 해당 지점에서의 매년 일별 유출량자료를 사용하여 산출된 갈수량, 저수량, 평수량, 풍수량의 평균값을 산정한다. 이에 대한 회귀곡선식을 유도하여 그림으로 나타낸다. 여기서, 갈수량, 저수량, 평수량, 풍수량은 각각 연중 355일, 275일, 185일, 95일 이상 지속되는 유량으로 정의된다. 유황분석을 위해서 직접 적용할 수 있는 수위관측소 및 관측 기록이 필요하다. 관측자료가 없는 경우에 인근에 위치하는 관측소 지점의 수위 및 유출량 자료를 이용한 비유량법, Tank 모형에 의해 장기유출량을 추정하여 유황분석을 수행한다. 참고로 비유량법의 일반적인 공식은 다음과 같다.

$$Q' = Q \times \frac{A'R'}{AR} \tag{2.3.1}$$

여기서, Q(m^3/s)는 인용한 수위 표 지점의 유량, A(km^2)는 인용지점의 유역면적, R(mm)은 인용하천 유역의 연평균 강우량, Q'(m^3/s)는 대상하천의 유량, A'(km^2)는 대상하천의 유역면적, R'(mm)는 대상하천 유역의 연평균 강우량이다.

2.3.4 하천 특성 조사

하천계획을 수립하기 전에 해당 하천에서 실시된 사업의 연혁을 조사한다. 해당 기관에서 보유하고 있는 공사대장 등을 토대로 실시한다. 하천계획 및 정비 현황은 국토교통부의 「한국하천일람」에서 파악할 수 있다. 이 자료와 현장 조사 자료를 검토하여 하천정비 완료구간(계획홍수위에 대해 치수안정도가 확보된 구간), 하천정비 필요구간(치수안정도 확보를 위해 대책과 보강이 필요한 구간), 기타 안전도 확보구간(산지 무제부 등 별도 대책이 없어도 치수안전도가 확보된 구간) 등으로 구분하여 정리한다.

대상 하천에 대해 제방시설물 현황을 파악하여 제방 정비 완료 구간, 제방 보강 필요 구간, 제방 신설 구간 등으로 구분하여 정리한다. 이외에도 유역 내의 저수지 현황과 배수펌프장 등 각종 수리시설물 등을 조사한다.

하도 특성을 파악하기 위해 하상재료와 유사량 조사를 수행한다. 하상재료 조사는 하상의 특성분석, 조도계수의 산정, 상류 유역의 침식과 하천의 유사이송 특성, 유사량 공식과 하상변동 모형의 적용, 하천 서식처와 같은 하천환경의 조사 등에 필수적인 사항이다. 현장에서 적절한 방법으로 시료를 채취하고 실험실에서 분석한다. 그 결과를 체계적으로 정리하는 사항으로 구분하며 자갈이상, 모래, 실트이하로 나누어 각각 시료채취방법과 분석방법을 달리하여 실시한다.

모래는 현장시료를 채취하여 체분석으로 조사하고, 실트이하 재료는 현장시료를 채취하여 침강속도분석을 사용한다. 자갈이상 재료는 격자틀을 이용하여 조사한다. 격자틀 방법은 일정한 크기의 눈금 망으로 된 사각형 틀을 이용하여 하상에 임의로 놓고 사진을 찍어 그 격자망의 눈금에 걸리는 자갈들의 입경을 분석하는 방법이다.

하상재료 조사는 하천측량을 실시할 때 병행하는 것이 효율적이며 하천 조도, 유사이송, 하상변동, 하도설계 등에 관련되는 하상재료의 입경분포, 비중, 침강속도, 현장토의 겉보기 단위 중량과 공극률 등을 측정한다. 하천유역 전체의 하상재료 상태를 전반적으로 조사하기 위해서는 항공사진 등을 이용할 수 있다.

하상변동을 조사할 때는 모든 하천 측량 단면에서 하상재료 시료를 채취하는 것이 기본이다. 하상재료의 입경별 분류는 일반 토질시험 기준에 준하여 시행한다. 시료를 채취할 때 사주, 여울이나 웅덩이 등 국부적으로 하상재료 변화가 심한 구역은 피하며 가급적 그 구역에서 보편적으로 있는 하상재료를 선택한다. 시료채취 기준은 다음과 같다.

① 한 번에 채취하는 시료의 양 M(kg)은 공식 $0.082D_b^{1.5}$로 산정되며 여기서 D_b는 시료 중 최대 입자의 중간축 직경(mm)이다.

② 시료채취는 표면시료만 채취하면 안 되며 충분히 깊은 부분까지 채취해야 한다.

③ 저수지의 유입부 퇴적구역, 댐 직하류, 지류의 합류점 등 하상재료의 변화가 심할 것으로 예상되는 구간에서는 실제 상황에 따라 채취 간격을 조정한다.

④ 조사 횟수는 원칙적으로는 3년에 1회 실시하지만, 저수지의 퇴사나 댐 하류 하상저하 등으로 인한 심한 하상변동이 예상되는 지점은 연 1회 정도 실시한다.

⑤ 격자의 눈금은 통상 10cm 정도가 적합하나 조사 하천의 하상재료 특성에 맞추어 선정한다.

⑥ 격자틀을 기준으로 하는 채취 횟수(격자틀을 하상에 놓는 횟수)는 하상과 하상재료 입경의 크기에 따라 조절하되, 한 하천 지점에서 최소 10번이 적합하다.

현장에서 채취한 하상재료 시료의 입경분포를 분석하기 위하여 모래는 KSF (2504), 자갈은 KSF(2503)의 시험범위에 따른다. 또한 미립 토사에 대해서는 KSF(2308)의 시험법에 따라 측정하며 현장에서 채취한 하상재료의 침강속도는 입자 형상과 비중이 보통의 하상재료와 특별히 다른 경우 실험실에서 실측하여 결정한다.

격자틀에 의한 입경분포 분석은 사진 상 격자점에 걸린 자갈의 단축을 기준으로 할 수 있다. 그러나 이러한 분석은 중량비로 하는 모래의 입경분포분석과 다르므로 상호 비교를 위해 격자틀에 의한 결과를 적절한 방법으로 보정하여야 한다.

실험실에서 입자의 침강속도를 실측하기 위해서 높이와 직경이 충분히 큰 실린더에 물을 넣고 적절한 장치를 이용하여 물속에서 시료를 낙하시켜 카메라나 육안으로 일정 거리를 침강하는데 걸리는 시간을 측정한다. 실측이 어려운 경우, 하상재료의 침강속도는 경험식이나 도표를 이용하여 산정할 수 있다. 하상재료 조사 지점은 사주, 여울이나 웅덩이 등 국부적으로 하상재료의 변화가 심한 구역을 피한다.

하천 유사량 조사는 하상변동 예측, 저수지 퇴사량 추정, 유사 유출량 추정, 기타 하도 계획과 설계를 위해 수행한다. 주요 하천 지점에서 유량 조사와 같이 주기적으로 수행하여야 하며 유사량 조사 방법은 크게 유사량 실측에 의한 방법과 유사량 공식을 이용한 방법으로 구분한다.

하천 유사량은 유량과 마찬가지로 충적하천의 기본적인 자료이고, 유사량 조사는 유사량을 산정하는 방법(유사량 공식)의 개발과 보정을 위해 필요하다. 하천에서 유사량을 실측하여 입경별 유량-유사량 관계 곡선을 정하는 방법은 가장 확실한 방법이나 측정비용과 노력이 많이 소요된다. 해당 하천구간의 흐름, 유사, 하천기하 자료를 유사량 공식에 대입하여 유사량을 산정한다. 입경별 유량-유사량 관계를 구하는 방법은 실측에 비해 훨씬 간편하고 저렴하나, 유사량 공식에 의한 산정결과가 아직 충분한 신뢰를 주지 못하기 때문에 신중히 적용하여야 한다.

하천유사는 편의상 하상에서 구르고 미끄러지며 튀어오르고 가라앉고를 반복하여 이송하는 소류사와 하천의 난류에 의해 떠가는 부유사로 구분된다. 두 양의 합이 그 하천 단면의 총유사량이다. 소류사량 조사는 소류력과 소류사량의 관계 등 흐름 특성과 소류사 이송 특성을 파악하기 위하여 수행한다. 부유사량 조사는 유량과 부유사량 등 흐름 특성과 부유사 이송 특성을 파악하기 위하여 수행한다.

소류사량의 조사는 소류사 채취기를 이용하며 하천의 특성과 측정 목적에 따라 적절한 것을 선정하여 사용한다. 소류사량 측정 시 수온, 수심, 수면경사, 유속, 유량 등 수리량과 하천기하 특성, 하상재료 특성을 같이 조사한다. 소류사 조사 단면은 소류사 채취의 용이성은 물론 수리량 측정의 용이성을 감안하여 선정한다. 측정횟수는 평수시 동일 유량 조건에서 한 지점에서 원칙적으로 10회 이상, 홍수 시에는 횡단방향으로 최소한 2점 이상 선정하여 여러 번에 걸쳐 측정한다.

소류사량 조사는 굵은 모래나 자갈 하천과 같은 부유사에 비해 소류사가 지배적인 하천에서 적절한 소류사 채취기를 이용하여 소류사를 채취한 후 실험실에서 농도와 입경 분포를 분석한다. 측정된 소류사량 자료는 유량규모, 혹은 소류력 규모별로 무차원 소류사량-소류력 관계식을 이용하여 소류사량-소류력 관계 곡선을 구한다.

부유사량 조사를 위해 부유사를 채취하는 방법에 따라 점적분 채취와 수심적분 채취로 구분된다. 일반적으로 한 하천 단면의 부유사량 조사만을 목적으로 하는 경우 수심적분 방법을 채택한다. 부유사량 측정 시 수온, 수심, 수면경사, 유속, 유량 등 수리량과 하천기하 특성, 하상재료 특성을 같이 조사하며 하상 가까이에서는 부유사 채취기로 인해 하상이 혼란되기 때문에 부유사 채취기는 하상에 10cm 이내로 접근하면 안 된다.

부유사 조사 단면은 부유사 채취의 용이성은 물론 수리량 측정의 용이성을 감안하여 선정하고 측정횟수는 횡단 방향으로 최소한 3점 이상 선정하여 여러 번 측정한다. 부유사량 조사는 실트나 가는 모래 하천과 같이 소류사에 비해 부유사가 지배적인 하천에서 실시한다. 적절한 부유사 채취기를 이용하여 부유사를 채취한 후 실험실에서 분석한다. 부유사 채취는 측선상의 한 점에서 부유사를 시간 평균하여 측정하는 점적분 채취와 채취기를 일정 속도로 측선 상에서 오르내리면서 부유사를 수심 평균하여 측정하는 수심적분 채취로 구분한다. 시료는 실험실에서 적절한 방법으로 농도와 입경 분포를 분석한다.

하천의 총유사량은 소류사가 지배적인 하천, 부유사가 지배적인 하천, 소류사와 부유사가 같이 있는 하천으로 구분하여 수행한다. 자갈 하천 등 소류사가 지배적인 하천에서는 측정된 소류사량을 그 하천 단면의 총 유사량으로 간주한다. 진흙 하천 등 부유사가 지배적인 하천 또는 하상토 유사에 비해 세류사가 지배적인 하천에서는 실측 부유사량을 보정하여 그 하천 단면의 총유사량으로 본다. 모래 하천 등 소류사와 부유사가 같이 있는 하천에서 총 유사량의 추정은 소류사와 부유사의 합에 의한 방법, 인공적인 난류 수로에 의한 방법, 부유사 측정치의 보정에 의한 방법이 있다.

소류사와 부유사의 합에 의한 방법은 먼저 소류사를 채취한 후 하상부근 소류사 채취기의 입구 높이부터 수면까지 부유사 채취기로 수심 적분하여 부유사를 채취하여 두 측정치를 합하여 총 유사량을 추정하는 것이다. 이 방법은 사구 이동이 적은 하천에 한하여 적용이 가능하다.

인공적인 난류 수로에 의한 방법은 하천 한 구간에 인공적인 협착부를 만들어 유속을 증가시켜 모든 유사가 부유사 형태로 이송하게 만든 다음 부유사 채취기로 바닥부터 수면까지 시료를 채취하여 총 유사량을 측정하는 방법이다. 부유사 측정치의 보정에 의한 방법은 부유사 채취기로 하상 가까이 시료를 채취한 다음 이 시료와 흐름 특성 자료를 이용하여 적절한 방법으로 총 유사량을 산정하는 것이다. 이러한 방법에 의한 총유사량 산정을 위해서 미국에서 이용되는 수정 아인쉬타인 절차 등을 이용할 수 있다. 유사량 산정 공식은 여러 연구자에 의해 많은 공식들이 제안되었다. 적용되는 공식에 따라서 그 결과가 매우 다르게 나타나 신뢰성 문제가 야기된다. 몇 가지 경험 공식을 <표 2.3.1>에 제시하였다.

〈표 2.3.1〉 유사량 산정 경험공식

유사량 산정방법		경 험 공 식
Engelund & Hansen(1967)		$q_t = 0.05\gamma_s V^2 \dfrac{(dS)^{3/2}}{D_{50}\sqrt{g}(s-1)^2}$, $Q_t = q_t \times B$, $C_t = \dfrac{Q_t}{Q}$
Ackers & White(1973)		$C_t = G_{gr}\dfrac{s D_{35}}{d}(\dfrac{V}{u_*})^n$, $Q_t = C_t Q$
Yang	1973	$\log C_t = 5.435 - 0.286 \log\dfrac{wD_{50}}{v} - 0.457\log\dfrac{u_*}{w}$ $+(1.799 - 0.409\log\dfrac{wD_{50}}{v} - 0.314\log\dfrac{u_*}{w})\log(\dfrac{VS}{w} - \dfrac{V_{cr}S}{w})$, $Q_t = C_t \times 10^{-6} \times Q$
	1979	$\log C_t = 5.165 - 0.153\log\dfrac{wD_{50}}{v} - 0.297\log\dfrac{u_*}{w}$ $+(1.780 - 0.360\log\dfrac{wD_{50}}{v} - 0.480\log\dfrac{u_*}{w})\log(\dfrac{VS}{w})$, $Q_t = C_t \times 10^{-6} \times Q$
Rijn(1984)		$q_t = q_b + q_s$, $q_b = 0.053\dfrac{T^{2.1}}{D_*^{0.3}} \times \sqrt{(s-1)gD_{50}^3}$ $q_s = FVdC_a$; $0.3 \le Z' \le 3$ 또는 $0.01 \le$ a/d ≤ 0.1 $Q_t = q_t \times B$

주) q_t : 단위유사량, Q_t : 총 유사량, C_t : 유사농도, s : 토사비중, D_{35}, D_{50} : 각각 35%, 50%의 무게에 해당하는 입자 크기(유효입경, g : 중력가속도, v: 동점성계수, B: 폭, G_{gr} : 무차원유사량, S: 에너지경사, V: 평균유속, V_{cr} : 한계유속, u_* : 전단속도, n : Ackers & White 계수, w : 침강속도, T: 무차원 이송단계, D_* : 무차원입경, F: 부유사보정계수

하도는 하천의 유수가 소통하는 토지공간으로서 통상 제방 또는 하안과 하상으로 둘러싸인 부분을 의미한다. 하도는 기본적으로 계획홍수량 이하의 유량을 안전하게 소통시킬 수 있고 유사에 대해 안정된 하상을 유지할 수 있어야 한다. 하천 이용도의 증진, 자연환경의 보전, 하천 인접지역 토지이용의 효율성을 증대시킬 수 있는 기능이 요구된다.

그러나 하도는 자연적 요인 또는 인위적인 구조물 등으로 그 기능에 영향을 받고 있으며, 물의 흐름에 따른 유사의 이동으로 시간과 공간적으로 끊임없이 변화하는 특성이 있다. 따라서 하천을 개수하여 하도가 목적한 바 적절한 기능을 발휘하도록 계획하기 위해서는 이러한 하도의 변동 특성과 하도에 영향을 미치는 요인을 파악하는 것이 우선되어야 한다. 하도의 기능과 변동 특성에 영향을 미치는 주요 요인으로 평면, 종단, 횡단 특성 등이 있다.

하도의 평면 특성에 대해 살펴보면, 물 흐름은 직진하려는 성향을 가지고 있어서 현저하게 굴곡된 하도는 유수의 진행을 방해하여 수위상승을 야기하는 등 홍수소통에 지장을 초래한다.

또한 소류력에 의해 하안이 세굴되어 제체의 붕괴를 유발한다. 이에 비해 지나치게 직선화된 하도는 홍수소통 능력이 증가하지만 소류력의 증가도 동시에 발생하여 하상의 과다한 세굴을 일으킬 수 있다. 실제 하천은 직선류를 이루는 일이 적고 지반의 불균질, 돌기한 암반, 수중 장애물 등과 같은 요인들에 의해 완연한 사행유로를 형성하게 된다. 즉, 좌우 양안 중 한쪽의 하안이 대안측보다 상대적으로 연약한 지반인 경우 침식이 가중되어 만곡이 발생할 것이며, 돌출된 암반으로 인하여 유수의 흐름이 충돌과 동시에 유수의 방향이 전환되면서 하안을 침식시켜 만곡부 형성에 영향을 미칠 것이다. 수중에 장애물(전석, 수목 등)이 있는 경우에는 이로 인해 유수의 방향이 전환된다. 전환된 방향의 하안이 침식되어 만곡부 형성이 가속 될 것이다. 만곡이 시작되는 요(凹)부에서는 원심력의 작용으로 하안이 침식되고 철(凸)부에서는 유속의 감소로 토사가 퇴적되는 현상이 반복되면서 사행 정도는 계속해서 변하게 된다.

하도의 종단 특성의 하나인 하상경사는 유역의 유출, 도달시간, 하도의 세굴, 퇴적 등에 직접적인 영향을 주는 요소이다.

일반적으로 하도의 횡단 특성을 살펴보면, 하도는 자연적 요인인 강수, 지형 및 지질 등과 인공적 요인인 유역의 임상, 제방축조, 하천구조물 설치, 하천골재의 채취 등의 복합적 요인에 의해 3차원적으로 변화하고 있다. 정상적인 하도의 횡단형은 하도 중앙에 유심부가 있는 형상을 갖고 있으며 여러 가지의 복합적인 요소에 의하여 유심부가 좌안 또는 우안측으로 치우쳐 하도가 발달하는 것이 대부분이다. 만곡부를 이루는 하도 외에는 큰 홍수 발생 후에 유심부의 변동이 발생하게 된다. 하도의 횡단형은 통수단면의 크기와 형태를 의미하는 것으로 하도에 있어 단면 확대부와 축소부는 유속에 영향을 미쳐 궁극적으로 수위 변화와 하상의 세굴 또는 퇴적의 요인으로 작용한다.

하도 횡단형의 형태는 크게 단단면형과 복단면형, 복복단면형 등으로 구분할 수 있다. 단단면형은 유량이 작은 중·소규모의 하천에서 주로 나타나며 복단면형과 복복단면형은 비교적 유량의 규모가 큰 중·대하천에서 나타난다. 하도의 횡단형은 최적수리단면으로 제형단면의 설계를 원칙으로 복단면 또는 복복단면으로 하는 것이 바람직하다. 이는 하상계수가 큰 우리나라 하천 특성상 홍수 시와 갈수 시 모두 유량을 효율적으로 관리할 수 있기 때문이다.

계획홍수량이 작은 하천에서는 안정하상 유지 및 하천환경을 보전하고 유지하는 입장에서 호안이나 하상유지공 등과 같은 하천시설물에 의해 하상이나 단면형상이 변화될 수 있다는 점을 고려하여 단면형을 결정하여야 하며, 저수 시 하도관리와 홍수 시 제방의 안정성 등을 고려하여 결정하여야 한다.

하상변동 조사는 하상 변동이 하천의 홍수 소통 능력과 호안, 교량, 보 및 낙차공 등 하천 구조물의 안전이나 고유 기능에 미치는 영향을 파악하기 위하여 수행한다.

홍수피해 현황 및 침수 취약지역을 파악하여 하천 계획에 반영해야 한다. 우리나라는 몬순지대에 속하는 대륙성 기후권에 들어 있어 하절기인 6 ~ 9월 사이에 다량의 집중강우로 인하여 빈번한 수해가 발생하고 있다. 특히 도시화와 이상기후로 인한 집중호우, 태풍 등으로 홍수가 발생되어 그 피해가 증가하고 있는 상황이다. 이에 대한 피해 조사도 선행되어야 한다.

하천수를 취수하고 있는 이수시설물(양수장, 취수보, 저수지, 관정 등)을 조사하여야 하며 하천수 실적관리 시스템(http://ras.hrgco.go.kr)을 조회해서 하천수 사용과 시설물을 파악해야 한다.

하천환경 부문에서 공공하수처리시설, 분뇨처리시설, 폐기물처리시설, 소각시설, 생태시설물 등을 파악해야 한다. 이는 유역의 오염원이 될 수 있으며 하천 수질에 영향을 줄 수 있기 때문이다. 계획하천의 수질현황을 파악하기 위해 조사시점을 선성한다. 하천수의 수질은 수생생태계에 영향을 준다. 또한 하천 생태 현황 조사가 필요하며 동식물 조사가 이루어져야 한다.

계획하천 내의 하천 공간, 친수시설, 하천활용, 경관, 구역 지정(상수원보호 구역, 문화재 보호 구역, 자연보전 구역 등) 현황 등을 파악하여 하천계획 수립 시에 반영하여야 한다.

3

Chapter

소규모 유역의 설계홍수량

3.1 합리식에 의한 설계홍수량

3.2 기타 첨두홍수량 산정공식

홍수량을 산정할 때는 그 유역의 장래 기후변화와 도시화의 진행 정도를 반영하여야 한다. 여기서 홍수량의 산정은 하천에서 수공구조물을 설계하는 기준값인 설계홍수량을 의미한다. 수계의 형상, 홍수상황, 수위관측소 지점 등을 고려하여 상하류부와 주요 지류의 합류점 전후 등에서 홍수량을 산정한다.

설계홍수량을 대별하면 기본홍수량과 계획홍수량으로 구분된다. **기본홍수량**은 댐이나 수자원의 유역변경 등과 같은 인위적인 개발이 없는 자연 상태의 홍수량으로서 홍수조절이나 유역개발의 기본이 되는 홍수량을 말한다. **계획홍수량**은 댐이나 유역변경 등과 같은 인위적인 개발을 고려하여 하도가 부담해야 할 홍수량으로 정의된다. 즉, 계획홍수량은 이미 산정된 기본홍수량을 유역개발계획, 홍수방어(조절)계획, 이수계획, 내수배제계획, 하천환경관리계획을 고려하여 종합적으로 분석한 후에 합리적으로 배분하고 조절하여 결정된다. 그리고 댐이나 유역변경 등을 고려하여 산정된 확률홍수량의 특정 재현 기간이나 가능최대홍수량(PMF)를 기준으로 계획기준점이나 계획시설물에 따라 채택된다.

소규모 구조물(예: 우수거, 고속도로 배수구, 제방 등)이나 대규모 구조물(예: 큰 교량, 댐, 하천 등) 등의 설계를 위해 홍수량을 구분하여 산정한다. 설계홍수량은 구조물의 종류에 따라 선택된 재현기간에 해당하는 홍수량이다. 홍수량 산정을 위해 많은 공식과 방법이 제시되어 있는데 설계 대상에 따라서 사용방법, 공식 등이 다르다.

소규모 유역은 설계강우 지속기간 동안에 강우강도가 일정하고 강우의 공간분포가 균일하며, 유출은 지표면 유출이 지배적인 유역, 하도의 저류효과를 무시할 수 있는 유역으로 기준을 삼는다. 본 장에서는 비교적 간단한 소규모 유역에 대한 설계홍수량을 소개하고 중대규모 유역에 대한 설계홍수량에 대해서는 수문자료 해석의 기초과정을 공부한 후에 기술하려고 한다.

3.1 합리식에 의한 설계홍수량

합리식(rational formula)은 소유역의 유출 계산에 널리 사용되며 첨두홍수량(flood peak)을 구하는 공식이다. 이 공식은 경험식이지만 차원과 단위가 일치되는 특징을 갖고 있다. 간단하고 사용이 편리하여 도시 하수구, 암거 등의 배수설계를 위한 홍수량 산정에 사용되는 방법이지만 몇 가지 제약을 갖고 있다. 합리식은 강우강도가 일정하고 저류효과가 없다고 가정한 식이므로 하도의 저류량이 작고 지속기간 동안에 강우강도의 변화가 작은 소규모 유역이나 소규모 수공구조물의 설계 시에 적용이 가능하다. 유역면적이 25km^{2}이하인 경우에 적용하는 것이 타당하고 유역면적이 5km^{2}이하에 적용하는 것을 신뢰도 측면에서 권장하고 있다.

$$Q_p = 0.2778\,CIA \tag{3.1.1}$$

여기서 Q_p는 첨두홍수량(m^3/s), C는 유출계수, I는 지속시간 t_c의 강우강도(mm/h), A는 유역면적(km^2)이다.

3.1.1 유출계수 결정

유출계수는 0.0~1.0의 값이며 일반적으로 유역의 피복특성에 따라서 <표 3.1.1> ~ <표 3.1.3>과 같으며 여러 종류의 피복상태로 이루어진 경우에 면적을 가중치로 하여 산정한다.

$$C = \frac{\sum A_i C_i}{\sum A_i} \tag{3.1.2}$$

표에서 주어진 유출계수는 10년 빈도 이하를 대상으로 제시된 것이며 일반적으로 강우강도가 큰 경우에 작은 경우보다 유출이 크다. 그러므로 Denver Regional Council에서 재현기간에 따라 C값을 수정하도록 제시하고 있다. <표 3.1.4>에 의해서 조정값을 사용하는 경우에 C값이 1보다 커서는 안 된다.

유출계수 C는 손실을 고려한 계수이므로 유효강우량을 산정하기 위해 ϕ-지표법, SCS방법 등을 사용할 필요는 없다. 유출계수 값은 선행강우조건, 지면경사, 피복상태, 요철저류, 토양함수상태, 유역의 모양, 지표류 유속, 강우강도 등에 따라 영향을 받는다. 강우량과 지속시간이 증가함에 따라서 유출계수가 증가하는 것으로 조사되었다. 그러나 지표면 상태에 따라서 유출계수

값이 고정되어 있기 때문에 간단하게 사용되지만 여러 조건을 반영시킬 수 없는 단점을 갖고 있다.

장기간 지속되는 강우의 경우에 설계강우 이전의 강우인 선행강우로 인하여 침투가 감소되며 유출이 증가되는 것을 고려하여 미국 교통부에서 다음과 같이 유출계수를 보정하는 식을 제안하였다.

$$C_c = \frac{0.98t}{4.54+t}C + \frac{0.78t}{31.17+t}(1-C) \tag{3.1.3}$$

여기서 C_c는 선행강우 조건에 따라 보정된 유출계수, t는 강우시작부터 설계지속시간에 대한 강우강도의 강우시작 시간과 끝나는 시간(min), C는 가중평균유출계수이다. 일반적으로 장기강우동안 단기설계호우(도달시간에 해당하는 지속기간을 갖는)는 장기호우 기간의 중앙에 위치시킨다. 호우의 지속기간동안 유출계수를 변하지 않는 것으로 가정한다.

식 (3.1.1)에서 강우강도 I는 강우의 지속시간과 호우빈도 또는 재현기간에 따라 다르다. 강우강도 I에 대해 재현기간이 선정되고 도달시간과 같은 지속기간이 선정되어야 한다.

〈표 3.1.1〉 도시유역의 유출계수

토지이용상태	C값	토지이용상태	C값
상업지구		잔디	
중심상업지구	0.70~0.95	사질토 평지(2%)	0.05~0.10
주변상업지구	0.50~0.70	사질토 경사(2~7%)	0.10~0.15
주거지구		사질토 경사(>7%)	0.15~0.20
단독 주택지역	0.30~0.50	기타 토질 평지(2%)	0.13~0.17
단층 아파트지역	0.40~0.60	기타 토질 경사(2~7%)	0.18~0.22
고층 아파트지역	0.60~0.75	기타 토질 경사(>7%)	0.25~0.35
교외 주택지역	0.25~0.40	시가	
공업지구		아스팔트 포장	0.70~0.95
밀집 공업지역	0.60~0.90	콘크리트 포장	0.80~0.95
기타 공업지역	0.50~0.80	벽돌 포장	0.70~0.85
공원, 공동묘지	0.10~0.25	보도, 주차장	0.75~0.85
놀이터	0.20~0.35	지붕	0.75~0.95
미개발지구	0.10~0.30		

〈표 3.1.2〉 자연유역 유출계수 (I)

유역상태		토양 구조별 유출계수		
		성긴 사양토 open sandy loam	점토 및 롬 clay and loam	조밀한 점토 tight clay
산지	0~5%	0.10	0.30	0.40
	5~10%	0.25	0.35	0.50
	10~30%	0.30	0.50	0.60
초지	0~5%	0.10	0.30	0.40
	5~10%	0.16	0.36	0.55
	10~30%	0.22	0.42	0.60
경작지	0~5%	0.30	0.50	0.60
	5~10%	0.40	0.60	0.70
	10~30%	0.52	0.72	0.82

〈표 3.1.3〉 자연유역 유출계수 (II)

유역상태	유출계수	유역상태	유출계수
급경사 산지	0.75~0.90	산지하천	0.75~0.85
기복이 있는 토지와 산림	0.50~0.75	평지하천	0.45~0.75
평탄한 밭	0.45~0.60	유역의 반이상이 평지인 하천	0.50~0.75
관개중인 답	0.70~0.80		

〈표 3.1.4〉 재현기간에 따른 유출계수 값의 조정계수

재현기간(년)	조정계수	재현기간(년)	조정계수
2-10	1.0	50	1.2
25	1.1	100	1.25

[예제 3.1.1] 유역면적이 2.0km²의 토지이용상태가 다음과 같다. 이 유역의 평균 유출계수 값을 구하여라.

토지이용상태	면적 km²	C	$C \cdot A$
콘크리트 포장	0.14	0.90	0.126
교외 주택지역	1.44	0.35	0.504
아파트 지역	0.42	0.60	0.252

평균 $C = \frac{\sum CA}{\sum A} = \frac{0.882}{2} = 0.441$

[예제 3.1.2] 전체 유역에서 60%가 잔디($C=0.3$)로 덮여 있고 나머지 40%는 포장지역($C=0.9$)이다. 설계지점에서 도달시간이 20분이고 2시간 동안 강우가 발생하였다. 선행강우를 고려한 유출계수를 결정하여라.

풀이

가중평균유출계수 $C = \frac{0.6(0.3)+0.4(0.9)}{0.6+0.4} = 0.544$

2시간 강우의 중앙점 = 1.0hr = 60min

2시간 강우기간 중에 20분 지속강우가 시작하는 시간과 끝나는 시간

시작시간 t = 60−20/2 = 50min

끝나는 시간 t = 60+20/2 = 70min

시작시간 50min에서 유출계수

$C_c = \frac{0.98(50)}{4.54+50} 0.54 + \frac{0.78(50)}{31.17+50}(1-0.54) = 0.71$

끝나는 시간 70min에서 유출계수

$C_c = \frac{0.98(70)}{4.54+70} 0.54 + \frac{0.78(70)}{31.17+70}(1-0.54) = 0.77$

평균유출계수 = (0.71+0.77)/2 = 0.74

3.1.2 토지이용별 면적 산출 : 프로그램 Arc-View 이용

(1) 준비물

① 토지피복지도(환경공간정보서비스)

- 로그인 → 자료신청 → 신청서 작성 (*중분류 토지피복지도)

※ 환경공간정보 서비스에서 무료로 자료를 받을 수 있다.

② 유역계

- Polygon 형태로 점은 폐합되어야 한다.

(2) 분석과정

① 프로그램으로 자료 업로드는 앞의 2.2.3절에서와 같다.

- 토지피복도 : shp로 업로드　　　- 유역계 : polygon으로 업로드

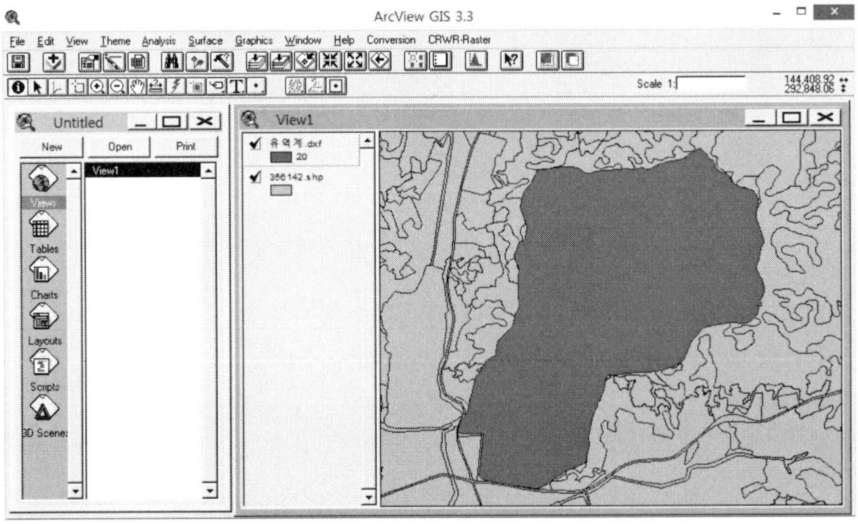

② 유역계-토지피복도 잘라내기

- 레이어선택(복수) → View → Geoprocessing → Clip one theme based on another

구분	선택사항
Select input theme to clip	토지피복도.shp
Select a polygon overlay theme	유역계.dxf

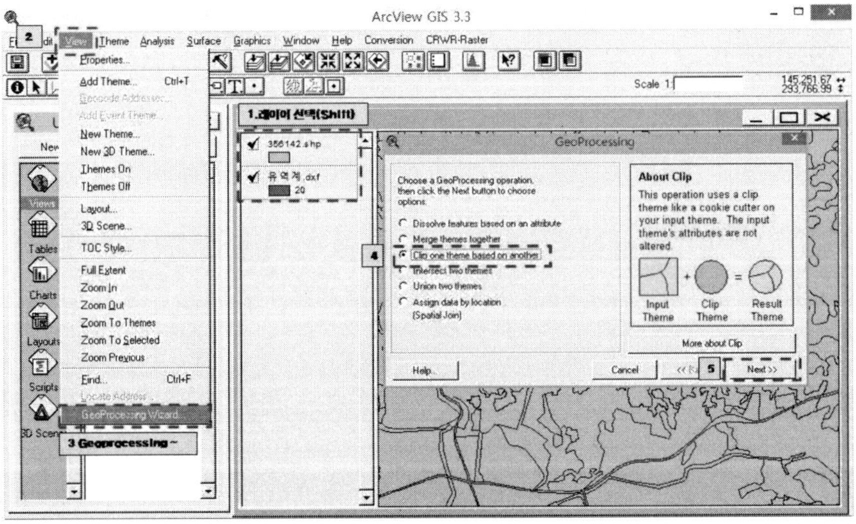

③ 결과1

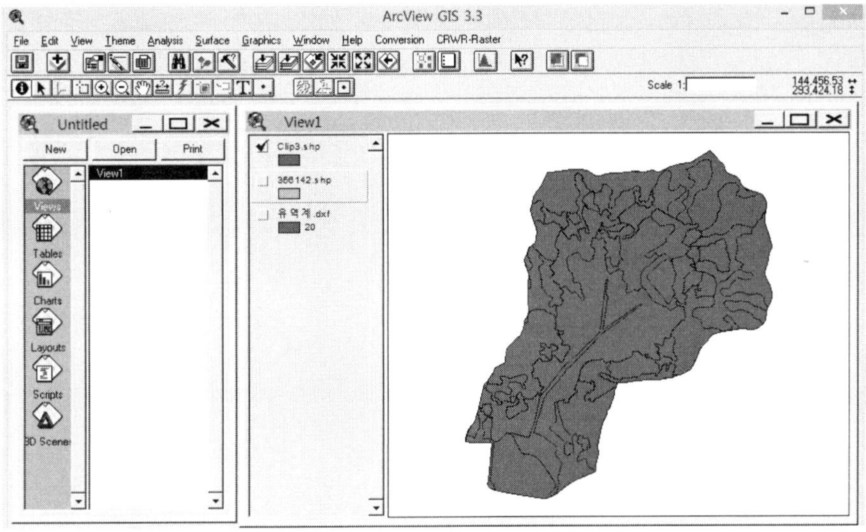

④ 결과2 – 토지이용현황 표현

생성된 『clip』 더블클릭

『Legend Type』 : Unique Value

『Value Field』 : L2.name(레이어 이름)

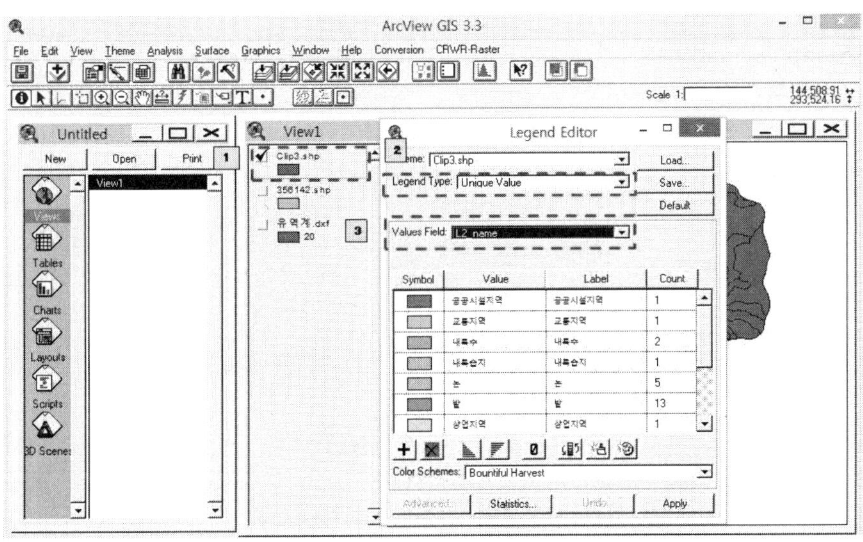

⑤ 최종 결과

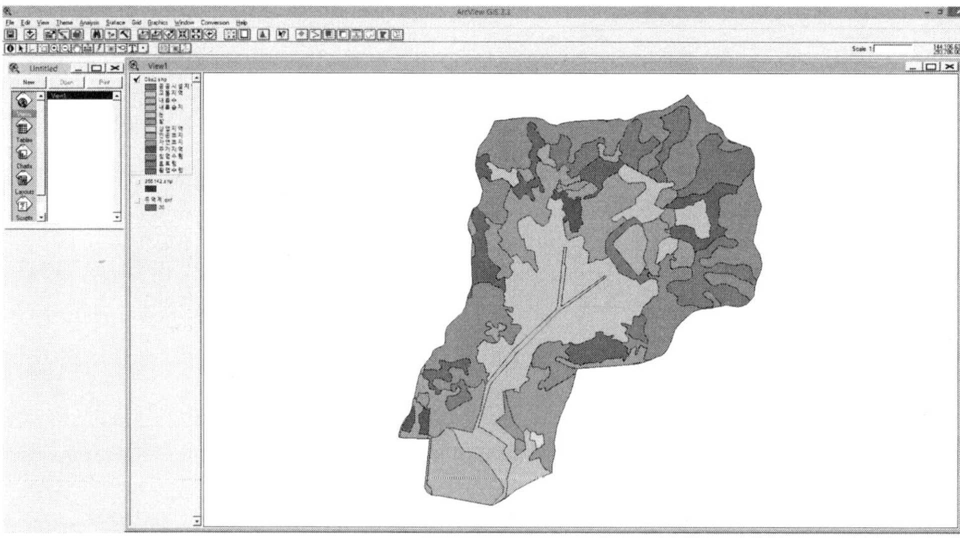

⑥ 면적 산출

- 1. Analysis　　　　- 2. Tabulate Areas

구분	선택사항
Row Theme	clip2.shp
Row Field	L2 Namer
Column Theme	유역계
Column Field	layer

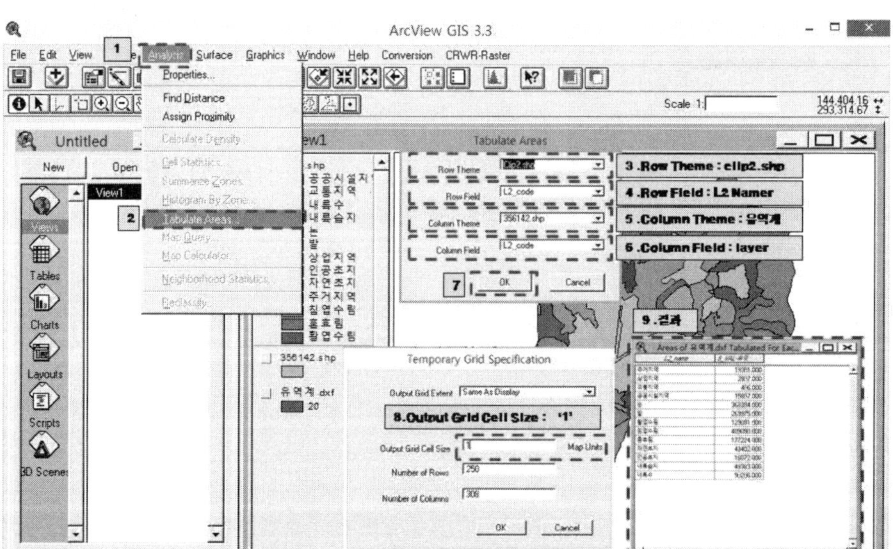

⑦ 결과 및 유출계수 산정

토지이용	면적(㎡)	유출계수
주거지역	19,301	0.40
상업지역	2,937	0.80
교통지역	406	0.80
공공시설지역	15,897	0.65
논	368,394	0.75
밭	269,975	0.50
활엽수림	129,091	0.60
침엽수림	409,090	0.60
혼효림	177,224	0.60
자연초지	43,402	0.36
인공초지	16,072	0.30
내륙습지	49,383	1.00
내륙수	90,206	1.00
합계	1,591,378	
평균유출계수	0.64	

3.1.3 도달시간

도달시간(time of concentration)은 유역의 가장 먼 곳에서 내린 강우가 유출구 또는 관심의 대상지점까지 도달하는 데 걸리는 시간을 말한다. 즉, 도달시간은 유역의 모든 지점이 유출에 기여하기 시작된다는 의미이다. 지속기간이 도달시간 보다 짧으면 유역면적의 일부분만이 유출에 기여하게 되므로 유역면적 전체가 유출에 기여하기 위해서 가장 짧은 지속기간이 도달시간과 같아야 한다.

하천이나 우수 관거 설계에서 도달시간 t_c는 최원점에서 하천 또는 관거 유입구까지 걸린 유입시간(inlet time) t_i와 하천 또는 관거 내의 유하시간 t_f(flow time)의 합으로 결정된다.

$$t_c = t_i + t_f \tag{3.1.4}$$

(1) 유입시간 산정

유입시간 t_i에 대해 자연하천유역에서 유역면적이 2km^2 이내의 급경사 유역에서 20분, 산지유역에서 30분을 적용하고 있으나 다소 크게 설정되어 유량도 크게 계산되는 경향이 있다. 개발된 도시지역에서 불투수지역인 경우에 5분, 주거밀도가 낮은 개발도시지역인 경우에 10~15분, 주거지역은 20~30분이 적용되기도 하지만 일반적으로 10~20분이 적용된다. 한편 유출구까지 거리가 100m이내로 짧은 경우에 다음 식을 이용하여 계산한다.

$$t_i = \frac{0.552\,[1.8\,(1.1 - C_5)L^{0.5}]}{S^{1/3}} \tag{3.1.5}$$

여기서 t_i는 유입시간(min), C_5는 5년 빈도의 강우에 해당되는 유출계수, L은 지표거리(m), S는 유역평균경사이다. 그리고 Kerby는 자연하천유역과 도시하천유역에서 유입시간을 산정하는 공식을 다음과 같이 제안하였다.

자연하천유역 :

$$t_i = 36.264\frac{(L \times n)^{0.467}}{S^{0.2335}} \tag{3.1.6}$$

도시하천유역 :

$$t_i = 36.264\,(\frac{L^{1.5} \times n}{H^{0.5}})^{0.467} \tag{3.1.7}$$

여기서 t_i는 유입시간(min), L은 지표거리(km), S는 유역평균경사, H는 표고차(m), n은 조도계수이고 <표 3.1.5>에 제시되어 있다.

〈표 3.1.5〉 Kerby 공식의 계수 n

자연하천유역		도시하천유역	
지표상태	계 수	지표상태	계 수
불투수성의 완만한 지표면	0.02	포장지역	0.02
나대지의 비포장 지표면	0.10	거친 나대지	0.10
초지가 없는 나대지의 거친 지표면	0.20	거칠고 풀이 없는 지역	0.30
초지로 이루어진 지표면	0.40	잔디	0.40
낙엽으로 덮인 수목지역	0.60	나무, 풀이 빽빽한 지역	0.80
초지와 산림으로 우거진 지표면	0.80		

(2) 유하시간 산정

우수관거로 물이 유입되어 유역출구까지 흐르는 경우에 관거 내에서의 유하시간은 다음과 같이 산정된다.

$$t_f = \sum_{i=1}^{n} \frac{L_i}{V_i} \tag{3.1.8}$$

여기서 t_f는 유하시간(sec), L_i는 i번째 관거의 길이(m), V_i는 관거에서 유속(m/sec)이다. 자연하천 유역에서 여러 가지 유하시간을 산정하는 경험공식이 제안되어 적용되고 있다.

Kirpich 공식 : 소유역의 농경지

$$t_f = 3.976 \frac{L^{0.77}}{S^{0.385}} \tag{3.1.9}$$

여기서 t_f는 유하시간(min), L은 하천길이(km), S는 하천평균경사이다.

Rziha 공식 : 자연하천의 상류부($S \geq 1/200$)

$$t_f = 0.833 \frac{L}{S^{0.6}} \tag{3.1.10}$$

Kraven 공식 I : 자연하천 중하류부($S \leq 1/200$)

$$t_f = 0.444 \frac{L}{S^{0.515}} \tag{3.1.11}$$

Kraven 공식 II : 자연하천의 경사별 유속적용

$$t_f = 16.667 \frac{L}{V} \tag{3.1.12}$$

여기서 $S \leq 1/200$ 인 경우, $V = 2.1$ m/sec

$1/200 < S < 1/100$ 인 경우, $V = 3.0$ m/sec

$S \geq 1/100$ 인 경우, $V = 3.5$ m/sec

연속형 Kranven 공식 :

$$\text{급경사부}(S>3/400) : V = 4.592 - \frac{0.01194}{S},\ V_{max} = 4.5\text{m/s} \tag{3.1.13}$$

$$\text{완경사부}(S \le 3/400) : V = 35,151.515S^2 - 79.393939S + 1.6181818,\ V_{min} = 1.6\text{m/s}$$

여기서, V : 평균유속(m/s), V_{max} : 최대유속, V_{min} : 최소유속, S : 하도경사(m/m)

SCS 공식 : 유역면적이 8km^{2}이하인 경우에 적용

$$t_f = \frac{L^{0.8}(2540 - 22.86\,CN)^{0.7}}{0.56149\,CN^{0.7}S^{0.5}} \tag{3.1.14}$$

여기서 CN은 유출곡선지수이다.

유하시간 산정 공식은 기술된 이외의 Izzard 공식, California 공식 등의 경험공식이 많다. 공식에 따른 유하시간의 차이가 크며 이에 따라서 홍수량의 차이도 크다. 그러므로 경험공식에 의해 산정된 유하시간을 이용하여 유속을 계산한다. 계산된 유속이 홍수 시에 적정 유속인 2.0~3.5 m/sec 범위 내에 드는지 여부를 검토하여 결정하는 것이 바람직하다.

적정 유하시간 공식을 산정하기 위해 ① 하상경사, ② 홍수파 평균유속 범위 등을 검토하여 결정하며, 그 결과 경사변화점 부근의 평균유속의 단락이 최소화되도록 설계홍수량 산정요령(2012, 국토교통부)에서 제시하고 있는 연속형 Kraven 공식을 일반적으로 적용하여 홍수량을 산정한다.

[예제 3.1.3] 그림과 같은 유역의 A 지점에서 E지점까지의 도달시간을 산정하여라. 이때 각 구간의 특성은 다음과 같다.

A-B 구간 : 길이가 200m, 경사가 6%인 초지와 산림으로 우거진 지표면
B-C 구간 : 길이가 300m, 경사가 3%인 초지가 없는 나대지의 거친 지표면
C-D 구간 : 길이가 500m, 평균유속이 2.0m/s인 우수관거
D-E 구간 : 길이가 700m, 경사가 0.4%인 자연하천

풀이

A-B 구간 : Kerby의 공식 이용하고 계수 값을 0.8 적용하면,

$$t_{AB} = 36.264\frac{(0.20 \times 0.8)^{0.467}}{0.06^{0.2335}} = 29.72\,\text{min}$$

B-C 구간 : Kerby의 공식 이용하고 계수값을 0.2 적용하면,

$$t_{BC} = 36.264\frac{(0.30 \times 0.2)^{0.467}}{0.03^{0.2336}} = 22.10\,\text{min}$$

C-D 구간 : 거리와 유속이 주어져 있으므로,

$$t_{CD} = \frac{L}{V} = \frac{500}{2} = 4.17\,\text{min}$$

D-E 구간 : 자연하천이고 경사가 0.004=1/250이므로 Kraven 공식 I을 적용하면,

$$t_{DE} = 0.444\frac{0.7}{0.004^{0.515}} = 5.33\,\text{min}$$

총 도달시간은 29.72+22.10+4.17+5.33=61.32min

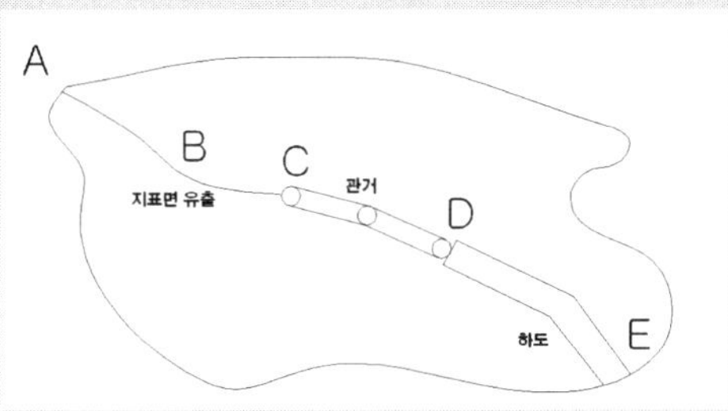

c

3.1.3 합리식의 적용 절차

합리식은 첨두유량을 구하는 간단한 방법으로서 우수관거 설계 시에 주로 적용되고 있다. 구하는 과정을 요약하면 다음과 같다.

(1) 대상 지점에 대한 유역경계를 정하고 유역면적, 토지이용상태, 유역표고, 유로연장을 결정하고 관거가 매설되는 유입지점을 정한다.

(2) 토지이용 상태에 따른 유출계수를 정하고 필요한 경우에 식 (3.1.1)에 의해 가중평균유출계수를 계산한다.

(3) 도달시간을 결정한다. 2개 이상의 소유역이 만나는 하류지점에서의 도달시간은 그 중에서 제일 긴 시간을 선택한다.

(4) 재현기간 T를 선택하고 T년 강우강도 I를 강우강도-지속기간-빈도(IDF)곡선으로부터 도달시간과 동일한 강우지속기간에 대하여 구한다.

(5) 식 (3.2.1)을 이용하여 첨두유량을 구한다.

[예제 3.1.4] 그림과 같이 5개의 소유역으로 구성된 가상의 배수구역에 재현기간 10년에 해당되는 강우가 내릴 때 각 우수관거별로 유입되는 유량과 우수관거의 직경을 결정하여라. 재현기간 10년에 해당하는 강우강도식은 $I=\frac{465}{t^{0.53}}$ (mm/hr)이고 Manning의 조도계수는 $n=0.014$이다. 5개의 소유역에 대한 특성은 다음과 같다.

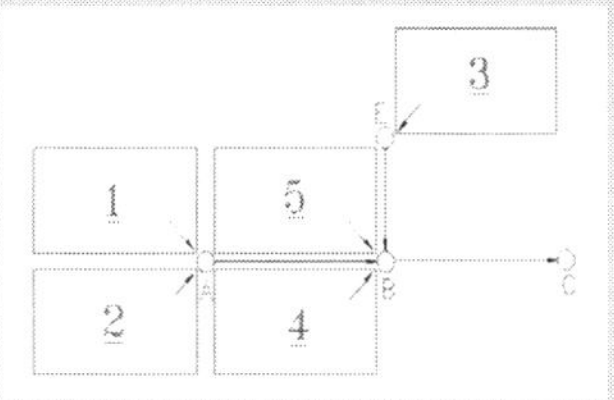

소유역	면적 (km²)	유출계수 C	입구도달시간 t_i(min)	우수관거	관길이 (m)	경사 S	배수면적 (km²)
1	0.016	0.7	10	EB	300	0.0040	0.035
2	0.025	0.5	12	AB	350	0.0035	0.041
3	0.035	0.7	15	BC	400	0.0032	0.158
4	0.040	0.6	18				
5	0.042	0.6	20				

풀이

(1) 우수관거 EB를 통과하는 유량과 관직경 결정 : 소유역 3의 도달시간은 15분이므로 강우강도는,

$I=\frac{465}{15^{0.53}}=110.7\,\text{mm/hr}$

유출량 $Q=0.2778CIA=0.2778\times0.7\times110.7\times0.035=0.753\,\text{m}^3/\text{s}$

우수관거의 직경 $Q=A\frac{1}{n}R^{2/3}S^{1/2}$, $0.753=\frac{\pi D^2}{4}\frac{1}{0.014}(\frac{D}{4})^{2/3}(0.0040)^{1/2}$

$D=0.791\,\text{m}$

관내의 유속 $V=Q/A=0.753/(\frac{\pi\times0.791^2}{4})=1.53\,\text{m/s}$

관내의 이동시간 $t=L/V=300/1.53=196.1s=3.27\,\text{min}$

(2) 우수관거 AB를 통과하는 유량과 관직경 결정 : AB관로는 소유역 1, 2의 우수가 유입되므로 유입시간이 긴 12분을 도달시간으로 한다. 이 때 강우강도는,

$I=\frac{465}{12^{0.53}}=124.6\,\text{mm/hr}$

평균유출계수 $C=(0.7\times0.016+0.5\times0.025)/0.041=0.58$

유출량 $Q=0.2778CIA=0.2778\times0.58\times124.6\times0.041=0.823\,\text{m}^3/\text{s}$

우수관거의 직경 $Q=A\frac{1}{n}R^{2/3}S^{1/2}$, $0.823=\frac{\pi D^2}{4}\frac{1}{0.014}(\frac{D}{4})^{2/3}(0.0035)^{1/2}$

$D=0.838\,\text{m}$

관내의 유속 $V=Q/A=0.823/(\frac{\pi\times0.838^2}{4})=1.49\,\text{m/s}$

관내의 이동시간 $t=L/V=350/1.49=234.90s=3.91\,\text{min}$

(3) 우수관거 BC를 통과하는 유량과 관직경 결정 : BC관로의 B지점까지 각 유역에서 유입되는 시간을 보면 소유역 I에서 10+3.91 = 13.91min, 소유역 II에서 12+3.91=15.91, 소유역 III에서 15+3.27=18.27min, 소유역 IV에서 18min, 소유역 V에서 20min의 우수가 유입되므로 유입시간이 가장 긴 20분을 도달시간으로 한다. 이 때 강우강도는,

$$I = \frac{465}{20^{0.53}} = 95.04\ \text{mm/hr}$$

평균유출계수

$$C = (0.58 \times 0.041 + 0.7 \times 0.035 + 0.6 \times 0.040 + 0.6 \times 0.042)/0.158 = 0.62$$

유출량 $Q = 0.2778CIA = 0.2778 \times 0.62 \times 95.04 \times 0.158 = 32.586$

우수관거의 직경 $Q = A\frac{1}{n}R^{2/3}S^{1/2}$, $2.586 = \frac{\pi D^2}{4}\frac{1}{0.014}(\frac{D}{4})^{2/3}(0.0032)^{1/2}$

$D = 1.271\ \text{m}$

관내의 유속 $V = Q/A = 2.586/(\frac{\pi \times 1.271^2}{4}) = 2.04\ \text{m/s}$

관내의 이동시간 $t = L/V = 400/2.04 = 196.08s = 3.27\ \text{min}$

3.2 기타 첨두홍수량 산정공식

소규모 하천계획이나 수공구조물 설계를 위한 첨두홍수량 산정 공식이 합리식 이외에도 많이 제시되어 있으나 어떤 공식을 적용하느냐에 따라서 첨두홍수량에 큰 차이를 보여 주고 있다. 그러므로 여러 공식에 의해 첨두홍수량을 산정한 후에 유역의 특성을 고려하고 경험을 통해서 합리적인 결과를 이용해야 된다.

3.2.1 수정 가지야마 공식

가지야마(Kajiyama) 공식은 우리나라의 8개 대소 하천 12개 지점에 대한 최대홍수량 기록과 유역면적, 하천연장, 최대강우량, 유역의 경사와 유출률을 나타내는 계수를 조합하여 제시하였다. 이 공식은 유역면적에 따라서 다음과 같이 2가지로 구분되어 있다.

$A < 42.91\mathrm{km}^2$인 경우

$$Q = F(310 + R)(4 + \frac{A}{L^2})A^{1.016 - 0.1135\ log_{10} A} \tag{3.2.1}$$

$A > 42.91\mathrm{km}^2$인 경우

$$Q = 1.886F(310 + R)(4 + \frac{A}{L^2})A^{0.6784 - 0.0101\ log_{10} A} \tag{3.2.2}$$

여기서 Q는 첨두홍수량($\mathrm{m^3/sec}$), A는 유역면적(km), L은 하천길이(km^2), R은 유역의 최대 24시간 확률 강우량(mm), F는 유역의 경사와 유출률을 대표하는 상수로서 <표 3.2.1>과 같다.

〈표 3.2.1〉 수정 가지야마 공식의 상수 F값

유역의 상태	F값
임야가 적고 유출이 많은 급경사 지역	0.0104
비교적 유출이 많은 지역	0.0096
유출이 보통인 지역	0.0088
비교적 유출이 적은 지역	0.0080
유출이 대단히 적은 지역	0.0072

3.2.2 한장회 공식

이 공식은 한국 하천의 첨두홍수량을 산정하기 위한 공식으로 하상경사, 유로연장, 유역면적, 일최대강우량을 조합하여 제시한 것이다.

$$Q = AS^{0.5}(0.169 - 0.0065\frac{L^2}{A})R \tag{3.2.3}$$

여기서 Q는 첨두홍수량(m^3/sec), A는 유역면적(km^2), L은 하천길이(km), R은 유역의 최대 일강우량(mm), S는 하상경사이다.

3.2.3 고재웅 공식

전국 24개 주요 수문관측소의 홍수량을 빈도해석하여 제시한 것으로 재현기간별 첨두홍수량을 구하는 공식이다.

$$Q_T = 15.5\,T^{0.22}A^{0.64} \tag{3.2.4}$$

여기서 Q_T는 재현기간 T에 해당되는 첨두홍수량(m^3/sec), A는 유역면적(km^2), T는 재현기간(년)이다.

3.2.4 비유량 방법

미계측유역의 첨두홍수량을 추정하는 방법으로 국토교통부에서 제시한 공식이다. 유역면적과 단위면적당 연평균최대홍수량을 회귀분석하여 제시한 것이다.

$$q = 11.25\frac{1}{A^{0.25}} \tag{3.2.5}$$

여기서 q는 단위면적당 연평균최대홍수량($m^3/sec/km^2$), A는 유역면적(km^2)이다.

[예제 3.2.1]

광주천의 상류에 위치한 한 지점의 유역면적이 28.39km²이고 유로연장이 10.8km이다. 재현기간 100년인 24시간 확률강우량이 299.6mm이고 이 지역의 최대일 강우량이 335.6mm였다. 하천의 평균경사를 1/80, 유출이 보통인 유역으로 가정하여 재현기간 100년에 해당하는 홍수량을 구하여라.

풀이

(1) 수정가지야마 공식

유역면적이 42.91km²보다 작으므로 식 (3.2.1)을 사용하고 비교적 유출이 보통인 지역이므로 <표 3.2.1>에서 F값은 0.0088을 사용한다.

$$Q = F(310 + R)(4 + \frac{A}{L^2})A^{1.016 - 0.1135\, log_{10}A}$$

$$Q = 0.0088(310 + 299.6)(4 + \frac{28.39}{10.8^2})28.39^{1.016 - 0.1135\, log_{10}28.39} = 392.63\,\mathrm{m^3/s}$$

(2) 한장회 공식

$$Q = AS^{0.5}(0.169 - 0.0065\frac{L^2}{A})R$$

$$Q = 28.39(\frac{1}{80})^{0.5}(0.169 - 0.0065\frac{10.8^2}{28.39})335.6 = 151.58\,\mathrm{m^3/s}$$

(3) 고재웅 공식

$$Q_T = 15.5\,T^{0.22}A^{0.64}$$

$$Q = 15.5(100)^{0.22}28.39^{0.64} = 363.38\,\mathrm{m^3/s}$$

(4) 비유량법

$$q = 11.25\frac{1}{A^{0.25}}$$

$$q = 11.25\frac{1}{28.39^{0.25}} = 4.98\,\mathrm{m^3/s/km^2}$$

$$Q = 4.98 \times 28.39 = 141.44\,\mathrm{m^3/s}$$

4

Chapter

수문자료 해석

4.1 수문통계
4.2 회귀분석
4.3 재현기간과 위험도
4.4 수문자료 계열
4.5 자료의 수집과 검정
4.6 확률분포형의 매개변수 추정 방법
4.7 확률분포형
4.8 매개변수의 적합성 검토
4.9 확률분포의 적합도 검정
4.10 확률강우량 산정 : FARD2006 이용

하천계획이나 수공구조물의 설계에서 부분적으로 이론적인 원리에 의해 해석이 가능하지만 과거의 관측 자료로부터 확률개념에 의한 통계적 방법이 사용된다. 수문현상의 발생원리를 정량적으로 표현하는 것이 불가능하기 때문에 단순하게 확정론적인 원리에 의해 강우량이나 유출량을 예측하기가 불가능하다. 예로써 강우와 유출관계를 살펴보면 강우는 시간적/공간적 분포가 다르며 유출현상에 있어서도 지표 상태, 토양 분포, 하천 단면, 조도, 경사 등이 공간적으로 때로는 시간적으로 변하기 때문에 정확히 해석할 수 없다. 이와 같이 수문과정의 불확실성과 무작위성 때문에 관측자료를 최대한 이용하여 정보를 얻을 수 밖에 없다. 즉, 강우나 홍수사상 등의 수문자료를 확률통계적으로 분석하여 수문현상을 규명하고 장래의 거동을 예측할 수 있는 수문분석이 필요하다.

수집된 강우, 혹은 유량 등과 같은 수문자료가 어떤 통계 특성을 갖고 있는지 규명하기 위해 이론적인 확률 분포가 이용된다. 본 장에서는 수문자료의 특성을 위해 확률과 통계에 대한 기초를 공부한다. 과거 관측 자료를 통계학적인 기법을 이용하여 빈도해석을 실시하고, 적합도 검정 기법에 의하여 최적 분포형을 산정한 후에 지속시간별 확률강우량을 산정한다. 빈도해석 과정을 간단하게 요약하면 [그림 4.0.1]과 같다.

4.1 수문통계

4.1.1 확률개념

하나의 사건이 일어날 수 있는 가능성을 수의 값으로 나타낸 것을 확률이라 하고 사건 A가 일어날 확률을 $P(A)$로 나타낸다. 어떤 시행에서 얻어지는 근원사건이 모두 같은 정도로 일어날 것으로 기대될 때 표본 공간 S에 속하는 근원사건의 수를 $n(S)$, 사건 A에 속하는 근원사건의 수를 $n(A)$라 하면 사건 A가 일어날 확률 $P(A)$는 다음과 같다.

$$P(A) = \frac{n(A)}{n(S)} \tag{4.1.1}$$

여기서 $n(A)$는 사건 A가 일어나는 경우의 수이고, $n(S)$는 일어날 수 있는 모든 경우의 수를 말한다. 식 (4.1.1)과 같은 확률을 수학적 확률이라고 한다.

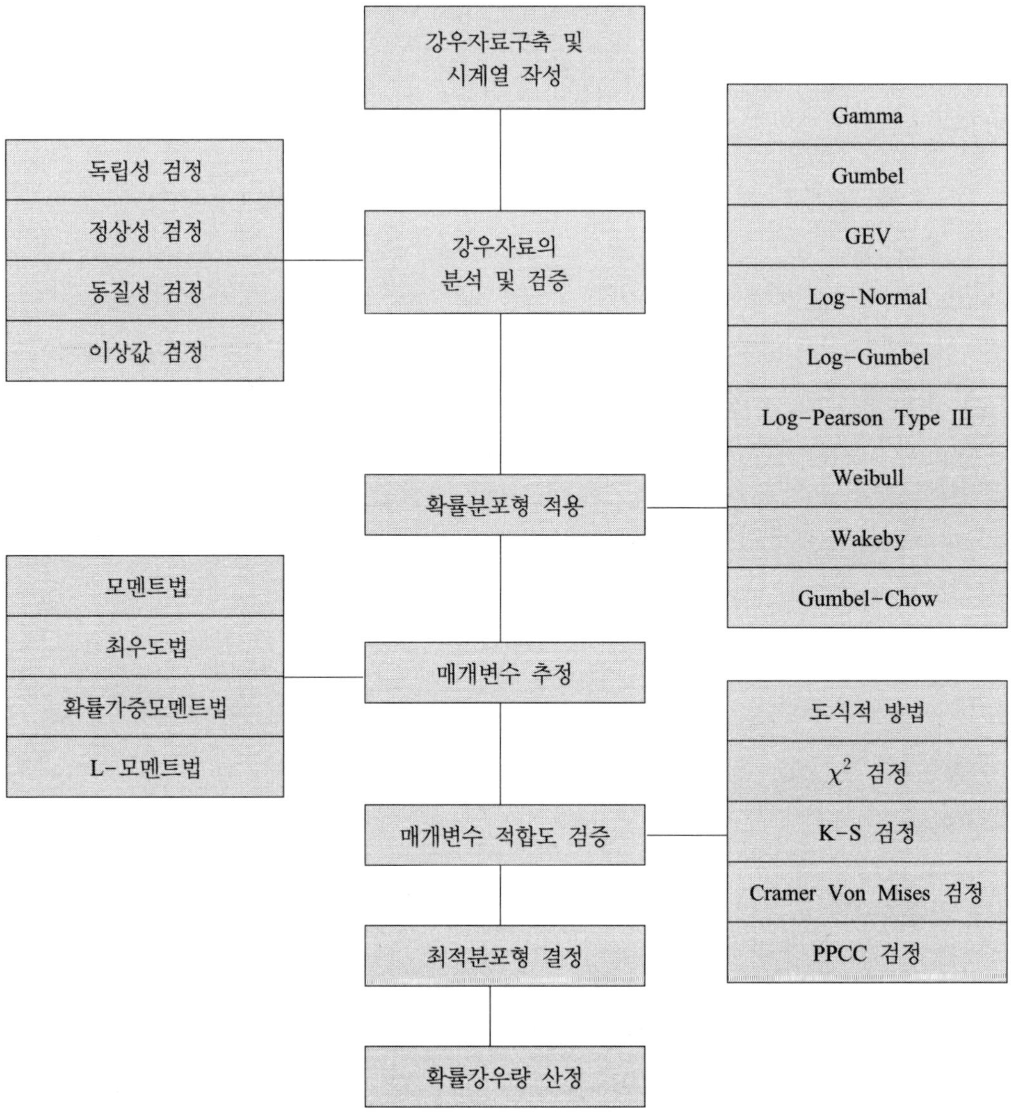

[그림 4.0.1] 빈도해석 과정

[예제 4.1.1] 한 개의 주사위를 2번 던질 때 나오는 눈의 합이 7이 될 확률을 구하여라.

풀이

근원사건은 6×6=36이므로 $n(S)$=36이고, 이 때 눈의 합이 7인 사건을 A라 하면,

$A = \{(1,6), (2,5), (3,4), (4,3), (5,2), (6,1)\}$

이므로 $n(A)$=6이다. 따라서, 구하려는 확률은 식 (4.1.1)에 의해,

$P(A) = \frac{6}{36} = \frac{1}{6}$

이처럼 수학적 확률은 각 경우가 일어나는 것이 같은 정도로 기대된다는 가정 아래에서 정의된 것이다. 예제 4.1.1에서 본 바와 같이 한 개의 주사위를 던지는 시행에서 나타나는 경우는 1, 2, 3, 4, 5, 6의 눈 중의 하나이다. 정상적으로 만들어진 주사위라면 각 눈이 일어날 가능성은 1/6이다. 그러나 우리 주변의 여러 가지 사회현상이나 자연현상 중에는 어떤 사건의 결과가 같을 정도로 기대할 수 없는 경우가 많다. 예를 들면 강우가 발생할 확률, 홍수가 발생할 확률, 야구선수가 안타를 칠 확률, 공장에서 불량품 제품이 생산될 확률 등은 통계 자료를 근거로 구할 수 있는 통계적 확률의 예이다. 이와 같은 경우에 어떤 사건의 확률를 구하려면 실제로 같은 시행을 여러 번 반복하여 얻어지는 상대도수를 통하여 전체적인 경향을 예측할 수밖에 없다. 다시 말하면, 같은 시행을 n번 반복하여 사건 A가 일어난 횟수를 r_i이라 할 때 n을 무한히 크게 함에 따라 상대도수 $\frac{r_i}{n}$이 일정한 값 P에 가까워지면,

$$\lim_{n \to \infty} \frac{r_i}{n} = P(X_i) \tag{4.1.2}$$

이다. 이 때 P를 사건 A의 통계적 확률이라고 한다. 그러므로 수문현상에서 확률이란 확률변수의 관측이나 시행에서 사상 A가 일어날 가능성을 의미한다. 사상 A의 확률은 많은 시행 후에 A가 발생할 상대빈도로 정의된다. 표본의 크기가 증가하면 상대빈도는 보다 정확한 확률 추정치가 된다. 그러므로 표본의 수가 정확도에 영향을 미친다. 여기서 표본공간이란 어떤 시행에서 일어날 수 있는 모든 가능한 결과의 집합을 말하며 사건은 표본공간의 집합을 의미한다. 만일 $P(X=x_i)$를 무작위 사상 x_i의 확률이라고 정의하면 n가지 발생 가능한 표본공간에서 다음과 같은 확률법칙을 따른다. 여기서 X를 확률변수라 하며 확률변수 X가 유한 개의 값 $x_1, x_2, \ldots, x_n$

을 가질 때 X를 이산확률변수라 한다.

(1) 임의 사상의 발생확률은 0과 1 사이의 값을 갖는다. 즉,*

$$0 \le P(X=x_i) \le 1 \tag{4.1.3}$$

(2) 각 시행 시 발생 가능한 모든 사상의 확률의 합은 1이다.

$$\sum_{i=1}^{n} P(X_i) = 1 \tag{4.1.4}$$

(3) 전 사건 S의 부분집합인 두 사건 A, B에 대하여 A와 B가 동시에 일어나지 않을 때 즉, $A \cap B = \phi$일 때 A와 B는 서로 배반이라 하고, 이 두 사건을 배반사건이라 한다. 배반사건의 확률은 각 사건의 확률을 합한 것과 같다.

$$P(A \cup B) = P(A) + P(B) \tag{4.1.5}$$

(4) 전 사건 S의 부분집합인 두 사건 A, B에 대하여 A와 B가 동시에 일어나는 사건을 곱사건 $A \cap B$이라고 하며 사건이 서로 독립적인 경우이며 이에 대한 확률은 각 사상의 확률을 곱한 것과 같다.

$$P(A \cap B) = P(A) \cdot P(B) \tag{4.1.6}$$

(5) 전 사건 S의 부분집합인 두 사건 A, B에 대하여 A 또는 B가 일어나는 사건은 합사건으로 $A \cup B$이며 발생할 확률은,

$$P(A \cup B) = P(A) + P(B) - P(A \cap B) \tag{4.1.7}$$

이다. 이 경우에 식 (4.1.5)와 다른 점은 $A \cap B \neq \phi$일 때이며 서로 독립도 아니고 배반도 아닌 경우이다.

(6) 확률이 0이 아닌 두 사건 A, B에 대하여 사건 A가 일어났다는 가정 하에서 사건 B가 일어날 확률을 사건 A가 일어났을 때 사건 B의 조건부 확률이라 하고 다음과 같이 나타낸다.

$$P(B/A) = \frac{P(A \cap B)}{P(A)} \quad (\text{단, } P(A) > 0) \tag{4.1.8}$$

* 어떤 시행에서 표본공간 S의 임의의 한 사건을 X라 하면 사건 X는 S의 부분집합이므로 이를 식으로 표현하면 $0 \le n(X) \le n(S)$이다. 양변을 $n(S)$로 나누면 $0 \le n(X)/n(S)$, 즉, $0 \le P(X) \le 1$이다.

[예제 4.1.2] 서울에서 광주로 출발하는 KTX 내의 승객 중에 40%가 광주사람이고, 승객 중에 25%가 광주의 남자 손님이다. 광주 승객 중에서 한 명을 선택하였을 때 그 사람이 광주의 남자 손님일 확률을 구하여라.

풀이

광주 사람일 사건을 A, 남자일 사건을 B라하면 광주의 남자일 사건은 $A\cap B$이다.

$P(A)=0.4,\ P(A\cap B)=0.25$

광주 사람이면서 남자일 확률은 $P(B/A)$이므로,

$P(B/A)=\dfrac{P(A\cap B)}{P(A)}=\dfrac{0.25}{0.4}=0.625$

4.1.2 확률분포

확률변수 X가 유한 개의 값 $x_1,\ x_2,...,x_n$을 가질 때 X를 이산확률변수라 한다. 변수 X가 취할 수 있는 모든 값이 $x_1,\ x_2,\ ...,\ x_n$이고 이들 각각의 값을 취할 확률 $p_1,\ p_2,\ ...,\ p_n$이 주어질 때 이들의 대응 관계를 X의 확률분포라 하고 이것을 표로 작성한 것을 확률분포표라고 한다.

X	x_1	x_2	x_3	…	x_n
$P(X=x_i)$	p_1	p_2	p_3	…	p_n

확률변수 X가 x_i를 취할 확률을 $P(X=x_i)=p_i$로 나타내고 확률변수 X가 a이상 b이하의 값을 취할 확률은 $P(a\le X\le b)$로 나타내며 확률분포의 성질을 요약하면 다음과 같다.

$P(X=x_i)=p_i\ \ (i=1,\ 2,\ ...,\ n)$일 때,

① $0\le p_i\le 1$

② $p_1+p_2+\cdot\cdot\cdot+p_n=1$

③ $P(X=x_i$ 또는 $X=x_j)=P(X=x_i)+P(X=x_j)=p_i+p_j$ (단, $i\neq j$)

④ $P(a\le X\le b)=\displaystyle\sum_{x=a}^{b}P(X=x)$

4.1.3 확률변수의 평균과 표준편차

확률변수 X의 평균(또는 기댓값)을 $E(X)$, 또는 m으로 나타내며 다음과 같다.

$$E(X) = x_1p_1 + x_2p_2 + \cdot\cdot\cdot + x_np_n = \sum_{i=1}^{n} x_ip_i \tag{4.1.9}$$

확률변수 X의 평균을 $E(X) =$m이라고 할 때 분산 $V(X)$와 표준편차 $\sigma(X)$는 다음과 같다.

$$V(X) = E[(X - \mathrm{m})^2] = \sum_{\mathrm{i}=1}^{\mathrm{n}} (\mathrm{x_i} - \mathrm{m})^2\mathrm{p_i} = \sum_{i=1}^{n} x_1^2p_i - \mathrm{m}^2 = \mathrm{E}(\mathrm{X}^2) - \mathrm{m}^2 \tag{4.1.10}$$

$$\sigma(X) = \sqrt{V(X)} \tag{4.1.11}$$

[예제 4.1.3] 500원짜리 동전 두 개를 던져 앞면이 나오면 그 동전을 가져 갈 수 있다. 이때 가져길 수 있는 금액을 X의 기댓값 $E(X)$, 분산 $V(X)$, 표준편차 $\sigma(X)$를 구하라.

풀이

X는 0원, 500원, 1000원 중의 하나이다. (앞, 앞), (앞, 뒤), (뒤, 앞), (뒤, 뒤)인 경우에,

$E(X) = 500 \times \dfrac{1}{2} + 1000 \times \dfrac{1}{4} = 500(\text{원})$

$V(X) = E(X^2) - [E(X)]^2$

$\quad = 0^2 \times \dfrac{1}{4} + 500^2 \times \dfrac{1}{2} + 1000^2 \times \dfrac{1}{4} - 500^2 = 125000$

$\sigma(X) = \sqrt{V(X)} = \sqrt{125000} = 353.553$

4.1.4 연속확률변수와 확률밀도함수

확률변수 X가 어떤 구간 안에 있는 모든 실숫값을 취할 때 X를 연속확률변수라고 한다. 예를 들어 길이, 시간, 수위 등과 같이 어떤 구간에서 연속적인 값을 말한다.

일반적으로 구간 [a, b]에 속하는 모든 실숫값을 취하는 확률변수 X에 대하여 함수 $f(x)$가 구간 [a, b]에서 다음과 같은 성질을 갖는다고 하자.

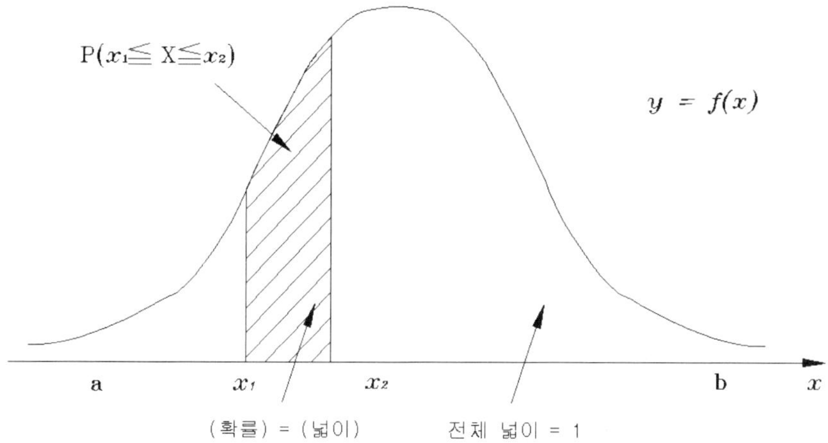

[그림 4.1.2] 확률밀도함수

① $f(x) \geq 0$(단, $a \leq x \leq b$)

② $y = f(x)$의 그래프와 x축 및 두 직선 $x = a$, $x = b$로 둘러싸인 부분의 넓이는 1이다.

③ $P(x_1 \leq X \leq x_2)$는 함수 $y = f(x)$의 그래프와 직선 $x = x_1$, $x = x_2$로 둘러싸인 부분의 넓이와 같다(단, $a \leq x_1 < x_2 \leq b$).

이의 성질을 만족하면 함수 $f(x)$를 확률변수 X의 확률밀도함수라고 한다.

4.1.5 정규분포

연속확률변수 X의 확률밀도함수 $f(x)$의 정의역이 $(-\infty,\ \infty)$이고 다음과 같은 함수로 나타내어지는 확률분포를 정규분포라 한다.

$$f(x) = \frac{1}{\sigma\sqrt{2\pi}} e^{-\frac{(x-m)^2}{2\sigma^2}} \tag{4.1.12}$$

이 확률밀도함수 $f(x)$의 그래프를 정규분포곡선이라고 하고 평균이 m, 표준편차가 σ인 정규분포를 기호로 나타내면 다음과 같다.

$$N(m,\ \sigma^2) \tag{4.1.13}$$

이와 같은 정규분포곡선의 성질은 다음과 같다.

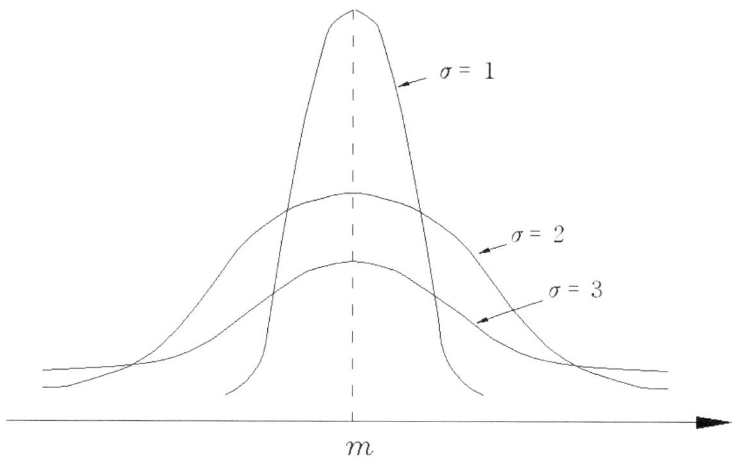

[그림 4.1.3] 정규 분포 곡선

① 직선 $x=m$에 대하여 대칭인 종 모양의 곡선이고 점근선은 x축이다.

② $x=m$일 때 최댓값 $\frac{1}{\sigma\sqrt{2\pi}}$을 가진다.

③ 곡선과 x사이의 넓이는 1이다.

④ 표준편차 σ가 클수록 정규분포곡선의 높이는 낮아지고 폭이 넓어지며 σ가 작을수록 정규분포곡선의 높이는 높아지고 폭은 좁아진다.

⑤ σ가 일정할 때 m이 변하면 대칭축의 위치는 바뀌지만 곡선의 모양은 같다.

정규분포에서 평균이 m, 분산이 σ^2이다. 여기서 평균이 0이며 분산이 1이 되는 정규분포 $N(0,1)$인 경우를 표준정규분포라 하며 이에 대한 확률밀도함수를 다음과 같이 나타낸다.

$$f(z)=\frac{1}{\sqrt{2\pi}}e^{-\frac{z^2}{2}} \quad (\text{단}, -\infty < z < \infty) \tag{4.1.13}$$

〈표 4.1.4〉 표준누가정규분포 값 $\int_0^z f(t)dzc$

z	0.00	0.01	0.02	0.03	0.04	0.05	0.06	0.07	0.08	0.09
0.0	.0000	.0040	.0080	.0120	.0159	.0199	.0239	.0279	.0319	.0359
0.1	.0398	.0438	.0478	.0517	.0557	.0596	.0636	.0675	.0714	.0753
0.2	.0793	.0832	.0871	.0910	.0948	.0987	.1026	.1064	.1103	.1141
0.3	.1179	.1217	.1255	.1293	.1331	.1368	.1406	.1443	.1480	.1517
0.4	.1554	.1591	.1628	.1664	.1700	.1706	.1772	.1808	.1844	.1879
0.5	.1915	.1950	.1985	.2019	.2054	.2088	.2123	.2157	.2190	.2224
0.6	.2257	.2291	.2324	.2357	.2389	.2422	.2454	.2486	.2518	.2549
0.7	.2580	.2611	.2642	.2673	.2704	.2734	.2764	.2794	.2823	.2852
0.8	.2881	.2910	.2939	.2967	.2995	.3023	.3051	.3078	.3106	.3133
0.9	.3159	.3186	.3212	.3238	.3264	.3289	.3315	.3340	.3365	.3389
1.0	.3413	.3438	.3461	.3485	.3508	.3531	.3554	.3577	.3599	.3621
1.1	.3643	.3665	.3686	.3708	.3729	.3749	.3770	.3790	.3810	.3830
1.2	.3849	.3869	.3888	.3907	.3925	.3944	.3962	.3980	.3997	.4015
1.3	.4032	.4049	.4066	.4082	.4099	.4115	.4131	.4147	.4162	.4177
1.4	.4192	.4207	.4222	.4236	.4251	.4265	.4279	.4292	.4306	.4319
1.5	.4332	.4345	.4357	.4370	.4382	.4394	.4406	.4418	.4430	.4441
1.6	.4452	.4463	.4474	.4485	.4495	.4505	.4515	.4525	.4535	.4545
1.7	.4554	.4564	.4573	.4582	.4591	.4599	.4608	.4616	.4625	.4633
1.8	.4641	.4649	.4656	.4664	.4671	.4678	.4686	.4693	.4699	.4706
1.9	.4713	.4719	.4726	.4732	.4738	.4744	.4750	.4756	.4762	.4767
2.0	.4772	.4778	.4783	.4788	.4793	.4798	.4803	.4808	.4812	.4817
2.1	.4821	.4826	.4830	.4835	.4838	.4842	.4846	.4850	.4854	.4857
2.2	.4861	.4865	.4868	.4871	.4875	.4878	.4881	.4884	.4887	.4890
2.3	.4893	.4896	.4898	.4901	.4904	.4906	.4909	.4911	.4913	.4916
2.4	.4918	.4920	.4922	.4925	.4927	.4929	.4931	.4932	.4934	.4936
2.5	.4938	.4940	.4941	.4943	.4945	.4946	.4948	.4949	.4951	.4952
2.6	.4953	.4955	.4956	.4957	.4959	.4960	.4961	.4962	.4963	.4964
2.7	.4965	.4966	.4967	.4968	.4969	.4970	.4971	.4972	.4973	.4974
2.8	.4974	.4975	.4976	.4977	.4977	.4978	.4979	.4980	.4980	.4981
2.9	.4981	.4982	.4983	.4983	.4984	.4984	.4985	.4985	.4986	.4986
3.0	.4986	.4987	.4987	.4988	.4988	.4989	.4989	.4989	.4990	.4990
3.1	.4990	.4991	.4991	.4991	.4992	.4992	.4992	.4992	.4993	.4993

$$z = \frac{X - m}{\sigma}$$

이와 같이 정규분포를 표준정규분포로 변환시키기 위해 정규분포에서 확률변수 X를 표준정규분포를 따르는 확률변수로 변환시켜야 한다. 즉, $z=\dfrac{X-\mathrm{m}}{\sigma}$로 변화시켜 표준화하여야 한다. 결과적으로 확률변수 X가 정규분포 $N(m,\ \sigma^2)$을 따를 때 확률변수 $z=\dfrac{X-\mathrm{m}}{\sigma}$은 표준정규분포 $N(0,1)$을 따른다. z에 대한 표준정규분포의 값을 <표 4.1.4>에 제시하였다. 이 때 확률변수 X가 $a \le X \le b$일 확률 P는,

$$P(a \le X \le b) = P\left(\frac{a-\mathrm{m}}{\sigma} \le z \le \frac{b-\mathrm{m}}{\sigma}\right)$$

[예제 4.1.4] 확률변수 X가 정규분포 $N(20,3^2)$을 따를 때 표준정규분포를 이용하여 확률 $P(20 \le X \le 23)$을 구하여라. 단, $P(0 \le z \le 1) = 0.3413$이다.

풀이

$N(20,3^2)$에서 $m=20$, $\sigma=3$이므로 $z=\dfrac{X-20}{3}$에서 $X=20$일 때 $z=0$, $X=23$일 때 $z=1$이다.

그러므로 확률,

$P(20 \le X \le 23) = P(0 \le z \le 1) = 0.3413$

여기서 표준화된 확률변수 z에 대한 확률값은 표준정규분포표를 이용하여 결정한다.

[예제 4.1.5] 어느 자료의 정규분포가 $N(15,25)$일 때 $15.5 \le X \le 20.5$의 확률을 구하여라.

풀이

$P[15.5 \le X \le 20.5] = \displaystyle\int_{15.5}^{20.5} \frac{1}{\sqrt{25}\sqrt{2\pi}} e^{\frac{-(x-15)^2}{2\times 5^2}} dX$ 이나 적분이 어렵기 때문에 표준정규분포표를 이용하기 위해 변환시킨다.

$$z_1 = \frac{15.5-15}{\sqrt{25}} = 0.1$$

$$z_2 = \frac{20.5-15}{\sqrt{25}} = 1.1$$

$P(15.5 \le X \le 20.5) = P(0.1 \le z \le 1.1) = 0.3643 - 0.0398 = 0.3245$

4.1.6 확률분포의 특성

통계의 목적은 많은 수의 자료에서 자료 집단의 기본적인 정보를 추출하기 위해 적은 수의 자료가 이용된다. 즉, 모집단의 특성은 표본으로부터 추출된다. 통계적인 매개변수는 모집단의 특성으로서 확률변수의 모멘트로 정의되고 확률변수의 함수에 관한 기댓값이다. 이들에 관해 살펴보면 다음과 같다.

(1) 중앙집중도(central tendency)

중앙집중도란 표본자료에서 가장 집중되어 모여 있는 곳을 나타낸다. 이 성향을 나타내는 방법은 산술평균, 기하평균, 조화평균, 중앙값, 최빈값 등이 있다.

산술평균

산술평균(arithmetic mean)은 원점에 관한 1차 모멘트로서 다음과 같이 구한다.

$$\mu = \bar{x} = \frac{1}{n}\sum_{i=1}^{n} x_i \tag{4.1.14}$$

여기서 n은 자료의 수이며 μ는 모집단으로부터 구한 평균, $\bar{x}$는 표본집단으로부터 구한 평균이다. 모집단은 관측 가능한 모든 값을 포함하고 있으며 표본집단은 모집단으로부터 무작위로 선택된 부분집합이다.

기하평균

기하평균(geometric mean)은 n개 관측값의 곱을 n제곱근하여 구한다. 기하평균은 왜곡이 심한 자료를 분석할 때 사용된다.

$$x_g = (x_1 \cdot x_2 \cdot \ldots \cdot x_n)^{1/n} \tag{4.1.15}$$

조화평균

조화평균(harmonic mean)은 다음과 같이 산정된다.

$$x_h = \frac{n}{\frac{1}{x_1} + \frac{1}{x_2} + \ldots + \frac{1}{x_n}} = \frac{n}{\sum_{i=1}^{n}\left(\frac{1}{x_i}\right)} \tag{4.1.16}$$

중앙값

중앙값(median)은 관측값을 크기 순으로 나열했을 때 중앙에 놓인 값을 말하며 자료의 개수가 짝수 개이면 가운데의 2개의 값을 평균하여 구한다.

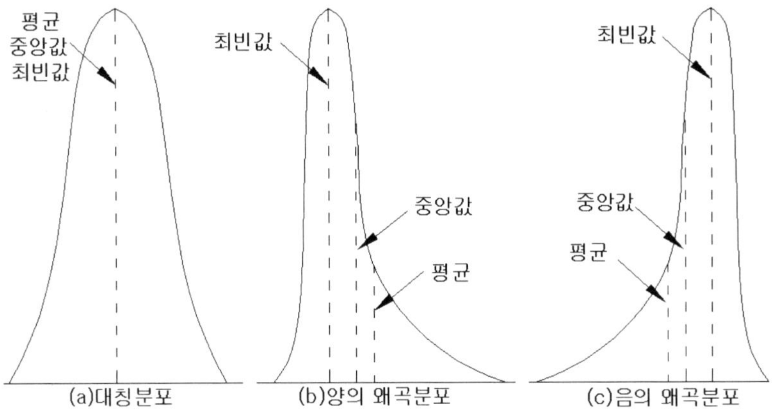

[그림 4.1.4] 중앙집중도를 나타내는 매개변수의 위치

최빈값

최빈값(mode)은 관측값을 가장 많이 포함하고 있는 변수의 값을 말한다. 자료가 계급구간으로 구분되어 있을 경우에 구간의 값을 말한다.

[예제 4.1.6]

다음과 같은 자료의 산술평균, 기하평균 그리고 조화평균값을 구하여라.

구 분	1	2	3	4	5	6	7
자 료 값	11.0	12.0	13.0	14.0	15.0	16.0	17.0

풀이

산술평균 :

$$\mu = \frac{1}{7}(11.0 + 12.0 + 13.0 + 14.0 + 15.0 + 16.0 + 17.0) = 14.0$$

기하평균 :

$$x_g = (11.0 \times 12.0 \times 13.0 \times 14.0 \times 15.0 \times 16.0 \times 17.0)^{1/7} = 13.86$$

조화평균 :

$$x_h = \frac{7}{\left(\frac{1}{11.0} + \frac{1}{12.0} + \frac{1}{13.0} + \frac{1}{14.0} + \frac{1}{15.0} + \frac{1}{16.0} + \frac{1}{17.0}\right)} = 13.71$$

(2) 변동성(variability)

변동성은 평균의 주변에 자료가 어떻게 분포하고 있는지를 나타낸다. 즉, 표본의 값이 평균에 대해 분포의 분산정도, 또는 평균에 얼마나 가까이 위치하고 있는지를 나타낸다. 이는 확률밀도 함수의 평균값에 관한 2차 모멘트로 구한다. 표본의 모든 값이 평균과 같으면 분산은 0이다. 분산은 평균과 같이 사용된 자료를 모집단, 혹은 표본집단으로 구분하여 나타내면 다음과 같다.

$$\sigma^2 = \frac{1}{n}\sum_{i=1}^{n}(x_i - \mu)^2 \tag{4.1.17}$$

$$s^2 = \frac{1}{n-1}\sum_{i=1}^{n}(x_i - \bar{x})^2 \tag{4.1.18}$$

이 식을 확률밀도함수로 나타내면 다음과 같다.

$$E[(x-\mu)^2 = \int_{-\infty}^{\infty}(x-\mu)f(x)dx \tag{4.1.19}$$

식 (4.1.18)에서 n대신에 $n-1$을 사용한 것은 평균을 사용하여 발생되는 왜곡을 보정하기 위한 것이다. 즉, 표본통계가 참값보다 크거나 작게 되는 것을 방지하여 치우침이 없도록 하기 위한 것이다. 그리고 분산은 표본자료에 대한 제곱의 단위를 갖고 있기 때문에 원래 자료의 단위로 나타내기 위해 제곱근을 취하여 표준편차라고 한다.

$$s = \sqrt{\frac{1}{n}\sum_{i=1}^{n}(x_i - \bar{x})^2} \tag{4.1.20}$$

표준편차가 클수록 자료의 분산이 크고 이를 정량적으로 나타내기 위해 변동계수(coefficient of variation) C_V가 사용된다.

$$C_V = \frac{\sigma}{\mu} = \frac{s}{\bar{x}} \tag{4.1.21}$$

(3) 왜곡도(skewness)

수문에 관련된 자료의 대부분은 평균에 대해 대칭이 아니고 좌우로 치우쳐진 분포이다. 이처럼 평균에 대한 대칭정도를 나타내는 변수를 왜곡도라고 하며 평균에 대한 비대칭성을 나타내며 왜곡도는 평균에 관한 3차 모멘트로부터 구한다.

$$\mu_s = \frac{1}{n}\sum_{i=0}^{n}(x_i - \mu)^3 \tag{4.1.22}$$

$$a = \frac{n}{(n-1)(n-2)}\sum_{i=1}^{n}(x_i - \bar{x})^3 \tag{4.1.23}$$

$$C_S = \frac{\mu_s}{\sigma^3} = \frac{a}{s^3} \tag{4.1.24}$$

식 (4.1.22)과 (4.1.23)은 각각 모집단과 표본집단으로부터 계산된 값이다. 왜곡도계수는 식 (4.1.24)로부터 구하며 평균에 대해 대칭이면 $C_S = 0$, 오른쪽으로 왜곡된 양의 왜곡이면 $C_S > 0$, 왼쪽으로 왜곡된 음의 왜곡은 $C_S < 0$으로 나타난다. 유출량에 대한 경우는 0 이하의 자료가 없기 때문에 전형적인 양의 왜곡을 나타낸다.

(4) 첨예도(kurtosis)

3가지의 확률분포특성에서 대칭이며, 평균과 표준편차가 같으나 서로 다른 형태의 분포를 나타낼 수 있다. 이와 같은 경우에 첨두와 꼬리 부분이 서로 다르게 나타나며 첨두 상태의 뾰족한 정도를 판별하는 것으로 이를 첨예도라고 한다. 첨예도 계수는 첨예도를 표준편차의 4제곱으로 나눈 것이며 다음과 같이 평균에 대한 4차 모멘트이다.

$$K = \frac{1}{\sigma^4}\frac{1}{n}\sum_{i=1}^{n}(x_i - \mu)^4 \quad \text{(모집단)} \tag{4.1.25}$$

$$C_k = \frac{n^2\sum_{i=1}^{n}(x_i - \bar{x})^4}{(n-1)(n-2)(n-3)s^4} \quad \text{(표본집단)} \tag{4.1.26}$$

4.2 회귀분석

하천계획이나 수공구조물을 설계할 때 중요한 인자 중의 하나가 유량이라고 할 수 있다. 유량을 예측하기 위해서는 그 유역의 기상학적인 인자를 포함하여 유역의 특성을 알아야한다. 즉, 유량(종속변수)에 영향을 주는 인자(독립변수)인 강우량, 토양수분상태, 토지이용상태 등과의 관계를 설정하면 유출량의 예측이 가능하다. 이와 같이 한 개의 종속변수와 여러 개의 독립변수와의 관계식을 회귀식이라고 한다. 회귀식을 구하는 과정을 회귀분석이라고 한다. 독립변수와 종속변수의 관계가 선형, 혹은 비선형인가에 따라서 선형회귀분석과 비선형회귀분석으로 구분되며 독립변수가 1개인 경우에 단순회귀분석, 2개 이상인 경우에 중회귀분석이라 한다.

4.2.1 단순선형회귀분석

가장 단순한 형태의 회귀식으로서 종속변수를 예측하는 데 하나의 독립변수가 필요하며 그 형태는 다음과 같다.

$$y_p = ax + b \tag{4.2.1}$$

여기서 y_p는 결정하려는 종속변수, x는 종속변수에 영향을 미치는 독립변수, a는 기울기, b는 절편(계수)이다. 기울기와 절편을 결정하기 위해 최소제곱법이 이용된다. 최적의 회귀식을 얻기 위해서 예측값 y_p와 관측값 y 차의 제곱이 최소가 되기 위한 관계식은,

$$S = min\sum_{i=1}^{n}(y_{pi} - y_i)^2 \tag{4.2.2}$$

이다. 여기서 y는 관측값이다. 식 (4.2.1)을 (4.2.2)에 대입하여 정리하면,

$$S = min\sum_{i=1}^{n}(ax_i + b - y_i)^2 \tag{4.2.3}$$

이며, 이 식을 이용하여 식 (4.2.1)의 계수 a와 b를 결정하기 위해 a와 b에 관해 미분하여 0으로 놓는다.

$$\frac{\partial}{\partial a}\left[\sum(ax_i + b - y_i)^2\right] = 0 \tag{4.2.4a}$$

$$\frac{\partial}{\partial b}\left[\sum(ax_i + b - y_i)^2\right] = 0 \tag{4.2.4b}$$

이 식을 미분하여 정리하면 다음과 같은 정규방정식(normal equation)이 된다.

$$b\sum x_i + a\sum x_i^2 = \sum x_i y_i \tag{4.2.5a}$$

$$\sum b + a\sum x_i = \sum y_i \tag{4.2.5b}$$

이 방정식을 미지수 a와 b에 관해 풀어서 정리하면,

$$a = \frac{n\sum x_i y_i - \sum x_i \sum y_i}{n\sum x_i^2 - (\sum x_i)^2} \tag{4.2.6}$$

$$b = \frac{\sum y_i \sum x_i^2 - \sum x_i \sum x_i y_i}{n\sum x_i^2 - (\sum x_i)^2} \tag{4.2.7}$$

만일 종속변수와 독립변수가 선형이 아닌 경우에 선형관계로 변환하면 위 식을 이용하여 결정할 수 있다. 예를 들면, $y = ax^b$인 경우에 양변에 로그를 취하면 $\log y = \log a + b\log x$로 변화되어 식 (4.2.1)과 같은 선형방정식이 된다.

[예제 4.2.1] 다음은 광주지역의 월평균기온(x)과 월평균강우량(y)이 있다(1961~2003년). 이에 대한 선형회귀방정식을 결정하여라.

풀이

$$a = \frac{n\sum x_i y_i - \sum x_i \sum y_i}{n\sum x_i^2 - (\sum x_i)^2} = \frac{12 \times 26099.98 - 160.8 \times 1358.4}{12 \times 3123.88 - 25856.64} = 8.149$$

$$b = \frac{\sum y_i \sum x_i^2 - \sum x_i \sum x_i y_i}{n\sum x_i^2 - (\sum x_i)^2} = \frac{1358.4 \times 3123.88 - 160.8 \times 26099.98}{12 \times 3123.88 - 25856.64} = 4.007$$

즉,

$y_p = 8.149 \times x + 4.007$

월	평균기온 x (℃)	평균 강우량 y (mm)	x^2	xy	계산값 y_p	오차
1	0.2	38.6	0.04	7.72	5.64	32.96
2	1.7	44.2	2.89	75.14	17.86	26.34
3	6.3	63.4	39.69	399.42	55.34	8.06
4	12.9	103.2	166.41	1331.28	109.13	-5.93
5	17.9	96.6	320.41	1729.14	149.87	-53.27
6	21.9	179.6	479.61	3933.24	182.46	-2.86
7	25.5	279.0	650.25	7114.50	211.80	67.20
8	26.2	264.4	686.44	6927.28	217.50	46.90
9	21.5	147.5	462.25	3171.25	179.20	-31.70
10	15.3	55.9	234.09	855.27	128.68	-72.78
11	8.6	54.3	73.96	466.98	74.09	-19.79
12	2.8	31.7	7.84	88.76	26.82	4.88
합	160.8	1,358.4	3,123.88	26,099.98		

[예제 4.2.2] 광주지역의 지속기간과 강우강도(재현기간 2년)가 다음과 같을 때 회귀분석에 의해 $I = \frac{a}{t+b}$ 의 형태로 강우강도식을 구하여라.

풀이

주어진 강우강도식을 선형방정식으로 변경시키면 다음과 같다.

$$\frac{1}{I} = \frac{t+b}{a} = \frac{t}{a} + \frac{b}{a}$$

$\frac{1}{I} = y$, $\frac{1}{a} = a'$, $\frac{b}{a} = b'$ 라 놓으면, $y = a't + b'$ 이다.

$$a' = \frac{6 \times 378.3255 - 2880 \times 0.478414}{6 \times 2772000 - 2880^2} = 0.000107$$

$$b' = \frac{0.478414 \times 2772000 - 2880 \times 378.3255}{6 \times 277200 - 2880^2} = 0.028376$$

$a = 9345.794393$, $b = 265.196262$

강우강도식은 $I = \dfrac{9345.794393}{265.196262 + t}$

$t = x$ (min)	I (mm/h)	$\frac{1}{I} = y$	xy	x^2	계산된 I (mm/h)
60	35.19	0.028417	1.70503	3600	28.74
120	26.06	0.038373	4.604758	1440	34.26
180	20.11	0.049727	8.950771	32400	20.99
360	13.93	0.071788	25.84350	129600	14.95
720	8.94	0.111857	80.53691	518400	9.49
1440	5.61	0.178253	256.68450	2073600	5.48
$\sum$ 2880		$\sum$ 0.478414	$\sum$ 378.3255	$\sum$ 2772000	

이상과 같이 예제 4.2.1과 4.2.2에서 회귀분석에 의해 얻어진 회귀식에서 종속변수와 독립변수간의 함수관계가 얼마나 정확한지를 검토해야 한다. 회귀식의 신뢰도는 상관계수나 결정계수를 구하여 판별한다. 예제 4.2.1과 4.2.2에서 얻은 직선 이외의 어떤 직선도 잔차의 제곱 합은 작을 수 없다. 따라서 이 직선은 점들을 나타내는 최적의 유일한 직선이라 할 수 있다. 잔차를 계산하는 방법을 자세하게 검토하면 보간법의 여러 성질을 알 수 있다. 측정된 y와 계산된 y_p사이의 차를 잔차라고 하며 잔차의 제곱의 합을 고려하자.

$$S_r = \sum(ax_i + b - y_i)^2 \tag{4.2.8}$$

그리고 관측자료의 평균과 관측 자료의 차에 대한 제곱합을 비교해 보자. 이를 S_t라 하면,

$$S_t = \sum(\bar{y} - y_i)^2 \tag{4.2.9}$$

식 (4.2.8)과 식 (4.2.9)를 비교하면 전자는 자료와 추정값인 직선 사이의 수직거리 제곱합이고 회귀직선을 중심으로 자료의 점은 정규분포를 이룬다. 후자는 자료와 평균(중심경향)의 차에 대한 제곱의 합이며 자료와 직선과의 차이는 자료의 전 범위에 걸쳐서 유사한 크기를 갖는다. 회귀직선에 대한 표준편차는 다음과 같이 구한다.

$$S_{y/x} = \sqrt{\frac{S_r}{n-2}} \tag{4.2.10}$$

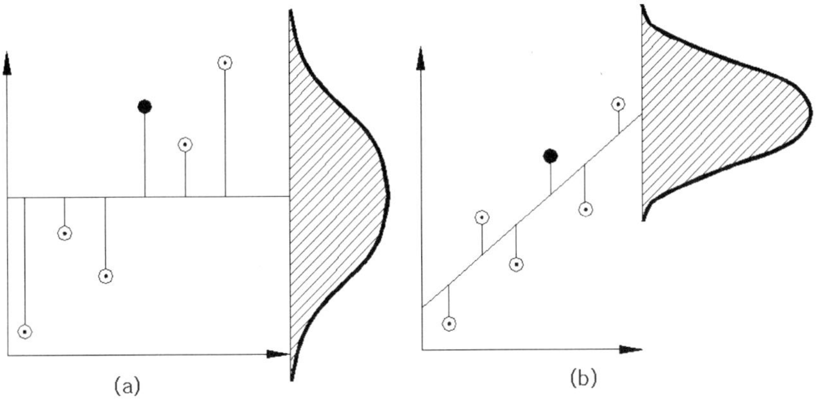

[그림 4.2.1] (a) 평균의 주변점 (b) 회귀직선의 주변점

여기서 $S_{y/x}$는 추정값의 표준오차이다. 첨자 y/x는 특정한 값 x에 대해서 추정값 y의 오차를 의미한다. 그 이유는 이 식에서 $n-2$로 나누었는데 두 개의 자료를 이용하여 구한 a와 b를 S_r의 계산에 사용하여 2개의 자유도를 잃었기 때문이다. 또 다른 이유는 두 점을 연결하는 직선 주위에는 자료의 분포가 없기 때문이다. 즉, $n=2$인 경우에 식 (4.2.10)은 무한대이므로 의미가 없다.

표준편차의 경우처럼 계산값의 표준오차는 자료 분포의 폭을 정량화한다. [그림 4.2.1]의 (b)에서처럼 $S_{y/x}$는 회귀직선의 주변 분포를 보여주는 값이고 반면에 (a)의 S_y는 평균 주위의 분포를 정량화한 원래의 표준편차를 보여준다. [그림 4.2.1] (a)에서 (b)로의 변화는 분포의 폭이 감소된 것을 보여준다. 이는 선형회귀분석에 의해 향상된 것임을 알 수 있다. 여기서 표준편차 S_y는 식 (4.1.18)과 같으며 다음과 같다.

$$S_y = \sqrt{\frac{\sum (y_i - \bar{y})^2}{n-1}} \qquad (4.2.11)$$

회귀분석을 수행한 후에 회귀직선에 대한 잔차의 제곱합인 S_r을 계산한다. 이것은 회귀분석 후에 남은 잔차의 크기를 의미한다. 이것을 설명하지 못하는 제곱합이라고 한다. 두 양의 차인 $S_t - S_r$은 평균값 대신에 회귀직선을 사용해 자료를 나타낼 때의 향상된 정도, 또는 오차의 감소를 의미한다. 이 양은 S_t 또는 S_r의 크기에 따라 달라지므로 그 차이를 S_t에 대한 비로 정규화하면 다음과 같다.

$$R^2 = \frac{S_t - S_r}{S_t} \tag{4.2.12}$$

여기서 R^2를 결정계수, R을 상관계수라 한다. $S_r = 0$이면 $R^2 = R = 1$이 되는데 이 경우는 완전한 적합이므로 자료는 회귀분석에 의해 100% 만족된다. $S_r = S_t$이면 $R^2 = R = 0$이므로 보간은 자료를 나타내는데 어떤 개선 점도 보여주지 못한다. 상관계수를 구하기 위해 프로그램을 구성할 때, 다음과 같은 다른 형태의 공식을 사용하는 것이 편리하다.

$$R = \frac{n\sum x_i y_i - (\sum x_i)(\sum y_i)}{\sqrt{n\sum x_i^2 - (\sum x_i)^2}\sqrt{n\sum y_i^2 - (\sum y_i)^2}} \tag{4.2.13}$$

[예제 4.2.3] 예제 4.2.1에서 구한 회귀식의 상관계수를 구하여라.

월	평균기온 x (℃)	평균 강우량 y (mm)	x^2	xy	y^2	
1	0.2	38.6	0.04	7.72	1489.96	
2	1.7	44.2	2.89	75.14	1953.64	
3	6.3	63.4	39.69	399.42	4019.56	
4	12.9	103.2	166.41	1331.28	10650.24	
5	17.9	96.6	320.41	1729.14	9331.56	
6	21.9	179.6	479.61	3933.24	32256.16	
7	25.5	279.0	650.25	7114.50	77841.00	
8	26.2	264.4	686.44	6927.28	69907.36	
9	21.5	147.5	462.25	3171.25	21756.25	
10	15.3	55.9	234.09	855.27	3124.81	
11	8.6	54.3	73.96	466.98	2948.49	
12	2.8	31.7	7.84	88.76	1004.89	
합	160.8	1358.4	3123.88	26099.98	236283.92	

풀이

식(4.2.13)에 의해 상관계수 R을 구하면,

$$R = \frac{12 \times 26099.98 - 160.8 \times 1358.4}{\sqrt{12 \times 3123.88 - 160.8^2} \times \sqrt{12 \times 236283.92 - 1358.4^2}} = 0.879$$

4.2.2 다항식회귀분석

앞 절에서 선형방정식에 대한 회귀식을 공부하였다. 이 절에서는 어떤 자료를 선형방정식으로 표현하기가 어려운 경우에 대해 기술한다. 즉, 직선보다는 곡선이 적합한 경우가 있다. 자료를 곡선의 식에 적합시키기 위해 일반적인 다항식을 이용하는 것으로 이를 다항식회귀분석이라 한다.

최소제곱과정은 자료를 m차 다항식으로 나타내는 것이며 $m=2$인 경우에 대해 나타내면 다음과 같다. 그 이상의 차수에 대해서는 이를 확장하면 가능하다.

$$y = a_0 + a_1 x + a_2 x^2 + e \tag{4.2.14}$$

이 식을 다른 형태로 나타내면,

$$e = y - (a_0 + a_1 x + a_2 x^2) \tag{4.2.15}$$

이 식에서 보는 바와 같이 관측값에서 회귀식에 의해 얻은 값을 제하며 오차 e로 표현이 가능하다. 앞 절과 같은 방법을 적용하기 위한 잔차의 제곱합은 다음과 같다.

$$S_r = \sum_{i=1}^{n} [y_i - (a_0 + a_1 x + a_2 x^2)]^2 \tag{4.2.16}$$

다항식의 계수를 결정하기 위해 앞 절의 과정처럼 각 계수에 대해 미분하면,

$$\frac{\partial S_r}{\partial a_0} = -2\sum (y_i - a_0 - a_1 x_i - a_2 x_i^2) \tag{4.2.17a}$$

$$\frac{\partial S_r}{\partial a_1} = -2\sum x_i (y_i - a_0 - a_1 x_i - a_2 x_i^2) \tag{4.2.17b}$$

$$\frac{\partial S_r}{\partial a_2} = -2\sum x_i^2 (y_i - a_0 - a_1 x_i - a_2 x_i^2) \tag{4.2.17c}$$

이 식을 0으로 놓고 정규방정식으로 정리하면 다음과 같다.

$$n a_0 + a_1 \sum x_i + a_2 \sum x_i^2 = \sum y_i \tag{4.2.18a}$$

$$a_0 \sum x_i + a_1 \sum x_i^2 + a_2 \sum x_i^3 = \sum x_i y_i \tag{4.2.18b}$$

$$a_0 \sum x_i^2 + a_1 \sum x_i^3 + a_2 \sum x_i^4 = \sum x_i^2 y_i \tag{4.2.18c}$$

이 식은 미지수가 a_0, a_1, a_2인 연립방정식이므로 연립방정식의 해법에 의해 해를 구하면 된다. 식 (4.2.14)와 같은 2차 다항식의 계수를 구하는 문제는 3개의 선형 연립방정식을 구성하여 해를 구한다. 따라서 m차 다항식의 계수를 결정하는 문제는 $m+1$개의 선형 연립방정식을 구성하여 그 해를 구할 수 있다. 이 경우에 표준오차는 다음과 같다.

$$S_{y/x} = \sqrt{\frac{S_r}{n-(m+1)}} \tag{4.2.19}$$

여기서 m은 다항식의 차수이다. S_r을 구하기 위해 $m+1$개인 계수 a_0, a_1,...,a_m이 사용되며, 이 때 $m+1$개의 자유도를 잃게 되므로 $n-(m+1)$로 나누어 주고 있다. 다항식 회귀분석에서도 결정계수는 식 (4.2.12)를 이용하여 계산된다.

4.3 재현기간과 위험도

특정 크기 이상의 홍수가 발생하는 데 경과되는 평균시간을 재현기간(return period)이라 한다. 재현기간은 어떤 사상이 발생되는 확률을 나타내는 데 일반적으로 사용된다. 어떤 크기의 홍수와 같거나 큰 홍수가 평균 T년 동안에 발생된다면 재현기간 T년을 갖는다고 말한다. 어떤 해에 그 사상보다 같거나 큰 홍수가 발생될 확률은 재현기간의 역과 같다.

$$P(F) = \frac{1}{T} \tag{4.3.1}$$

만일 $P(F) = 0.1$이라면 어떤 홍수와 같거나 클 확률이 10%임을 의미하고 이는 장기적($T=$ 1/0.1 = 10년)으로 10년에 평균 1회 홍수를 겪게 된다는 의미이다. 재현기간은 어떤 사상의 실제 시간적인 순서와 관계없이 재현기간 10년의 홍수는 반드시 10년마다 발생한다는 의미는 아니다. 이는 장기적으로 100년에 10회 발생한다는 것이며 어떤 해에 여러 번 발생될 수도 있다. 또한 100년 동안에 한 번도 발생되지 않을 수도 있다. 식 (4.3.1)은 어떤 해에 홍수가 발생할 확률이라고 할 수 있다. 이로부터 어떤 해에 홍수가 발생하지 않을 확률은,

$$P(\overline{F}) = 1 - P(F) = 1 - \frac{1}{T} \tag{4.3.2}$$

이다. n년 동안 계속해서 홍수가 발생하지 않을 확률은,

$$\underbrace{P(\bar{F})\times P(\bar{F})\times ....\times P(\bar{F})}_{n\text{개}}=[P(\bar{F})]^n=(1-\frac{1}{T})^n \tag{4.3.3}$$

이다. 연속되는 n년 동안에 최소한 한 번 홍수가 발생할 확률은,

$$R=1-[P(\bar{F})]^n=1-(1-\frac{1}{T})^n \tag{4.3.4}$$

이다. 여기서 R을 위험도(risk)라고 부른다. 수공구조물의 설계수명기간(n)과 홍수의 재현기간(T)에 따른 위험도는 식 (4.3.4)를 이용하여 구할 수 있다.

[예제 4.3.1] 어떤 수공구조물의 설계수명기간이 20년일 때 재현기간 70년인 홍수가 발생한다면 파괴위험도는 얼마인가?

풀이

식(4.3.4) $R=1-(1-\frac{1}{T})^n=1-(1-\frac{1}{70})^{20}=0.25$ 25%

[예제 4.3.2] 예제 4.3.1에서 이 구조물이 설계수명기간 동안에 파괴되지 않을 확률을 90%로 높이려고 한다. 홍수량의 재현기간을 몇 년으로 해야 하는가?

풀이

설계수명기간 동안에 파괴되지 않을 확률이 90%라면 위험도는 10%이다. 즉,

$R=1-(1-\frac{1}{T})^n$에서 $T=\frac{1}{1-(1-R)^{1/n}}=\frac{1}{1-(1-0.1)^{1/20}}=190.3$년

위험도를 25%에서 10%로 감소시키면 재현기간은 70년에서 190.3년으로 증가시켜야 한다.

[예제 4.3.3] 5년 이내에 홍수피해를 입을 위험도 10%를 허용하는 범위 내에서 수공구조물을 설계하려고 한다. 설계홍수량의 재현기간을 얼마로 하면 되는가?

풀이

$R=1-(1-\frac{1}{T})^n$에 예제에서 주어진 $R=0.1$, $n=5$를 대입하여 T를 구하면,

$0.1=1-(1-1/T)^5$, $T=48$년

[예제 4.3.4] 재현기간이 100년인 홍수(또는 이보다 큰 홍수)가 어느 50년 기간 내에 일어날 기회는?

풀이

$T = 100,\ n = 50,\ R = 1-(1-\frac{1}{T})^n = 1-(1-\frac{1}{100})^{50} = 0.394$, 약 40%

[예제 4.3.5] 재현기간이 50년인 홍수가 어느 50년 기간 내에 (a)가 일어날 기회와 (b)가 일어나지 않을 기회는 얼마인가?

풀이

$T = 50,\ n = 50$

(a) $R = 1-(1-\frac{1}{T})^n = 1-(1-\frac{1}{50})^{50} = 0.64$, 64%

(b) $1-0.64 = 0.36$, 36%

[예제 4.3.6] 연최대유량의 평균이 155m^3/s이고, 표준편차가 50m^3/s이다. 정규분포를 따른다고 가정하자.

(1) 100년 빈도홍수량을 구하여라.

(2) 220m^3/s 보다 같거나 클 확률을 구하여라.

풀이

(1) 100년 빈도홍수량의 발생확률이 0.01(=1/100)이다. 즉, 어떤 값과 같거나 그 이상의 홍수량이 발생할 확률이 0.01이다. 그러므로 발생하지 않을 확률은 0.99이며 표준누가정규분포표에서 확률변수 z를 구하여야 한다. <표 4.1.4>에서 0.49(=0.99−0.5)에 해당하는 z는 2.33이다. 100년 빈도홍수량은

$z = \frac{X-m}{\sigma}$을 이용하여 구한다. 즉,

$2.33 = \frac{X-155}{50}$에서 $X = 271.3\,\mathrm{m^3/s}$이다.

(2) $z = \frac{X-m}{\sigma} = \frac{220-155}{50} = 1.3$이므로,

$P(Q \le 220) = P(z \le 1.3) = 0.9032(=0.5+0.4032)$

220m^3/s 보다 같거나 클 확률은 0.0968(=1−0.9032)이며 재현기간은 10.33년이다.

4.4 수문자료 계열

4.4.1 수문자료의 선택

수공구조물의 설계를 위해 수문자료가 필요하며 그 자료는 기록기간이 충분히 길고 목적에 적합한 자료이어야 한다. 예를 들어 댐의 여수로 설계와 같이 극단적인 조건이 설계에 영향을 주는 경우에는 연최대치계열의 자료가 필요하고, 범람이나 구조물의 침수문제에서는 특정값을 초과하는 유량의 자료가 필요하다. 즉 지속기간의 계열이 필요하다. 관측기록은 모집단의 표본이므로 표본의 수가 너무 적으면 계산되는 확률의 신뢰도는 낮게 된다. 반대로 방대한 수문자료 모두를 고려하여 분석하는 경우에는 비경제적이고 바람직하지 못하는 경우도 있다. 그러므로 통계처리는 대부분 무한한 수의 모집단이 아니고 모집단으로부터 수집된 자료(표본)를 대상으로 수행된다. 통계처리 대상으로 수집된 자료는 다음과 같은 특성을 가져야 한다.

(1) 자료는 무작위사상(random event)이어야 한다. 자료가 왜곡되지 않고 전체 모집단을 대표해야 하며 표본자료는 서로 독립적이어야 한다는 의미이다. 예를 들어 어떤 유역에서 강우량 자료를 수집하는 경우, 유역의 특성이 반영될 수 있도록 관측소는 유역에 골고루 분포되어야 한다. 또한 서로 인접한 2개의 강우량관측소의 자료가 서로 독립인가를 확인하기 위해 통계적인 방법에 의해 상호의존도를 검증하여야 한다. 홍수가 연속하여 발생하였을 때 자료를 연속적으로 선택하였다면 전자의 홍수가 후자의 홍수에 영향을 주어 독립성이 결여되었는가를 검토해야 한다.

(2) 자료는 시간적으로 정상성(stationary)인 자연 과정으로부터 수집되어야 한다. 자연 과정은 시간적으로 변화가 없어야 한다는 것을 의미한다. 유역의 출구나 관측지점에서의 유출이 유역 내의 변화 즉, 저수지나 댐의 건설, 도시화 등으로 인해 영향을 받는 경우에 자료의 일관성을 검토하여 수정하거나 변화 이전이나 이후로 구분하여 사용하여야 한다. 이처럼 변화가 감지되는 경우도 있지만 변화가 천천히 진행되는 경우, 시계열 자료는 일정한 경향을 나타내고 있으므로 빈도해석하기 전에 발생 가능한 변화를 충분히 검토해야 한다.

(3) 표본으로부터 추정된 변수는 모집단을 대표해야 한다. 표본자료로부터 구한 변수, 예를 들면 평균, 분산, 왜곡도 등과 같은 변수는 통계학적으로 모집단의 것과 동일하여야 한다. 통계 분석을 위한 자료의 수는 최소 25개 이상이어야 통계적으로 의미가 있다고 알려져 있다.

4.4.2 시계열과 자료의 선택

수문자료는 일반적으로 연대순으로 기록되어 보관되고 있다. 수문곡선이나 유량자료에 의해 빈도해석을 하는 경우에 자료를 선택하는 방법은 연시계열(annual series)과 부분시계열(partial duration series)이다. 연시계열은 매년 1개의 자료만을 선택하여 해석하는 방법이다. [그림 4.4.1] (a)에 20년 동안의 가상자료가 있다. 이 자료를 모두 이용하여 수문해석을 하는 경우, 이를 전기간치 계열이라고 한다. 수문해석에서 계획이나 설계에 영향을 미치는 일부 극한적인 조건에 대한 자료가 필요하기 때문에 가뭄에서 유황곡선이나 누가용적곡선의 작성을 제외하고는 전기간값 자료를 사용하는 경우는 드물다. 자료의 처리나 분석에 소모되는 불필요한 시간과 노력을 줄이기 위해 전기간값 자료로부터 극값, 혹은 부분 기간값을 구성하여 사용한다. 그러므로 연시계열은 [그림 4.4.1] (a)에서 연최댓값, 혹은 연최젓값을 선택하여 구성하는 것으로 [그림 4.4.1] (b)에 나타냈다(연최댓값). 이를 연최댓값 계열이라고 하는데 이 방법의 단점은 매년 최댓값을 취하는 경우에 어느 해의 2번째 혹은 3번째 등의 값이 어느 해의 최댓값보다 크지만 배제되는 점이다. 오히려 어느 해의 2번째 혹은 3번째의 값이 다른 해의 최댓값보다 크기 때문에 빈도해석에서 제외되어 이들의 영향이 고려되지 못하는 단점이 발생된다. 이 점을 보완하기 위해 부분 기간값을 이용하는데 이 값의 구성은 어떤 기준값보다 큰 값을 선택하되 [그림 4.4.1] (c)와 같이 이 계열에 속한 자료의 개수는 기록연수를 초과해서는 안 되게 구성되어야 한다. 이를 연초과값 계열이라고 한다. 연초과값 계열을 구성할 때 연속되는 2개 또는 3개의 자료를 취하는 경우에 이들의 자료는 반드시 서로 독립이어야 한다.

[그림 4.4.1] (a)의 자료를 크기 순으로 재작성하여 [그림 4.4.2] (a)에 나타냈으며 [그림 4.4.2] (b)는 연최댓값과 초괏값을 자료의 크기 순으로 나타냈다. • 표식은 연최댓값이며 – 표식은 어느 해에 연최댓값보다 적으나 연최댓값과는 독립적으로 발생된 사상에서 크기순으로 20위 이내의 값들을 표시한 것이다. 즉, 20위 안에 연최댓값이 아닌 값이 5개 포함되어 있는 것을 알 수 있다. [그림 4.4.2] (b)에 연최댓값(연시계열)과 연초과값(부분시계열)을 크기순으로 20위까지 보여주고 있다. 그림에서 크기가 7위까지는 연시계열과 부분시계열의 값이 같으나 8위부터는 그 크기가 다르기 때문에 재현기간에 따른 시계열의 값은 순위가 내려갈수록 차이가 난다. 이는 재현기간이 짧을수록 부분시계열과 연시계열의 값의 차이가 커진다는 의미이다.

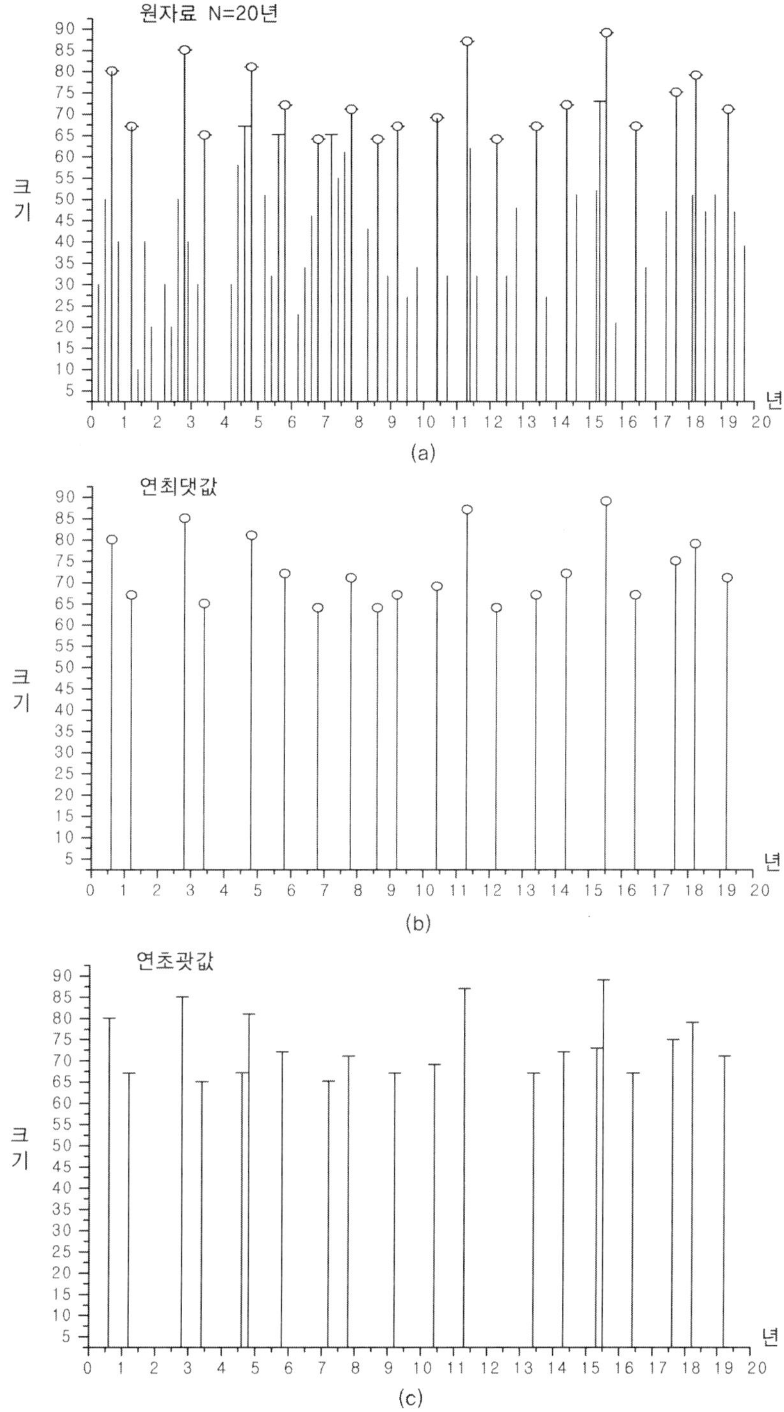

[그림 4.4.1] 발생순서에 따른 가상 수문 자료

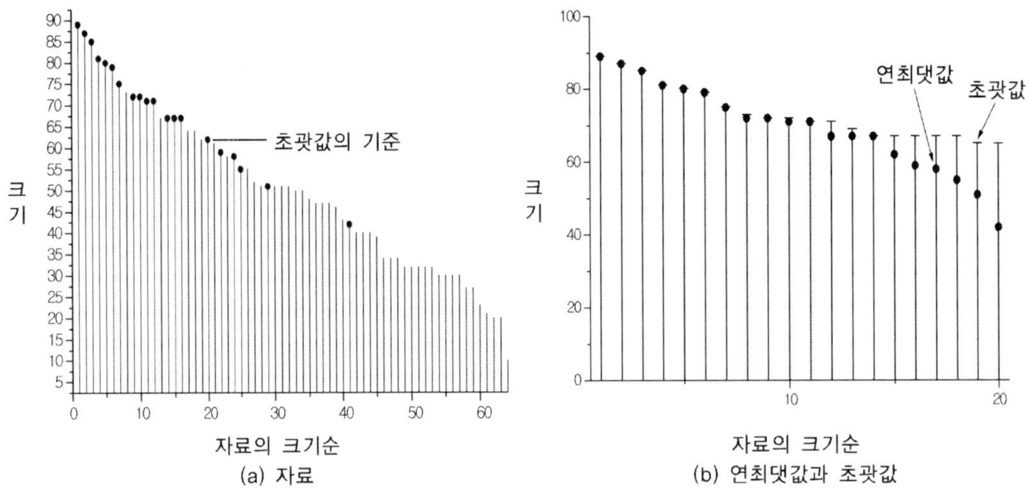

[그림 4.4.2] 연시계열과 부분시계열의 비교

[예제 4.4.1] 다음 자료는 어떤 지점의 홍수량 자료이다. 이 자료를 이용하여 5년간 연최댓값과 연초과값 자료를 작성하여라.

년 도	독립된 3개의 최대홍수량		
2012	100	83	51
2013	50	30	22
2014	80	46	31
2015	75	60	56
2016	45	40	35

풀이

연최댓값은 한 해에 가장 큰 값을 선택하고, 연초과값은 한 해에 2개 이상 선택할 수 있다.

순위	연최댓값	연초과값
1	100	100
2	80	83
3	75	80
4	50	75
5	45	60

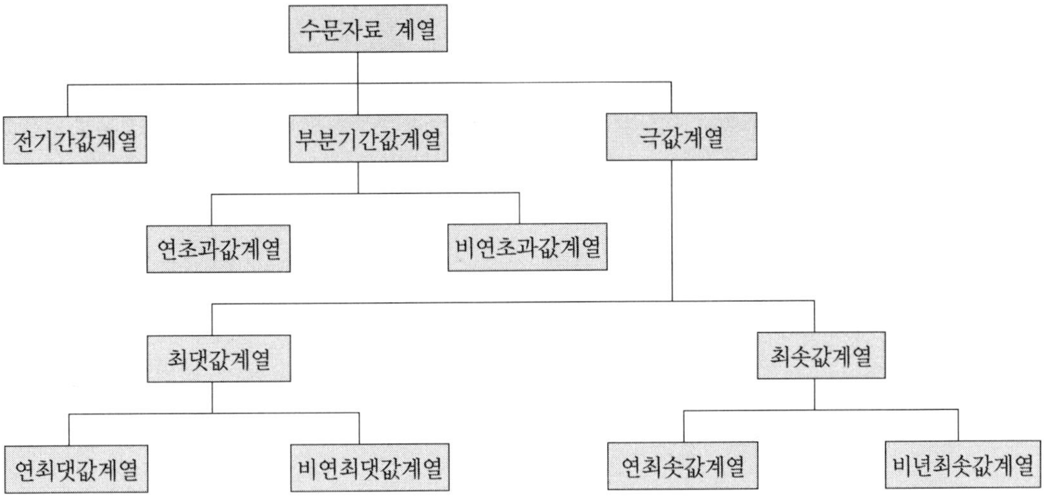

[그림 4.4.3] 수문자료 계열의 분류

수문자료의 계열을 예를 들어 설명한 바와 같이 대별하면 전기간값 계열, 부분기간값 계열, 극값 계열로 구분되며 설계홍수량 산정에서 강우를 분석하는 경우에 극값계열의 연최댓값 계열과 부분기간값 계열의 연초과값 계열이 주로 사용된다. 수문자료의 계열을 간단하게 [그림 4.4.3]에 구분하여 제시하였다.

빈도해석을 위해 연시계열 자료, 혹은 부분시계열 자료의 선택은 설계 대상 수공구조물에 따라 다르게 선택되어야 한다. 연시계열과 부분시계열의 선택에 따라 재현기간의 차이를 <표 4.4.1>에 제시하였다. 예를 들어 이 표에서 보는 바와 같이 부분시계열의 재현기간이 5년과 10년일 때 이때 연시계열의 재현기간은 각각 5.52년, 10.5년으로 그 차이는 각각 약 10%, 5%의 차이를 보여 주고 있다. 그러므로 고속도로의 배수구, 사방구조물 등과 같은 짧은 재현기간에 대해서는 연시계열 보다는 부분시계열을 사용하는 것이 안전하다. 같은 재현기간이라면 부분시계열의 값이 연시계열의 값보다 크기 때문이다. 그러나 재현기간이 커질수록 부분시계열과 연시계열의 차이는 거의 없음을 알 수 있으며 이는 [그림 4.4.2] (b)에서도 알 수 있다.

〈표 4.4.1〉 연시계열과 부분시계열의 재현기간 비교

부분시계열 (연초과값)	0.1	1	1.44	2	5	10	20	50	100
연시계열 (연최댓값)	1.16	1.58	2	2.54	5.52	10.5	20.5	50.5	100.5

<표 4.4.1>에서처럼 수공구조물의 설계빈도가 10년 이하인 경우에는 부분기간값 계열의 연초과값 계열에 의한 확률강우량을 사용하는 것이 안전하고 합리적임을 알 수 있다. 만일 연초과값 계열을 얻기가 곤란한 경우에는 연시계열을 이용하여 산정할 수 있다. <표 4.4.1>의 부분시계열과 연시계열과의 관계를 Langbein은 다음과 같이 제시하였다.

$$T_m = \frac{1}{1 - exp\,(-\,\frac{1}{T_e}\,)} \tag{4.4.1}$$

여기서 T_m은 연최댓값 계열의 재현기간, T_e는 연초과값 계열의 재현기간이다.

수공구조물의 설계빈도가 10년 이상인 댐 건설계획이나 하천정비계획에서는 극값 계열의 연최댓값 계열이 사용된다.

4.5 자료의 수집과 검정

4.5.1 강우 자료의 수집

기존에 수공구조물의 설계에 사용되는 강우는 대표 지속기간을 채택하여 대상 강우자료를 수집하여 사용하였다. 최근에는 임계지속기간(critical duration) 개념이 도입되어 최대한 많은 지속기간의 강우자료를 수집하여 분석한다. 수문분석에 필요한 강우량자료는 1일, 2일 등 고정시간 강우량이 아닌 임의시간 강우자료 즉, 24시간(1440분), 48시간(2880분) 등의 자료가 필요하다.

수문학적 지속기간은 고정시간이 아닌 임의시간을 의미하므로 임의시간에 대한 최댓값 강우량자료는 자기기록지를 판독하여 수집하여야 한다. 우리나라의 경우에 임의시간 강우량 자료를 추출하기에는 관측연수가 짧고, 관측 자료의 결측으로 자료가 부족한 경우가 상당하다. 이의 대안으로 시우량 자료에 환산계수를 적용하는 방법이 있다. 국토교통부(2002)에서 제시한 환산계수와 식을 <표 4.5.1>과 [그림 4.5.1]에 제시하였다.

〈표 4.5.1〉 임의시간 강우자료 변환을 위한 환산계수(설계홍수량 산정요령, 국토교통부, 2012)

고정시간(hr)	1	2	3	4	6	9	12	18	24	48
임의시간(분)	60	120	180	240	360	540	720	1,080	1,440	2,880
환산계수	1.136	1.051	1.031	1.020	1.012	1.007	1.005	1.004	1.003	1.002

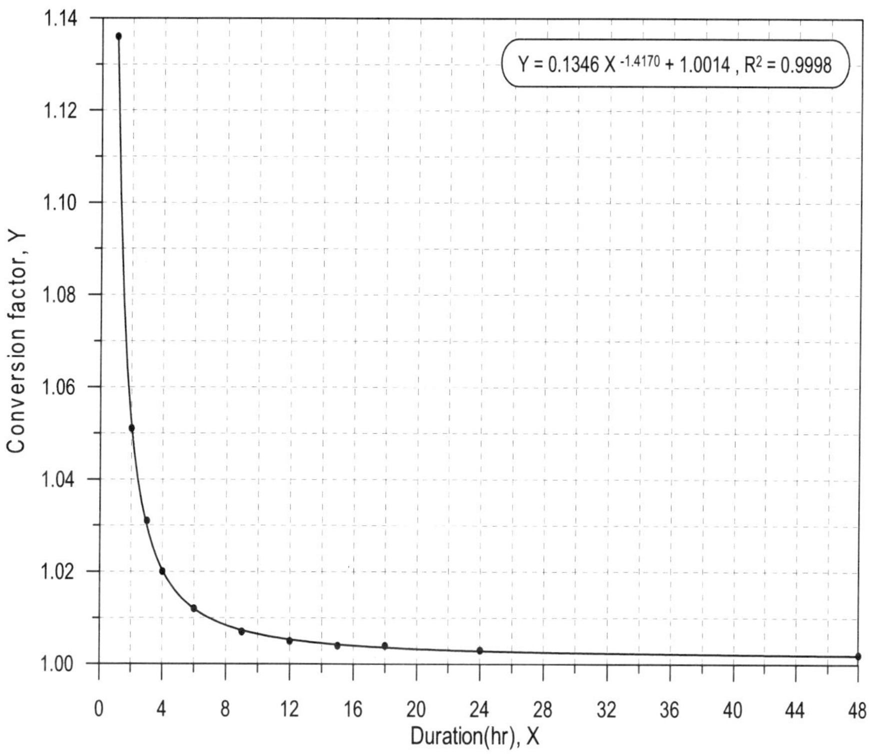

[그림 4.5.1] 고정시간-임의시간 환산계수(회귀곡선)

[예제 4.5.1] 어떤 지역의 고정시간 6시간과 1일에 대한 강우량을 분석한 결과가 각각 105mm와 150 mm이다. 이 고정시간 강우량을 임의시간 강우량으로 환산하면 몇 mm인가?

풀이

임의시간 6시간과 1일에 해당하는 강우량을 R_6와 R_{1d}라 하면,

$R_6 = 105 \times 1.012 = 106.26\text{mm}$

$R_{1d} = 150 \times 1.003 = 150.45\text{mm}$

4.5.2 자료의 검정

수문해석에서 자료 계열에 대해 이상값에 대한 이상치 검정과 계열 내 자료들이 서로 상관성이 없는가에 대한 무작위 검정, 평균이나 분산 등의 크기가 증가하거나 감소하는 등의 경향성이 없는가에 대한 경향성 검정 등이 필요하다. 수문설계에 중요한 자료는 강우자료이다. 강우자료는 최근까지 정확한 것을 획득하여 이용하는 것이 가장 중요하다. 강우자료 계열의 추출과 선정을 위해서 30년 이상의 연최댓값 또는 연초과값 자료를 이용해야 한다.

(1) 이상치 검정

이상치(outlier)는 전체 자료의 경향에서 현저히 벗어난 것으로 자료의 집단으로부터 심한 편차를 보이는 것을 말한다. 표본자료에서 이상치가 존재하면 확률분포에 오류가 발생된다. 이상치의 발생원인은, (a) 자료의 착오, (b) 유역조건의 변화(자료에 대한 동질성 조사가 필요하다. 이에 대한 예는 산불 발생, 도시화, 저수지 건설 등), (c) 기상현상으로 인한 극한 사상이다. 이상치의 검정은 Grubbs and Beck(G-B) 검정이 이용된다. 이 방법은 정규분포로 가정하고 최댓값 또는 최젓값이 유의수준 10% 내에 있는지 여부를 검정하는 방법은 다음과 같다.

$$y_H = exp(\bar{y} + k_n s) \tag{4.5.1}$$

$$y_L = exp(\bar{y} - k_n s) \tag{4.5.2}$$

$$k_n = -3.62201 + 6.28446n^{1/4} - 2.49835n^{1/2} + 0.491436n^{3/4} - 0.037911n \tag{4.5.3}$$

여기서 $\bar{y}$와 s는 표본자료에 자연대수를 취한 평균과 표준편차, k_n은 표본자료의 수에 따르는 이상치 검정 빈도계수 값(유의수준 10%일 경우)이고 n은 자료의 수이다. 이 식에서 구한 y_H 보다 크면 고이상치이고 y_L 보다 작으면 저이상치로 간주하여 분석에서 제외시킨다.

[예제 4.5.2] 다음 표에 주어진 자료는 어느 지점의 연최곳값 홍수량이다. 이 자료에 대해 G-B검정을 실시하여 유의수준 10%에 대해 고이상치 및 저이상치를 검정하여라.

풀이

자료에서 $n = 50$, $\bar{y} = 7.56027204$, $s = 0.28918251$

식(4.5.3)에 의해 $k_n = 2.768225357$

$$y_H = exp(\bar{y} + k_n s) = exp(7.56027204 + 2.768225357 \times 0.28918251) = 4276.090331 \text{ m}^3/\text{s}$$

$$y_L = exp(\bar{y} - k_n s) = exp(7.56027204 - 2.768225357 \times 0.28918251) = 862.4262888 \text{ m}^3/\text{s}$$

예제에서 주어진 50년간의 자료 중에 고이상치와 저이상치는 없다

〈표 예제 4.5.1〉 연홍수량

년도	홍수량 (m^3/sec)	년도	홍수량 (m^3/sec)	년도	홍수량 (m^3/sec)	년도	홍수량 (m^3/sec)
1950	1640	1963	2630	1976	2360	1989	1540
1951	1660	1964	1970	1977	863	1990	1720
1952	1940	1965	3220	1978	2310	1991	2050
1953	2460	1966	1950	1979	1660	1992	1080
1954	2190	1967	1910	1980	1450	1993	1200
1955	2120	1968	1860	1981	2650	1994	1830
1956	2270	1969	1450	1982	2140	1995	1880
1957	2090	1970	1720	1983	1830	1996	3470
1958	2220	1971	1810	1984	1130	1997	2270
1959	1420	1972	3180	1985	1360	1998	1680
1960	1420	1973	1970	1986	1710	1999	4050
1961	2440	1974	2090	1987	2000		
1962	2090	1975	2150	1988	1920		

(2) 경향성(trend) 검정

n개의 표본자료가 주어졌을 때 경향성을 검정하기 위해 주로 실무에서 많이 사용되는 Wald-Wolfowitz(W-W) 검정방법을 소개한다. 자료계열 x_1, x_2,...,x_n에 대해 통곗값 W를 다음과 같이 구한다고 하자.

$$W = \sum_{i=1}^{n-1} x_i x_{i+1} + x_1 x_n \tag{4.5.4}$$

만일 표본자료들이 독립적이라면 통곗값 W는 다음과 같은 평균 μ와 분산 σ^2을 갖는 정규분포를 따른다.

$$\mu = \frac{s_1^2 - s_2}{n-1} \tag{4.4.5}$$

$$\sigma^2 = \frac{s_2^2 - s_4}{n-1} - \mu^2 + \frac{s_1^4 - 4s_1^2 s_2 + 4s_1 s_3 + s_2^2 - 2s_4}{(n-1)(n-2)} \tag{4.5.6}$$

여기서 $s_r = n \cdot m_r'$이며 m_r'는 표본자료의 원점에 관한 r차 모멘트이다. 통곗값 W는 정규분포를 따르기 때문에 표준변환변수는 다음과 같다.

$$z = \frac{W - \mu}{\sigma} \tag{4.5.7}$$

표준정규분포를 따르므로 평균 0, 분산 1의 값을 가지며 양측 검정의 95% 신뢰도의 한곗값인 $z = \pm 1.96$ 사이에 들면 주어진 자료계열은 경향성을 가지지 않는 것으로 판정한다.

(3) 무작위성 검정

자료에 대한 통계분석을 수행할 때 자료의 양이 적기 때문에 제한된 자료에 의해 모집단의 확률분포형을 추정하기 위한 기본적인 가정은 자료가 확률변수로서 그 특성을 갖고 있다는 것이다. 만일 어떤 일련의 자료가 서로 상관성을 띄고 있지 않는 경우에 지체계수가 k인 모집단 자기상관계수(lag-k population autocorrelation function) ρ_k는 0과 같다. 이와 같은 비상관성을 갖는 시계열에서 표본을 추출하는 경우에 지체계수가 k인 표본 자기상관계수 r_k에 대한 계열상관도(correlogram)는 0이 아니며 표본자료의 크기 n에 따라 다양한 분포를 갖는다. 추출된 표본의 분포에서 r_k가 0과 다르지 않다는 가설에 의해 검증을 수행한다. 가설이 기각되지 않을 때 자료계열 간 상관성을 갖지 않으며 기각되었을 경우에 상관성을 갖는다. 무작위성 검증은 하천계획에서 강우분석을 수행하는 데 주로 FARD(국립방재연구소)가 이용되고 있기 때문에 그 내용을 인용하여 기술하고 이 프로그램을 이용한 결과를 소개한다.

① Anderson의 계열상관도 검정

일반적으로 자료수 n이 증가하면 lag-k 표본 자기상관계수 r_k는 평균이 0이고 분산이 $1/n$인 정규분포를 갖는다. 이 경우에 대한 대립가설 $\rho_k \neq 0$에 대한 귀무가설 $\rho_k = 0 (k = 1, 2, ...,)$은 다음과 같은 양측검정 구간을 사용하여 검정할 수 있다.

$$[\frac{-u_{1-\alpha/2}}{\sqrt{n}}, \frac{u_{1-\alpha/2}}{\sqrt{n}}] \tag{4.5.8}$$

여기서 $u_{1-\alpha/2}$는 표준정규분포의 $1-\alpha/2$분위수, α는 유의수준, n은 자료수이다. 식 (4.5.8)에서 r_k가 구간 내에 존재하면 유의수준 α에서 귀무가설을 기각할 수 없다. Anderson(1942)은

r_1에 대한 기댓값과 분산을 다음과 같이 제시하였다.

$$E(r_1) = -\frac{1}{(n-1)} \tag{4.5.9}$$

$$Var(r_1) = \frac{(n-2)}{(n-1)^2} \tag{4.5.10}$$

Yevjevich는 귀무가설 $\rho_k = 0$(대립가설 $\rho_k \neq 0$)을 검정하기 위해 식 (4.5.9)와 식 (4.5.10)에서 n대신 $n-k+1$을 대입한 수정된 식을 제안하였다.

$$\mu = E(r_k) = -\frac{1}{(n-k)} \tag{4.5.11}$$

$$\sigma^2 = Var(r_k) = \frac{(n-k-1)}{(n-k)^2} \tag{4.5.12}$$

수정된 이 식에서 귀무가설을 검정하기 위한 $\gamma = 1-\alpha$ 구간은 다음과 같다.

$$\left[\frac{-1-u_{1-\alpha/2}\sqrt{n-k-1}}{n-k},\ \frac{-1+u_{1-\alpha/2}\sqrt{n-k-1}}{n-k}\right] \tag{4.5.13}$$

식 (4.5.13)의 범위를 벗어나는 r_k의 수가 $(1-\gamma)m$보다 큰 경우에 귀무가설 $\rho_k = 0$ $(k=1,2,...,m)$은 기각된다. 귀무가설이 기각되지 않는다면 이 계열은 무작위성을 지니고 있다고 할 수 있다.

② Run 검정

Run 검정은 일반적으로 많이 사용되는 방법이다. 주어진 계열 $X_i(i=1,2,...,n,\ n$은 자료의 수)에 대해 표본의 평균값보다 클 때를 1, 같거나 작을 때를 0으로 정의한다.

$$X_i > \overline{X} \text{ 이면 } \omega_i = 1 \tag{4.5.14}$$

$$X_i \leq \overline{X} \text{ 이면 } \omega_i = 0 \tag{4.5.15}$$

여기서 $i=1,...,n$이고 $\overline{X}$는 표본의 평균값이다. Run 검정은 어떤 계열이 무작위성(독립성)을 가지고 있다면 “0” Run과 “1” Run의 합으로 구성되는 총 Run의 개수(U)의 기댓값과 분산이 근사적으로 다음과 같다는 가정에 근거한다.

$$\mu = E(U) = \frac{2n_1n_2}{n_1+n_2} + 1 \tag{4.5.16}$$

$$\sigma^2 = Var(U) = \frac{2n_1n_2(2n_1n_2 - n_1 - n_2)}{(n_1+n_2)^2(n_1+n_2-1)} \tag{4.5.17}$$

여기서 n_1은 계열 ω_i에서 "1"의 개수, n_2는 "0"의 개수이다.

통계량 U가 정규분포를 따르므로 표준변화변수 U_c는 다음과 같다.

$$U_c = \frac{U - E(U)}{\sigma} \tag{4.5.18}$$

u_c가 확률변수 U_c를 나타내고 $u_{1-\alpha/2}$가 표준정규분포의 $1-\alpha/2$분위수 일 때, $|u_c| \le u_{1-\alpha/2}$라면 유의수준 α에서 무작위성을 나타내는 귀무가설을 기각할 수 없으므로 무작위성을 갖는다고 할 수 있다.

③ Spearman의 순위 상관계수(rank correlation coefficient) 검정

n개의 자료 $X_1, ..., X_n$에 대해 오름차순으로 정리한 계열을 ω_i라고 하자. Spearman의 순위 상관계수 검정은 i와 ω_i에 대한 순위(rank) 상관계수에 기초하며 순위 상관계수는 다음과 같다.

$$R = 1 - \frac{6\sum_{i=1}^{n}(i-\omega_i)^2}{n(n^2-1)} \tag{4.5.19}$$

만일 표본이 무작위성을 갖는다면 Spearman의 순위 상관계수 R은 표준정규분포를 가지며 $1-R^2$은 자유도가 $(n-2)$인 χ^2-분포를 갖는다. 그리고 R과 $1-R^2$의 비인 T_c는 다음과 같은 자유도가 $(n-2)$인 student-t 분포를 갖는다.

$$T_c = \frac{R\sqrt{n-2}}{\sqrt{1-R^2}} \tag{4.5.20}$$

따라서 $t_{1-\alpha/2}(n-2)$가 자유도 $(n-2)$인 student-t 분포의 $1-\alpha/2$분위수일 때, $|t_c| \le t_{1-\alpha/2}(n-2)$라면 유의수준 α에서 무작위성을 나타내는 귀무가설을 기각할 수 없으므로 무작위성을 갖는다고 할 수 있다.

④ Turing Point 검정

주어진 계열 $X_i\,(i=1, ..., n)$에 대해 첨두(peak)와 저부(trough)를 다음과 같이 정의한다.

첨두의 경우 : $X_{i-1} < X_i > X_{i+1}$ (4.5.21)

저부의 경우 : $X_{i-1} > X_i < X_{i+1}$ (4.5.22)

Clarke에 의하면 표본계열이 무작위성을 갖는다면 첨두와 저부의 총 수 T는 근사적으로 정규분포를 가지며 이 때 평균과 분산은 다음과 같다.

$$\mu = E(T) = \frac{2(n-2)}{3} \tag{4.5.23}$$

$$\sigma^2 = Var(T) = \frac{(16n-29)}{90} \tag{4.5.24}$$

통계량 T가 정규분포를 따르므로 표준변화변수 U_c는 다음과 같다.

$$U_c = \frac{T - E(T)}{\sqrt{Var(T)}} \tag{4.5.25}$$

따라서 $u_{1-\alpha/2}$가 표준정규 분포의 $1-\alpha/2$분위수일 때, $|u_c| \le u_{1-\alpha/2}$라면 유의수준 α에서 무작위성을 나타내는 귀무가설을 기각할 수 없다.

4.6 확률분포형의 매개변수 추정 방법

수문해석을 위해 여러 가지 확률분포형이 사용된다. 다음 절에서 기술되는 확률분포형에서 사용되는 매개변수 추정이 필수적이다. 매개변수를 추정하는 방법에 대해 이 절에서 기술하려고 한다. 매개변수 추정방법에는 모멘트법, 최우도법, 확률가중모멘트법, L-모멘트법 등이 있다.

4.6.1 모멘트법

모멘트법(method of moment)은 매개변수의 추정이 간편하기 때문에 실무에서 주로 사용되고 있다. 그러나 자료에 이상값을 가지고 있는 경우, 이에 의한 모멘트가 모멘트 합의 대부분을 차지하고, 자료에 대수를 취하면 작은 값들이 큰 값의 정보를 빈약하게 만드는 단점이 있다. 이처럼 이상값이 포함되어 있으면 적용성이 약하고 자료수가 충분하지 못하는 경우에 변동계수와 왜곡도계수가 매우 크게 편의되고 변동성이 큰 단점이 될 수 있다. 추정방법은 관측자료의 모멘트와 모집단의 모멘트가 동일하다고 가정하고, 모집단의 모멘트로부터 관측자료의 매개변수를 추정한다. 실제로 자료의 크기가 모집단에 비해 작고 대부분의 수문자료가 왜곡된 형태를 보이고 있기 때문에 추정값이 불완전하며 고차 모멘트로 갈수록 부정확한 결과를 얻는다. 이 방법에 대해서는 4.1.6절의 확률분포특성에 소개되어 있다.

4.6.2 최우도법

최우도법(method of maximum likelihood, ML)은 추출된 표본자료가 나올 수 있는 확률이 최대가 되도록 매개변수를 추정하는 방법이다. 즉, 표본자료의 발생 결합 확률로 정의되는 우도함수를 최대화하기 위한 매개변수를 추정하는 것으로 동일한 확률분포를 갖는 $x_1, x_2, ..., x_n$으로 구성되는 표본을 대상으로 한다. 표본 x_i에 대한 확률밀도함수는 $f(x_i)$이고 x_i를 포함한 구간 내에서 확률변수가 발생될 확률은 $f(x_i)dx$이며, 표본자료가 독립적이라면 발생될 결합확률은 다음과 같다.

$$f(x_1)dx \cdot f(x_2)dx \cdot ... \cdot f(x_n)dx = [\Pi f(x_i)]dx^n \tag{4.6.1}$$

우도함수는 어떤 확률분포의 확률밀도함수가 $f(x)$로 주어지고 확률분포의 매개변수가 θ_1, θ_2,..., θ_k 조건에서 표본자료의 결합확률밀도함수로 다음과 같이 정의된다.

$$L(\theta_1, \theta_2, \cdot\cdot\cdot, \theta_k) = \Pi f(x_i : \theta_1, \theta_2, \cdot\cdot\cdot, \theta_k) \tag{4.6.2}$$

표본자료의 결합확률밀도함수인 우도함수를 최대화하는 것은 우변의 $\Pi f(x_i : \theta_1, \theta_2, ..., \theta_k)$를 최대화하는 것과 같다. 일반적으로 우도함수(likelihood function)보다는 대수 우도함수(log-likelihood function)를 많이 사용하는데 이는 유도할 때 편리하기 때문이다. 대수 우도함수는 식 (4.6.2)에 대수를 취한 것으로서 이에 대한 매개변수 추정은 대수 우도함수를 매개변수별(θ_i)로 미분하여 0으로 놓고 이 식의 조건을 만족하는 매개변수를 동시에 추정하는 것이다.

$$\frac{\partial \ln L(\theta_i)}{\partial \theta_i} = 0, \ i = 1, 2, ..., k \tag{4.6.3}$$

여기서 $\ln L(\theta_i)$는 대수 우도함수이고, θ_i는 선정된 확률분포의 매개변수이며, k는 선택된 확률분포함수의 매개변수의 수이다. 식 (4.6.3)은 비선형 방정식이므로 Newton-Raphson 수치기법을 이용하여 해를 구한다.

4.6.3 확률가중모멘트법

Greenwood(1979) 등이 제안한 방법으로 모멘트법이나 최우도법 등의 대안으로 최근에까지 사용되고 있다. 모멘트법과 같이 모집단의 확률가중모멘트는 표본자료의 확률가중모멘트와 같다고 가정하여 확률분포의 매개변수를 추정하는 방법이다. 이 방법은 자료를 작은 것부터 큰 순서인 오름차순으로 재배열하여 크기가 가장 큰 자료에 최대가중치를 부여하는 방법으로 자료

크기에 따라 가중치를 다르게 하여 매개변수를 추정한다. 표본자료의 크기가 작거나 왜곡된 자료일 경우에도 비교적 안정적인 결과를 보여주고 있어서 많이 사용되고 있다.

확률변량 X가 누가확률밀도함수 $F(x)$를 가질 때 확률가중모멘트의 일반식은 다음과 같다.

$$M_{p,r,s} = E[X^p F(x)^r \{1 - F(x)\}^s] \tag{4.6.4}$$

여기서 $E[\cdot]$는 기댓값, $F(x)$는 X의 누가확률밀도함수(비초과확률), $1-F(x)$는 초과확률, p, r, s는 차수를 나타내며 양의 정수이다. 만일 $M_{p,0,0}$이면 모멘트법에서 원점에 대한 p차 모멘트와 같다. 수문분석에 자주 사용되는 식은 $p=1$이고 $r=s=0$이거나 그 이상의 정수이며 사용자의 편의에 따라 비초과확률, 혹은 초과확률을 선택하여 사용하면 된다.

비초과확률 :

$$M_{1,r,0} = \alpha_r = E[XF(x)^r] = \frac{1}{n}\sum_{i=1}^{n}\frac{(i-1)!\,(n-1-r)!}{(i-1-r)!\,(n-1)!}x_i \tag{4.6.5}$$

초과확률 :

$$M_{1,0,s} = \beta_s = E[X\{1-F(x)\}^s] = \frac{1}{n}\sum_{i=1}^{n}\frac{(n-i)!\,(n-s-1)!}{(n-i-s)!\,(n-1)!}x_i \tag{4.6.6}$$

여기서 α_r과 β_s는 확률가중모멘트이고 x_i는 자료를 오름차순으로 나열했을 때 i번째에 해당하는 값이다.

식(4.6.5)의 비초과확률에 대해 r에 따른 확률가중모멘트는 다음과 같다.

$$M_{1,0,0} = \alpha_0 = E[X] = \frac{1}{n}\sum_{i=1}^{n}x_i \tag{4.6.7a}$$

$$M_{1,1,0} = \alpha_1 = E[XF(x)] = \frac{1}{n}\sum_{i=1}^{n}\frac{(i-1)}{(n-1)}x_i \tag{4.6.7.b}$$

$$M_{1,2,0} = \alpha_2 = E[XF(x)^2] = \frac{1}{n}\sum_{i=1}^{n}\frac{(i-1)(i-2)}{(n-1)(n-2)}x_i \tag{4.6.7c}$$

초과확률을 이용하여 확률가중모멘트를 구하는 경우에 비초과확률의 모멘트가 다음과 같이 이용된다.

$$M_{1,0,s} = \sum_{i=0}^{s}\binom{s}{i}(-1)^i M_{1,i,0} \tag{4.6.8}$$

이 식을 s값에 따라 몇 개를 정리하면 다음과 같다.

$$M_{1,0,0} = M_{1,0,0} \quad (4.6.9a)$$

$$M_{1,0,1} = M_{1,0,0} - M_{1,1,0} \quad (4.6.9b)$$

$$M_{1,0,2} = M_{1,0,0} - 2M_{1,1,0} + M_{1,2,0} \quad (4.6.9c)$$

4.6.4 L-모멘트법

L-모멘트법에서 매개변수 추정은 확률가중모멘트법으로 추정한 매개변수와 동일하며 L-모멘트법은 확률가중모멘트를 선형조합으로서 차수가 다른 몇 개의 확률가중모멘트를 선형으로 가중하여 편의가 제거된 모멘트를 구하는 방법이다. 표본자료에 대한 L-모멘트 추정치는 다음과 같다.

$$L_1 = E[X] \quad (4.6.10a)$$

$$L_2 = \frac{1}{2}E[X_{(1:2)} - X_{(2:2)}] \quad (4.6.10b)$$

$$L_3 = \frac{1}{3}E[X_{(1:3)} - 2X_{(2:3)} + X_{(3:3)}] \quad (4.6.10c)$$

$$L_4 = \frac{1}{4}E[X_{(1:4)} - 3X_{(2:4)} + 3X_{(3:4)} + X_{(4:4)}] \quad (4.6.10d)$$

여기서 X는 변량, $E[\cdot]$는 기댓값, $X_{(i:n)}$는 n개의 자료를 오름차순으로 배열했을 때 i번째로 큰 값이다. 그리고 L-모멘트를 확률가중모멘트의 선형조합으로 표시하면 다음과 같다(Hosking 등, 1985).

$$L_1 = M_{1,0,0} \quad (4.6.11a)$$

$$L_2 = 2M_{1,1,0} - M_{1,0,0} \quad (4.6.11b)$$

$$L_3 = 6M_{1,2,0} - 6M_{1,1,0} + M_{1,0,0} \quad (4.6.11c)$$

$$L_4 = 20M_{1,3,0} - 30M_{1,2,0} + 12M_{1,1,0} - M_{1,0,0} \quad (4.6.11d)$$

식(4.6.11)로 정의된 L-모멘트를 이용하여 일반 모멘트방법과 같이 L-변동계수 L_v, L-왜곡도계수 L_s, L-첨예도계수 L_k를 정의하면 다음과 같다.

$$L_v = \tau = L_2/L_1 \quad 0 < \tau < 1 \quad (4.6.12a)$$

$$L_s = \tau_3 = L_3/L_2 \quad -1 < \tau_3 < 1,\ r \geq 3 \tag{4.6.12b}$$

$$L_k = \tau_4 = L_4/L_2 \quad 0.25\,(5\tau_3^2 - 1) \leq \tau_4 \leq 1,\ r \geq 3 \tag{4.6.12c}$$

여기서 r은 확률가중모멘트의 차수이다.

4.7 확률분포형

일반적으로 수문해석에 많이 사용되는 확률분포형은 강우의 빈도해석을 수행하는 절차를 나타낸 [그림 4.0.1]에 제시되어 있다. 그림에 나타난 확률분포형에 대해 본 절에서 기술하려고 한다.

4.7.1 Gamma 분포

Gamma 분포는 변수의 수에 따라 2변수 Gamma 분포와 3변수 Gamma 분포로 구분할 수 있으며 3변수 Gamma 분포는 Pearson Type-III 분포라 부르기도 한다. 대부분 수문자료의 확률밀도함수는 왜곡되어 있으므로 수문자료 해석에 Gamma 분포가 광범위하게 사용된다. Gamma 분포의 확률밀도함수와 누가확률밀도함수는 다음과 같으며 이 식은 3변수 Gamma 분포함수이다.

$$f(x) = \frac{1}{\alpha\Gamma(\beta)}\left(\frac{x-x_0}{\alpha}\right)^{\beta-1} exp\left(-\frac{x-x_0}{\alpha}\right) \tag{4.7.1}$$

$$F(x) = \int_{x_0}^{x} \frac{1}{\alpha\Gamma(\beta)}\left(\frac{x-x_0}{\alpha}\right)^{\beta-1} exp\left(-\frac{x-x_0}{\alpha}\right)dx,\ \alpha > 0 \text{일 때} \tag{4.7.2}$$

여기서 α는 축척매개변수(scale parameter)이고, β는 형상매개변수(shape parameter)이다.

Gamma 분포에 대한 확률밀도곡선을 [그림 4.7.1]에 제시하였다. 식 (4.7.1)에서 축척변수 $\alpha > 0$인 경우에 [그림 4.7.1] (a)에서와 같이 $0 \leq x \leq \infty$이며 오른쪽으로 왜곡된 형상을 보여주고 있다. $\alpha < 0$인 경우에 [그림 4.7.1] (b)에서와 같이 $-\infty \leq x \leq 0$이며 왼쪽으로 왜곡된 형상이다. 그리고 식 (4.7.1)은 3변수 Gamma 분포이며 이 때 $x_0 = 0$인 경우를 2변수 Gamma

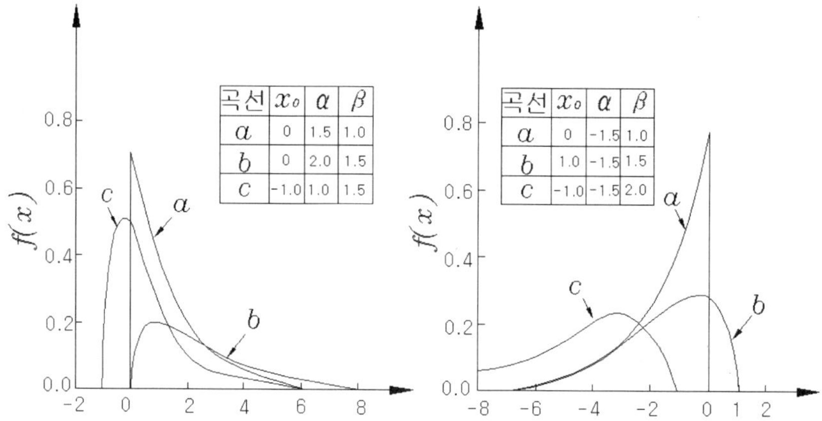

(a) $\alpha > 0$ (b) $\alpha < 0$

[그림 4.7.1] Gamma 분포의 확률밀도곡선

분포라 하고 이 관계가 [그림 4.7.1]에 제시되어 있다. 식에서 $\Gamma(\beta)$는 β가 정수인 경우를 완전 Gamma 함수라고 하며 다음과 같이 계산된다.

$$\Gamma(\beta) = \int_0^{\infty} x^{\beta-1} e^{-x} dx$$

$$= (\beta-1)\Gamma(\beta-1) = (\beta-1)(\beta-2)\Gamma(\beta-2)$$

$$= (\beta-1)(\beta-2)(\beta-3), \ldots, 3 \cdot 2 \cdot 1 \qquad (4.7.3)$$

만일 β가 정수가 아닌 경우에 $\Gamma(\beta)$는 불완전 Gamma 함수가 되고 이 값은 Gamma 함수표를 참고하여 이용하거나 근사적으로 다음과 같이 계산된다.

$$\Gamma(\beta) = \frac{\Gamma(\beta+1)}{\beta}$$

$$\Gamma(\beta+1) = 1 + a_1\beta + a_2\beta^2 + \ldots + a_8\beta^8 \quad 0 \leq \beta \leq 1 \qquad (4.7.4)$$

여기서 $a_1 = -0.577192$, $a_2 = 0.988206$, $a_3 = -0.897057$, $a_4 = 0.918207$, $a_5 = -0.756704$, $a_6 = 0.482199$, $a_7 = -0.193528$, $a_8 = 0.035868$이다.

(1) 2변수 Gamma 분포

2변수 Gamma 분포의 확률밀도함수와 누가확률밀도함수는 다음과 같다.

$$f(x) = \frac{1}{\alpha\Gamma(\beta)}\left(\frac{x}{\alpha}\right)^{\beta-1} exp\left(-\frac{x}{\alpha}\right) \tag{4.7.5}$$

$$F(x) = \int_0^x \frac{1}{\alpha\Gamma(\beta)}\left(\frac{x}{\alpha}\right)^{\beta-1} exp\left(-\frac{x}{\alpha}\right)dx, \ \alpha > 0 \text{일 때} \tag{4.7.6}$$

1) 모멘트법에 의한 매개변수 추정

모멘트법에서 매개변수 α와 β는 다음과 같은 관계가 있다.

$$\bar{x} = \alpha\beta \tag{4.7.7}$$

$$s^2 = \alpha^2\beta \tag{4.7.8}$$

여기서 s^2은 분산이고 이 식을 연립하여 α와 β를 구하면 다음과 같다.

$$\alpha = \frac{s^2}{\bar{x}} \tag{4.7.9}$$

$$\beta = \left(\frac{\bar{x}}{s}\right)^2 \tag{4.7.10}$$

2) 최우도법 의한 매개변수 추정

매개변수 추정은 다음 식에 의해 계산된다.

$$\alpha = \frac{\bar{x}}{\beta}$$

$$\beta = \frac{1}{U}[0.5000876 + 0.1648852U - 0.054427U^2] \quad 0 \leq U \leq 0.5772 \tag{4.7.11}$$

$$\beta = \frac{8.898919 + 9.059950U + 0.9775373U^2}{U(17.7928 + 11.968477U + U^2)} \quad 0.5772 \leq U \leq 17.0 \tag{4.7.12}$$

여기서 $U = ln(\bar{x}) - ln(G)$이며 $G = (x_1 \cdot x_2 \cdot \cdot \cdot x_n)^{1/n}$로 자료계열 x의 기하평균이다.

3) 확률가중모멘트법 의한 매개변수 추정

매개변수 α와 β의 추정은 다음과 같다.

$$\alpha = \frac{L_1}{\beta} = \frac{\bar{x}}{\beta} \tag{4.7.13}$$

$$\beta = \frac{1-0.3080z}{z-0.05812z^2+0.01765z^3} \quad 0<\tau<0.5\text{인 경우, } z=\pi\tau^2 \tag{4.7.14a}$$

$$\beta = \frac{0.7213z-0.5947z^2}{1-2.1817z+1.2113z^3} \quad 0.5<\tau<1\text{인 경우, } z=1-\tau \tag{4.7.14b}$$

여기서 τ는 L-변동계수이다.

(2) 3변수 Gamma 분포(Pearson Type-III 분포)

3변수 Gamma 분포는 상한값이나 하한값이 0(2변수 Gamma 분포)이 아닌 x_0를 갖게 된다. x_0는 위치변수로서 $\alpha > 0$ 인 경우에 $x_0 \le x \le \infty$이고, $\alpha < 0$인 경우에 $-\infty < x \le x_0$이다. 만일 $x-x_0$를 y로 치환하면 2변수 Gamma 분포가 된다.

$$f(x) = \frac{1}{\alpha\Gamma(\beta)}\left(\frac{x-x_0}{\alpha}\right)^{\beta-1} exp\left(-\frac{x-x_0}{\alpha}\right) \tag{4.7.1}$$

$$F(x) = \int_{x_0 3}^{x} \frac{1}{\alpha\Gamma(\beta)}\left(\frac{x-x_0}{\alpha}\right)^{\beta-1} exp\left(-\frac{x-x_0}{\alpha}\right)dx4, \quad \alpha > 0\text{일 때} \tag{4.7.2}$$

1) 모멘트법에 의한 매개변수 추정

매개변수로는 축척매개변수 α, 형상매개변수 β, 위치매개변수 x_0이며 각 변수는 다음 식으로 결정한다.

$$\alpha = \frac{sC_s}{2} \tag{4.7.15}$$

$$\beta = \left(\frac{2}{C_s}\right)^2 \tag{4.7.16}$$

$$x_0 = \bar{x} - \alpha\beta \tag{4.7.17}$$

여기서 C_s는 자료의 왜곡도계수이다.

2) 최우도법에 의한 매개변수 추정

최우도법에서 매개변수는 다음 식을 만족하도록 추정한다.

$$\frac{n\beta}{\alpha} - \frac{1}{\alpha^2}\sum_{i=1}^{n}(x_i - x_0) = 0 \tag{4.7.18}$$

$$-n\psi(\beta) + \sum_{i=1}^{n} ln\left(\frac{x_i - x_0}{\alpha}\right) = 0 \tag{4.7.19}$$

$$\frac{n}{\alpha} - (\beta - 1)\sum_{i=1}^{n}\left(\frac{1}{x_i - x_0}\right) = 0 \tag{4.7.20}$$

여기서 $\psi(\beta) = ln(\beta) - \frac{1}{2\beta} - \frac{1}{12\beta^2} + \frac{1}{120\beta^4} - \frac{1}{252\beta^6} + \frac{1}{240\beta^8} - \frac{1}{132\beta^{10}}$ 이고 n은 자료수이다.

3) 확률가중모멘트법에 의한 매개변수 추정

확률가중모멘트법에 의한 매개변수는 다음과 같다.

$$\alpha = \sqrt{\pi} L_2 \frac{\Gamma(\beta)}{\Gamma(\beta + 0.5)} \tag{4.7.21}$$

$$\beta = \frac{0.36067\tau_0 - 0.5967\tau_0^2 + 0.25361\tau_0^3}{1 - 2.78861\tau_0 + 2.56096\tau_0^2 - 0.77045\tau_0^3} \tag{4.7.22}$$

($\tau_3 \geq 1/3$ 인 경우, $\tau_0 = 1 - \tau_3$)

$$\beta = \frac{1 + 0.2906\tau_0}{\tau_0 + 0.1882\tau_0^2 + 0.0442\tau_0^3} \tag{4.7.23}$$

($\tau_3 < 1/3$ 인 경우, $\tau_0 = 3\pi\tau_3^2$)

$$x_0 = L_1 - \alpha\beta = \bar{x} - \alpha\beta \tag{4.7.24}$$

4.7.2 Gumbel 분포

Gumbel 분포는 왜곡도계수 $C_s = 1.1396$ 인 GEV 분포의 특수한 형태로 자료의 극값에서도 최댓값에 해당하는 연최대홍수량이나 연최대강우량 자료의 분석에 주로 사용된다. 이 분포에 대한 확률밀도함수와 누가확률밀도함수는 다음과 같다.

$$f(x) = \frac{1}{\alpha} exp\left[-\frac{x - x_0}{\alpha} - exp\left(-\frac{x - x_0}{\alpha}\right)\right] \quad -\infty < x < \infty \tag{4.7.25}$$

$$F(x) = exp[-exp(-\frac{x-x_0}{\alpha})] \quad (4.7.26)$$

여기서 α는 축척매개변수, x_0는 위치 매개변수이다.

1) 모멘트법에 의한 매개변수 추정

Gumbel 분포에서 평균 μ와 표준편차 σ, 왜곡도계수 C_s는 다음과 같다.

$$\mu = x_0 + 0.5772\alpha \quad (4.7.27)$$

$$\sigma = \frac{\pi}{\sqrt{6}}\alpha \quad (4.7.28)$$

$$C_s = 1.1396 \quad (4.7.29)$$

매개변수 α와 x_0를 산정하기 위한 식은 다음과 같다.

$$\alpha = 0.7797s \quad (4.7.30)$$

$$x_0 = \bar{x} - 0.5772\alpha = \bar{x} - 0.45s \quad (4.7.31)$$

2) 최우도법에 의한 매개변수 추정

최우도법에 의한 매개변수는 다음과 같이 추정된다.

$$\sum_{i=1}^{n} x_i exp(-\frac{x_i}{\alpha}) - (\frac{1}{n}\sum_{i=1}^{n} x_i - \alpha)\sum_{i=1}^{n} exp(-\frac{x_i}{\alpha}) = 0 \quad (4.7.32)$$

$$x_0 = \alpha ln(\frac{n}{\sum_{i=1}^{n} exp(-x_i/\alpha)}) \quad (4.7.33)$$

3) 확률가중모멘트법에 의한 매개변수 추정

확률가중모멘트법에 의한 매개변수는 다음과 같이 추정된다.

$$\alpha = \frac{L_2}{\ln 2} \quad (4.7.34)$$

$$x_0 = L_1 - 0.5772\alpha \quad (4.7.35)$$

여기서 L_1과 L_2는 각각 자료 계열 x의 1차와 2차 L-모멘트이고, 0.5772는 Euler 상수이다.

4.7.3 GEV 분포

GEV 분포는 자료의 최댓값 혹은 최솟값계열을 분석하는 극치분포이므로 홍수나 가뭄 같은 사상의 빈도해석에 많이 사용되는 분포함수이다. 형상 매개변수에 따라 3가지 형태로 구분된다. Type-I의 분포는 Gumbel 분포라 하며 연최대홍수량계열이나 연최대강우계열의 빈도해석에 이용된다. Type-II의 분포는 Log-Gumbel 분포라 한다. Type-III 분포는 Weibull 분포라 부르며 갈수량과 같은 최솟값의 빈도해석에 사용된다. 이상과 같이 3가지 분포는 일반극치 분포의 특수한 경우라고 할 수 있다. 일반극치(general extreme value) 분포의 확률밀도함수와 누가확률밀도함수는 다음과 같다.

$$f(x) = \frac{1}{\alpha}[(1 - \frac{\beta(x - x_0)}{\alpha})]^{(1/\beta)-1} \cdot F(x) \tag{4.7.36}$$

$$F(x) = exp[-(1 - \frac{\beta(x - x_0)}{\alpha})^{1/\beta}] \tag{4.7.37}$$

여기서 α는 축척 매개변수, β는 형상 매개변수, x_0는 위치 매개변수이다.

1) 모멘트법에 의한 매개변수 추정

형상 매개변수 β는 표본자료의 왜곡도 계수 C_s값에 따라 구분되어 추정된다.

(a) $1.14 < C_s < 10$, $\beta < 0$인 경우,

$$\begin{aligned}\beta = &0.2858221 - 0.357983C_s + 0.116659C_s^2 - 0.022725C_s^3 \\ &+ 0.002604C_s^4 - 0.000161C_s^5 + 0.000004C_s^6\end{aligned} \tag{4.7.38}$$

(b) $-2 < C_s < 1.14$, $\beta > 0$인 경우,

$$\begin{aligned}\beta = &0.277648 - 0.322016C_s + 0.060278C_s^2 + 0.016759C_s^3 \\ &- 0.005873C_s^4 - 0.00244C_s^5 - 0.00005C_s^6\end{aligned} \tag{4.7.39}$$

(c) $-10 < C_s < 0$, $\beta < 0$인 경우,

$$\begin{aligned}\beta = &-0.50405 - 0.00861C_s + 0.015497C_s^2 + 0.005613C_s^3 \\ &+ 0.000874C_s^4 + 0.000065C_s^5\end{aligned} \tag{4.7.40}$$

축척매개변수 α, 위치 매개변수 x_0는 다음 식으로 추정된다.

$$\alpha = [\frac{s^2\beta^2}{\Gamma(1+2\beta) - \Gamma(1+\beta)^2}]^{1/2} \tag{4.7.41}$$

$$x_0 = \bar{x} - \frac{\alpha}{\beta}[1 - \Gamma(1+\beta)] \tag{4.7.42}$$

2) 최우도법에 의한 매개변수 추정

GEV 분포의 대수우도함수는 다음과 같다.

$$\ln L = -n ln(\alpha) - (1-\beta)\sum_{i=1}^{n} y_i - \sum_{i=1}^{n} e^{-y_i} \tag{4.7.43}$$

여기서 $y_i = -\frac{1}{\beta}\ln[1 - \beta\frac{(x_i - x_0)}{\alpha}]$, $(\beta \neq 0)$

대수우도함수를 각각의 매개변수에 대해 미분하여 0으로 놓고 동시에 만족하는 매개변수를 추정한다.

$$-\frac{\partial \ln L}{\partial x_0} = \frac{Q}{\alpha} = 0 \tag{4.7.44}$$

$$-\frac{\partial \ln L}{\partial \alpha} = \frac{P+Q}{\alpha}\beta = 0 \tag{4.7.45}$$

$$-\frac{\partial \ln L}{\partial \beta} = \frac{1}{\beta}[R - \frac{1}{\beta}(P+Q)] = 0 \tag{4.7.46}$$

여기서 $P = n - \sum_{i=1}^{n} e^{-y_i}$, $Q = \sum_{i=1}^{n} e^{\beta y_i - y_i} - (1-\beta)\sum_{i=1}^{n} e^{\beta y_i}$, $R = n - \sum_{i=1}^{n} y_i + \sum_{i=1}^{n} y_i e^{-y_i}$

식(4.7.44), (4.7.45), (4.7.46)을 이용하여 매개변수를 추정하기 위해 Newton-Raphson 방법 등을 이용하면 편리하다.

3) 확률가중모멘트법에 의한 매개변수 추정

확률가중모멘트법에 의한 매개변수는 다음과 같이 추정된다.

$$\alpha = \frac{L_2\beta}{\Gamma(1+\beta)(1-2^{-\beta})} \tag{4.7.47}$$

$$\beta = 7.8590C + 2.9554C^2 \tag{4.7.48}$$

$$x_0 = L_1 + \frac{\alpha}{\beta}[\Gamma(1+\beta) - 1] \tag{4.7.49}$$

$$C = \frac{2}{3+\tau_3} - \frac{\ln 2}{\ln 3} \tag{4.7.50}$$

여기서 L_1과 L_2는 L 모멘트이고 τ_3는 왜곡도계수이다.

4.7.4 Log-Normal 분포

유출량은 강우, 유역면적, 증발 등과 같은 몇 개의 무작위 인자에 대한 곱의 조합으로 나타낼 수 있다고 가정하자. 이때 무작위 인자에 대한 곱의 조합을 변수 x라 하면 x에 대수를 취한 분포는 각 인자에 대수를 취한 것을 합하게 되므로 정규분포에 접근한다. 이처럼 무작위 변수에 대수를 취한 자료가 정규분포를 따르면 원래의 무작위 변수는 대수정규분포를 따른다. 즉, 대수를 취한 값 $\log x$가 정규분포를 따르면 x는 대수정규분포를 따른다고 한다. 대수정규분포에는 2변수와 3변수 대수정규분포가 있다. 3개의 매개변수를 갖는 3변수 대수정규분포형의 확률밀도함수는 다음과 같다.

$$f(x) = \frac{1}{\sqrt{2\pi}(x-x_0)\sigma_y} exp[-\frac{1}{2}\{\frac{ln(x-x_0)-\mu_y}{\sigma_y}\}^2] \quad (4.7.51)$$

여기서 $y = ln(x-x_0)$이고, μ_y와 σ_y는 확률변수 y의 평균과 표준편차이다. x_0는 변수 x의 하한치이다. 3변수 대수정규분포는 변수 x가 양이나 음의 값을 갖더라도 $x-x_0>0$이면 적용될 수 있다. 그러나 2변수 대수정규분포는 x가 양의 값을 갖는 경우에만 적용된다.

1) 모멘트법에 의한 매개변수 추정

$$\sigma_y = (lnw)^{1/2} \quad (4.7.52)$$

$$\mu_y = \frac{1}{2} ln[\frac{\sigma_x^2}{w(w-1)}] \quad (4.7.53)$$

$$x_0 = \mu_x - exp[\mu_y + \frac{\sigma_y^2}{2}] \quad (4.7.54)$$

여기서 μ_x, σ_x, γ_x는 표본자료 x의 평균, 표준편차, 왜곡도계수이며 w는 다음과 같다.

$$w = [1 + \frac{\gamma_x}{2}(\gamma_x + \sqrt{4+\gamma_x^2})]^{1/3} + [1 + \frac{\gamma_x}{2}(\gamma_x - \sqrt{4+\gamma_x^2})]^{1/3} - 1 \quad (4.7.55)$$

2) 최우도법에 의한 매개변수 추정

대수정규분포의 확률밀도함수를 이용하여 구한 대수우도함수는 다음과 같다.

$$\ln L = nln(\frac{1}{\sqrt{2\pi}}) - nln(\sigma_y) - \sum_{i=1}^{n} ln(x_i - x_0) - (\frac{1}{2\sigma_y^2})\sum_{i=1}^{n}[ln(x_i - x_0) - \mu_y]^2 \quad (4.7.56)$$

최우도법에 의한 매개변수 σ_y와 μ_y는 다음과 같다.

$$\sigma_y = [\frac{1}{n}\sum_{i=1}^{n}[ln(x_i - x_0) - \mu_y]^2]^{1/2} \quad (4.7.57)$$

$$\mu_y = \frac{1}{n}\sum_{i=1}^{n} ln(x_i - x_0) \quad (4.7.58)$$

또 하나의 매개변수 x_0는 다음과 같이 대수우도함수를 미분하여 결정하고 이 매개변수를 이용하여 매개변수 σ_y와 μ_y를 산정한다.

$$\frac{\partial lnL}{\partial x_0} = [\sum_{i=1}^{n}(x_i - x_0)^{-1}]\{\frac{1}{n}\sum_{i=1}^{n}(ln(x_i - x_0))^2 - [\frac{1}{n}\sum_{i=1}^{n}(ln(x_i - x_0))^2]^2 - \frac{k}{n}\sum_{i=1}^{n}(ln(x_i - x_0))^2\} + k\sum_{i=1}^{n}(x_i - x_0)^{-1} ln(x_i - x_0) = 0 \quad (4.7.59)$$

3) 확률가중모멘트법에 의한 매개변수 추정

$$\mu_y = ln[\frac{L_2}{2F(\frac{\sigma_y}{2}\sqrt{2}) - 1}] - \frac{\sigma_y^2}{2} \quad (4.7.60)$$

$$\sigma_y = 0.999281a - 0.006118a^3 + 0.000127a^5 \quad (4.7.61)$$

$$x_0 = L_1 - exp[\mu_y + \frac{\sigma_y^2}{2}] \quad (4.7.62)$$

$$a = \sqrt{\frac{8}{3}}F^{-1}(\frac{1+\tau_3}{2}) \quad (4.7.63)$$

여기서 τ_3는 L-모멘트의 왜곡도계수이고 $F(\cdot)$는 표준정규분포의 누가확률밀도함수이다.

4.7.5 Log-Gumbel 분포

Log-Gumbel 분포는 GEV 분포의 특수한 경우로서 Type-II의 극치분포, Frechet 분포라 부르기도 한다. Log-Gumbel 분포의 확률밀도함수와 누가확률밀도함수는 다음과 같다.

$$f(x)=\frac{\beta}{(x-x_0)}(\frac{\theta-x_0}{x-x_0})^{\beta}exp[-(\frac{\theta-x_0}{x-x_0})^{\beta}] \tag{4.7.64}$$

$$F(x)=exp[-(\frac{\theta-x_0}{x-x_0})^{\beta}] \tag{4.7.65}$$

여기서 $\beta>0$, $x_0<\theta$, $x_0<x<\infty$이다.

1) 모멘트법에 의한 매개변수 추정

매개변수를 추정하기 위해 왜곡도계수 C_s에 따라서 β를 추정하고 x_0와 θ를 산정한다.

(a) $1.14<C_s<1.48$인 경우,

$$\beta=1731.6756-2342.8143C_s+802.1566C_s^2 \tag{4.7.66}$$

(b) $1.48<C_s<5.4$인 경우,

$$\beta=222.5222-313.1802C_s+179.5053C_s^2-50.6058C_s^3+6.978542C_s^4-0.376228C_s^5 \tag{4.7.67}$$

$$x_0=\bar{x}-\frac{s\Gamma(1-\frac{1}{\beta})}{[\Gamma(1-\frac{2}{\beta})-\Gamma(1-\frac{1}{\beta})^2]^{1/2}} \tag{4.7.68}$$

$$\theta=x_0+\frac{\bar{x}-x_0}{\Gamma(1-\frac{1}{\beta})} \tag{4.7.69}$$

여기서 $\bar{x}$와 s는 자료 x의 평균과 표준편차이다.

2) 최우도법에 의한 매개변수 추정

Log-Gumbel 분포의 확률밀도함수를 이용하여 구한 대수우도함수는 다음과 같다.

$$lnL = nln(\beta) + n\beta ln(\theta - x_0) - (\beta+1)\sum_{i=1}^{n} ln(x_i - x_0) - \sum_{i=1}^{n}\left(\frac{\theta - x_0}{x_i - x_0}\right)^{\beta} \tag{4.7.70}$$

식 (4.7.56)을 매개변수에 대해 미분하여 0으로 놓으면 다음과 같다.

$$\frac{\partial lnL}{\partial x_0} = -\frac{n\beta}{\theta - x_0} + (\beta+1)\sum_{i=1}^{n}(x_i - x_0)^{-1} + \beta(\theta - x_0)^{\beta-1}\sum_{i=1}^{n}(x_i - x_0)^{-\beta} - \beta(\theta - x_0)^{\beta}\sum_{i=1}^{n}(x_i - x_0)^{-(\beta+1)} = 0 \tag{4.7.71}$$

$$\frac{\partial lnL}{\partial \beta} = \frac{n}{\beta} + nln(\theta - x_0) - \sum_{i=1}^{n} ln(x_i - x_0) - \sum_{i=1}^{n}\left[\frac{\theta - x_0}{x_i - x_0}\right]^{\beta} ln\left[\frac{\theta - x_0}{x_i - x_0}\right] = 0 \tag{4.7.72}$$

$$\frac{\partial lnL}{\partial \theta} = \frac{n\beta}{\theta - x_0} - \beta(\theta - x_0)^{\beta-1}\sum_{i=1}^{n}(x_i - x_0)^{-\beta} = 0 \tag{4.7.73}$$

이 식을 만족하는 매개변수를 구하기 위해 Newton-Raphson 방법과 같은 수치기법을 이용한다.

3) 확률가중모멘트법에 의한 매개변수 추정

확률가중모멘트법에 의한 매개변수 추정은 4.6.3절에 기술된 $M_{1,r,0}$의 형태를 이용하여 다음 식에 의해 β를 계산하고 θ와 x_0를 산정한다.

$$\frac{1-3^{1/\beta}}{1-2^{1/\beta}} = \frac{3M_{1,2,0} - M_{1,0,0}}{2M_{1,1,0} - M_{1,0,0}} \tag{4.7.74}$$

$$\theta = \frac{M_{1,0,0}[1 - 2^{1/\beta}\Gamma(1-1/\beta)] - 2M_{1,1,0}[1 - \Gamma(1-1/\beta)]}{(1-2^{1/\beta})\Gamma(1-1/\beta)} \tag{4.7.75}$$

$$x_0 = \frac{M_{1,0,0} - \theta\Gamma(1-1/\beta)}{1 - \Gamma(1-1/\beta)} \tag{4.7.76}$$

2개의 매개변수를 갖는 Log-Gumbel 분포($x_0 = 0$)의 β와 θ는 다음과 같이 간단하게 구할 수 있다.

$$\beta = \frac{ln2}{ln(2M_{1,1,0}/M_{1,0,0})} \quad (4.7.77)$$

$$\theta = \frac{M_{1,0,0}}{\Gamma(1-1/\beta)} \quad (4.7.78)$$

4.7.6 Log-Pearson Type III 분포

이 분포는 미국에서 홍수빈도 해석에 가장 적절한 분포로 알려져 있으며 연 최대홍수량 빈도 분석의 기준이 되는 분포이다. 확률밀도함수는 다음과 같으며 이 곡선의 형태는 [그림 4.7.2]와 같다.

$$f(x) = \frac{1}{\alpha\Gamma(\beta)}\frac{1}{x}\left(\frac{lnx-y_0}{\alpha}\right)^{\beta-1}exp\left(-\frac{lnx-y_0}{\alpha}\right) \quad (4.7.79)$$

여기서 α는 축척 매개변수, β는 형상 매개변수, y_0는 위치 매개변수이다. $\alpha \geq 0$이면 하한치 e^{y_0}를 갖고 양의 왜곡을 나타내며, $\alpha < 0$이면 상한치 e^{y_0}갖고 음의 왜곡을 나타낸다([그림 4.7.2] 참조). Log-Pearson Type III 분포의 누가확률밀도함수는 다음과 같다.

$$F(x) = \int_l^x \frac{1}{\alpha\Gamma(\beta)}\frac{1}{x}\left(\frac{lnx-y_0}{\alpha}\right)^{\beta-1}exp\left(-\frac{lnx-y_0}{\alpha}\right)dx \quad (4.7.80)$$

여기서 l은 $\alpha \geq 0$이면 하한치 $l = e^{y_0}$이 되며, $\alpha < 0$이면 하한치 $l = -\infty$가 된다. $y = lnx$로부터 $dx = xdy$이므로 이를 식 (4.7.80)에 대입하여 정리하면 다음과 같다.

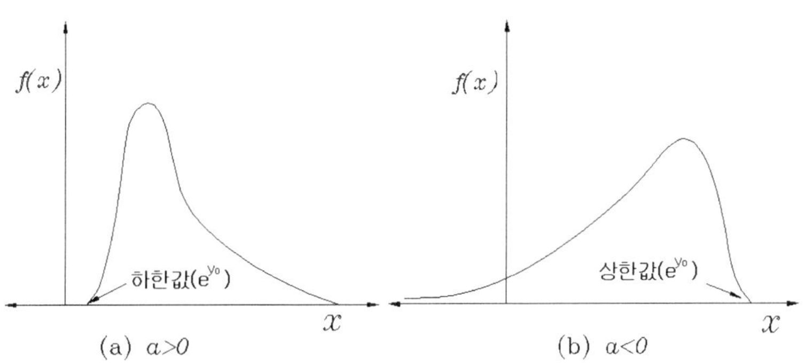

[그림 4.7.2] Log-Pearson Type III 분포 곡선

$$F(y) = \int_{y_0}^{y} \frac{1}{\alpha\Gamma(\beta)} (\frac{y-y_0}{\alpha})^{\beta-1} exp(-\frac{y-y_0}{\alpha}) dy \tag{4.7.81}$$

이 식은 3변수 Gamma 분포(Pearson Type III 분포)의 누가확률밀도함수 식 (4.7.2)과 비교하면 x가 $y=lnx$로 변경된 것으로 유사하다.

1) 모멘트법에 의한 매개변수 추정

Log-Pearson Type III 분포는 자료에 대수를 취하면 즉, $y=lnx$로 변환시키면 3변수 Gamma 분포와 동일하게 되므로 이 방법에 의해 매개변수를 추정한다. 만일 원자료를 이용하여 매개변수를 추정하는 방법은 다음과 같다.

원점에 대한 r차 모멘트는 다음과 같다.

$$\mu_r' = \frac{exp(r \cdot y_0)}{(1-r\alpha)^{\beta}} \tag{4.7.82}$$

위 식에 대수를 취하고 원점에 관한 1차, 2차, 3차 모멘트를 나타내면 다음과 같다.

$$ln\mu_1' = y_0 - \beta ln(1-\alpha) \tag{4.7.83a}$$

$$ln\mu_2' = 2y_0 - \beta ln(1-2\alpha) \tag{4.7.83b}$$

$$ln\mu_3' = 3y_0 - \beta ln(1-3\alpha) \tag{4.7.83c}$$

식 (4.7.83)에서 y_0를 소거하고 정리하면 다음과 같다.

$$\frac{ln\mu_3' - 3ln\mu_1'}{ln\mu_2' - 2ln\mu_1'} = \frac{ln[(1-\alpha)^3/(1-3\alpha)]}{ln[(1-\alpha)^2/(1-2\alpha)]} \tag{4.7.84}$$

식 (4.7.84)에서 α를 구하고 이를 이용하여 나머지 매개변수를 다음 식에 의해 구한다.

$$\beta = \frac{ln\mu_2' - ln(\mu_1')^2}{ln(1-\alpha)^2 - ln(1-2\alpha)} \tag{4.7.85}$$

$$y_0 = [ln\mu_1' + \beta ln(1-\alpha)] \tag{4.7.86}$$

2) 최우도법에 의한 매개변수 추정

확률밀도함수를 이용하여 대수우도함수를 구하면 다음과 같다.

$$lnL = -nln[\alpha\Gamma(\beta)] - \sum_{i=1}^{n} y_i + (\beta-1)\sum_{i=1}^{n} ln[\frac{y_i - y_0}{\alpha}] - \sum_{i=1}^{n}\frac{y_i - y_0}{\alpha} \quad (4.7.87)$$

여기서 $y_i = ln(x_i)$이다. 이 식을 각각 매개변수에 대해 미분하여 0으로 놓고 정리하면 다음과 같다.

$$\alpha = \frac{1}{n}\sum_{i=1}^{n}(y_i - y_0) - n[\sum_{i=1}^{n}(y_i - y_0)^{-1}]^{-1} \quad (4.7.88)$$

$$\beta = [1 - n^2[\sum_{i=1}^{n}(y_i - y_0)\sum_{i=1}^{n}(y_i - y_0)^{-1}]^{-1}]^{-1} \quad (4.7.89)$$

$$F(y_0) = -n\psi(\beta) + \sum_{i=1}^{n} ln[\frac{y_i - y_0}{\alpha}] = 0 \quad (4.7.90)$$

여기서 $\psi(\beta)$는 4.7.1절의 Gamma 분포에서 정의된 식을 이용하면 된다. 식 (4.7.88)과 (4.7.89)을 식 (4.7.90)에 대입하여 수치적으로 y_0를 구한 뒤 식 (4.7.88)과 (4.7.89)를 이용하여 매개변수 α와 β를 구한다.

3) 확률가중모멘트법에 의한 매개변수 추정

Log-Pearson Type-III 분포는 자료에 대수를 취하면 3변수 Gamma 분포와 동일하므로 같은 방법으로 매개변수를 구한다.

4.7.7 Weibull 분포

이 분포는 GEV 분포에서 $\beta > 0$인 분포로서 Type-III 극치분포이며 일반적으로 오른쪽으로 왜곡된 형태로서 갈수량 빈도해석에 많이 사용된다. Weibull 분포의 확률밀도함수와 누가확률밀도함수는 다음과 같다.

$$f(x) = \frac{\beta}{\alpha}(\frac{x - x_0}{\alpha})^{\beta-1} exp[-(\frac{x - x_0}{\alpha})^{\beta}] \quad (4.7.91)$$

$$F(x) = 1 - exp[-(\frac{x - x_0}{\alpha})^{\beta}] \quad (4.7.92)$$

여기서 α는 축척매개변수, β는 형상매개변수로서 0보다 크며 식 (4.7.91)과 (4.7.92)를 3변수

Weibull 분포라고 한다. 만일 $x_0=0$일 때를 2변수 Weibull 분포라고 한다.

1) 모멘트법에 의한 매개변수 추정

모멘트법을 이용하여 매개변수를 추정하기 위해 β를 추정한 다음, α와 x_0를 추정한다.

$$\beta=-0.729268-0.338679C_s+4.96077(C_s+1.14)^{-1.0422} +0.683609[ln(C_s+1.14)]^2 \tag{4.7.93}$$

$$-1.08 \leq C_s \leq 6.0$$

$$\alpha=\frac{s}{[\Gamma(1+2/\beta)-(\Gamma(1+1/\beta))^2]^{1/2}} \tag{4.7.94}$$

$$x_0=\bar{x}-\alpha\Gamma(1+1/\beta) \tag{4.7.95}$$

여기서 C_s는 왜곡도계수, s는 표준편차이다.

2) 최우도법에 의한 매개변수 추정

3변수 Weibull 분포의 확률밀도함수를 이용한 대수우도함수는 다음과 같다.

$$lnL=nln\beta+(\beta-1)\sum_{i=1}^{n}ln(x_i-x_0) -n\beta ln(\alpha)-\sum_{i=1}^{n}(\frac{x_i-x_0}{\alpha})^{\beta} \tag{4.7.96}$$

이 식을 매개변수에 관해 미분하여 0으로 놓고 이를 만족하는 매개변수값을 Newton-Raphson법과 같은 수치기법으로 구한다.

$$\frac{\partial lnL}{\partial x_0}=-(\beta-1)\sum_{i=1}^{n}(x_i-x_0)^{-1}+\frac{\beta}{\alpha}\sum_{i=1}^{n}[\frac{x_i-x_0}{\alpha}]^{\beta-1}=0 \tag{4.7.98}$$

$$\frac{\partial lnL}{\partial \alpha}=-\frac{n\beta}{\alpha}+\frac{\beta}{\alpha}\sum_{i=1}^{n}[\frac{x_i-x_0}{\alpha}]^{\beta}=0 \tag{4.7.99}$$

$$\frac{\partial lnL}{\partial \beta}=\frac{n}{\beta}-nln(\alpha)+\sum_{i=1}^{n}ln(x_i-x_0) -\sum_{i=1}^{n}[\frac{x_i-x_0}{\alpha}]^{\beta}ln[\frac{x_i-x_0}{\alpha}]=0 \tag{4.7.100}$$

3) 확률가중모멘트법에 의한 매개변수 추정

3변수 Weibull 분포의 매개변수 추정은 확률가중모멘트 $M_{1,0,s}$를 이용하여 수행한다. 즉, $M_{1,0,0}$, $M_{1,0,1}$, $M_{1,0,2}$를 이용하여 수치적으로 β를 구한 후에 α와 x_0를 추정한다.

$$\frac{3M_{1,0,2}-M_{1,0,0}}{2M_{1,0,1}-M_{1,0,0}}=\frac{1-3^{-1/\beta}}{1-2^{-1/\beta}} \tag{4.7.101}$$

$$\beta=\frac{1}{7.8590C+2.9554C^2} \tag{4.7.102}$$

여기서 $C=\dfrac{2}{3-\tau_3}-\dfrac{ln2}{ln3}$이다.

$$\alpha=\frac{M_{1,0,0}-2M_{1,0,1}}{(1-2^{-1/\beta})\Gamma(1+1/\beta)}=\frac{L_2}{(1-2^{-1/\beta})\Gamma(1+1/\beta)} \tag{4.7.103}$$

$$x_0=M_{1,0,0}-\alpha\Gamma(1+1/\beta) \tag{4.7.104}$$

만일 $x_0=0$인 경우에 α와 β는 다음과 같다.

$$\alpha=\frac{M_{1,0,0}}{\Gamma(1+1/\beta)} \tag{4.7.105}$$

$$\beta=\frac{ln2}{ln(M_{1,0,0}/M_{1,0,1})}-ln2 \tag{4.7.106}$$

4.7.8 Wakeby 분포

이 분포는 확률가중모멘트법에 의해 매개변수를 추정하는 방법이며 매개변수의 개수는 5개이며 역함수 형태이다. 위치매개 변수인 $m=0$이면 4개의 변수를 갖는 Wakeby 분포가 되며 다음과 같이 정의된다.

$$x=m+a[1-(1-F)^b]-c[1-(1-F)^{-d}] \tag{4.7.107}$$

여기서 m, a, b, c, d는 매개변수이며 변수 b는 왼쪽경계부분으로 극소치 자료와 관계가 있으며 변수 d는 오른쪽 경계부분으로 극대치 자료와 관계가 있다. 그리고 F는 누가확률밀도함수이다.

Wakeby 분포를 확률가중모멘트법에 의해 매개변수를 추정하기 위한 식은 다음과 같다.

$$a=\frac{(b+1)(b+2)}{b(b+d)}\left(\frac{[1]}{2+b}-\frac{[0]}{1+b}-m\right) \tag{4.7.108a}$$

$$b = max(b_1, b_2) \tag{4.7.108b}$$

$$c = \frac{(1-d)(2-d)}{d(b+d)}\left(\frac{[0]}{1-d} - \frac{[1]}{2-d} + m\right) \tag{4.7.108c}$$

$$d = \frac{N_1 + bN_2}{N_2 + bN_3} \tag{4.7.108d}$$

$$m = \frac{[3]-[2]-[1]+[0]}{4} \tag{4.7.108e}$$

여기서 [·]는 다음과 같다. 이 때 $B_k = M_{1,0,k}$이다.

$$[k] = (k+1)(k+1+b)(k+1-d)B_k,\ k=0,1,2,3 \tag{4.7.109}$$

그리고 b_1과 b_2는 다음과 같다.

$$b_1 = \frac{(N_3C_1 - N_1C_3) + H^{1/2}}{2(N_2C_3 - N_3C_2)} \tag{4.7.110a}$$

$$b_2 = \frac{(N_3C_1 - N_1C_3) - H^{1/2}}{2(N_2C_3 - N_3C_2)} \tag{4.7.110b}$$

$$H = [(N_1C_3 - N_3C_1)^2 - 4(N_1C_2 - N_2C_1)(N_2C_3 - N_3C_2)]^{1/2} \tag{4.7.110c}$$

$m \neq 0$, 5개의 매개변수를 갖는 경우,

$$N_{4-j} = (4)^j B_3 - (3)^{1+j} B_2 + 3(2)^j B_1 - B_0,\ j=1,2,3 \tag{4.7.111}$$

$$C_{4-j} = (5)^j B_4 - 3(4)^j B_3 + (3)^{1+j} B_2 - (2)^j B_1,\ j=1,2,3 \tag{4.7.112}$$

$m = 0$, 4개의 매개변수를 갖는 경우,

$$N_{4-j} = -(3)^j B_2 + (2)^{1+j} B_1 - B_0,\ j=1,2,3 \tag{4.7.113}$$

$$C_{4-j} = -(4)^j B_3 + 2(3)^j B_2 - (2)^j B_1,\ j=1,2,3 \tag{4.7.114}$$

이와 같은 과정에 의해서 확률가중모멘트법에 의한 Wakeby 분포의 매개변수를 추정한 후에 그 값은 적합성 조건을 만족해야 한다. 추정된 매개변수의 적합성 조건은 <표 4.7.1>에 제시되어 있다. 만약 추정된 매개변수가 적합성 조건에 맞지 않으면 $b = 50$으로 가정하여 점차적으로 줄여가면서 나머지 매개변수 값을 추정한다. 각 단계에서 적합성 조건을 만족하는지 검사하며 모든 조건을 만족할 때까지 반복한다. 여기서 b값이 50.0에서 −1.0까지 만족하지 못하면 Wakeby 분포의 사용은 적합하지 않다고 판단한다.

4.7.9 Gumbel-Chow

Gumbel 분포의 누가확률분포함수 $F(x)$를 재현기간 T 와의 관계는 다음과 같다.

$$F(x) = 1 - \frac{1}{T} \qquad (4.7.115)$$

이 식을 이용하여 누가확률분포함수를 다음과 같이 나타낼 수 있다.

$$x_T = x_0 - \alpha ln[-ln(1-1/T)] \qquad (4.7.116)$$

여기서 x_T는 재현기간 T 에 해당하는 수문량이다. 모멘트방법에 의해 산정된 매개변수를 대입하여 정리하면 다음과 같다.

$$x_T = \bar{x} - [0.45 + 0.7797 ln(-ln(1-1/T)]s \qquad (4.7.117)$$

$$K_T = -[0.45 + 0.7797 ln(-ln(1-1/T)] \qquad (4.7.118)$$

여기서 K_T는 재현기간 T에 해당하는 빈도계수이다. 빈도계수는 모멘트법에 의한 결과이며 최우도법이나 확률가중모멘트법은 이러한 형태로 빈도계수를 나타내는 것이 곤란하기 때문에 산정된 매개변수를 이용하여 확률수문량 x_T를 직접 산정한다.

〈표 4.7.1〉 확률분포형의 확률변수 범위 및 매개변수 적합성 조건

확률분포형	확률변수 범위 및 매개변수 적합성 조건	비 고
Gamma	$\alpha > 0$, $\beta > 0$일 때 $x_0 \le x < \infty$ $\alpha < 0$, $\beta > 0$일 때 $-\infty \le x < x_0$	2변수의 경우에 $x_0 = 0$
Gumbel	$-\infty \le x < \infty$	
GEV	$\beta = 0$ 일 때 GEV-I : $-\infty \le x < \infty$ $\beta < 0$ 일 때 GEV-II: $x_0 + \alpha/\beta \le x < \infty$ $\beta > 0$ 일 때 GEV-III : $-\infty \le x < x_0 + \alpha/\beta$	
Log-normal	$x_0 \le x < \infty$	2변수의 경우에 $x_0 = 0$
Log-Gumbel	$x_0 \le x < \infty$, $\theta > x_0$, $\beta > 0$	
Log-Pearson Type-III	$\alpha > 0$일 때 $e^{y_0} \le x < \infty$ $\alpha < 0$일 때 $-\infty < x \le e^{y_0}$	
Weibull	$x_0 \le x < \infty$, $\alpha > 0$, $\beta > 0$	
Wakeby	$b + d > 0$, 또는 $b = cd = d = 0$, $ab = 0$이면 $b = 0$, $cd = 0$이면 $d = 0$, $cd \ge 0$, $ab + cd \ge 0$, $b > -1$이고 $d < 1$	

4.8 매개변수의 적합성 검토

앞 절에서 각 분포에 따라서 각 방법별로 매개변수를 추정하였다. 추정된 매개변수가 적용된 확률분포형의 매개변수 범위를 만족하는지 적합성 검토를 수행하여야 한다. 만족하지 못하는 경우에 즉, 확률수문량을 산정하는 프로그램을 사용할 때 수행 도중에 중단되거나 적절하지 못한 결과를 나타낼 것이다. 이와 같은 경우, 해당되는 확률분포형이 적용 대상 자료에 적합하지 않기 때문에 제외시켜야 한다. 앞 절에서 제시된 여러 가지 확률분포형의 확률변수 범위와 매개변수 적합성 조건을 제시하였다.

4.9 확률분포의 적합도 검정

수문설계를 위해 수집된 자료가 어떤 확률분포와 적합한가를 결정하는 과정을 적합도 검정(goodness of fit test)이라 한다. 이 과정을 통해서 최적 확률분포형을 선정한다. 적합도를 검정하는 방법에는 도식적인 방법과 수학적인 방법이 있다. 도식적인 방법에는 주상도를 이용하는 방법과 확률지를 이용하는 방법이 있으며 이 절에서는 확률지를 이용하는 방법에 대해 설명한다. 그리고 이론적인 수학적 방법에는 자료와 분포형 사이에 적합성을 정량적으로 분석하는데 확률분포의 상대도수함수와 누가도수함수의 이론값과 표본 값을 비교하여 그 정도를 판별한다. 이에 대한 검정방법으로 x^2-검정(Chi-square test), K-S(Kolmogorv- Smirnov) 검정, PPCC (Probability plot correlation coefficient) 검정, Cramer von Mises 검정 등이 있다.

4.9.1 확률도시 방법

확률지는 정규확률지, 대수정규확률지, Gumbel 확률지, Weibull 확률지 등이 있다. 확률지를 이용하여 결정하는 방법은 수문자료의 누가확률을 구해 검정하려고 하는 확률지에 도시하여 직선으로 나타나는 확률지를 찾는 방법이다.

수문자료 계열이 준비되면 홍수 해석인 경우에는 내림차순으로, 갈수 해석인 경우에는 오름차순으로 재배열하여 누가확률을 계산한다. 예를 들어 홍수량 자료가 n개일 때 m번째 홍수량이 x_m이라 하면, x_m과 같거나 큰 홍수가 발생할 확률(초과확률)은 다음과 같다.

$$P(X \geq x_m) = \frac{m}{n} \tag{4.9.1}$$

이 식을 California 공식이라 부르고, $m = n$일 때 확률이 100%가 되어 확률지에 그리기가 곤란하여 다음과 같이 조정하여 나타낸다.

$$P(X \geq x_m) = \frac{m-1}{n} \tag{4.9.2}$$

이 식에서 $m = 1$인 경우에 0%라는 확률값이 나오기 때문에 역시 확률지에 그리기가 곤란하여 이를 절충한 Hanzen 식이 이용되기도 한다.

〈표 4.9.1〉 확률도시공식

공식(제안자)	초과확률 $P(X \geq x_m)$	$m=1$, $n=10$일 때		b값
		$P(X \geq x_m)$	재현기간 T	
California	$\frac{m}{n}$	0.10	10	-
Hanzen	$\frac{m-0.5}{n}$	0.05	20	0.5
Beard	$\frac{m-0.31}{n+0.38}$	0.067	14.9	0.31
Weibull	$\frac{m}{n+1}$	0.091	11	0.0
Chegadayev	$\frac{m-0.3}{n+0.4}$	0.067	14.9	0.3
Blom	$\frac{m-3/8}{n+1/4}$	0.061	16.4	3/8
Tukey	$\frac{m-1/3}{n+1/3}$	0.065	15.5	1/3
Gringorten	$\frac{m-0.44}{n+0.12}$	0.055	18.1	0.44
Cunnane	$\frac{m-0.4}{n+0.2}$	0.059	17	0.4
Adamwski	$\frac{m-0.25}{n+0.5}$	0.071	14	0.25

$$P(X \geq x_m) = \frac{m-0.5}{n} \tag{4.9.3}$$

만일 n개의 값이 0과 100% 사이에 균등하게 분포한다면 그 구간이 $n-1$개이고 양끝에 2개가 있으므로 총 $n+1$개가 존재하게 된다. 이에 대해 Weibull이 다음 식을 제안하였다.

$$P(X \geq x_m) = \frac{m}{n+1} \tag{4.9.4}$$

이 식은 초과확률이며 비초과확률은 다음과 같다.

$$F(x_m) = P(X \leq x_m) = 1 - P(X > x_m) = 1 - \frac{m}{n+1} \tag{4.9.5}$$

여기서 n은 관측자료의 수, m은 자료를 내림차순으로 나열했을 때 순서를 나타낸다.

초과확률과 재현기간의 관계는 역수관계로 다음과 같이 표현된다.

$$T = \frac{n+1}{m} \tag{4.9.6}$$

이와 같이 확률지에 도시하기 위해 누가확률에 대한 다양한 공식이 <표 4.9.1>에 소개되었으며 일반적인 식으로 표현하면 다음과 같다.

$$P(X \geq x_m) = \frac{m-b}{n+1-2b} \tag{4.9.7}$$

예를 들면, 식 (4.9.7)에서 $b=0$이면 식 (4.9.4)인 Weibull 공식이며 $b=0.5$이면 Hanzen 공식이 된다.

4.9.2 수학적 방법

(1) χ^2 검정

적합도 검정에 널리 사용되는 방법으로서 관측 자료의 주상도와 이론적인 확률분포와의 차이를 구해 유의수준에 따른 한곗값과 비교하여 결정한다.

확률변수 X(예를 들면 홍수량, 또는 갈수량)에 대한 총 관측값 n개를 k개의 계급구간으로 나누어 이론값과 자룟값의 절대도수를 비교하는 방법으로서 각 계급구간에 포함된 자료의 수 n_i를 결정한다. 그리고 검정하려는 이론적인 확률분포의 확률밀도함수를 이용하여 각 계급구간에 이론적인 확률 p_i를 구한다. 각 계급구간에 해당하는 이론적인 확률에 총 관측 자료의 수 n를 곱한 np_i는 관측 자료가 이론적인 확률분포를 따를 때 계급구간별로 나타나는 자료의 개수를 의미한다. 관측 자료가 각 계급구간의 실제 개수와 이론적인 개수에 대한 차의 제곱을 구해 실제와 이론과의 차이를 정량적으로 평가하는 방법이다. 이를 식으로 나타내면 다음과 같다.

$$\chi_c^2 = \sum_{i=1}^{k} \frac{(n_i - np_i)^2}{np_i} \tag{4.9.8}$$

여기서 n_i는 계급구간 i에 포함된 자료의 개수, k는 계급구간의 수, p_i는 계급구간 i의 이론적인 확률이다. χ_c^2이 다음과 같은 관계를 만족하면 가정된 분포는 유의수준 α로 적합성이 인정되고 그렇지 않으면 기각된다.

$$\chi_c^2 < \chi_{1-\alpha,\,\nu}^2 \tag{4.9.9}$$

여기서 $\chi_{1-\alpha,\,\nu}^2$는 유의수준 α%와 자유도 ν에 의해 구한 한곗값이며 이 때 $\nu = k - h - 1$이고 h는 이론 확률분포에 사용된 매개변수의 수이다. $\chi_{1-\alpha,\,\nu}^2$의 값은 <표 4.9.2>로부터 찾으면 된다.

자유도(degree of freedom)란 나머지 변량들이 완전히 결정되기 전에 자유롭게 할당될 수 있는 변량 중의 최대 수이다. 즉, 자유도는 총변량 중에서 그들 사이의 관계를 맺고 있는 독립관계의 수를 뺀 것이다.

예를 들면 변수 X의 평균이 10이며 표본이 수가 5개라고 하자. 변수 X의 4개 변수량들의 값이 5, 7, 10, 13이면 평균 10이 되기 위해 다섯 번째 변량은 15가 되어야 한다. 즉, 네 번째까지의 변량들은 자유로이 할당될 수 있는 최대 변량의 수이고 다섯 번째 변량은 제약을 받게 되므로 자유도는 $5 - 1 = 4$가 된다. 따라서 자료들이 있을 때 자유도는 [자료의 수−1]이 된다. 확률분포형에 대한 적합도 검정 시 이용하는 자유도는 $k - p - 1$이 되고 k는 계급구간 수, p는 매개변수 수이다.

〈표 4.9.2〉 χ^2 검정의 한곗값 $\chi^2_{1-\alpha,\,\nu}$

ν	$\chi^2_{.995}$	$\chi^2_{.99}$	$\chi^2_{.975}$	$\chi^2_{.95}$	$\chi^2_{.90}$	$\chi^2_{.75}$	$\chi^2_{.50}$	$\chi^2_{.25}$	$\chi^2_{.10}$	$\chi^2_{.05}$	$\chi^2_{.025}$	$\chi^2_{.01}$	$\chi^2_{.005}$
1	7.88	6.63	5.02	3.84	2.71	1.32	.455	.102	.0518	.0039	.0010	.0002	.0000
2	10.6	9.21	7.38	5.99	4.61	2.77	1.49	.575	.211	.103	.0506	.0201	.0100
3	12.8	11.3	9.35	7.81	6.25	4.11	2.37	1.21	.584	.352	.216	.115	.072
4	14.9	13.3	11.1	9.49	7.78	5.39	3.36	1.92	1.06	.711	.484	.297	.207
5	16.7	15.1	12.8	11.1	9.24	6.63	4.35	2.67	1.61	1.15	.831	.554	.412
6	18.5	16.8	14.4	12.61	10.6	7.84	5.35	3.45	2.20	1.64	1.24	.872	.676
7	20.3	18.5	16.0	4.1	12.0	9.04	6.35	4.25	2.83	2.17	1.69	1.24	.989
8	22.0	20.1	17.5	15.5	1.34	10.2	7.34	5.07	3.49	2.73	2.18	1.65	1.34
9	23.6	21.7	19.0	16.9	14.7	11.4	8.34	5.90	4.17	3.33	2.70	2.09	1.73
10	25.2	23.2	20.5	18.3	16.0	12.5	9.34	6.74	4.87	3.94	3.25	2.56	2.16
11	26.8	24.7	21.9	19.7	17.3	13.7	10.3	7.58	5.58	4.57	3.82	3.05	2.60
12	28.3	26.2	23.3	21.0	18.5	14.8	11.3	8.44	6.30	5.23	4.40	3.57	3.07
13	29.8	27.7	24.7	22.4	19.8	16.0	12.3	9.30	7.04	5.89	5.01	4.11	3.57
14	31.3	29.1	26.1	23.7	21.1	17.1	13.3	10.2	7.79	6.57	5.63	4.66	4.07
15	32.8	30.6	27.5	25.0	22.3	18.2	14.3	11.0	8.55	7.26	6.26	5.23	4.60
16	34.3	32.0	28.8	26.3	23.5	19.4	15.3	11.9	9.31	7.96	6.91	5.81	5.14
17	35.7	33.4	30.2	27.6	24.8	20.5	16.3	12.8	10.1	8.67	7.56	6.41	5.70
18	37.2	34.8	31.5	28.9	26.0	21.6	17.31	13.7	10.9	9.39	8.23	7.01	6.26
19	38.6	36.2	32.9	30.1	27.2	22.7	18.3	14.6	11.7	10.1	8.91	7.63	6.84
20	40.0	37.6	34.2	31.4	28.4	23.8	19.3	15.5	12.4	10.9	9.59	8.26	7.43
21	41.4	38.9	35.5	32.7	29.6	24.9	20.3	16.3	13.2	11.6	103	8.90	8.03
22	42.8	40.3	36.8	33.9	30.8	26.0	21.3	17.2	14.0	12.3	11.0	9.54	8.64
23	44.2	41.6	38.1	35.2	32.0	27.1	22.3	18.1	14.8	13.1	11.7	10.2	9.26
24	45.6	43.0	39.4	36.4	33.2	28.2	23.3	19.0	15.7	13.8	12.4	10.9	9.89
25	46.9	44.3	40.6	37.7	34.4	29.3	24.3	19.9	16.5	14.6	13.1	11.5	10.5
26	48.3	45.6	41.9	38.9	35.6	30.4	25.3	20.8	17.3	15.4	13.8	12.2	11.2
27	49.6	47.0	43.2	40.1	36.7	31.5	26.3	21.7	18.1	16.2	14.6	12.9	11.8
28	51.0	48.3	44.5	41.3	37.9	32.6	27.3	22.7	18.9	16.9	15.3	13.6	12.5
29	52.3	49.6	45.7	42.6	39.1	33.7	28.3	23.6	19.8	17.7	16.0	14.3	13.1
30	53.7	50.9	47.0	43.8	40.3	34.8	29.3	24.5	20.6	18.5	16.8	15.0	13.8
40	66.8	63.7	59.3	55.8	51.8	45.6	39.3	33.7	29.1	26.5	24.4	22.2	20.7
50	79.5	76.2	71.4	67.5	63.2	56.3	49.3	42.9	37.7	34.8	32.4	29.7	28.0
60	92.0	88.4	83.3	79.1	74.4	67.0	59.3	52.3	46.5	43.2	40.5	37.5	35.5
70	104.2	100.4	95.0	90.5	85.5	77.6	69.3	61.7	55.3	51.7	48.8	45.4	43.3
80	116.3	112.3	106.6	101.9	96.6	88.1	79.3	71.1	64.3	60.4	57.2	53.5	51.2
90	128.3	124.1	118.1	113.1	107.6	98.6	89.3	80.6	73.3	69.1	65.6	61.8	59.2
100	140.2	135.8	129.6	124.3	118.5	109.1	99.3	90.1	82.4	77.9	74.2	70.1	67.3

[예제 4.9.1] 〈표 4.9.3〉은 1973년부터 2004년까지의 정읍관측소 연강우량 자료이다. χ^2 검정을 통해 이 자료가 정규분포에 적합한지 유의수준 5%로 판단하여라.

풀이

연강우량 자료로부터 평균 = 1293.888mm, 표준편차 = 270.737mm를 구할 수 있다. 자료를 700mm부터 100mm단위로 구간을 나누어 각 구간별 도수를 구하고 이를 전체 자료 수 32로 나눈 상대도수가 <표 예제 4.9.1>의 도수, 상대도수 란에 나와 있다.

〈표 예제 4.9.1〉 계산 예

계급구간 (1)	도수(n_i) (2)	상대도수 (3)	누적 상대도수 (4)	변환변수 (z_i) (5)	누가확률 $F(z_i)$ (6)	정규분포확률 p_i (7)	$\frac{(n_i - np_i)^2}{np_i}$ (8)
~800	1	0.031	0.031	−1.82	0.034	0.034	0.0071
801~900	1	0.031	0.062	−1.45	0.074	0.040	0.7903
901~1000	4	0.125	0.187	−1.09	0.138	0.064	1.8605
1001~1100	2	0.063	0.250	−0.72	0.236	0.098	0.4115
1101~1200	2	0.063	0.313	−0.35	0.363	0.127	1.0483
1201~1300	8	0.250	0.563	0.02	0.508	0.145	2.4331
1301~1400	3	0.094	0.657	0.39	0.652	0.144	0.5611
1401~1500	4	0.125	0.782	0.76	0.776	0.124	0.0003
1501~1600	4	0.125	0.907	1.13	0.871	0.095	0.3032
1601~1700	1	0.031	0.938	1.50	0.933	0.062	0.4880
1701~1800	0	0.000	0.938	1.87	0.969	0.036	1.152
1801~1900	1	0.031	0.969	2.24	0.988	0.019	0.2527
1901~	1	0.031	1.000	2.61	1.000	0.012	0.9882
계	32	1.000				1.000	10.2963

변환변수 z_i는 이론적인 정규분포확률 p_i를 구하기 위한 것으로 각 계급구간의 상한치로부터 다음과 같이 산정할 수 있다. 예를 들어, 세 번째 계급구간에 대해서,

$$z_3 = \frac{x_3 - \bar{x}}{s} = \frac{1000 - 1293.888}{270.737} = -1.09$$

각 변환변수에 해당하는 누가확률 $F(z_i)$를 표준 정규 누가 확률표로부터 구한 값이 누가확률 $F(z_i)$란에 나타나 있다. 따라서 이론적인 정규분포의 계급 구간별 확률 p_i는 다음과 같이 구한다. 예를 들어, 세 번째 계급구간에 대해서,

$$p_3 = P(901 \leq X \leq 1000) = F(1000) - F(900) = 0.138 - 0.074 = 0.064$$

2란과 7란을 이용하여 각 구간별 χ_c^2 값을 구하게 된다. 예를 들어, 세 번째 계급구간에 대해서,

$$\frac{(n_i - np_i)^2}{np_i} = \frac{(4-32\times 0.064)^2}{32\times 0.064} = 1.8605\text{ 이다.}$$

따라서 각 구간에 대한 χ_c^2을 합한 값이 10.2963이다. 자유도의 수 $\nu = k - h - 1$ = 13-2-1 = 10 그러므로 χ_c^2의 한곗값 <표 4.9.2>에서 $x^2_{0.95,\,10} = 18.3$이다.

따라서 $\chi_c^2 < \chi^2_{0.95,\,10}$이므로 강우량 자료는 유의수준 5%로 정규분포를 따른다고 볼 수 있다.

〈표 4.9.3〉 정읍관측소 연강우량(mm)

년도	1970	1980	1990	2000
0	-	1524.4	1297.9	1256.9
1	-	1150.4	1205.4	1136.0
2	-	958.9	996.8	1259.0
3	1300.5	1068.5	1483.5	1870.0
4	1482.4	1276.5	826.6	1282.0
5	1591.1	1655.7	910.3	-
6	1061.3	1423.7	1246.4	-
7	967.8	1579.6	1511.7	-
8	1310.1	767.8	1917.3	-
9	1291.3	1376.3	1418.3	-

(2) K-S(Kolmogorov-Smirnov) 검정

χ^2 검정에서는 확률밀도함수를 이용하였으나 K-S 검정에서는 누가확률밀도함수에 대해 검정한다. 이 방법은 관측된 자료의 누가확률밀도함수와 가정된 누가확률밀도함수를 비교하여 각 구간에서 두 값의 최대차 D_n을 구하여 한계치와 비교하여 판단한다. 우선 n개의 관측 자료를 크기 순으로 배열하여 다음과 같이 누가확률을 구한다.

$$F_n(x) = \frac{i}{n} \quad x_i < x < x_{i+1} \tag{4.9.10}$$

여기서 $F_n(x)$는 관측 자료를 작은 값부터 큰 값 순서로 나열하였을 때 i번째 구간에 속하는 x의 누가확률을 의미한다. 각 구간에서 최대차 D_n을 구하면 다음과 같다.

$$D_n = Max|F_n(x) - F(x)| \tag{4.9.11}$$

이 값과 자료의 총수와 유의수준 α에 따라서 <표 4.9.4>으로부터 구한 한곗값 D_n^α보다 작으면 이 자료는 검정하는 확률분포형을 유의수준 α에서 만족하며 한곗값 보다 크면 이 확률분포를 따르지 않는다고 판단한다.

〈표 4.9.4〉 K-S 검정을 위한 한곗값 D_n^α

표본 크기	유의 수준 α				
	.20	.15	.10	.05	.01
1	.900	.925	.950	.975	.995
2	.684	.726	.766	.842	.929
3	.565	.597	.642	.708	.829
4	.494	.525	.564	.624	.734
5	.446	.474	.510	.563	.669
6	.410	.436	.470	.521	.618
7	.381	.405	.438	.486	.577
8	.358	.381	.411	.457	.543
9	.339	.360	.388	.432	.514
10	.332	.342	.368	.409	.486
11	.307	.326	.352	.391	.468
12	.295	.313	.388	.375	.450
13	.284	.302	.325	.361	.433
14	.274	.292	.314	.349	.418
15	.266	.283	.304	.338	.404
16	.258	.274	.295	.328	.391
17	.250	.266	.286	.318	.380
18	.244	.259	.278	.309	.370
19	.237	.252	.282	.301	.361
20	.231	.246	.264	.294	.352
25	.21	.22	.24	.264	.32
30	.19	.20	.22	.242	.29
35	.18	.19	.21	.23	.27
40				.21	.25
50				.19	.23
60				.17	.21
70				.16	.19
80				.15	.18
90				.14	
100				.14	
n→∞	$\frac{1.07}{\sqrt{n}}$	$\frac{1.14}{\sqrt{n}}$	$\frac{1.22}{\sqrt{n}}$	$\frac{1.36}{\sqrt{n}}$	$\frac{1.63}{\sqrt{n}}$

[예제 4.9.2]

예제 4.9.1의 자료를 이용하여 2변수 대수정규분포에 대해 유의수준 5%로 K-S 검정을 수행하여라.

풀이

K-S검정을 수행하기 위해 자료를 내림차순으로 나열하고 순서를 부여한다(1란). 크기순으로 나열된 자료에 대해 Weibull 공식 $m/(n+1)$을 이용하여 초과확률 $P(X>x)$를 구하여 3란에 기록하고 비초과확률을 계산(1.0-3란)하여 한다(4란). 자룟값 2란에 대해 로그를 취하고(5란), 이 값의 평균과 표준편차를 구하면 각각 $\bar{y}=3.1021$, $s_y=0.0949$이다. 표준화변수 $z=(y-\bar{y})/s_y$를 구한다(7란). z값에 의해 표준누가확률 <표 4.1.4>로부터 누가확률 $F(z)$을 구하고(8란), 이론누가확률과 자료의 누가확률과의 차(9란)를 구해 그 중에서 가장 큰 값을 선택한다. 선택된 0.1094가 <표 4.9.4>의 유의수준 5%에 대한 K-S검정치 $D_{32}^{0.05}\simeq 0.242$보다 작기 때문에 유의수준 5%에서 적합성은 수용할 수 있다.

〈표 예제 4.9.2〉 계산예

m (1)	x (2)	P (3)	$F_n(x)$ (4)	y (5)	$(y-\bar{y})^2$ (6)	z (7)	$F(z)$ (8)	(9)
1	1917.3	0.0303	0.9697	3.2827	0.0326	1.9025	0.9713	0.0016
2	1870.0	0.0606	0.9394	3.2718	0.0288	1.7882	0.9633	0.0239
3	1655.7	0.0909	0.9091	3.2190	0.0137	1.2314	0.8907	0.0184
4	1591.1	0.1212	0.8788	3.2017	0.0099	1.0493	0.8531	0.0257
5	1579.6	0.1515	0.8485	3.1985	0.0093	1.0161	0.8445	0.0040
6	1524.4	0.1818	0.8182	3.1831	0.0066	0.8534	0.8023	0.0159
7	1511.7	0.2121	0.7879	3.1795	0.0060	0.8151	0.7939	0.0060
8	1483.5	0.2424	0.7576	3.1713	0.0048	0.7289	0.7673	0.0097
9	1482.4	0.2727	0.7273	3.1710	0.0047	0.7256	0.7671	0.0398
10	1423.7	0.3030	0.6970	3.1534	0.0026	0.5407	0.7054	0.0084
11	1418.3	0.3333	0.6667	3.1518	0.0025	0.5233	0.6985	0.0318
12	1376.3	0.3636	0.6364	3.1387	0.0013	0.3858	0.6517	0.0153
13	1310.1	0.3939	0.6061	3.1173	0.0002	0.1603	0.5636	0.0425
14	1300.5	0.4242	0.5758	3.1141	0.0001	0.1266	0.5510	0.0248
15	1297.9	0.4545	0.5455	3.1132	0.0001	0.1175	0.5470	0.0016
16	1291.3	0.4848	0.5152	3.1110	7.99E-05	0.0941	0.5360	0.0209
17	1282.0	0.5152	0.4848	3.1079	3.36E-05	0.0611	0.5240	0.0392
18	1276.5	0.5455	0.4545	3.1060	1.54E-05	0.0414	0.5161	0.0616
19	1259.0	0.5758	0.4242	3.1000	4.27E-06	-0.0222	0.4920	0.0677

m (1)	x (2)	P (3)	$F_n(x)$ (4)	y (5)	$(y-\bar{y})^2$ (6)	z (7)	$F(z)$ (8)	(9)
20	1256.9	0.6061	0.3939	3.0993	7.79E−06	−0.0294	0.4880	0.0941
21	1246.4	0.6364	0.3636	3.0957	4.14E−05	−0.0678	0.4730	0.1094
22	1205.4	0.6667	0.3333	3.0811	0.0004	−0.2208	0.4126	0.0793
23	1150.4	0.6970	0.3030	3.0608	0.0017	−0.4345	0.3333	0.0303
24	1136.0	0.7272	0.2727	3.0554	0.0022	−0.4921	0.3121	0.0394
25	1068.5	0.7576	0.2424	3.0288	0.0054	−0.7724	0.2206	0.0218
26	1061.3	0.7879	0.2121	3.0258	0.0058	−0.8033	0.2119	0.0002
27	996.8	0.8182	0.1818	2.9986	0.0107	−1.0901	0.1379	0.0439
28	967.8	0.8485	0.1515	2.9858	0.0135	−1.2252	0.1111	0.0404
29	958.9	0.8788	0.1212	2.9818	0.0145	−1.2675	0.1038	0.0174
30	910.3	0.9091	0.0909	2.9592	0.0204	−1.5054	0.0661	0.0248
31	826.6	0.9394	0.0606	2.9173	0.0341	−1.9467	0.0256	0.0350
32	767.8	0.9697	0.0303	2.8852	0.0470	−2.2843	0.0113	0.0190

(3) PPCC 검정

확률도시 상관계수(Probability plot correlation coefficient, PPCC) 검정은 주어진 관측 수문자료계열 X를 오름차순으로 정렬하여 각 순서별로 초과확률 p_i를 Filliben(1975)에 의해 제안된 다음 식으로 구하거나 확률도시공식에 의해 구할 수 있다.

$$p_i = 1-(0.5)^{1/n} \quad i=1 \tag{4.9.12}$$

$$p_i = \frac{i-0.3175}{n+0.365} \quad i=2, \dots, n-1 \tag{4.9.13}$$

$$p_i = (0.5)^{1/n} i = n \tag{4.9.14}$$

위 식으로부터 산정된 초과확률 p_i에 대해 검정하려는 이론적인 누가확률분포함수(CDF)로부터 역으로 이론적인 수문자료 값 M_i를 구한다. 관측 자료계열 X_i와 이론적인 수문자료 계열 M_i 사이에 상관관계를 다음과 같은 적모멘트상관계수(product moment correlation coefficient)인 γ를 구한다.

$$\gamma = \frac{\sum_{i=1}^{n}(X_i - \overline{X})(M_i - \overline{M})}{\sqrt{\sum_{i=1}^{n}(X_i - \overline{X})^2 (M_i - \overline{M})^2}} \tag{4.9.15}$$

여기서 n은 자료의 개수, X_i는 오름차순으로 정렬된 자료, $M_i = \Phi^{-1}(p_i)$이고 $\Phi^{-1}(\cdot)$는 각 확률분포형의 역함수이다.

PPCC 검정에서 상관계수 γ가 다음 관계를 만족하면 유의수준 α로 확률분포형의 적합성이 인정되며 그렇지 않으면 기각된다.

$$\gamma > \gamma_\alpha(n)$$

유의수준 α에 따른 검정 한곗값 $\gamma_\alpha(n)$을 구하는 과정을 Vogel과 McMartine은 다음과 같이 제시하였다.

① 결정된 분포형에 따른 매개변수에 대해 표본크기 n(10, 20, 30, ⋯, 500)의 자료를 100,000개 모의발생시킨다.

② ①에서 얻어진 각 자료에 대해 M_i를 구하고 이 때 도시위치 공식은 분포형에 따라 선정한다.

③ 각 자료계열마다 PPCC 검정 상관계수 γ값을 100,000개 산정한다.

④ 산정된 상관계수 γ를 오름차순으로 정렬한 후에 100,000에 유의수준 α(%)를 곱하여 검정 한곗값 $\gamma_\alpha(n)$을 결정한다.

⑤ 위의 방법에 따라서 $\gamma_\alpha(n)$를 자료의 크기에 따라 계산할 수 있으며, 유의수준별로 회귀분석을 이용하여 식으로 나타낼 수 있다.

(4) Cramer von Mises 검정

누가확률분포함수를 이용하여 검정한다. 이 방법은 관측 수문자료 X_1, X_2, ..., X_n이 누가확률분포함수 $F_X(X;\theta)$로 정의된 확률분포형을 모집단으로 갖는다는 가정을 검정하는데 다음과 같이 검정통계값 W를 구하여 검정한다.

$$W = \frac{1}{12n} + \sum_{i=1}^{n}[F_X(X_i;\theta) - \frac{2i-1}{2n}]^2 \tag{4.9.16}$$

〈표 4.9.5〉 Cramer von Mises 검정 방법에 대한 한곗값

자료의 크기 (n)	1−α(유의수준)		
	0.90	0.95	0.99
2	0.343	0.424	0.550
3	0.337	0.423	0.622
4	0.341	0.435	0.653
5	0.343	0.441	0.671
8	0.364	0.451	0.698
10	0.347	0.454	0.707
20	0.349	0.459	0.724
∞	0.347	0.451	0.743

여기서 n은 관측 자료수, θ는 수문자료에 의해 구한 매개변수, $F_X(X_i;\theta)$는 크기순으로 배열된 $X_i = x_i$ 위치에서 계산된 누가확률분포함수이다.

유의수준 α%에 대한 검정 한곗값 $W_{1-\alpha}(n)$ 보다 작으면 검정된 확률분포형을 따른다고 할 수 있다.

$$W < W_{1-\alpha}(n) \qquad (4.9.17)$$

여기서 $W_{1-\alpha}(n)$은 유의수준 α와 자료 수 n의 함수이며 자료의 수가 충분히 커서 $n > 20/\sqrt{\alpha}$이면 $W_{1-\alpha}(n)$은 유의수준 α만의 함수이다. 이 방법에 대한 검정 한곗값은 <표 4.9.5>와 같다.

4.9.3 최적확률분포형의 선정 기준

수문자료가 어떤 확률분포와 적합한가에 대해 검정방법별로 유의수준에 따라 검정 한곗값과 비교하여 채택하거나 기각시킨다. 검정은 확률분포의 모든 구간에 걸쳐 적합성을 검토하여 단지 기각여부만 판단하기 때문에 최적확률분포를 채택하는 것이 곤란하다.

이론적으로 검정 결과를 이용하여 평균절대상대오차(Mean absolute relative error, MARE)와 상대제곱근오차(Relative root mean squre error, RRMSE)를 구하여 오차가 최소인 확률분포를 선택한다.

– 평균절대상대오차(MARE)

$$MARE = \frac{1}{k}\sum_{i=1}^{k} \left| \frac{X_{Ti} - X_{Ci}}{X_{Ci}} \right| \quad i = 1, 2, \ldots, k \tag{4.9.18}$$

– 상대제곱근오차(RRMSE)

$$RRMSE = \left[\frac{1}{k}\sum_{i=1}^{k} \left(\frac{X_{Ti} - X_{Ci}}{X_{Ci}}\right)^2\right]^{1/2} \quad i = 1, 2, \ldots, k \tag{4.9.19}$$

여기서 k는 적용된 자료 집단의 수, X_{Ti}는 계산된 검정통곗값, X_{Ci}는 유의수준에 따른 한곗값이다.

최적확률분포형을 선정하는 명확한 기준이 없지만 다음과 같은 기준에 의해 선정할 수 있다.

(1) 강우자료의 모든 지속기간에 대해 적용된 확률분포형에서 유의수준 $\alpha = 0.05$에 대해 ① 한 가지만 통과한 경우에는 해당 분포형을 최적확률분포형으로 선정한다. ② 2개 이상이 통과한 경우에는 PPCC 검정, χ^2 검정, K-S 검정, CVM 검정 순으로 오차가 작은 확률분포형을 최적확률분포형으로 선정한다.

(2) 유의수준 $\alpha = 0.05$일 때, 모든 지속기간에 대해 통과한 확률분포형이 없는 경우에 유의수준 $\alpha = 0.01$로 조정하고 과정(1)을 적용하여 최적확률분포형을 선정한다.

(3) 모든 지속기간에 대해 유의수준 $\alpha = 0.01$로 조정하여 χ^2 검정, PPCC 검정을 통과하는 확률분포형이 없는 경우에 ① 오차가 작은 분포형을 최적확률분포형으로 선정한다. ② 특정 지속기간에 대해 유의수준 $\alpha = 0.01$에서 χ^2 검정, PPCC 검정에 의한 오차가 가장 작게 나타나는 확률분포형을 최적확률분포형으로 선정한다.

이상의 과정을 [그림 4.9.1]에 제시하였다.

실제 많은 관측소별, 강우지속기간별로 빈도해석 결과에서 최적확률분포형이 다르게 나타날 수 있다. 이처럼 다르게 채택될 수 있지만 가능한 일치시키는 것이 합리적이다. 그리고 관측소별로, 강우지속기간별로 검정 결과의 일관성이 없기 때문에 하나의 최적 확률분포형을 채택하기가 곤란하다. 그러므로 주관적으로 가장 큰 값이나 평균값에 가까운 확률분포형을 채택하거나 우리나라에서는 국토교통부(2000)에서 제시한 “한국 확률강우량도 작성”에서 채택된 Gumbel 분포를 채택하기도 한다.

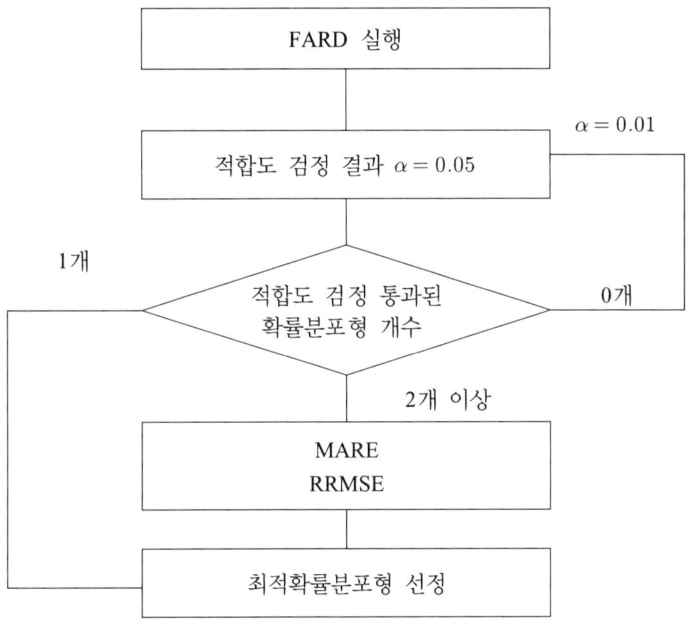

[그림 4.9.1] 최적확률분포형의 선정 과정

4.9.4 빈도계수법에 의한 빈도해석

수공구조물을 설계할 때 수문량의 크기를 결정하기 위해 빈도계수를 이용하는 방법이 실무에서 널리 사용되고 있다. 어떤 재현기간에 대한 수문량의 크기(예: 홍수량) x_T는 평균과 편차를 이용하여 나타내면 다음과 같다.

$$x_T = \mu + \Delta x_T \tag{4.9.20}$$

여기서 μ는 평균이고 Δx_T 는 평균으로부터 편차이며 빈도계수와 표준편차의 곱으로 나타낼 수 있다.

$$x_T = \mu + K_T \sigma \tag{4.9.21}$$

여기서 Δx_T 와 K_T 는 재현기간 T 와 사용되는 확률분포의 종류에 따라 다르게 적용된다. 표본자료에 대해 이 식을 나타내면,

$$x_T = \bar{x} + K_T s \tag{4.9.22}$$

이다. 만일 대수정규분포인 경우에 자료에 대수 $y=lnx$를 취해 다음과 같이 나타낼 수 있다.

$$y_T=\bar{y}+K_T s_y \tag{4.9.23}$$

이 값을 역변환하여 x_T 를 결정한다. 임의 확률분포형에 대해 주어진 재현기간 T 의 K_T 와 재현기간 T 의 관계를 수립하고, 이로부터 빈도계수 K_T 를 구하고 식 (4.9.22)이나 (4.9.23)을 이용하여 x_T 의 크기를 결정한다. 확률분포형에 따른 K_T 와 T 의 관계에 대해 기술한다.

(1) 정규분포

정규분포에 대한 K_T와 T 의 관계는 식 (4.9.22)를 이용하여 나타내면,

$$K_T=\frac{x_T-\bar{x}}{s} \tag{4.9.24}$$

이며 이는 표준정규분포의 정규변수 z와 동일하다.

$$z=\frac{x_T-\bar{x}}{s} \tag{4.9.25}$$

두 식으로부터 빈도계수 K_T 와 z 가 동일하므로 빈도계수 K_T 는 재현기간 T 년에 해당되는 초과확률 $P=1/T$(혹은 비초과확률 $1-P=1-1/T$)를 구해 표준정규누가확률표로부터 z값을 구하여 사용하면 된다. 주어진 수문 자료에 의해 정규분포의 매개변수인 평균과 표준편차를 구해 식 (4.9.22)를 이용하여 재현기간 T 에 해당되는 수문 사상 값인 x_T를 결정할 수 있다. 또 다른 방법으로는 초과확률 $P(Z>z_T)=1/T$를 이용하여 다음과 같이 근사적으로 산정할 수 있다.

$$w=\sqrt{\ln(1/P^2)} \quad P\le 0.5 \tag{4.9.26}$$

$$w=\sqrt{\ln[1/(1-P)^2]} \quad P>0.5 \tag{4.9.27}$$

$$z=w-\frac{2.515517+0.802853w+0.010328w^2}{1+1.432788w+0.189269w^2+0.001308w^3} \tag{4.9.28}$$

(2) 2변수 대수정규분포

수문 자료 계열 x가 대수정규분포인 경우에는 $y=lnx$가 정규분포를 따르므로 정규분포를 이용하여 변환된 계열 y의 확률수문량을 계산한 후에 대수 역변환을 수행하여 x_T를 결정한다.

$$y_T = \bar{y} + K_{Ty} s_y \tag{4.9.29}$$

$$x_T = exp(y_T) \tag{4.9.30}$$

여기서 K_{Ty}는 재현기간 T 년에 해당되는 자료 계열 y의 빈도계수이고, 정규분포와 동일한 방법으로 결정하며 $\bar{y}$와 s_y는 자료계열 y의 평균과 표준편차이다.

(3) 3변수 대수정규분포

3변수 대수정규분포의 경우에 자료계열 $y = ln(x - x_0)$가 정규분포이므로 y계열에 대한 확률수문량을 산정하고 대수 역변환을 수행하여 구할 수 있다.

$$y_T = \bar{y} + K_{Ty} s_y$$

$$x_T = x_0 + exp(y_T) \tag{4.9.31}$$

여기서 K_{Ty}는 재현기간 T 년에 해당되는 자료 계열 $y = ln(x - x_0)$의 빈도계수이고, 정규분포와 동일한 방법으로 결정하며 $\bar{y}$와 s_y는 자료계열 y의 평균과 표준편차이다.

(4) 2변수 Gamma 분포

2변수 Gamma 분포의 빈도계수를 산정하는 방법으로 Wilson-Hilferty 방법, 수정 Wilson-Hilferty 방법, Kite 방법, Cornish-Fisher 방법 등이 있으며 왜곡도계수 범위에 따라 적절한 방법을 선택하여 적용한다.

a) Wilson-Hilferty 방법

왜곡도계수의 범위가 $0 \le C_s \le 1.0$인 경우, 이 방법은 매우 정확하여 2까지는 어느 정도 정확한 것으로 알려져 있다.

$$K_T = \frac{2}{C_s}\left[\left\{\frac{C_s}{6}\left(z - \frac{C_s}{6}\right) + 1\right\}^3 - 1\right] \tag{4.9.32}$$

여기서 $C_s = \frac{\alpha}{|\alpha|}\frac{2}{\sqrt{\beta}}$이며 표본자료의 왜곡도계수를 의미하며 α와 β는 2변수 Gamma 분포에서 산정된 매개변수이다.

〈표 4.9.6〉 A, B, G를 산정하기 위한 Z의 계수

구분	G	$1/A$	B	H^3
a_0	−0.385204 E−2	0.199447 E−2	0.990562 E+0	−0.365164 E−2
a_1	0.100426 E+1	0.484890 E+0	0.319647 E−1	0.175924 E−1
a_{20}	0.651207 E−2	0.230935 E−1	−0.274231 E−1	−0.121835 E−1
a_3	−0.149116 E−1	−0.152435 E−1	0.777405 E−2	0.782600 E−2
a_4	0.163945 E−2	0.160597 E−2	−0.571184 E−3	−0.777686 E−3
a_5	−0.583804 E−4	−0.558690 E−4	0.142077 E−4	0.257310 E−4

b) 수정 Wilson-Hilferty 방법

이 방법은 왜곡도계수의 범위가 $0.25 \le C_s \le 9.75$인 경우에 적용된다.

$$K_T = A[max\{H, 1-(\frac{G}{6})^2 + (\frac{G}{6})^3 z\} - B \qquad (4.9.32)$$

$$H = [B - (\frac{2}{C_s})/A]^{1/3} \qquad (4.9.33)$$

여기서 A, B, G는 왜곡도계수 C_s의 함수로 다음 식과 <표 4.9.6>을 이용하여 결정할 수 있다.

$$Z = a_0 + a_1 C_s + a_2 C_s^2 + a_3 C_s^3 + a_4 C_s^4 + a_5 C_s^5 \qquad (4.9.34)$$

c) Kite 방법

이 방법은 왜곡도계수의 범위가 $-3.0 \le C_s \le 3.0$인 경우에 적용되며 빈도계수는 다음 식으로 산정된다.

$$\begin{aligned} K_T = & z + (z^2-1)\frac{C_s}{6} + \frac{1}{3}(z^2-6z)(\frac{C_s}{6})^2 \\ & -(z^2-1)(\frac{C_s}{6})^3 + z(\frac{C_s}{6})^4 + \frac{1}{3}(\frac{C_s}{6})^5 \end{aligned} \qquad (4.9.35)$$

$$C_s = \frac{\alpha}{|\alpha|}\frac{2}{\sqrt{\beta}}$$

여기서 C_s는 표본자료의 왜곡도계수, z는 표본정규분포의 변환변수, α와 β는 2변수 Gamma 분포에서 산정된 매개변수이다. 빈도계수를 이용하여 결정해야할 확률수문량은 다음과 같다.

$$x_T = \bar{x} + K_T s = \alpha\beta + K_T\sqrt{\alpha\beta} \qquad (4.9.36)$$

d) Cornish-Fisher 방법

Cornish-Fisher 방법은 왜곡도계수가 $-2 \le C_s \le 2$인 경우에 적용되며 빈도계수는 다음과 같다.

$$K_T = z + \frac{C_s}{2}\left(\frac{z^2-1}{3}\right) + \frac{C_s^2}{2^4}\left(\frac{z^3-7z}{9}\right)\left(\frac{C_s^3}{2^5}\right)\left(\frac{6z^2+14z^2-32}{405}\right) + \frac{C_s^4}{2^7}\frac{(9z^5+256z^3-433z)}{4860} + \frac{C_s^5}{2^8}\frac{(12z^6-143z^4-923z^2+1472)}{25515} - \frac{C_s^6}{2^{10}}\frac{(3753z^7+4353z^5-289517z^3-289717z)}{9185400} \tag{4.9.36}$$

(5) Pearson Type-III 분포

이 분포(3변수 Gamma 분포)에 대한 수문량은 다음과 같다.

$$x_T = x_0 + \alpha\beta + K_T\sqrt{\alpha^2\beta} \tag{4.9.37}$$

여기서 빈도계수 K_T는 2변수 Gamma 분포에서 사용된 Wilson-Hilferty 방법이나 Kite 방법의 근사식을 사용한다.

(6) Log Pearson Type-III 분포

자료계열 x의 대수인 $y = lnx$가 3변수 Gamma 분포를 따르기 때문에 3변수 Gamma 분포를 적용하여 자료계열 y의 확률수문량을 계산한 후에 대수 역변환을 취하여 구한다.

$$y_T = \bar{y} + K_{Ty}s_y = y_0 + \alpha\beta + K_{Ty}\sqrt{\alpha^2\beta} \tag{4.9.38}$$

$$x_T = exp\,(y_T) \tag{4.9.39}$$

여기서 K_{Ty}는 재현기간 T 년에 해당하는 자료계열 y의 빈도계수이고, $\bar{y}$와 s_y는 자료계열 $y = lnx$의 평균과 표준편차이다.

(7) GEV 분포

재현기간에 대한 빈도계수를 산정하고 확률수문량을 구한다.

$$K_T = \frac{\beta\Gamma(1+\beta) - [-ln\,(1-\frac{1}{T})]^{\beta}}{|\beta|\sqrt{\Gamma(1+2\beta) - \Gamma^2(1+\beta)}} \tag{4.9.40}$$

$$x_T = x_0 + \frac{\alpha}{\beta}[1-\Gamma(1+\beta) + K_T\sqrt{\frac{\alpha}{\beta^2}[\Gamma(1+2\beta)-\Gamma^2(1+\beta)]} \tag{4.9.41}$$

(8) Gumbel 분포

Gumbel 분포의 빈도계수를 산정하는 방법은 Gumbel-Kendall 방법과 Gumbel-Chow 방법이 있다. 우리나라의 경우에 확보된 자료의 수가 짧기 때문에 전자가 후자보다 확률수문량에 있어서 10-15% 정도 크게 산정된다. 이를 검토하기 위해 역함수법에 의해 산정된 수문량과 비교하면 후자의 경우와 유사한 결과를 얻는다고 제시하고 있다. 이런 이유로 후자인 Gumbel-Chow 방법이 주로 사용되고 이를 소개한다.

Gumbel 분포의 누가확률밀도함수, 재현기간 T와 관계식은 다음과 같다.

$$F(x) = exp\,[-exp\,(-\frac{x-x_0}{\alpha})] = 1-\frac{1}{T} \tag{4.9.42}$$

임의 재현기간 T 에 대한 확률수문량은 이 식으로부터 구할 수 있다.

$$x_T = x_0 - \alpha ln\,[ln\,(\frac{T}{T-1})] \tag{4.9.43}$$

이 식에 모멘트법에 의해 산정된 매개변수를 사용하면,

$$\alpha = 0.7797s$$

$$x_0 = \bar{x} - 0.5772\alpha = \bar{x} - 0.45s$$

$$x_T = \bar{x} - s\,[0.45 + 0.7797\,ln\,(ln\frac{T}{T-1})] \tag{4.9.44}$$

이 식과 식 (4.9.22)를 비교하여 빈도계수를 결정하면,

$$K_T = -\,[0.45 + 0.7797\,ln\,(ln\frac{T}{T-1})] \tag{4.9.45}$$

(9) Weibull 분포

Weibull 분포의 확률밀도함수로부터 x에 관하여 정리하면,

$$x = x_0 + \alpha\,[-ln\,(1-F)]^{1/\beta} \tag{4.9.46}$$

재현기간 T 년에 해당되는 빈도계수는 $F(x)=1-1/T$의 관계식을 위 식에 대입하여 확률수문량과 빈도계수를 구할 수 있다.

$$x_T = x_0 + \alpha[ln(T)]^{1/\beta} \tag{4.9.47}$$

$$K_T = \frac{[ln(T)]^{1/\beta} - \Gamma(1/\beta+1)}{[\Gamma(2/\beta+1) - \Gamma^2(1/\beta+1)]^{1/2}} \tag{4.9.49}$$

(10) Wakeby 분포

재현기간 T 년에 해당되는 빈도계수는 $F(x)=1-1/T$의 관계식을 식 (4.7.107)에 대입하여 확률수문량을 나타내면 다음과 같다.

$$x_T = m + a[1 - T^{-b}] - c[1 - T^d] \tag{4.9.50}$$

4.10 확률강우량 산정 : FARD2006 이용

(1) 준비물

① 프로그램

프로그램명	출처	자료해석	비고
HYSIM	율촌코퍼레이션	연최대강우량 산정	유료
FARD2006	방재연구소	확률강우량 산정	무료배포

② 기상자료

- 기상자료는 기상청 전자민원(http://minwon.kma.go.kr)에서 부료로 배포하고 있다.
  - 기상청관할 자료 : 기상청 전자민원에서 텍스트 형식의 자료를 받을 수 있다.
  - 국토교통부 자료 : 국가수자원관리종합정보시스템(www.wamis.go.kr)에서 자료를 추출 할 수 있다.
- 확률강우량 산정에 필요한 자료는 시자료이며, 무강우일수가 포함된 자료로 신청하여야 한다.

〈기상청 강우자료 신청 순서〉

순번	구분	주의사항
1	회원가입	
2	로그인	
3	민원신청 배너 '클릭'	
4	기상자료제공 탭 '클릭'	
5	전산자료 '클릭'	기상자료 - 웹 형태, 전산자료 - 텍스트형태
6	신청용도	
7	종류선택 - 지상 - 시간값 - 날짜(일별)	
8	관측소 선택	
9	요소 선택 : 강수량(mm)	
10	기간 선택(ex.20150101~20161231)	전산자료 최대기간은 (2년/1회)
11	자료 다운	신청 후 자료다운(압축파일)

[그림 4.10.1] 기상청 강우자료 신청

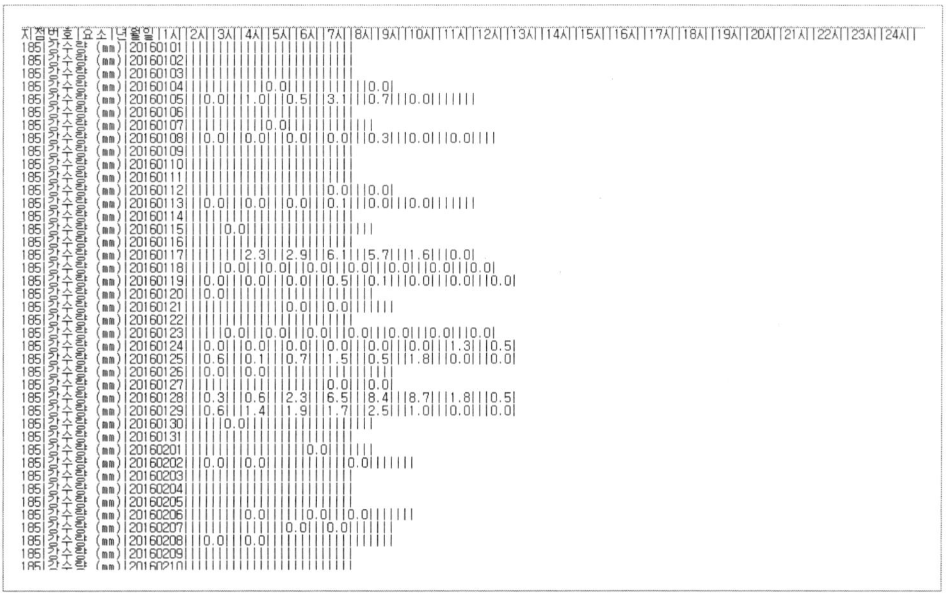

```
지점번호|요소|년월일|1시|2시|3시|4시|5시|6시|7시|8시|9시|10시|11시|12시|13시|14시|15시|16시|17시|18시|19시|20시|21시|22시|23시|24시|
185|강수량 (mm)|20160101||||||||||||||||||||||||
185|강수량 (mm)|20160102||||||||||||||||||||||||
185|강수량 (mm)|20160103||||||||||||||||||||||||
185|강수량 (mm)|20160104|||||||||0.0|||||||||||||0.0|
185|강수량 (mm)|20160105||0.0|||1.0|||0.5|||3.1|||0.7|||0.0||||||
185|강수량 (mm)|20160106||||||||||||||||||||||||
185|강수량 (mm)|20160107|||||||||0.0||||||||||||||||
185|강수량 (mm)|20160108||0.0|||0.0|||0.0|||0.0|||0.3|||0.0|||0.0||||
185|강수량 (mm)|20160109||||||||||||||||||||||||
185|강수량 (mm)|20160110||||||||||||||||||||||||
185|강수량 (mm)|20160111||||||||||||||||||||||||
185|강수량 (mm)|20160112|||||||||||||||||0.0|||0.0|
185|강수량 (mm)|20160113||0.0|||0.0|||0.0|||0.1|||0.0|||0.0||||||
185|강수량 (mm)|20160114||||||||||||||||||||||||
185|강수량 (mm)|20160115||||0.0|||||||||||||||||||||
185|강수량 (mm)|20160116||||||||||||||||||||||||
185|강수량 (mm)|20160117|||||||2.3|||2.9|||6.1|||5.7|||1.6|||0.0|
185|강수량 (mm)|20160118||||0.0|||0.0|||0.0|||0.0|||0.0|||0.0|||0.0|
185|강수량 (mm)|20160119||0.0|||0.0|||0.0|||0.5|||0.1|||0.0|||0.0|||0.0|
185|강수량 (mm)|20160120||0.0||||||||||||||||||||||
185|강수량 (mm)|20160121||||||||||||||0.0|||0.0||||||
185|강수량 (mm)|20160122||||||||||||||||||||||||
185|강수량 (mm)|20160123||||0.0|||0.0|||0.0|||0.0|||0.0|||0.0|||0.0|
185|강수량 (mm)|20160124||0.0|||0.0|||0.0|||0.0|||0.0|||0.0|||1.3|||0.5|
185|강수량 (mm)|20160125||0.6|||0.1|||0.7|||1.5|||0.5|||1.8|||0.0|||0.0|
185|강수량 (mm)|20160126||0.0|||0.0||||||||||||||||||
185|강수량 (mm)|20160127|||||||||||||||||0.0|||0.0|
185|강수량 (mm)|20160128||0.3|||0.6|||2.3|||6.5|||8.4|||8.7|||1.8|||0.5|
185|강수량 (mm)|20160129||0.6|||1.4|||1.9|||1.7|||2.5|||1.0|||0.0|||0.0|
185|강수량 (mm)|20160130||||0.0|||||||||||||||||||||
185|강수량 (mm)|20160131||||||||||||||||||||||||
185|강수량 (mm)|20160201|||||||||||||||0.0||||||
185|강수량 (mm)|20160202||0.0|||0.0|||||||||||||0.0||||||
185|강수량 (mm)|20160203||||||||||||||||||||||||
185|강수량 (mm)|20160204||||||||||||||||||||||||
185|강수량 (mm)|20160205||||||||||||||||||||||||
185|강수량 (mm)|20160206|||||||0.0|||||0.0|||0.0||||||
185|강수량 (mm)|20160207|||||||||||||0.0|||0.0||||||
185|강수량 (mm)|20160208||0.0|||0.0||||||||||||||||||||
185|강수량 (mm)|20160209||||||||||||||||||||||||
185|강수량 (mm)|20160210||||||||||||||||||||||||
```

[그림 4.10.2] 기상청 강우자료 제공파일 형식

(2) 지속기간별 - 연최대강우량 산정

- 프로그램 : HYSIM(율촌코퍼레이션)
- 기상청에서 제공하는 기상자료는 텍스트 형태이다. 연도별로 취합 후 일식으로 분석이 가능하나 프로그램 오류로 인하여 각 파일(.txt)에 대해 기상청자료(.txt)를 건기원(.meo/한국건설기술연구원) 형식 자료로 변환 후 전년을 취합하여 분석하는 방식으로 진행하여야 하며, 순서는 다음과 같다.

① 시강우해석 도구

- 도구 → 강우분석도구

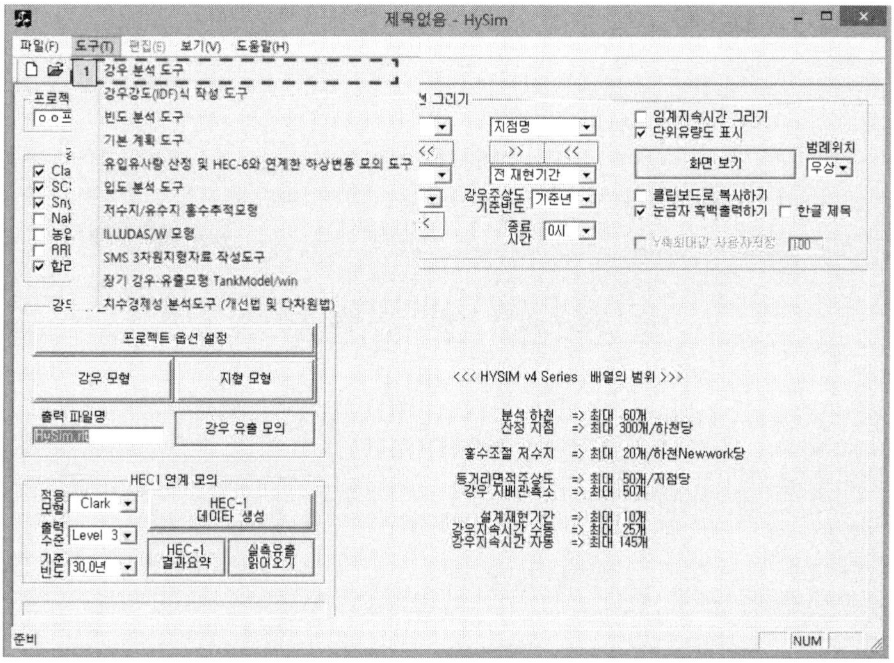

② 기상청자료-건기원 자료 형식 변환

구분	입력	비고
1.관측소명	명칭 입력	
2.자료원	TypeⅥ (기상청Ⅲ)	
3.입력파일	기상청 제공 (.txt)	
4.출력파일	저장 위치지정	
5.입력파일을 건기원 시우량 자료로 변환하기 체크		

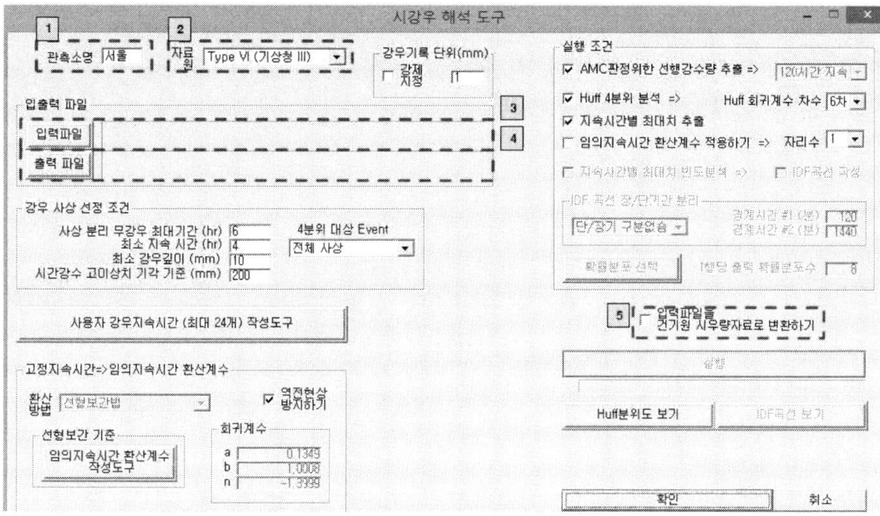

③ 출력된 건기원 형식(.meo) 파일을 열어 연도별로 취합(복사-붙여넣기)

④ 연최대강우량 산정

『② 기상청자료-건기원 자료 형식 변환』은 다음과 같은 도구창에서 분석한다.

구분	입력	비고
1. 관측소명	명칭 입력	
2. 자료원	Type Ⅰ (KICT)	
3. 입력파일	취합된 건기원파일(.meo)	
4. 출력파일	저장 위치지정	
5. 임의 지속시간 환산계수 적용하기 체크		자리수 2

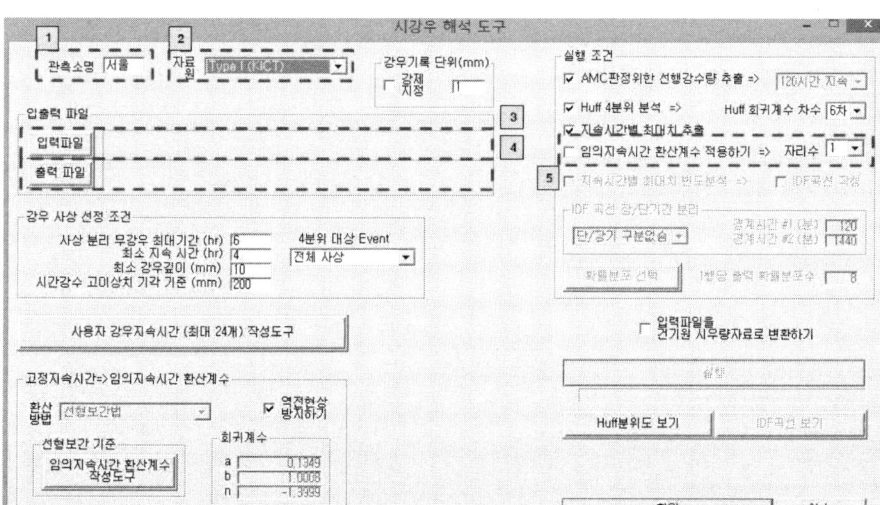

⑤ 결과 파일

구 분	파일형식	비 고
1. HySimGen시우량.meo	.meo	입력파일
2. HySimGen시우량.rlt	.rlt	연도별 최대강우량
3. 년우량표.RLT	.rlt	연도별-일별 강우량 정리

⑥ 연최대강우량 정리

- HySimGen시우량.rlt 파일에서 '지속시간별 연최대강수량 요약'을 찾으면 지속기간별 최대강우량이 정리되어 있다.

구 분	비 고
1. 지속시간별 연최대강수량 요약	고정시간
2. 지속시간별 연최대강수량 요약(임의시간)	임의시간(환산계수 적용)

- 지속기간별 연 최대 강수량 요약(고정시간)

* 지속시간별 년 최대 강수량 요약 *

년	1(Hr)	2(Hr)	3(Hr)	4(Hr)	5(Hr)	6(Hr)	7(Hr)	8(Hr)	9(Hr)	10(Hr)	11(Hr)	12(Hr)	13(Hr)	14(Hr)	15(Hr)	16(Hr)	17(Hr)	18(Hr)	19(Hr)	20(Hr)	22(Hr)	24(Hr)	36(Hr)	48(Hr)
1961	67.6	97.7	106.1	108.0	130.9	139.3	145.7	147.2	147.5	148.1	154.5	162.9	169.3	170.8	170.8	177.3	185.7	186.0	186.2	188.1	200.9	209.4	210.4	210.4
1962	49.4	70.7	81.5	95.5	103.8	108.4	112.4	117.3	122.0	126.6	130.6	135.5	136.7	137.0	137.2	137.2	138.3	143.2	146.4	147.6	149.3	149.7	157.5	159.2
1963	46.8	68.9	82.4	86.4	87.1	88.1	94.8	95.4	104.7	108.8	112.1	112.7	112.9	112.9	112.9	112.9	118.5	120.4	124.5	133.6	138.3	146.0	164.3	164.5
1964	69.3	77.1	77.8	78.0	85.3	97.8	100.3	102.1	102.1	102.1	103.4	107.3	110.6	113.1	113.2	113.4	113.6	113.6	113.6	114.9	116.9	116.9	159.5	160.1
1965	39.8	53.3	61.6	70.2	78.8	81.4	85.4	86.3	86.9	87.4	88.4	91.3	93.3	95.6	95.9	96.0	96.0	96.4	97.0	97.3	99.9	100.6	130.5	149.9
1966	39.8	54.6	71.2	85.4	93.4	94.2	95.9	96.3	98.0	98.8	99.2	99.4	100.7	101.5	101.9	102.2	103.0	103.4	103.5	104.3	104.7	104.8	109.4	109.4
1967	29.8	49.2	65.9	78.0	91.4	100.9	109.3	113.1	115.4	117.5	117.7	117.7	117.7	117.7	117.7	117.7	117.7	117.7	117.7	117.7	117.7	117.7	117.7	117.7
1968	24.2	27.7	32.8	33.1	36.1	39.0	42.5	43.3	44.2	45.0	46.0	48.7	51.5	53.0	55.3	58.6	59.5	59.5	60.4	61.4	63.2	63.2	71.3	79.6
1969	45.6	68.9	74.3	76.3	76.3	80.0	84.0	89.2	93.2	99.5	103.5	106.6	108.5	110.3	110.5	111.4	113.1	113.9	114.3	115.1	117.9	119.9	122.6	123.9
1970	30.0	36.8	39.8	47.2	47.2	52.0	59.1	62.0	63.8	65.4	65.6	73.3	80.0	81.6	82.7	84.3	88.0	89.6	89.6	90.0	90.4	90.4	103.0	125.7
1971	44.1	51.6	62.2	69.0	76.8	81.8	86.2	96.5	110.0	114.4	119.8	124.2	125.4	126.6	127.0	133.8	147.3	150.1	157.1	158.3	159.3	161.0	165.0	165.2
1972	23.0	37.0	37.0	37.0	40.1	43.8	51.3	51.6	51.8	52.8	58.1	59.6	63.4	65.7	66.7	66.7	67.1	67.5	68.5	68.5	68.5	68.5	78.4	97.5
1973	28.6	50.1	64.7	74.2	81.8	89.3	92.8	93.7	93.9	100.9	100.9	100.9	100.9	100.9	100.9	100.9	100.9	100.9	100.9	100.9	100.9	101.3	123.5	125.1
1974	20.4	31.8	40.3	48.0	56.8	63.4	68.2	73.4	76.8	79.7	81.9	83.2	84.3	85.0	85.0	85.4	85.4	85.4	85.6	87.2	90.2	92.0	113.7	158.2
1975	40.0	78.6	90.5	93.7	95.7	95.7	95.7	95.7	95.7	95.7	108.5	118.7	122.9	132.0	134.5	135.6	136.8	137.5	138.8	139.4	140.3	141.6	143.3	146.8
1976	49.5	88.0	123.0	145.6	171.0	179.0	184.7	185.9	186.9	187.0	187.0	187.0	187.5	187.5	188.6	189.9	191.1	192.3	193.5	193.9	194.1	196.6	198.5	198.5
1977	29.8	31.0	49.1	53.0	54.2	54.5	54.6	54.9	54.9	54.9	54.9	54.9	54.9	54.9	54.9	54.9	54.9	54.9	54.9	56.8	61.0	65.2	65.5	65.5
1978	25.2	45.2	54.5	66.6	74.4	80.8	89.0	98.6	106.4	106.6	108.6	112.2	125.8	135.6	143.4	143.4	143.4	143.4	147.1	147.9	163.4	165.8	185.4	235.6
1979	45.0	81.7	112.5	142.5	153.5	173.1	190.0	207.1	216.9	222.9	227.9	230.9	230.9	230.9	230.9	231.5	232.1	232.1	232.1	232.1	232.1	234.1	266.2	266.9
1980	30.6	38.4	48.1	54.6	61.4	71.1	79.8	89.5	96.0	98.8	100.6	101.7	102.2	102.2	102.6	102.6	102.6	102.8	102.8	102.8	109.9	120.6	163.6	163.6
1981	43.4	80.0	86.8	88.5	103.8	104.4	119.9	125.8	127.4	131.8	136.3	138.6	145.4	149.2	149.7	152.2	153.2	160.5	163.8	164.3	171.1	171.6	184.5	184.5
1982	23.4	27.5	28.3	34.1	34.3	35.0	38.8	43.2	44.4	45.3	54.3	64.2	64.3	66.1	66.1	66.1	66.1	67.1	67.6	69.0	69.2	69.2	69.4	70.9
1983	46.4	67.4	72.6	78.9	91.7	95.0	100.3	103.6	104.1	104.7	106.6	120.1	134.7	148.1	151.2	156.7	158.0	158.5	159.1	159.2	159.2	159.3	159.4	159.4
1984	70.0	76.8	97.5	102.3	113.0	129.0	131.8	133.3	143.9	148.3	151.5	155.9	158.8	161.1	163.2	166.2	170.5	174.7	178.4	182.8	190.4	198.4	215.3	220.0
1985	41.0	53.1	58.7	63.7	74.7	84.8	90.7	93.3	95.7	96.0	96.3	100.7	103.3	105.9	106.2	106.3	106.4	106.4	106.5	107.0	110.6	115.0	124.0	134.4

- 지속기간별 연최대강수량 요약(임의시간)

* 지속시간별 년 최대 강수량 요약 (임의지속시간) *

년	1(Hr)	2(Hr)	3(Hr)	4(Hr)	5(Hr)	6(Hr)	7(Hr)	8(Hr)	9(Hr)	10(Hr)	11(Hr)	12(Hr)	13(Hr)	14(Hr)	15(Hr)	16(Hr)	17(Hr)	18(Hr)	19(Hr)	20(Hr)	22(Hr)	24(Hr)	36(Hr)	48(Hr)
1961	76.79	102.68	109.39	110.16	132.99	140.97	147.21	148.48	148.53	149.04	155.38	163.71	170.12	171.60	171.60	178.07	186.47	186.74	186.91	188.79	201.57	210.03	210.72	210.72
1962	56.12	74.31	84.03	97.41	105.46	109.70	113.56	118.32	122.85	127.40	131.34	136.18	137.36	137.64	137.82	137.82	138.88	143.77	146.96	148.14	149.80	150.15	157.74	159.20
1963	53.16	72.41	84.95	88.13	88.49	89.16	95.78	96.23	105.43	109.49	112.74	113.26	113.45	113.45	113.45	113.45	118.99	120.88	124.98	134.09	138.76	146.44	164.55	164.55
1964	78.72	81.03	81.03	81.03	86.66	98.97	101.34	102.98	102.98	102.98	103.99	107.84	111.13	113.63	113.71	113.89	114.07	114.07	114.07	115.32	117.29	117.29	159.74	160.10
1965	45.21	56.02	63.51	71.60	80.06	82.38	86.28	87.05	87.51	87.95	88.90	91.76	93.75	96.05	96.33	96.42	96.42	96.79	97.37	97.66	100.23	100.90	130.70	149.90
1966	45.21	57.38	73.41	87.11	94.89	95.33	96.89	97.13	98.69	99.43	99.76	99.90	101.19	101.97	102.36	102.64	103.43	103.81	103.90	104.68	105.05	105.11	109.56	109.56
1967	33.85	51.71	67.94	79.56	92.86	102.11	110.43	114.08	116.21	118.24	118.37	118.37	118.37	118.37	118.37	118.37	118.37	118.37	118.37	118.37	118.37	118.37	118.37	118.37
1968	27.49	29.11	33.82	33.82	36.68	39.47	42.94	43.68	44.51	45.28	46.26	48.94	51.75	53.25	55.55	58.85	59.75	59.75	60.63	61.63	63.41	63.41	71.41	79.60
1969	51.80	72.41	76.60	77.83	77.83	80.96	84.87	89.97	93.85	100.13	104.09	107.13	109.02	110.81	111.00	111.88	113.57	114.36	114.74	115.52	118.29	120.26	122.78	123.90
1970	34.08	38.68	41.03	48.14	48.14	52.62	59.71	62.54	64.25	65.81	65.97	73.67	80.39	81.98	83.07	84.67	88.37	89.96	89.96	90.33	90.70	90.70	103.15	125.70
1971	50.10	54.23	64.13	70.38	78.03	82.78	87.09	97.34	110.77	115.12	120.48	124.82	126.01	127.19	127.57	134.38	147.91	150.70	157.70	158.88	159.83	161.48	165.25	165.25
1972	26.13	38.89	38.89	38.89	40.74	44.33	51.83	52.05	52.16	53.13	58.43	59.90	63.71	66.01	67.00	67.00	67.38	67.77	68.76	68.76	68.76	68.76	78.52	97.50
1973	32.49	52.66	66.71	75.68	83.11	90.37	93.76	94.51	94.56	101.54	101.54	101.54	101.54	101.54	101.54	101.54	101.54	101.54	101.54	101.54	101.54	101.60	123.69	125.10
1974	23.17	33.42	41.55	48.96	57.71	64.16	68.90	74.04	77.34	80.20	82.36	83.62	84.71	85.40	85.40	85.77	85.77	85.77	85.93	87.52	90.50	92.28	113.87	158.20
1975	45.44	82.61	93.31	95.57	97.23	97.23	97.23	97.23	97.23	97.23	109.11	119.29	123.49	132.62	135.11	136.19	137.37	138.05	139.33	139.91	140.77	142.02	143.51	146.80
1976	56.23	92.49	126.81	148.51	173.74	181.15	186.61	187.51	188.21	188.21	188.21	188.21	188.41	188.41	189.45	190.72	191.90	193.07	194.24	194.61	194.75	197.19	198.80	198.80
1977	33.85	33.85	50.62	54.06	55.07	55.15	55.16	55.38	55.38	55.38	55.38	55.38	55.38	55.38	55.38	55.38	55.38	55.38	55.38	57.01	61.20	65.40	65.60	65.60
1978	28.63	47.51	56.19	67.93	75.59	81.77	89.92	99.45	107.14	107.28	109.22	112.76	126.41	136.23	144.05	144.05	144.05	144.05	147.66	148.44	163.94	166.30	185.68	235.60
1979	51.12	85.87	115.99	145.35	155.96	175.18	191.96	208.89	218.42	224.31	229.19	232.05	232.05	232.05	232.05	232.50	233.07	233.07	233.07	233.07	233.07	234.80	266.60	266.90
1980	34.76	40.36	49.59	55.69	62.38	71.95	80.62	90.28	96.67	99.43	101.17	102.21	102.69	102.69	103.06	103.06	103.06	103.21	103.21	103.21	110.27	120.96	163.85	163.85
1981	49.30	84.08	89.49	90.27	105.46	105.65	121.14	126.89	128.29	132.63	137.07	139.29	146.10	149.90	150.37	152.86	153.84	161.14	164.43	164.90	171.67	172.11	184.78	184.78
1982	26.58	28.90	29.18	34.78	34.85	35.42	39.20	43.57	44.71	45.59	54.61	64.52	64.61	66.41	66.41	66.41	66.41	67.37	67.86	69.25	69.43	69.43	69.50	70.90
1983	52.71	70.84	74.85	80.48	93.17	96.14	101.34	104.50	104.83	105.36	107.20	120.70	135.35	148.79	151.88	157.38	158.66	159.13	159.71	159.78	159.78	159.78	159.78	159.78
1984	79.52	80.72	100.52	104.35	114.81	130.55	133.16	134.46	144.91	149.24	152.36	156.68	159.57	161.85	163.93	166.92	171.21	175.40	179.08	183.47	191.03	199.00	215.62	220.00
1985	46.58	55.81	60.52	64.97	75.90	85.82	91.64	94.11	96.37	96.61	96.85	101.20	103.80	106.39	106.68	106.76	106.84	106.84	106.91	107.39	110.97	115.35	124.19	134.40
1986	29.08	35.84	49.80	58.04	64.72	69.83	77.19	83.92	88.62	93.59	101.07	106.33	111.13	120.56	123.35	126.14	133.45	136.24	138.23	139.81	142.77	145.23	145.62	174.40
1987	49.98	57.38	60.93	64.36	67.87	77.72	88.20	98.65	107.45	114.82	116.26	116.28	117.26	117.35	117.43	117.81	118.29	118.47	118.55	118.83	119.50	120.76	127.99	128.50
1988	49.87	50.13	58.56	59.16	59.94	59.94	59.94	59.94	60.22	66.42	102.78	106.53	107.72	108.70	108.99	109.07	109.07	109.07	109.07	109.07	116.89	131.69	146.92	158.40
1989	26.81	36.15	46.60	56.10	61.67	64.16	66.18	66.57	68.58	70.75	72.81	74.37	75.76	76.86	78.15	79.84	81.64	82.33	83.32	83.91	85.68	90.27	128.09	143.30
1990	31.35	42.88	51.45	62.32	70.92	72.05	76.79	81.30	82.67	83.22	83.27	83.82	84.00	89.01	93.12	96.22	102.32	107.33	111.53	119.14	128.73	130.79	130.79	135.60

〈전주 관측소 – 지속기간별 연최대강우량 – 고정시간〉

년도	10분	60분	2시간	3시간	4시간	6시간	9시간	12시간	15시간	18시간	24시간
1961	19.2	76.3	97.7	106.1	108.0	139.3	147.5	162.9	170.8	186.0	209.4
1962	19.5	55.8	70.7	81.5	95.5	108.4	122.0	135.5	137.2	143.2	149.7
1963	19.3	52.8	68.9	82.4	86.4	88.1	104.7	112.7	112.9	120.4	146.0
1964	26.0	78.2	77.1	77.8	78.0	97.8	102.1	107.3	113.2	113.6	116.9
1965	13.0	41.2	53.3	61.6	70.2	81.4	86.9	91.3	95.9	96.4	100.6
1966	28.0	43.3	54.6	71.2	85.4	94.2	98.0	99.4	101.9	103.4	104.8
1967	12.4	34.7	49.2	65.9	78.0	100.9	115.4	117.7	117.7	117.7	117.7
1968	11.2	24.9	27.7	32.8	33.1	39.0	44.2	48.7	55.3	59.5	63.2
1969	16.5	53.1	68.9	74.3	76.3	80.0	93.2	106.6	110.5	113.9	119.9
1970	11.9	30.4	36.8	39.8	47.2	52.0	63.8	73.3	82.7	89.6	90.4
1971	21.2	45.3	51.6	62.2	69.0	81.8	110.0	124.2	127.0	150.1	161.0
1972	13.5	25.2	37.0	37.0	37.0	43.8	51.8	59.6	66.7	67.5	68.5
1973	12.0	28.9	50.1	64.7	74.2	89.3	93.9	100.9	100.9	100.9	101.3
1974	11.2	21.5	31.8	40.3	48.0	63.4	76.8	83.2	85.0	85.4	92.0
1975	17.6	54.5	78.6	90.5	93.7	95.7	95.7	118.7	134.5	137.5	141.6
1976	13.0	59.0	88.0	123.0	145.6	179.0	186.9	187.0	188.6	192.3	196.6
1977	14.0	29.9	31.0	49.1	53.0	54.5	54.9	54.9	54.9	54.9	65.2
1978	14.0	41.6	45.2	54.5	66.6	80.8	106.4	112.2	143.4	143.4	165.8
1979	19.0	57.9	81.7	112.5	142.5	173.1	216.9	230.9	230.9	232.1	234.1
1980	15.8	32.1	38.4	48.1	54.6	71.1	96.0	101.7	102.6	102.8	120.6
1981	15.2	53.5	80.0	86.8	88.5	104.4	127.4	138.6	149.7	160.5	171.6
1982	13.8	26.5	27.5	28.3	34.1	35.0	44.4	64.2	66.1	67.1	69.2
1983	15.1	46.4	67.4	72.6	78.9	95.0	104.1	120.1	151.2	158.5	159.3
1984	24.0	71.1	76.8	97.5	102.3	129.0	143.9	155.9	163.2	174.7	198.4
1985	24.0	51.4	53.1	58.7	63.7	84.8	95.7	100.7	106.2	106.4	115.0
1986	11.3	25.8	34.1	48.3	56.9	69.0	88.0	105.8	122.8	135.7	144.8
1987	20.4	50.0	54.6	59.1	63.1	76.8	106.7	115.7	116.9	118.0	120.4
1988	19.3	44.8	47.7	56.8	58.0	59.0	59.8	106.0	108.5	108.6	131.3
1989	17.9	24.8	34.4	45.2	55.0	63.4	68.1	74.0	77.8	82.0	90.0
1990	21.6	35.8	40.8	49.9	61.1	71.2	82.1	83.4	92.7	106.9	130.4

년도	10분	60분	2시간	3시간	4시간	6시간	9시간	12시간	15시간	18시간	24시간
1991	18.2	64.6	64.6	64.6	64.6	64.6	64.6	70.0	71.5	71.6	72.3
1992	12.2	37.5	60.3	83.7	106.0	140.0	162.7	173.9	176.5	178.9	190.5
1993	18.5	46.4	51.6	63.2	73.1	97.3	104.8	112.0	142.3	146.4	188.2
1994	20.5	32.0	32.0	33.8	34.7	36.0	42.0	54.3	57.4	61.9	63.5
1995	19.5	32.0	37.2	39.8	41.0	46.9	51.8	53.8	54.1	56.2	70.1
1996	11.5	31.6	38.0	44.3	53.1	76.4	101.6	122.3	127.2	137.0	140.1
1997	20.8	43.0	45.6	56.9	60.3	69.0	89.1	101.6	115.6	138.2	169.6
1998	18.0	37.8	41.2	52.9	68.6	86.6	103.3	112.4	153.4	172.7	192.7
1999	15.5	30.7	36.6	51.6	61.6	85.6	99.0	104.3	109.5	112.5	118.7
2000	20.0	38.5	74.5	92.0	115.5	147.4	162.7	169.1	169.6	170.0	170.4
2001	14.0	42.0	51.0	61.0	69.0	79.4	82.9	90.5	94.0	95.9	104.4
2002	15.5	34.0	45.5	50.0	66.5	82.5	86.5	95.5	98.0	98.8	99.0
2003	23.0	87.0	92.5	96.7	96.7	96.7	97.0	97.0	97.5	98.0	102.0
2004	16.0	52.0	64.0	91.0	102.0	138.5	158.5	170.0	171.5	171.5	178.5
2005	17.0	51.0	87.5	120.0	149.0	167.5	240.5	256.0	265.0	277.0	279.5
2006	16.5	45.5	55.0	64.5	70.5	88.0	104.0	109.0	124.0	126.0	128.5
2007	17.5	39.0	47.0	52.0	59.0	67.5	72.5	85.5	96.5	102.5	109.0
2008	14.5	43.0	43.5	44.5	48.5	58.5	66.5	67.0	70.5	80.0	95.1
2009	17.0	67.0	92.0	99.5	115.0	130.5	140.0	147.5	148.5	148.5	149.0
2010	20.5	80.0	82.9	84.4	84.4	85.5	89.5	89.5	111.5	126.0	128.5
2011	16.0	45.0	74.0	84.5	118.0	139.5	172.0	184.0	194.5	195.0	195.0
2012	12.5	36.5	36.5	43.5	56.5	58.0	79.0	83.5	85.8	86.0	88.0
2013	19.0	45.5	55.0	59.3	65.0	74.0	78.5	80.4	82.4	97.5	132.0
2014	19.0	39.0	40.0	46.0	57.0	68.0	80.5	91.0	107.5	119.5	123.9
2015	12.9	21.5	38.8	39.5	39.5	44.0	54.0	59.0	60.6	61.6	62.2
2016	18.5	38.0	44.5	54.6	63.3	70.3	76.8	86.4	93.7	96.2	99.8

주) 10분, 60분은 기상청에서 발표한 임의시간 자료임.

〈전주 관측소 – 지속기간별 연최대강우량 – 임의시간〉

년도	10분	60분	2시간	3시간	4시간	6시간	9시간	12시간	15시간	18시간	24시간
1961	19.2	76.3	102.7	109.4	110.2	141.0	148.5	163.7	171.6	186.7	210.0
1962	19.5	55.8	74.3	84.0	97.4	109.7	122.9	136.2	137.8	143.8	150.2
1963	19.3	52.8	72.4	85.0	88.1	89.2	105.4	113.3	113.5	120.9	146.4
1964	26.0	78.2	81.0	81.0	81.0	99.0	103.0	107.8	113.7	114.1	117.3
1965	13.0	41.2	56.0	63.5	71.6	82.4	87.5	91.8	96.3	96.8	100.9
1966	28.0	43.3	57.4	73.4	87.1	95.3	98.7	99.9	102.4	103.8	105.1
1967	12.4	34.7	51.7	67.9	79.6	102.1	116.2	118.4	118.4	118.4	118.4
1968	11.2	24.9	29.1	33.8	33.8	39.5	44.5	48.9	55.6	59.8	63.4
1969	16.5	53.1	72.4	76.6	77.8	81.0	93.9	107.1	111.0	114.4	120.3
1970	11.9	30.4	38.7	41.0	48.1	52.6	64.3	73.7	83.1	90.0	90.7
1971	21.2	45.3	54.2	64.1	70.4	82.8	110.8	124.8	127.6	150.7	161.5
1972	13.5	25.2	38.9	38.9	38.9	44.3	52.2	59.9	67.0	67.8	68.8
1973	12.0	28.9	52.7	66.7	75.7	90.4	94.6	101.5	101.5	101.5	101.6
1974	11.2	21.5	33.4	41.6	49.0	64.2	77.3	83.6	85.4	85.8	92.3
1975	17.6	54.5	82.6	93.3	95.6	97.2	97.2	119.3	135.1	138.1	142.0
1976	13.0	59.0	92.5	126.8	148.5	181.2	188.2	188.2	189.5	193.1	197.2
1977	14.0	29.9	33.9	50.6	54.1	55.2	55.4	55.4	55.4	55.4	65.4
1978	14.0	41.6	47.5	56.2	67.9	81.8	107.1	112.8	144.1	144.1	166.3
1979	19.0	57.9	85.9	116.0	145.4	175.2	218.4	232.1	232.1	233.1	234.8
1980	15.8	32.1	40.4	49.6	55.7	72.0	96.7	102.2	103.1	103.2	121.0
1981	15.2	53.5	84.1	89.5	90.3	105.7	128.3	139.3	150.4	161.1	172.1
1982	13.8	26.5	28.9	29.2	34.8	35.4	44.7	64.5	66.4	67.4	69.4
1983	15.1	46.4	70.8	74.9	80.5	96.1	104.8	120.7	151.9	159.1	159.8
1984	24.0	71.1	80.7	100.5	104.4	130.6	144.9	156.7	163.9	175.4	199.0
1985	24.0	51.4	55.8	60.5	65.0	85.8	96.4	101.2	106.7	106.8	115.4
1986	11.3	25.8	35.8	49.8	58.0	69.8	88.6	106.3	123.4	136.2	145.2
1987	20.4	50.0	57.4	60.9	64.4	77.7	107.5	116.3	117.4	118.5	120.8
1988	19.3	44.8	50.1	58.6	59.2	59.9	60.2	106.5	109.0	109.1	131.7
1989	17.9	24.8	36.2	46.6	56.1	64.2	68.6	74.4	78.2	82.3	90.3
1990	21.6	35.8	42.9	51.5	62.3	72.1	82.7	83.8	93.1	107.3	130.8

년도	10분	60분	2시간	3시간	4시간	6시간	9시간	12시간	15시간	18시간	24시간
1991	18.2	64.6	73.4	73.4	73.4	73.4	73.4	73.4	73.4	73.4	73.4
1992	12.2	37.5	63.4	86.3	108.1	141.7	163.8	174.8	177.3	179.6	191.1
1993	18.5	46.4	54.2	65.2	74.6	98.5	105.5	112.6	142.9	147.0	188.8
1994	20.5	32.0	34.7	34.9	35.4	36.6	42.3	54.6	57.7	62.2	63.7
1995	19.5	32.0	39.1	41.0	41.8	47.5	52.2	54.1	54.3	56.4	70.3
1996	11.5	31.6	39.9	45.7	54.2	77.3	102.3	122.9	127.8	137.6	140.5
1997	20.8	43.0	48.9	58.7	61.5	69.8	89.7	102.1	116.1	138.8	170.1
1998	18.0	37.8	43.3	54.5	70.0	87.6	104.0	113.0	154.1	173.4	193.3
1999	15.5	30.7	38.5	53.2	62.8	86.6	99.7	104.8	110.0	113.0	119.1
2000	20.0	38.5	78.3	94.9	117.8	149.2	163.8	170.0	170.4	170.7	170.9
2001	14.0	42.0	53.6	62.9	70.4	80.4	83.5	91.0	94.4	96.3	104.7
2002	15.5	34.0	47.8	51.6	67.8	83.5	87.1	96.0	98.4	99.2	99.3
2003	23.0	87.0	97.2	99.7	99.7	99.7	99.7	99.7	99.7	99.7	102.4
2004	16.0	52.0	67.3	93.8	104.0	140.2	159.6	170.9	172.3	172.3	179.0
2005	17.0	51.0	92.0	123.7	152.0	169.5	242.2	257.3	266.3	278.1	280.6
2006	16.5	45.5	57.8	66.5	71.9	89.1	104.7	109.6	124.6	126.5	128.9
2007	17.5	39.0	49.4	53.6	60.2	68.3	73.0	85.9	96.9	102.9	109.3
2008	14.5	43.0	45.7	45.9	49.5	59.2	67.1	67.4	70.8	80.3	95.4
2009	17.0	67.0	96.7	102.6	117.3	132.1	141.0	148.2	149.2	149.2	149.5
2010	20.5	80.0	87.1	87.1	87.1	87.1	90.3	90.3	112.0	126.5	128.9
2011	16.0	45.0	77.8	87.1	120.4	141.2	173.2	184.9	195.4	195.8	195.8
2012	12.5	36.5	38.4	44.9	57.6	58.9	79.6	83.9	86.2	86.4	88.3
2013	19.0	45.5	57.8	61.1	66.3	74.9	79.1	80.8	82.8	97.9	132.4
2014	19.0	39.0	42.0	47.4	58.1	68.8	81.1	91.5	108.0	120.0	124.4
2015	12.9	21.5	40.8	40.8	40.8	44.5	54.4	59.3	60.9	61.9	62.4
2016	18.5	38.0	46.8	56.3	64.6	71.1	77.3	86.8	94.1	96.6	100.1

주) 10분, 60분은 기상청에서 발표한 임의시간 자료임.

(3) 확률강우량 산정 – FARD2006

① FARD2006 초기화면

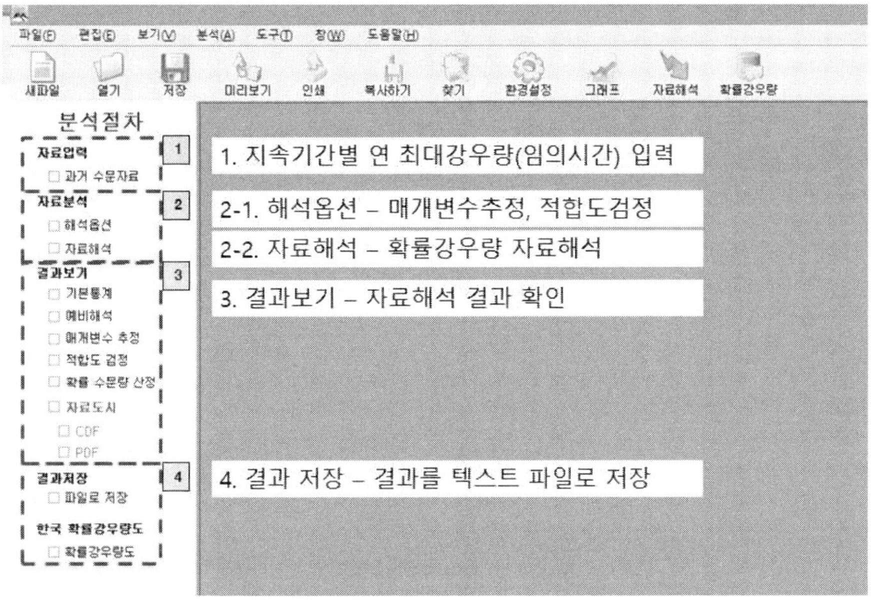

② FARD2006 프로그램 운용 순서

1 지속기간별 연최대강우량(임의시간) 입력

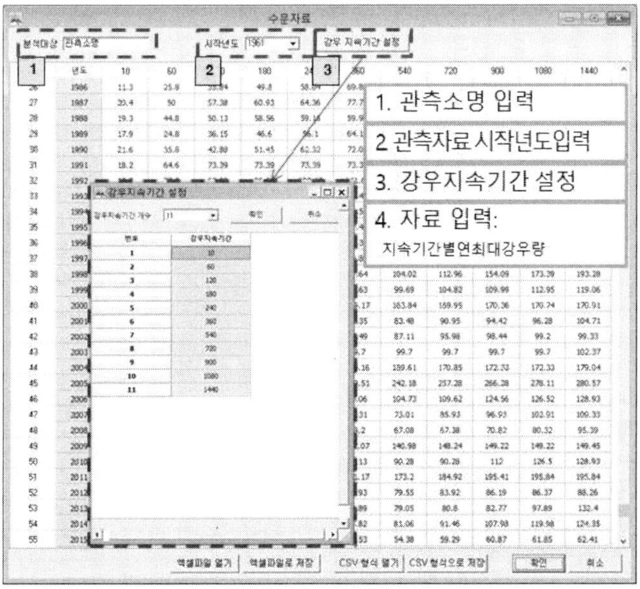

2 자료분석-

- 예비해석, 매개변수 추정 및 적합도 검정 옵션 선택 : 모든 변수에 대하여 분석을 실시하기 위하여 모두 체크한다.

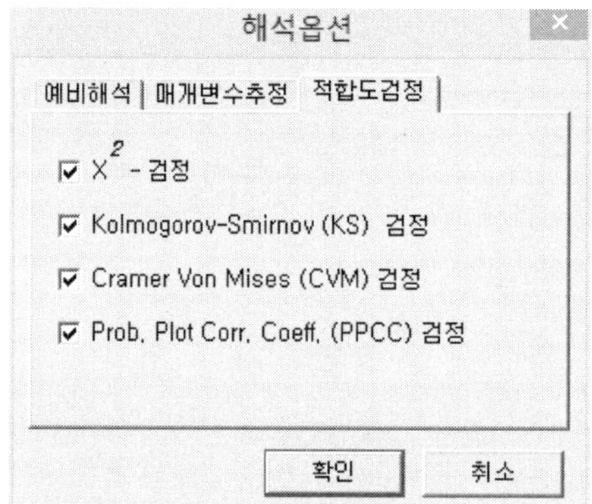

- 자료분석 클릭 : 해석 옵션에 따라 자동으로 확률강우량을 산정한다.

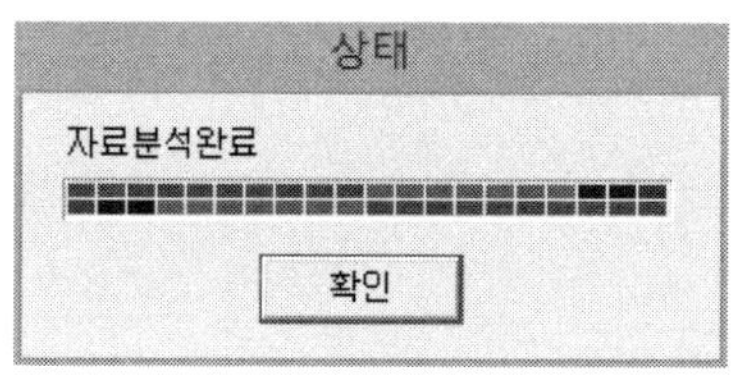

3 결과보기

결과보기	내용	비고
☑ 기본통계	매개변수 추정 결과	분포형 및 추정방법 별로 정리된다.
☑ 예비해석		
☑ 매개변수 추정		
☑ 적합도 검정		
☑ 확률 수문량 산정	확률강우량 산정 결과	
☑ **자료도시** ☑ CDF ☑ PDF	그래프로 도식	

④ 결과 저장 - 텍스트 파일로 저장하기

- 부록 파일로 활용된다.

③ 확률강우량 산정 결과 (확률가중모멘트법 - Gumbel 분포형)

지속기간(분) / 빈도(년)	10	60	120	180	240	360	540	720	900	1,080	1,440
10	22.2	64.1	84.2	98.4	112.1	133.7	156.0	166.4	175.1	182.1	193.3
20	24.4	72.7	95.4	111.7	127.8	153.1	179.3	190.4	199.8	207.6	219.9
30	25.6	77.6	101.9	119.3	136.8	164.2	192.7	204.2	213.9	222.2	235.1
50	27.2	83.8	110.0	128.9	148.0	178.1	209.5	221.5	231.7	240.5	254.2
80	28.7	89.4	117.4	137.7	158.3	190.8	224.8	237.3	247.9	257.2	271.7
100	29.4	92.1	120.9	141.9	163.2	196.9	232.1	244.8	255.6	265.2	280.0
150	30.6	97.0	127.2	149.4	172.1	207.8	245.3	258.4	269.5	279.6	295.0
200	31.5	100.4	131.7	154.7	178.4	215.6	254.6	268.0	279.4	289.8	305.6

5

Chapter

홍수량 산정 기초

하천계획에서 홍수량 산정은 홍수에 의해 발생되는 피해를 방지하고 저감시키기 위해 수행된다. 설계지점에 대한 홍수량을 결정함으로써 홍수조절계획, 홍수방어계획 등의 치수계획을 수립해야 한다. 앞의 4장에서 강우 관측 지점에 대한 확률강우량을 결정하는 방법에 대해 기술하였다. 홍수량을 산정하기 위해 지점 강우를 유역에 적용할 수 없기 때문에 면적확률강우량으로 변환하여야 된다. 본 장에서는 면적확률강우량의 산정, 강우강도-지속시간-빈도의 관계, 강우의 시공간 분포를 결정하여 유역의 강우-유출관계, 이들로부터 하천에서의 홍수량을 산정하는 방법 등을 기술하려고 한다. 홍수량을 산정하기 위한 과정은 [그림 5.0.1]과 같다.

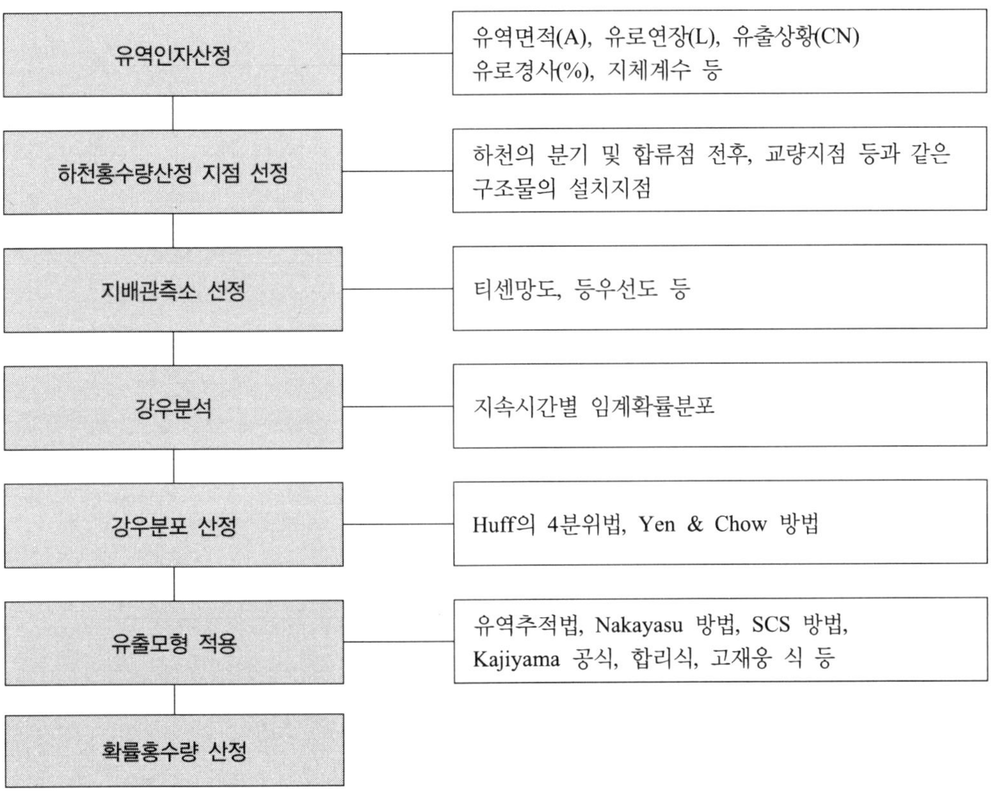

[그림 5.0.1] 홍수량 산정 개략도

5.1 면적확률강우량 산정

강우 자료의 수집에 대해 4.5절에서 기술된 바와 같이 한 지점에서 관측된 강우는 점강우량(point rainfall)을 말한다. 이 자료를 이용하여 빈도해석을 수행하고 여러 가지 재현기간에 대한 설계강우량을 구하여 제시하였다. 이와 같은 점강우량이 유역에 걸쳐 균일하게 발생되는 경우는 없다. 강우 지속기간 동안의 강우량은 호우 중심으로부터 멀어질수록 감소되며 면적강우량(areal precipitation)은 유역에 내린 총강우량을 유역면적으로 나눈 등가우량이다. 그러므로 호우중심으로부터 면적이 증가함에 따라서 면적강우량은 점점 작아지게 되어 면적강우량은 지점강우량보다 작게 된다. 점강우량이 지배하는 면적을 수자원관리기법에서 26km^{2}으로 정하고 있다. 이 값보다 크면 면적확률강우량을 적용하여 결정한다. 점강우량과 면적강우량과의 관계는 일반적으로 면적의 증가에 따라 강우량이 감소하는 것을 반영하는 면적감소계수를 적용하여 다음과 같이 나타낸다.

$$P_a = ARF \cdot P_p \tag{5.1.1}$$

여기서 ARF는 면적감소계수, P_p는 점강우량, P_a는 면적강우량이다.

면적확률강우량은 유역 내에 여러 관측소가 존재할 경우에 Thiessen 다각형 방법 등으로 가중평균한 동시간 임의시간 면적강우량의 연최대치 계열을 작성하고 이를 빈도해석하는 과정이 원칙이다. 개선이 필요하지만 실무에서 관측소별로 비동시간 확률강우량을 산정한 후에 이를 Thiessen 다각형 방법 등으로 면적확률강우량을 산정하기도 한다. 현실적으로 우리나라의 경우에 동시간 임의시간에 대한 수집된 강우자료가 부족한 실정이다. 또 다른 대안으로 식 (5.1.1)에 제시된 바와 같이 지점 확률강우량이나 확률강우량도에 의한 확률강우량에 면적감소계수를 곱하여 산정하기도 한다. 면적감소계수는 호우중심방법과 위치고정방법이 있으며 전자는 호우를 분석대상 유역의 중심에 위치시켜 최대의 강우량이 발생되도록 하는 방법으로 가능최대강수량(PMP)을 산정하는 데 사용된다. 후자는 분석대상 유역 내에 실제로 위치하고 있는 관측지점에서의 호우를 반영하는 것으로 유역의 강우빈도해석에 사용된다. 국토교통부에서 영산강유역 등의 강우량 자료를 분석하여 재현기간별, 지속기간별, 면적별 면적감소계수를 구하여 회귀식을 제시하였으며 재현기간과 지속기간별 매개변수를 <표 5.1.1>에 제시하였다. 적용범위는 앞에서 제시한 것처럼 $26km^2$이상에 적용하도록 추천하였으며 실무에서 전국적으로 사용되고 있다.

$$ARF(A) = 1 - M \cdot exp^{-[aA^b]^{-1}} \tag{5.1.2}$$

여기서 A는 면적(km^2), $ARF(A)$는 면적 A에 대한 감소계수, M, a, b는 매개변수이다.

〈표 5.1.1〉 면적감소계수에 사용되는 매개변수의 값(영산강 권역)

재현기간 (년)	매개변수	지속기간 (매개변수)					
		1	2	3	6	12	24
5	M	0.9491	0.9555	1.0500	1.5600	1.6100	0.5900
	a	0.1492	0.1238	0.1379	0.1450	0.1420	0.1210
	b	0.3237	0.2947	0.2460	0.1711	0.1500	0.2350
10	M	0.9194	0.9414	1.0050	1.4240	1.4590	0.5710
	a	0.1493	0.1497	0.1497	0.1414	0.1381	0.1210
	b	0.3433	0.2803	0.2460	0.1843	0.1629	0.2450
20	M	0.9118	0.9600	1.0236	1.4639	1.2900	0.5880
	a	0.1496	0.1497	0.1497	0.1414	0.1340	0.1210
	b	0.3526	0.2790	0.2454	0.1843	0.1778	0.2450
30	M	0.9047	0.9730	0.9970	1.2650	1.1750	0.5920
	a	0.1492	0.1497	0.1500	0.1380	0.1320	0.1210
	b	0.3589	0.2790	0.2500	0.2011	0.1881	0.2450
50	M	0.9100	1.0100	1.0460	1.3942	1.1700	0.6400
	a	0.1494	0.1497	0.1500	0.1432	0.1330	0.1210
	b	0.3587	0.2750	0.2450	0.1885	0.1881	0.2400
80	M	0.9080	0.9500	1.1120	1.7500	1.1580	0.6530
	a	0.1498	0.1550	0.1500	0.1499	0.1350	0.1210
	b	0.3630	0.2880	0.2391	0.1660	0.1881	0.2400
100	M	0.9020	0.9880	1.0300	1.7750	1.1600	0.6550
	a	0.1492	0.1592	0.1600	0.1500	0.1350	0.1210
	b	0.3680	0.2780	0.2460	0.1650	0.1881	0.2410
200	M	0.8900	0.9880	1.0260	1.7800	1.1650	0.6540
	a	0.1492	0.1592	0.1600	0.1500	0.1350	0.1210
	b	0.3770	0.2790	0.2470	0.1650	0.1881	0.2420

주) 자료 : 설계홍수량 산정 요령 (2012,국토교통부)

[예제 5.1.1] 풍영정천 유역면적이 68.93km^{2}이다. 이 하천에 수공구조물을 설계하기 위해 점강우량을 빈도해석한 결과에 의하면 재현기간 100년, 지속기간 12시간인 확률강우량이 298mm였다. 풍영정천 유역의 면적확률강우량을 추정하여라.

풀이

<표 5.1.1>로부터 재현기간 100년, 지속기간 12시간인 매개변수 $M=1.1600$, $a=0.1350$, $b=0.1881$이다. 식 (5.1.2)에 대입하여 면적감소계수를 구하면,

$$ARF(A)=1-M\cdot \exp^{-[aA^b]^{-1}}=1-1.1600\cdot \exp^{-[0.1350\times 68.93^{0.1881}]^{-1}}=0.9589$$

면적강우량은 0.9589×298=285.76mm이다.

5.2 강우강도-지속기간-재현기간의 관계

5.2.1 강우강도식

확률강우량을 이용하여 빈도별 강우강도식을 결정한다. 강우강도식의 기본 형태는 Talbot형, Sherman형, Japanese형, Semi-Log형, General형 등이 있으며 다음과 같다.

Talbot형 :

$$I=\frac{a}{t+b} \tag{5.2.1}$$

Sherman형 :

$$I=\frac{a}{(t+b)^c} \tag{5.2.2}$$

Japanese형 :

$$I=\frac{a}{\sqrt{t}+b}+c \tag{5.2.3}$$

General형 :

$$I = \frac{a}{t^b + c} \tag{5.2.4}$$

Semi-Log 형 :

$$I = a + b \cdot \log(t+c) \tag{5.2.5}$$

전대수다항식 :

$$\ln(\mathrm{I}) = \mathrm{a}_0 + \mathrm{a}_1 \ln(t) + a_2(\ln(t))^2 + a_3(\ln(t))^3 + a_4(\ln(t))^4 + a_5(\ln(t))^5 + a_6(\ln(t))^6 \tag{5.2.6}$$

여기서 I는 강우강도(mm/hr), 계수 a, b, c는 지역의 강우특성에 의해 결정되는 상수, $\mathrm{a}_0 \sim \mathrm{a}_6$는 지역상수, t는 지속기간(min)이다.

확률강우량을 이용하여 강우강도식을 유도하기 위해 최소제곱법을 이용하여 구하며 구하는 수학적인 과정은 4.2절의 회귀분석에서 설명하였다. 유역의 적절한 강우강도식을 결정하기 위해서는 방법별로 결정된 회귀식에 대한 원자료와 편차가 가장 작고 상관계수가 높은 식을 선택한다. 강우강도식 유도는 강우빈도 해석 시에 사용한 지속기간별 확률강우량을 이용하여 정도가 높은 확률강우강도식을 유도하여야 하나, 시간 간격에 따른 범위가 커서 이를 이용하기에는 무리가 따른다. 따라서 회귀식을 구할 때 적합도를 높이기 위하여 2시간, 3시간, 4시간, 5시간, 6시간 등을 경계점으로 전·후의 시간에 대해 분석한 후, 편차가 적은 시간을 경계점으로 단기간 및 장기간에 대한 회귀분석을 실시하여 확률강우강도식을 유도하는 것이 일반적인 방법이다. 최근에 제시된 『확률강우량도 개선 및 보완 연구 (2011. 11, 국토교통부)』에서는 기존 4가지의 공식 외에 6차 전대수 다항식을 기본으로 하는 확률강우강도식을 제시하였으며, 제시된 공식은 기존의 공식들에 비해 비교적 상관계수가 높게 나오고 장·단기 구분 없이 전 기간에 걸쳐 유도할 수 있는 특징을 갖고 있다.

전대수다항식을 의해 결정해야 할 지역상수와 각각의 강우강도식의 계수는 후술되는 프로그램 HYSIM을 이용하여 결정할 수 있다. 이와 같이 재현기간에 대한 강우강도식을 결정함으로써 IDF곡선([그림 5.2.1] 참조)을 얻을 수 있다. 그 과정을 요약하여 나타내면 다음과 같다.

① 관측소의 강우자료(일반적으로 시우량자료)에 의해 원하는 지속기간(1시간, 2시간, 3시간, 6시간, 12시간, 24시간, 48시간 등)을 결정하고 지속기간에 대한 연최대강우량을 결정한

다. 지속기간이 10분인 최대강우량은 기상청의 경우에 별도로 극값으로서 제시하고 있기 때문에 이 값을 이용하면 된다. 예를 들어 지속기간을 10분으로 하였으면 1년중 10분 동안 내린 강우 중에 가장 큰 것을 선택한다. 50년의 자료가 주어졌다면 50개의 연최대강우량의 자료가 구성된다.

② 앞에서 결정된 지속기간별 연최대강우량을 각 지속기간마다 큰 것부터 내림차순으로 나열한다.

③ 확률도시공식을 이용하여 강우의 순서별로 재현기간을 결정한다.

④ 각 지속기간에 대해 ②와 ③의 과정을 반복하여 재현기간별로 지속기간-강우강도의 형태로 정리한다.

⑤ 재현기간별로 가로축에 지속기간, 세로축에 강우강도를 전대수지용지에 그리면 IDF곡선을 얻을 수 있다.

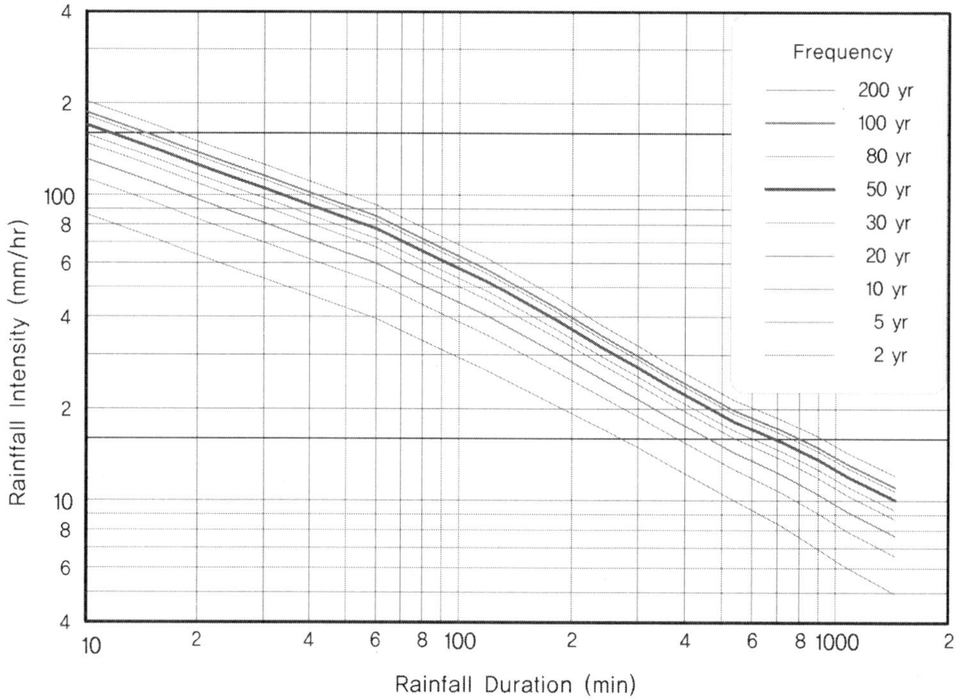

[그림 5.2.1] I-D-F 곡선(정읍관측소)

[문제 5.2.1] 광주관측소의 강우량 자료로부터 IDF 곡선을 유도하기 위해 지속시간별 고정 시간 간격인 연최대강우량 자료를 〈표 5.2.1〉에 제시하였다.

(1) 임의시간 간격인 연최대강우량 자료를 작성하여라.

(2) 이 자료를 이용하여 재현기간 2년, 5년, 10년, 50년, 100년에 해당하는 IDF곡선을 유도하여라. Talbot형, Sherman형, Japanese형, Semi-Log형, General형 공식을 이용하여라.

[문제 5.2.2] 문제 5.2.1의 결과인 임의시간 연최대강우량 자료를 이용하여 지속기간별로 평균, 표준편차, 변동계수, 왜곡도 계수를 구하여라.

〈표 5.2.1〉 광주관측소의 지속기간에 대한 연최대강우량(mm)(고정시간)

연도 (년)	강우지속기간별 고정시간 연최대강우량(mm)										
	10분	60분	2시간	3시간	4시간	6시간	9시간	12시간	18시간	24시간	48시간
1961	13.0	42.2	56.3	69.0	77.9	106.7	114.6	114.8	119.6	123.8	143.8
1962	19.5	60.3	67.7	83.3	93.2	102.1	110.1	118.2	130.3	140.3	149.3
1963	13.0	34.1	40.6	52.3	65.4	86.4	109.8	125.6	151.3	178.9	192.0
1964	15.0	42.7	46.5	64.7	71.5	112.6	122.9	125.5	127.5	143.2	207.8
1965	11.5	31.9	39.6	50.4	62.6	76.2	87.0	106.7	112.4	113.8	134.6
1966	15.1	40.4	41.5	41.6	63.3	72.4	73.6	73.9	76.6	79.6	87.9
1967	10.5	17.6	20.1	25.1	28.8	34.2	41.6	49.1	63.3	72.8	74.6
1968	13.4	29.6	35.3	37.3	43.7	50.0	72.8	89.6	90.1	90.6	122.7
1969	17.0	34.6	47.9	58.3	68.8	88.6	100.7	107.8	122.6	144.2	204.4
1970	12.5	24.1	31.0	40.3	48.7	55.6	57.9	65.0	74.3	107.6	146.5
1971	15.2	51.6	57.8	58.0	69.1	69.2	74.6	79.8	90.1	116.6	122.2
1972	14.0	28.3	34.8	41.9	60.8	79.4	85.0	95.5	106.5	137.5	211.5
1973	13.6	47.1	47.7	52.0	58.3	70.7	87.9	91.4	98.5	101.7	110.3
1974	16.4	51.3	77.1	102.8	118.2	151.8	181.8	202.4	238.2	259.8	306.4
1975	22.8	70.1	81.3	87.2	101.4	105.4	121.4	121.4	121.4	125.8	168.2
1976	13.1	27.8	32.7	40.4	48.7	59.6	80.2	105.9	143.5	155.7	155.7
1977	17.2	37.5	38.5	40.9	58.9	61.4	62.2	68.1	71.4	100.6	107.5
1978	15.2	39.0	63.3	84.7	90.2	135.9	171.2	188.3	191.2	228.3	285.2
1979	13.2	42.8	54.8	62.6	69.8	83.3	93.3	106.6	127.0	129.3	138.6
1980	17.2	50.5	54.6	78.2	81.5	95.2	126.2	139.9	157.8	177.7	299.8
1981	16.0	36.6	39.8	49.3	50.5	65.8	87.5	99.9	118.9	124.7	128.8
1982	11.5	32.4	37.8	38.3	43.2	45.5	71.5	81.1	85.8	86.8	89.9
1983	10.0	27.4	40.4	51.8	52.8	59.5	62.0	82.8	87.1	90.8	147.1

연도 (년)	강우지속기간별 고정시간 연최대강우량(mm)										
	10분	60분	2시간	3시간	4시간	6시간	9시간	12시간	18시간	24시간	48시간
1984	11.0	38.4	43.8	54.8	64.2	80.5	94.5	100.8	104.3	123.1	145.4
1985	18.1	47.0	74.2	89.2	91.9	97.8	116.7	122.2	149.7	189.0	241.6
1986	14.5	30.0	42.2	44.9	52.2	66.0	90.7	99.8	143.6	159.7	165.2
1987	12.5	34.0	63.2	87.2	104.9	126.9	142.2	148.2	155.0	166.7	181.0
1988	18.9	66.2	98.7	103.5	104.2	104.2	123.6	123.9	124.0	141.7	154.8
1989	23.0	57.2	94.7	141.4	183.2	219.4	243.6	276.3	331.7	379.1	430.7
1990	21.0	51.3	72.2	78.3	83.8	105.5	127.1	155.8	196.6	199.0	219.0
1991	19.7	38.4	54.4	67.5	77.1	96.7	126.1	148.5	151.5	151.9	172.0
1992	14.9	43.4	50.2	65.0	77.6	117.8	121.3	124.2	125.1	125.2	125.2
1993	14.2	48.6	70.3	81.7	87.3	101.5	142.7	143.0	144.2	173.2	198.1
1994	26.7	42.6	42.7	42.7	42.7	47.0	55.2	58.9	65.0	67.4	87.5
1995	12.8	37.7	61.5	66.9	75.9	78.9	80.1	80.5	80.6	80.6	91.6
1996	19.2	68.8	68.4	68.5	68.5	70.6	76.3	87.4	107.6	129.1	141.2
1997	21.6	70.3	95.4	103.0	117.9	138.1	145.1	157.8	191.5	217.3	245.4
1998	15.7	50.6	73.1	84.7	89.0	95.6	106.6	134.2	186.2	207.5	255.8
1999	15.3	34.3	48.7	53.0	56.6	70.4	77.7	83.3	95.0	105.1	135.6
2000	15.6	37.5	57.0	58.2	85.7	86.4	86.4	86.4	108.1	128.8	165.8
2001	11.5	40.0	47.5	69.0	79.5	90.5	103.1	107.1	110.6	130.6	138.2
2002	9.5	26.5	38.0	50.0	61.0	84.5	112.5	125.5	137.0	139.5	160.5
2003	20.0	50.0	73.5	78.0	84.5	94.5	96.0	99.5	119.0	139.5	163.8
2004	21.5	62.5	85.5	125.5	151.0	222.0	286.5	301.0	322.0	333.0	334.5
2005	21.0	51.0	51.5	52.5	65.0	69.5	71.0	78.5	88.0	116.5	153.3
2006	18.0	45.5	72.0	77.0	102.5	107.0	107.5	107.5	108.0	108.1	211.5
2007	14.0	36.5	41.5	55.0	64.5	89.0	105.5	121.0	136.0	138.5	178.5
2008	20.0	86.5	92.0	97.5	98.0	98.0	98.0	98.0	98.0	99.5	99.5
2009	18.0	70.0	94.0	117.0	123.5	138.0	180.0	191.5	195.0	196.0	207.0
2010	19.5	60.5	85.0	103.0	116.0	138.0	168.0	183.5	193.0	193.5	193.5
2011	14.0	51.5	61.0	66.0	69.5	73.0	93.0	93.0	93.0	93.0	145.8
2012	21.5	53.5	59.5	59.5	66.5	98.0	117.4	117.5	120.5	121.0	126.5
2013	12.5	42.5	49.0	65.0	84.0	100.0	115.5	139.0	174.5	218.0	222.5
2014	12.5	35.0	60.5	83.0	93.0	100.5	107.0	147.0	173.5	188.0	196.0
2015	21.0	42.9	42.9	42.9	42.9	42.9	48.5	53.5	59.0	61.5	67.9
2016	15.5	45.9	63.8	73.0	81.7	96.9	103.7	118.8	126.1	131.8	146.2

광주관측소의 지속기간에 대한 연최대강우량이 <표 5.2.1>에 주어져 있다. 이 자료를 구성하

(1) 자료의 원본의 예

156|1961|4|11|||35|9|18|32|16|23|31|24|12|11|13|11|8|15|33|35|26|4|1||||

(2) 원자료의 설명

관측소명 일자				강수량(0.1mm)																							
지점	년	월	일	01	02	03	04	05	06	07	08	09	10	11	12	13	14	15	16	17	18	19	20	21	22	23	24
156	1961	4	11	0	0	35	9	18	32	16	23	31	24	12	11	13	11	8	15	33	35	26	4	1	0	0	0

(3) RHMAX를 수행하기 위한 자료의 형태

19610411 0. 0. 35. 9. 18. 32. 16. 23. 31. 24. 12. 11. 13. 11. 8. 15. 33. 35. 26. 4. 1. 0. 0. 0.

(4) 파일명은 *.PRN으로 한다.

[그림 5.2.1] RHMAX의 입력자료 구성

기위해 실무에서 "RHMAX"라는 프로그램을 이용한다. 사용 방법에 대해 간단하게 설명하려고 한다. 기상청의 자료를 이용하는 경우에 통상적으로 시우량 자료를 관측소로부터 구한다. 이 파일은 ASCII형태이며 관측소의 고유번호를 포함하여 연・월・일에 해당하는 시우량으로 원자료와 이 자료에 대한 설명을 [그림 5.2.1] 나타냈다.

구성된 입력자료의 파일이름을 156.PRN, 수행된 출력 파일이름을 156.OUT라 하고 원하는 지속기간의 개수와 이에 대한 지속기간을 입력시켜서 수행하면 된다. 그 과정을 [그림 5.2.2]에 나타냈다. 그리고 수행된 결과의 예를 [그림 5.2.3]에 제시하였다.

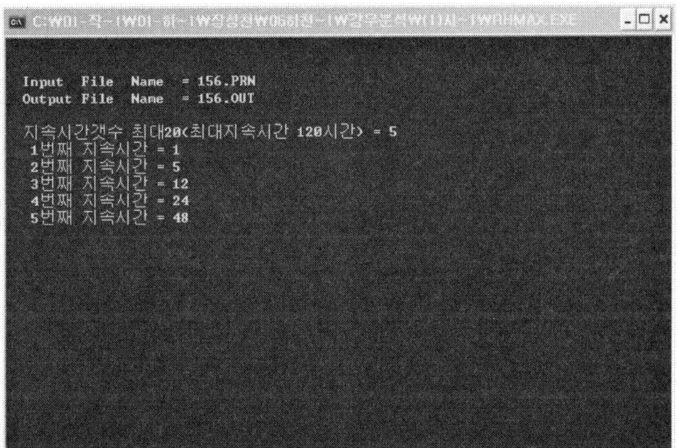

[그림 5.2.2] RHMAX 실행 방법

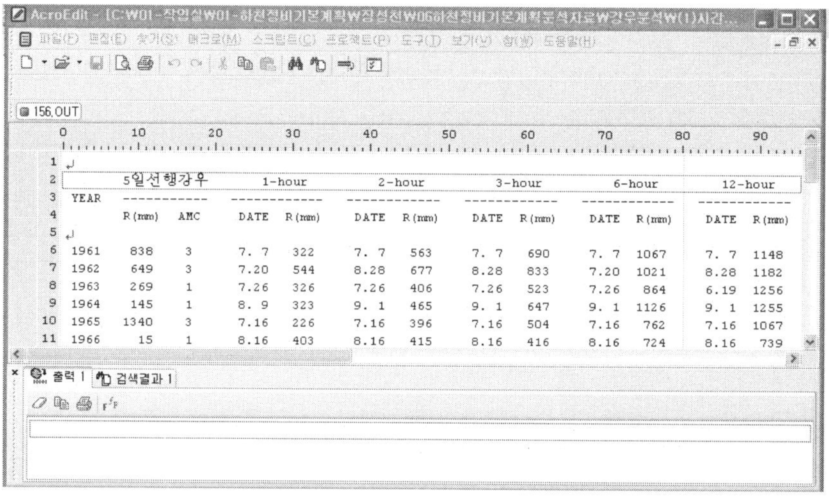

[그림 5.2.3] RHMAX 실행 결과

출력 결과의 일부를 보면 시우량 자료를 이용하여 지속기간이 1시간 이상에 대해 수행한 결과이다. 지속기간 10분의 최대강우량은 기상청에서 별도로 제공하기 때문에 그 자료를 이용하면 된다.

5.2.2 프로그램 : HYSIM을 이용한 강우강도식

(1) 준비물

① 프로그램

프로그램명	출처	자료해석	비고
HYSIM	율촌코퍼레이션	연최대강우량산정	

② 확률강우량 - 4장 프로그램 FARD2006 결과

지속기간(분) / 빈도(년)	10	60	120	180	240	360	540	720	900	1,080	1,440
10	22.2	64.1	84.2	98.4	112.1	133.7	156.0	166.4	175.1	182.1	193.3
20	24.4	72.7	95.4	111.7	127.8	153.1	179.3	190.4	199.8	207.6	219.9
30	25.6	77.6	101.9	119.3	136.8	164.2	192.7	204.2	213.9	222.2	235.1
50	27.2	83.8	110.0	128.9	148.0	178.1	209.5	221.5	231.7	240.5	254.2
80	28.7	89.4	117.4	137.7	158.3	190.8	224.8	237.3	247.9	257.2	271.7

지속기간(분) / 빈도(년)	10	60	120	180	240	360	540	720	900	1,080	1,440
100	29.4	92.1	120.9	141.9	163.2	196.9	232.1	244.8	255.6	265.2	280.0
150	30.6	97.0	127.2	149.4	172.1	207.8	245.3	258.4	269.5	279.6	295.0
200	31.5	100.4	131.7	154.7	178.4	215.6	254.6	268.0	279.4	289.8	305.6

(2) 『HYSIM』을 통한 강우강도식 산정

① 도구 → 강우강도(IDF)식 작성도구

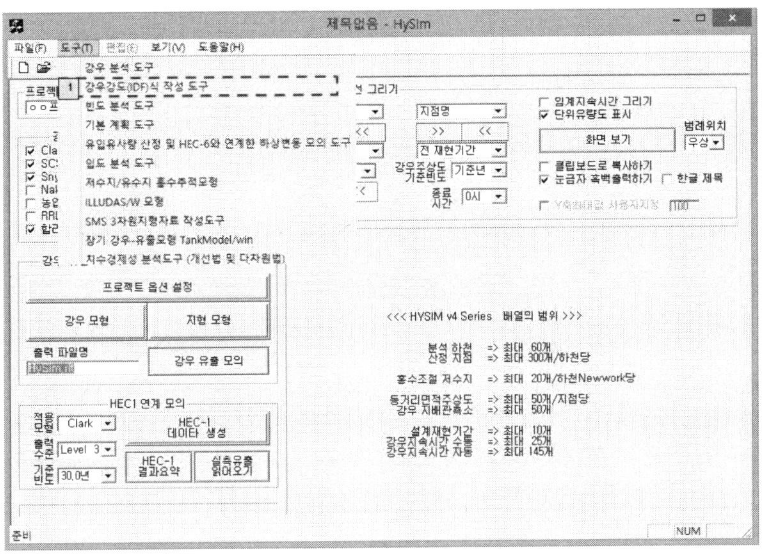

① 강우강도식 작성도구 탭

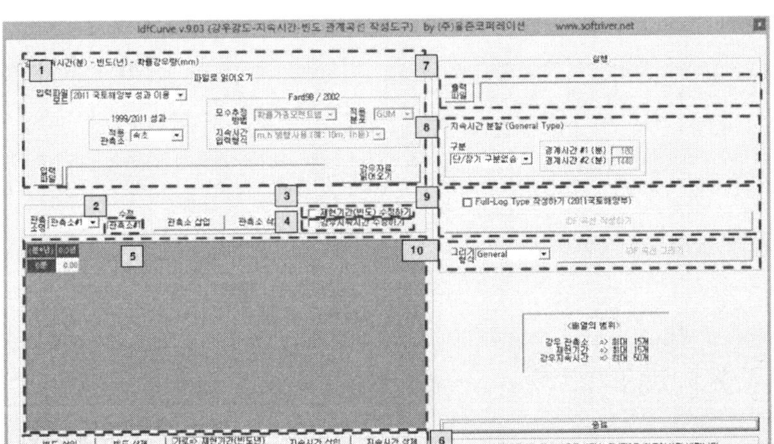

순서	명칭	설명
①	입력파일	입력파일모드 - 사용자 작성파일 이용 입력파일 - 하이심 기본제공(IDF자료) 강우자료 읽어오기
②	관측소명	해당 관측소 명칭 입력
③	재현기간(빈도) 수정하기	∨시 빈도 테이블 수를 수정 할 수 있다.
④	강우지속기간 수정하기	∨시 지속기간 테이블 수를 수정 할 수 있다.
⑤	지속기간-확률강우량 입력	테이블의 수를 정하여 확률강우량 입력
⑥	테이블 수 수정	테이블을 삭제 및 삽입할 수 잇다.
⑦	출력파일	텍스트 파일 형식의 아웃 파일을 추출(저장위치 지정)
⑧	지속시간 분할	강우강도식의 지속기간을 분할 할 위치 지정 본 예시는 전 기간으로 분석 함.
⑨	Full-Log 작성하기	전대수 다항식 산정 여부(∨시 산정)
⑩	그리기 형식	IDF그래프 도식

② 결과파일(.rlt)

1.d 강우강도-지속시간-빈도 관계식 및 관계식에 의한 강우강도(mm/hr) - Full-Log Type(2011)

빈도	a	b	c	d	e	f	g	결정계수	10분	60분	120분	180분	240분	360분	540분	720분	900분	1080분	1440분
10년	4.16084	-0.56853	-0.12322	0.09142	0.00972	-0.02176	0.00398	0.99999	133.20	64.13	41.98	32.95	28.00	22.26	17.24	13.98	11.69	10.06	8.07
20년	4.28677	-0.57064	-0.13001	0.10290	0.00929	-0.02401	0.00445	0.99999	146.40	72.73	47.55	37.42	31.91	25.50	19.79	16.01	13.35	11.46	9.18
30년	4.35203	-0.56573	-0.14151	0.11025	0.01108	-0.02617	0.00483	0.99999	153.60	77.64	50.78	39.99	34.15	27.35	21.25	17.18	14.30	12.25	9.81
50년	4.42890	-0.56335	-0.15072	0.11748	0.01228	-0.02809	0.00517	0.99999	163.20	83.84	54.82	43.20	36.95	29.68	23.09	18.64	15.49	13.26	10.61
80년	4.49358	-0.56077	-0.15687	0.12231	0.01310	-0.02942	0.00541	0.99999	172.20	89.44	58.51	46.15	39.52	31.80	24.76	19.98	16.58	14.17	11.34
100년	4.52334	-0.56231	-0.15625	0.12385	0.01257	-0.02955	0.00546	0.99999	176.40	92.14	60.25	47.55	40.75	32.82	25.56	20.62	17.10	14.61	11.69
150년	4.57518	-0.56540	-0.15568	0.12701	0.01165	-0.02985	0.00555	0.99999	183.60	97.05	63.39	50.07	42.96	34.65	27.00	21.76	18.04	15.40	12.32
200년	4.60965	-0.56507	-0.15708	0.12892	0.01167	-0.03027	0.00563	0.99999	189.00	100.45	65.62	51.87	44.52	35.95	28.02	22.58	18.70	15.96	12.76

(3) 결과

① 빈도 - 지속기간별 - 강우강도(mm/hr)

빈도(년) \ 지속기간(분)	10	60	120	180	240	360	540	720	900	1,080	1,440
10	133.2	64.1	42.1	32.8	28.0	22.3	17.3	13.9	11.7	10.1	8.1
20	146.4	72.7	47.7	37.2	32.0	25.5	19.9	15.9	13.3	11.5	9.2
30	153.6	77.6	51.0	39.8	34.2	27.4	21.4	17.0	14.3	12.3	9.8
50	163.2	83.8	55.0	43.0	37.0	29.7	23.3	18.5	15.4	13.4	10.6
80	172.2	89.4	58.7	45.9	39.6	31.8	25.0	19.8	16.5	14.3	11.3
100	176.4	92.1	60.5	47.3	40.8	32.8	25.8	20.4	17.0	14.7	11.7
150	183.6	97.0	63.6	49.8	43.0	34.6	27.3	21.5	18.0	15.5	12.3
200	189.0	100.4	65.9	51.6	44.6	35.9	28.3	22.3	18.6	16.1	12.7

② 빈도별 강우강도식 산정(전대수 다항식)

빈도	a	b	c	d	e	f	g	결정계수
10년	4.16084	−0.56853	−0.12322	0.09142	0.00972	−0.02176	0.00398	0.99999
20년	4.28677	−0.57064	−0.13001	0.10290	0.00929	−0.02401	0.00445	0.99999
30년	4.35203	−0.56573	−0.14151	0.11025	0.01108	−0.02617	0.00483	0.99999
50년	4.42890	−0.56335	−0.15072	0.11748	0.01228	−0.02809	0.00517	0.99999
80년	4.49358	−0.56077	−0.15687	0.12231	0.01310	−0.02942	0.00541	0.99999
100년	4.52334	−0.56231	−0.15625	0.12385	0.01257	−0.02955	0.00546	0.99999
150년	4.57518	−0.56540	−0.15568	0.12701	0.01165	−0.02985	0.00555	0.99999
200년	4.60965	−0.56507	−0.15708	0.12892	0.01167	−0.03027	0.00563	0.99999

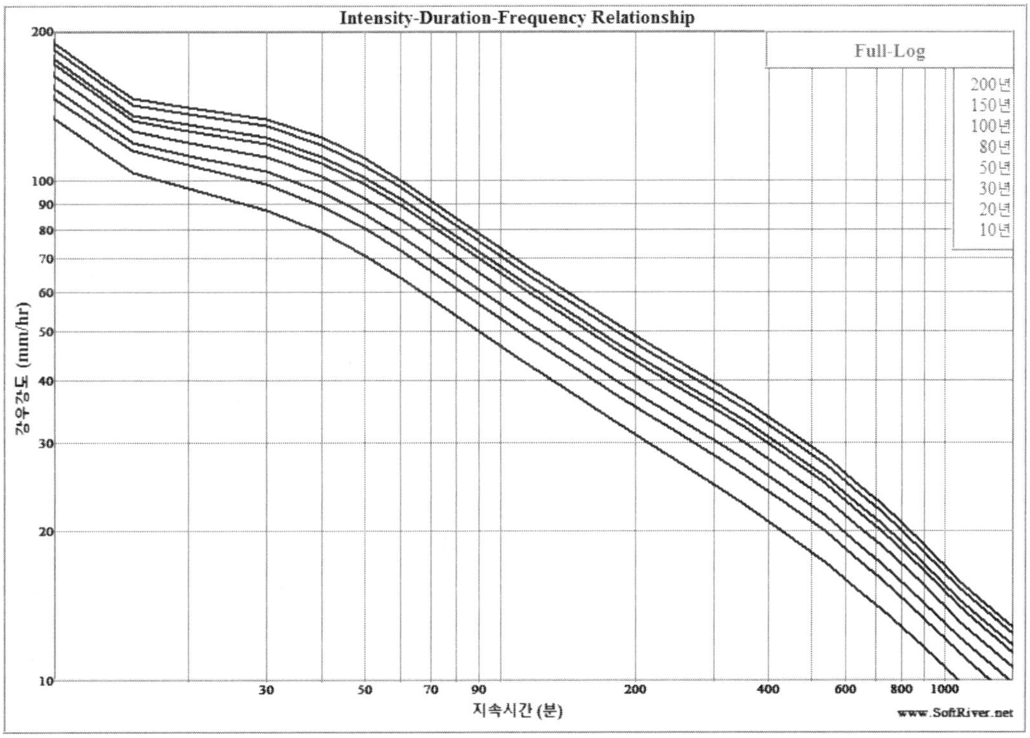

③ 빈도별 강우강도식 산정(General 형)

빈도	a	b	n	결정계수
10년	2,659.06	14.59	0.79	0.9960
20년	3,208.13	16.54	0.80	0.9957
30년	3,539.20	17.67	0.80	0.9955
50년	3,939.49	18.76	0.81	0.9954
80년	4,353.79	19.93	0.81	0.9951
100년	4,583.06	20.64	0.81	0.9948
150년	4,986.42	21.83	0.82	0.9946
200년	5,264.49	22.54	0.82	0.9943

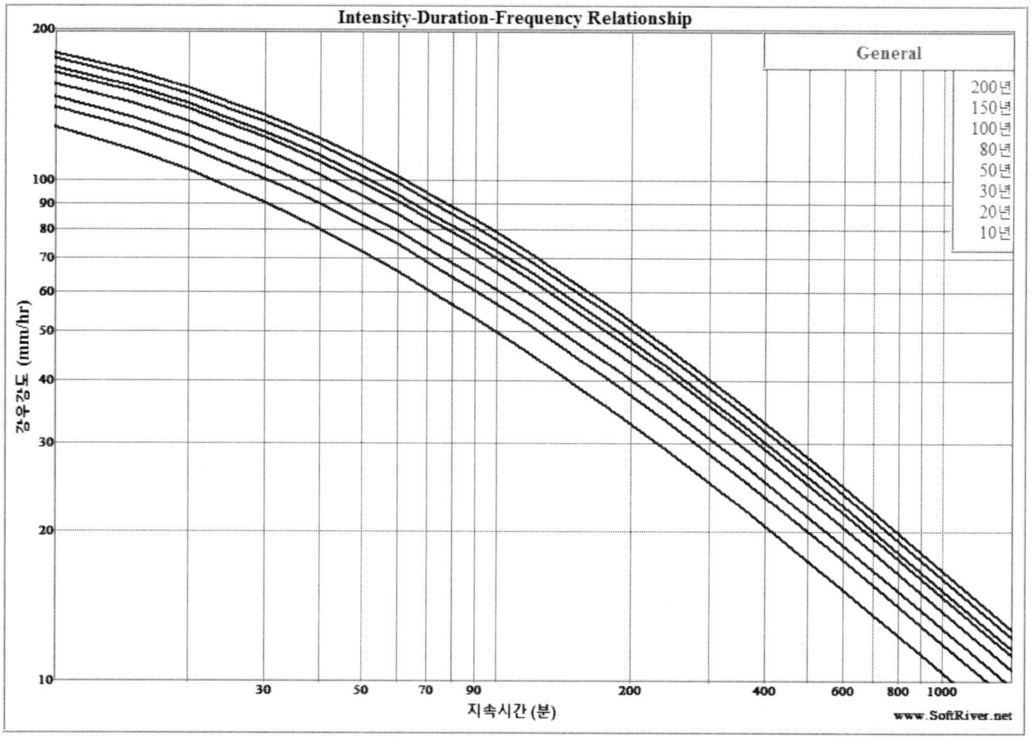

④ 빈도별 강우강도식 산정(Talbot 형)

빈도	a	b	n	결정계수
10년	10,373.55	80.44	1.00	0.9498
20년	11,945.92	84.58	1.00	0.9512
30년	12,857.69	86.89	1.00	0.9522
50년	13,992.29	89.11	1.00	0.9531
80년	15,025.38	90.77	1.00	0.9536
100년	15,520.04	91.56	1.00	0.9539
150년	16,421.65	93.11	1.00	0.9547
200년	17,054.14	93.97	1.00	0.9550

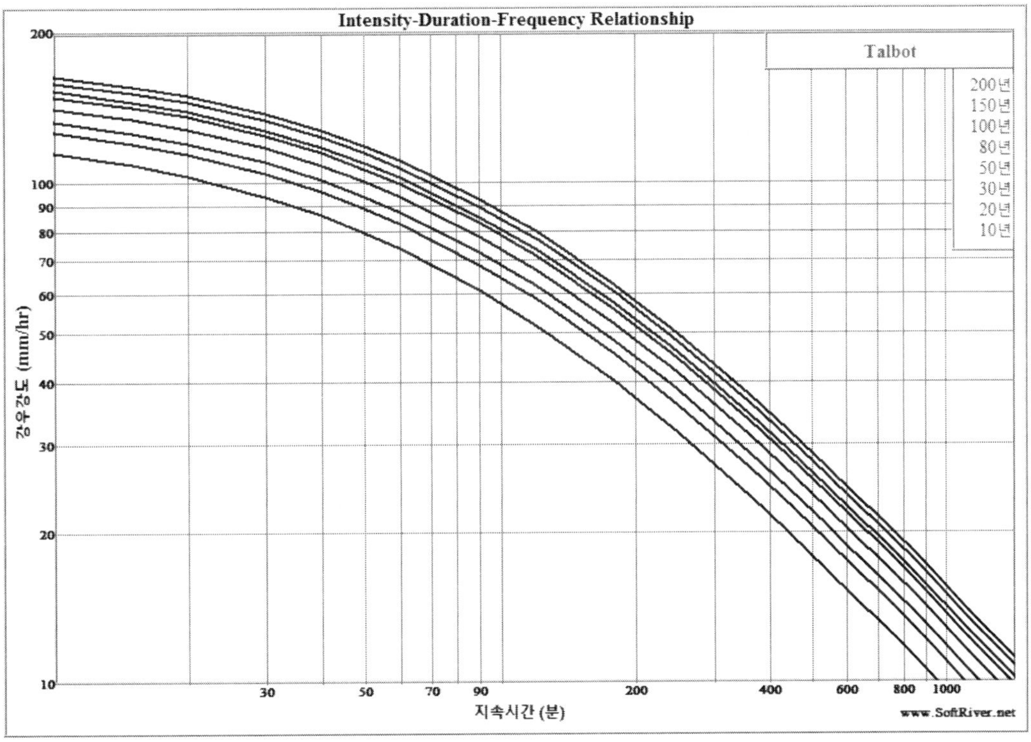

⑤ 빈도별 강우강도식 산정(Sherman 형)

빈도	a	b	n	결정계수
10년	601.03	0.00	0.57	0.9315
20년	658.00	0.00	0.57	0.9216
30년	689.26	0.00	0.56	0.9156
50년	731.01	0.00	0.56	0.9100
80년	769.99	0.00	0.56	0.9059
100년	788.325	0.00	0.56	0.9038
150년	819.8047	0.00	0.55	0.8994
200년	843.1779	0.00	0.55	0.8972

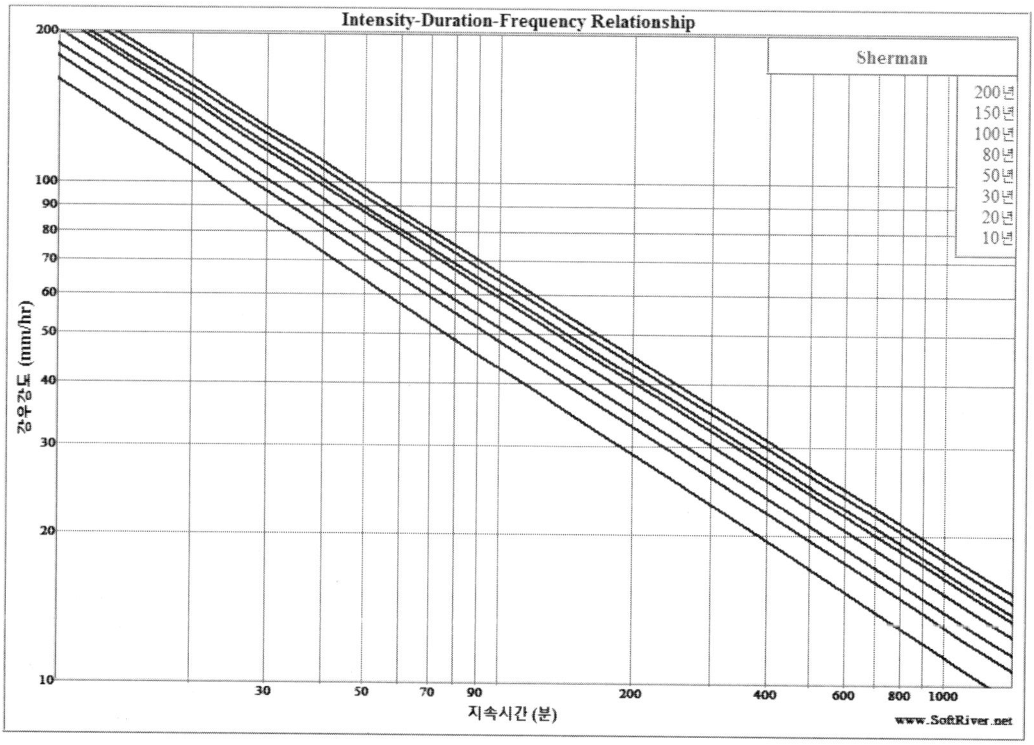

⑥ 빈도별 강우강도식 산정(Japanese 형)

빈도	a	b	n	결정계수
10년	601.03	0.00	0.57	0.9315
20년	658.00	0.00	0.57	0.9216
30년	689.26	0.00	0.56	0.9156
50년	731.01	0.00	0.56	0.9100
80년	769.99	0.00	0.56	0.9059
100년	788.325	0.00	0.56	0.9038
150년	819.8047	0.00	0.55	0.8994
200년	843.1779	0.00	0.55	0.8972

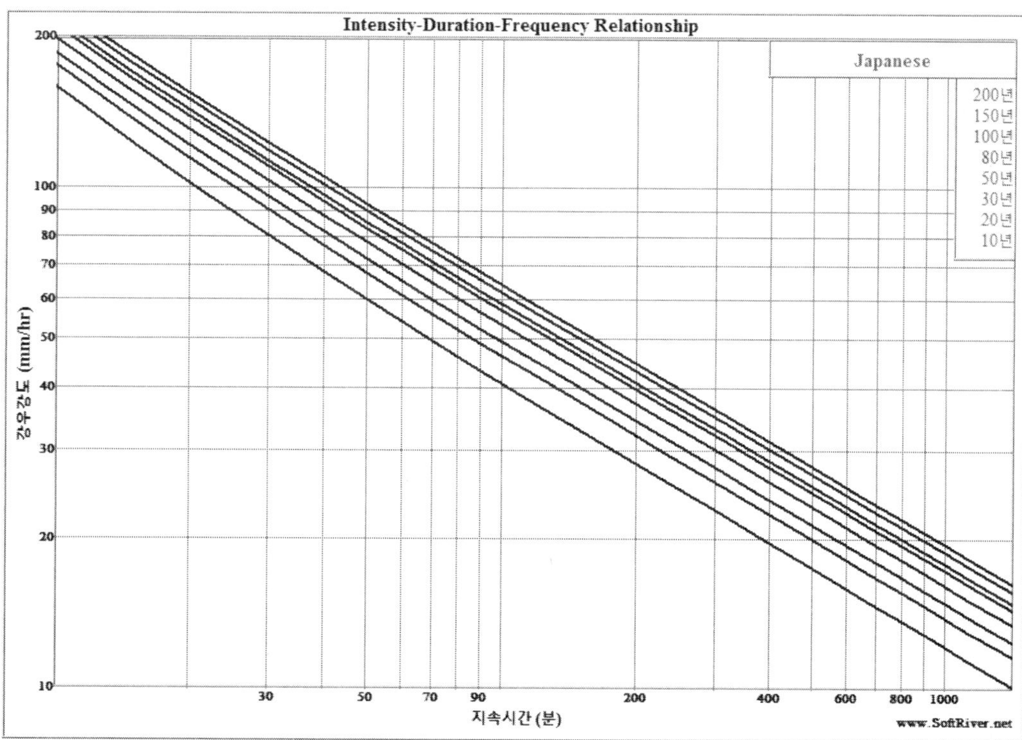

⑦ 빈도별 강우강도식 산정(Semi-Log 형)

빈도	a	b	n	결정계수
10년	168.39	−54.83	0.00	0.9071
20년	186.49	−60.48	0.00	0.9149
30년	196.51	−63.59	0.00	0.9192
50년	209.64	−67.70	0.00	0.9231
80년	221.83	−71.52	0.00	0.9259
100년	227.5672	−73.32	0.00	0.9272
150년	237.5655	−76.42	0.00	0.9298
200년	244.9029	−78.72	0.00	0.9311

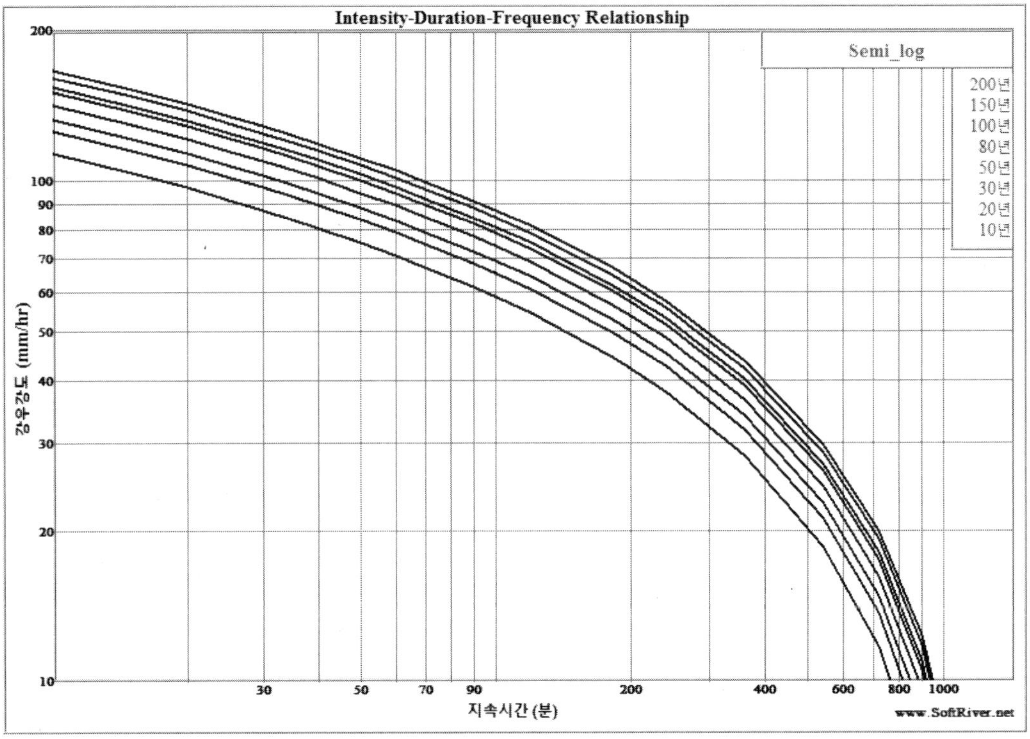

5.3 강우분포

강우는 공간적으로 불균일하기 때문에 이를 보정하기 위해 지점강우량을 면적강우량으로 환산하는 방법에 대해 기술하였다. 또한 확률강우량은 시간적으로도 불균일하기 때문에 결정된 확률강우량을 인위적으로 분포시켜 적용하여야 한다. 그러나 강우의 시간분포는 설계홍수량 수문곡선과 첨두홍수량에 큰 영향을 주기 때문에 신중하게 적용되어야 한다. 다시 말하면 대상유역의 강우분포 양상을 파악하여 적용시켜야 하기 때문에 과거의 강우 자료로부터 강우지속기간 동안에 총강우량이 시간에 따라 어떻게 분포되었는가를 통계학적으로 분석하여야 한다. 하천설계에서는 치수적인 측면에서 안정 설계가 이루어지기 위해서는 최악의 가능한 호우 양상 또는 관측된 호우분포 양상에 근거를 두어야 한다.

우리나라의 경우는 강우 자료의 부족으로 통계적인 방법에 의해 직접 시간분포 모형을 파악하기가 쉽지 않다. 강우량을 시간에 따라 분포시키는 방법으로 Mononobe 방법, Huff의 방법, 삼각형 우량주상도법, 교호블록법, 순간강우강도법 등이 있다. 이런 방법들 중에서 Huff 방법을 주로 채택하여 사용되고 있으며 Mononobe 방법도 종종 사용되고 있다. 강우 분포를 위한 이런 방법 등이 실제 강우량을 재현하지 못하기 때문에 많은 문제점을 가지고 있으며 각 방법에 따라 홍수량에도 차이가 많아서 적절한 채택기준도 없는 실정이다.

5.3.1 Huff 방법

Huff(1967)에 의해 제시된 방법으로 미국 일리노이주의 강우기록을 통계학적으로 분석하여 강우의 시간분포를 나타내는 무차원곡선으로부터 강우를 분포시키는 방법이다.

실제 강우기록의 누가우량곡선을 4등분하여 최대치가 처음 1/4구간에 있으면 1분위 호우, 2/4구간에 있으면 2분위 호우, 3/4구간에 있으면 3분위 호우, 4/4구간에 있으면 4분위 호우로 구분한다. 4가지 분위로 분류한 다음에 각 분위에 속한 개개의 강우를 지속기간과 총강우량으로 무차원화하기 위해 각 지속기간과 이에 해당되는 누가우량을 총지속기간과 총강우량으로 나누어 나타내며 통상적으로 지속기간은 10개의 간격으로 한다.

$$t = \frac{T_d}{N} \tag{5.3.1}$$

$$X_i = \frac{t \times i}{T_d} \times 100\%,\ i = 1, 2, 3, \cdot \cdot \cdot, N \tag{5.3.2}$$

$$Y_i = \frac{p_i}{P} \times 100\%,\ i = 1, 2, 3, \cdot \cdot \cdot, N \tag{5.3.3}$$

여기서 N은 지속기간의 구간수(통상 10개), T_d는 총강우지속기간(분), t는 단위시간(분), X_i는 구간 i에서 강우지속시간비(%), P는 지속기간 T_d의 총강우량(mm), p_i는 구간 i까지의 누가우량(mm), Y_i는 구간 i에서 누가강우량비(%)이다.

각 분위별로 총 강우시간을 100%로 하여 10개 구간으로 나누어 총 강우의 10%에 해당되는 시간구간이 강우를 총강우량 비(%)로 나타낸다. 예를 들어 1분위 강우에 대해 발생 초과확률을 10-90%인 9가지 형태의 무차원 유량주상도를 작성할 수 있다. 각 분위별로 발생확률 10-90%의 9가지 형태가 존재하는데 첨두강우가 해당 분위의 중심에 위치하는 50%를 주로 선택하여 산정한다. 국토교통부(2000)에서 전국 주요지점에 대해 강우분석을 하여 Huff의 분위별 누가강우량을 산정하였으며 초과확률 50%에 해당하는 누가강우량의 예를 <표 5.3.1>과 [그림 5.3.1]에 나타냈다.

〈표 5.3.1〉 각 분위별 발생확률 50%에 해당하는 누가우량(정읍관측소)

구분		지속기간(%)										
		0	10	20	30	40	50	60	70	80	90	100
누가강우량 (%)	1분위	0.0	22.4	45.3	60.7	70.6	75.0	82.0	85.3	91.7	95.7	100.0
	2분위	0.0	5.4	13.5	28.6	47.6	67.5	78.1	87.0	91.9	96.7	100.0
	3분위	0.0	4.5	9.5	15.6	22.6	34.7	53.5	75.3	89.8	95.9	100.0
	4분위	0.0	8.0	16.6	22.2	26.7	31.2	34.7	40.7	58.1	80.0	100.0

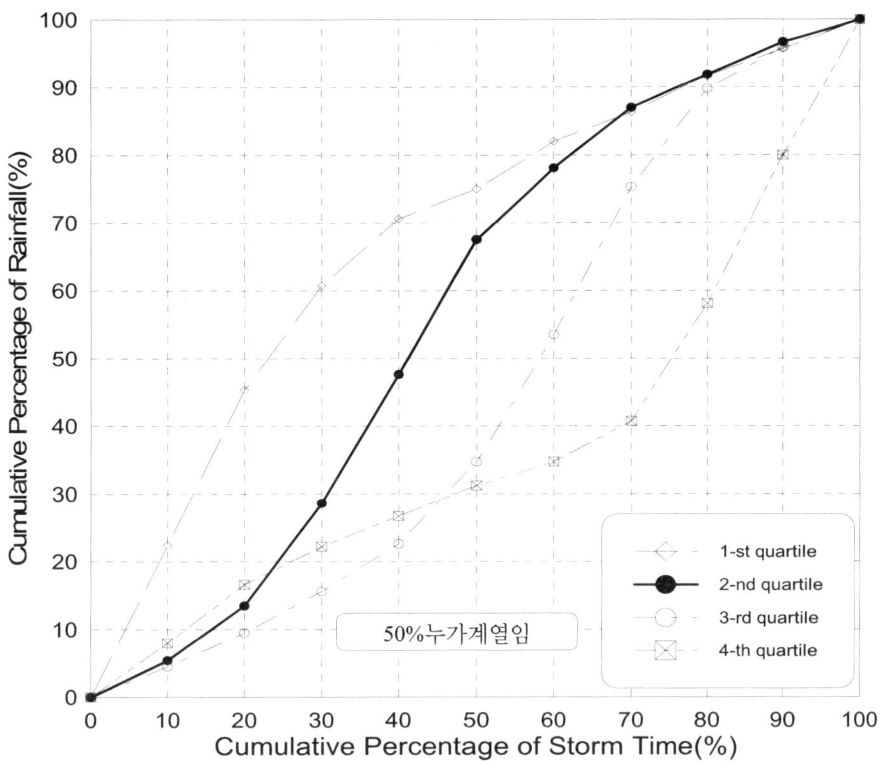

[그림 5.3.1] Huff 분포의 무차원 누가곡선(발생확률 50%, 정읍관측소)

무차원곡선이 채택되면 이 곡선을 이용하여 계산 시간간격 크기로 구간별 강우량을 산정하게 된다. [그림 5.3.1]과 같이 10% 간격으로 작성되어 있기 때문에 그 사이의 값은 보간 방법에 의해 산정하여 구할 수 있다. 지속기간(%)에 대한 누가강우량(%)을 다음과 같은 일반적인 회귀 방정식을 이용하여 산정할 수 있다.

$$Y = \sum_{k=0}^{n} C_k X^k \tag{5.3.4}$$

식 (5.3.4)는 누가강우량의 비를 의미하기 때문에 각 지속기간 구간 i에 대한 누가우량(%)은 식 (5.3.5)에 의해 계산한 다음에 우량 주상도의 종거는 식 (5.3.5)의 값에 총강우량을 곱하여 산정한다.

$$R(i) = Y(i) - Y(i-1) \tag{5.3.5}$$

$$HR(i) = R(I) \times TR \tag{5.3.6}$$

여기서 $R(i)$는 i시간 구간에서 우량(%), $Y(i)$는 i시간 구간까지의 누가강우(%), $Y(i-1)$은 $i-1$시간 구간까지의 누가강우(%), $HR(i)$는 i시간 구간에서 강우량, TR은 총 강우량(mm)이다.

[예제 5.3.1] 정읍관측소의 강우빈도해석을 수행한 결과, 재현기간 100년, 지속기간이 2시간인 확률강우량이 113.3mm이다. Huff 방법을 이용하여 우량주상도를 결정하여라. 정읍지역의 강우분포는 2분위가 적절한 것으로 가정하고 확률 50%의 누가확률곡선을 이용하여라.

풀이

지속기간은 10개 구간으로 나누어 작성한다. 지속기간(%)에 대한 누가우량(%)은 <표 5.3.1>에 주어져 있기 때문에 그 값을 이용한다.

지속기간(%)	10	20	30	40	50	60	70	80	90	100
누가우량(%)	5.4	13.5	28.6	47.6	67.5	78.1	87.0	91.9	96.7	100.0
구간우량(%)	5.4	8.1	15.1	19.0	19.9	10.6	8.9	4.9	4.8	3.3
지속기간(min)	12	24	36	48	60	72	84	96	108	120
강우량(mm)	6.1	9.2	17.1	21.5	22.5	12.0	10.0	5.6	5.4	3.7

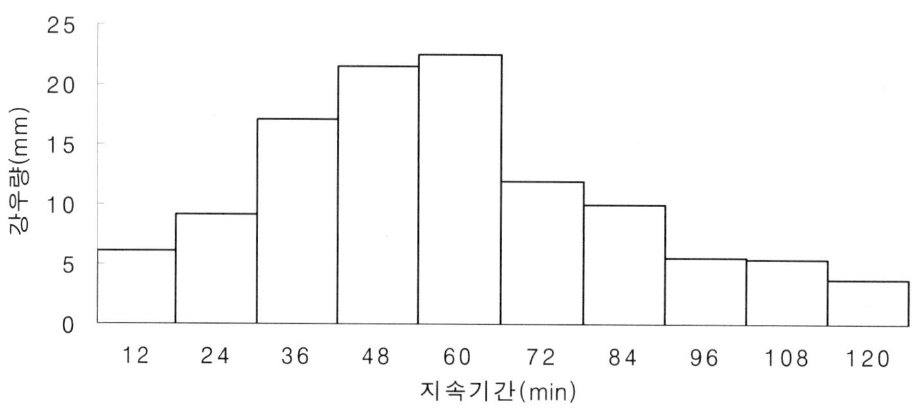

[그림 예제 5.3.1]의 우량주상도

5.3.2 Mononobe 방법

이 방법은 설계강우량에 시간구간을 곱하여 강우량을 시간별로 분포시키는 것으로 다음 식에 의해 분포시킨다.

$$R_t = \frac{R_T}{T}\left(\frac{T}{t}\right)^n \times t \tag{5.3.7}$$

여기서 R_t는 강우시작부터 t시간까지의 누가우량(mm)이며, T는 강우지속기간으로 실무에서 24시간을 사용하다. 그리고 R_T는 강우지속기간의 총강우량(mm)이며 n은 상수이며 통상적으로 2/3값을 이용하고 있으나 지역적 특성이 반영되어 있지 않다. 이를 보완하기 위해 관측소의 특정 재현기간의 1시간 확률강우량과 24시간 확률강우량에 의해 다음 식에 의해 산정하여 적용한다.

$$n = \frac{\ln(24R_1/R_{24})}{\ln 24} \tag{5.3.8}$$

이 n값에 대해 농업기반공사에서는 지역별로 <표 5.3.2>와 같이 제시하고 있다.

식 (5.3.7)에 의해 누가강우량의 분포가 계산되면 시간간격 크기로 구간별 강우량을 산정한 후에 이를 전진형(advanced type), 중앙집중형(centered type), 지연형(delayed type) 중에서 해당 유역의 강우분포양상과 비슷한 형을 선택하여 시간별 강우량을 분포시킨다. 예를 들어 중앙집중형인 경우에는 가장 큰 강우량을 중심에 배치하고 이를 중심으로 좌측과 우측을 번갈아 가면서 순서대로 배치한다.

〈표 5.3.2〉 지역별 Mononobe 공식의 n값

지역	n값	지 역	n값	지 역	n값	지 역	n값
강릉	0.5008	수원	0.5997	익산	0.4804	여수	0.5304
춘천	0.5764	대전	0.5486	대구	0.5570	진주	0.5788
속초	0.4922	서산	0.5772	추풍령	0.5272	제주	0.5407
서울	0.5917	전주	0.6002	광주	0.5563	서귀포	0.4953
인천	0.5863	군산	0.5441	목포	0.5186		

[예제 5.3.2] 재현기간이 100년이고 지속시간이 24시간인 광주지역의 확률강우량이 347.9mm 이다. 광주지역의 한 유역에 하천설계를 위해 설계유량주상도를 Mononobe 방법의 전진형, 중앙집중형, 지연형을 결정하여라. 단, 시간 간격은 2시간으로 하여라.

풀이

Mononobe 공식을 이용하여 24시간 확률강우량을 2시간 단위로 누가우량을 구하기 위해 식 (5.3.7)을 이용하고 이 때 n은 <표 5.3.2>에서 광주지역의 0.5563을 적용한다.

시간간격을 2시간으로 하여 누가우량을 계산하여 표의 (2)란에 작성한다. 구간별 강우량은 (2)란의 값을 이용한다. 즉, 다음 단계의 누가강우량에서 전단계의 누가강우량을 제하여 결정한다. 이 값들을 전진형, 중앙집중형, 지연형으로 배치하여 우량주상도를 결정한다.

$$R_t = \frac{R_T}{T}\left(\frac{T}{t}\right)^n \times t = \frac{347.9}{24}\left(\frac{24}{2}\right)^{0.5563} \times 2 = 115.5\,\text{mm}$$

〈표 예제 5.3.2〉의 계산표

시간(hr) (1)	누가강우량(mm) (2)	구간별강우량(mm) (3)	전진형(mm) (4)	중앙집중형 (5)	지연형 (6)
0	0				
2	115.5	115.5	115.5	13.8	13.2
4	157.4	41.9	41.9	15.6	13.8
6	188.1	30.7	30.7	18.1	14.7
8	213.7	25.6	25.6	22.2	15.6
10	235.9	22.2	22.2	30.7	16.7
12	255.8	19.9	19.9	115.5	18.1
14	273.9	18.1	18.1	41.9	19.9
16	290.6	16.7	16.7	25.6	22.2
18	306.2	15.6	15.6	19.9	25.6
20	320.9	14.7	14.7	16.7	30.7
22	334.7	13.8	13.8	14.7	41.9
24	347.9	13.2	13.2	13.2	115.5

5.3.3 교호블록 방법

이 방법은 강우의 분포를 구성하기 위해 IDF곡선을 이용한다. 우량주상도는 총 지속기간 $T_d(=n\Delta t)$동안에 시간구간 Δt를 가진 n개의 강우량을 나타낸다. 필요한 재현기간에 대해 IDF곡선으로부터 각 지속시간 Δt, $2\Delta t$, $3\Delta t$,...,에 대해 강우강도를 구하여 지속시간을 곱하면 지속시간에 대한 누가강우량을 얻는다. 임의의 지속기간에 대한 누가우량으로부터 전시간 단계의 누가강우량을 제하면 각 Δt시간의 강우량을 구할 수 있다. Δt시간에 대한 강우량 n개를 구하여 지속기간 T_d의 중앙에 최대강우량을 위치시키고 그 다음 크기 순서대로 오른쪽과 왼쪽을 번갈아 가면서 배치시켜서 우량주상도를 구성한다.

[예제 5.3.3] 재현기간과 지속기간에 따른 광주지역의 강우강도식이 다음과 같을 때 재현기간 50년, 지속기간 2시간인 우량주상도를 10분 간격으로 구성하여라.

$$I(T,t) = \frac{720.88 + 21.33 log_{10} T}{t^{0.564} + 0.876}$$

풀이

주어진 식에서 T는 50년이고, t는 2시간이다. 이 식을 이용하여 지속시간 10분 간격으로 강우강도를 구한다(2란). 강우강도에 지속시간을 곱하여 누가강우량을 구하고(3란), 시간별 강우를 구한다(4란). 4란에 구한 10분 간격 강우량에서 가장 큰 것을 가운데에 위치시키고 큰 순서대로 오른쪽(아래)과 왼쪽(위)으로 번갈아 가면서 배치시킨다.

〈표 예제 5.3.3〉의 계산 결과

지속시간(min) (1)	강우강도(mm/hr) (2)	누가강우량 (mm) (3)	시간별 강우량(mm) (4)	우량주상도(mm) (5)
10	166.8	27.8	27.8	4.0
20	120.3	40.1	12.3	4.7
30	98.5	49.3	9.2	5.4
40	85.2	56.8	7.5	6.5
50	76.0	63.3	6.5	9.2
60	69.2	69.2	5.9	27.8
70	63.9	74.6	5.4	12.3
80	59.5	79.3	4.7	7.5
90	56.0	84.0	4.7	5.9
100	52.9	88.2	4.2	4.7
110	50.3	92.2	4.0	4.2
120	48.0	96.0	3.8	3.8

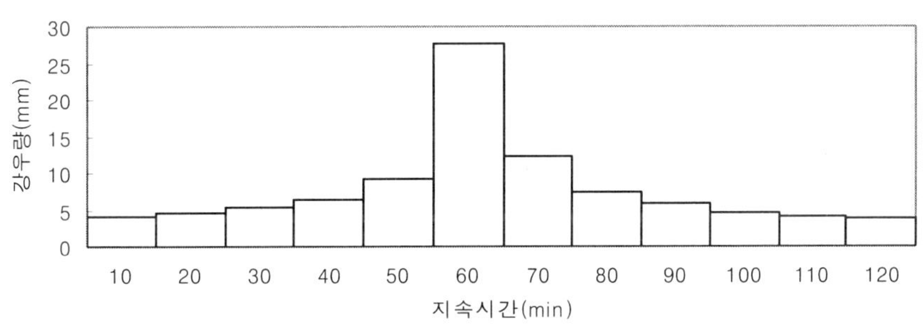

[그림 예제 5.3.3]의 우량주상도

5.3.4 Yen and Chow 방법

Yen and Chow(1977)는 모멘트를 이용한 통계학적 분석방법으로 호우의 시간적분포를 삼각형과 사다리꼴 형태의 우량주상도로 단순하게 제안하였다. 호우는 무강우가 없는 연속강우로 가정하였다.

강우의 시점부터 종점까지의 시간을 t_a라 하고 호우의 총강우량은,

$$D = \sum_{j=1}^{n} d_j \tag{5.3.9}$$

여기서 d_j는 j번째 시간구간의 강우 깊이이고, n은 호우의 시간 구간 수이다. 이 때 호우의 평균강우강도는 $I = D/t_a$이며 단위는 mm/hr이다.

강우의 일반적인 형태의 우량주상도([그림 5.3.2])로부터 평균강우 깊이 $\bar{d}$는 다음과 같다.

$$\bar{d} = \frac{1}{n}\sum_{j=1}^{n} d_j = \frac{D}{n} \tag{5.3.10}$$

호우의 시작점을 중심으로 우량주상도의 1차 모멘트 $\bar{t}$는 다음과 같다.

$$\bar{t} = \frac{\Delta t\left[\sum_{j=1}^{n}(j-0.5)d_j\right]}{D} \tag{5.3.11}$$

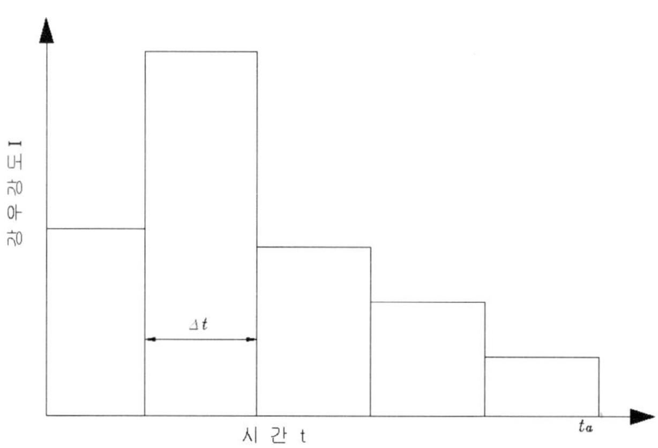

[그림 5.3.2] 임의의 우량주상도

그리고 2차모멘트 G는 다음과 같다.

$$G=(t)^2=\frac{(\Delta t)^2[\sum_{j=1}^{n}(j-0.5)d_j+\frac{1}{12}D]}{D} \tag{5.3.12}$$

G의 단위는 hr이며 강우의 시간분포를 수식화하기 위해 강우깊이 D와 지속기간 t_a를 무차원 변수로 사용하여 우량주상도를 무차원화시킬 수 있다. 무차원 강우깊이 $d_j^0=d_j/D$가 되며 윗첨자 0은 무차원을 의미한다. 무차원화하면 $D^0=\sum_{j=1}^{n}d_j=1$, $t_a^0=1$이다. 그러므로 무차원 평균 강우강도 $I^0=D^0/t_a^0=1$이 된다. 동시에 무차원 평균 깊이는 다음과 같다.

$$\overline{d^0}=\sum_{j=1}^{n}\frac{d_j^0}{n}=\frac{1}{n} \tag{5.3.13}$$

무차원 우량주상도의 1차와 2차 모멘트는 다음과 같다.

$$\overline{t^0}=\frac{\bar{t}}{t_a} \tag{5.3.14}$$

$$G^0=\frac{G}{t_a^2} \tag{5.3.15}$$

강우 자료를 이용하여 식 (5.3.10)에서 (5.3.15)까지의 변수값을 계산할 수 있다. 강우분포형상을 삼각형으로 가정하고 삼각형의 기하학적 변수([그림 5.3.3]참조)와 강우의 지속기간, 강우 평균깊이, 우량주상도의 1차 모멘트와의 관계를 보면 다음과 같다.

$$t_a=a+b \tag{5.3.16}$$

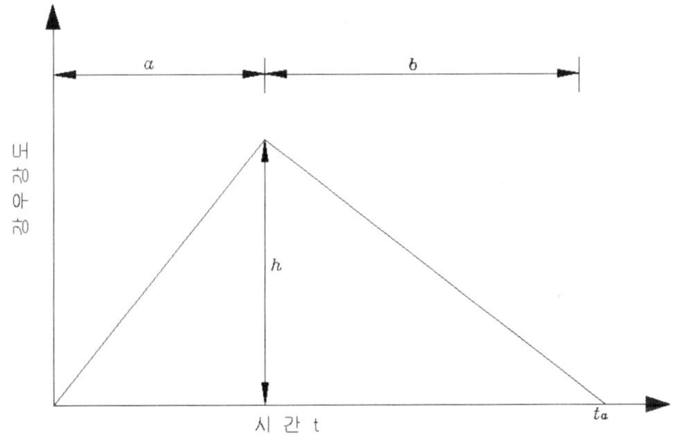

[그림 5.3.3] 삼각형 우량주상도

$$\bar{d} = \frac{h\Delta t}{2} \tag{5.3.17}$$

$$\bar{t} = \frac{t_a + a}{3} \tag{5.3.18}$$

여기서 a, b, h는 삼각형의 기학적 변수이고 이들 변수를 우량주상도 특성변수로 나타내면 다음과 같다.

$$a = 3\bar{t} - t_a \tag{5.3.19a}$$

$$b = 2t_a - 3\bar{t} \tag{5.3.19b}$$

$$h = \frac{2D}{t_a} = 2I \tag{5.3.19c}$$

이들 변수에 대해 무차원화 하면 다음과 같다.

$$a^0 = \frac{a}{t_a} = 3t^0 - 1 \tag{5.3.20a}$$

$$b^0 = \frac{b}{t_a} = 2 - 3t^0 \tag{5.3.20b}$$

$$h^0 = \frac{h}{D/t_a} = 2 \tag{5.3.20c}$$

강우분포형상을 사다리꼴형으로 가정하고 사다리꼴의 기하학적 변수([그림 5.3.4] 참조)와 강우의 지속기간, 강우 평균깊이, 우량주상도의 1차와 2차 모멘트와의 관계를 보면 다음과 같다.

$$t = a + b + c \tag{5.3.21}$$

$$\bar{d} = \frac{h}{2n}(t_a + c) \tag{5.3.22}$$

$$\bar{t} = \frac{t_a(t_a + a + c) + c(2a + c)}{3(t_a + c)} \tag{5.3.23}$$

$$G = \frac{t_a^3 + (a+c)t_a^2 + (a+c)^2(t_a + c) + ac(2a + c)}{6(t_a + c)} \tag{5.3.24}$$

기학학적변수 a, b, c,는 식 (5.3.21), (5.3.24)에 의해 풀 수 있으며 h는 [그림 5.3.4]에서 구할 수 있다.

$$h = \frac{2D}{(t_a + c)} \tag{5.3.25}$$

기학적변수를 무차원화하여 나타내면 다음과 같다.

$$a^0 = \frac{a}{t_a} \tag{5.3.26a}$$

$$b^0 = \frac{b}{t_a} \tag{5.3.26b}$$

$$c^0 = \frac{c}{t_a} \tag{5.3.26c}$$

$$h^0 = \frac{2}{1 + c^0} \tag{5.3.26d}$$

여기서 a^0, b^0, c^0, h^0를 강우분포형상에 관계없이 무차원 특성변수라 한다.

Yen and Chow 방법에서 평균강우강도 보다 작은 지속기간을 갖는 경우에 삼각형 우량주상도를 적용하고, 시간 우량 구조상 상대적으로 긴 지속기간인 호우(7시간)에서는 사다리꼴 우량주상도를 적용한다.

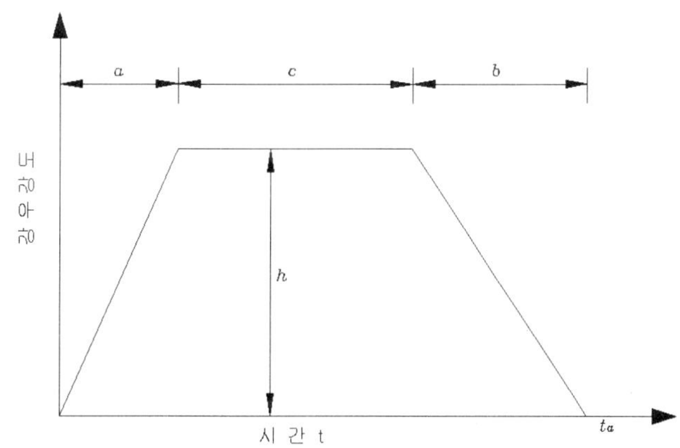

[그림 5.3.4] 사다리꼴 우량주상도

5.4 유효강우량 산정

지표면에 도달된 강우량에서 일부는 지하로 침투되고 나머지 초과된 부분은 지표면을 통해 유출을 발생시킨다. 이처럼 지표면에 내린 강우량에서 침투나 차단 등의 손실을 제외한 값을 유효강우량이라 한다.

설계홍수량을 산정하기 위해서 강우-유출 모형에 입력되는 유효강우량의 시간적 분포를 총강우량주상도로부터 결정해야 한다. 강우-유출 모형은 총강우량에서 유효강우량과 이로 인한 직접유출량과의 관계를 계산하는 모형이며 총유출량은 모형에서 계산된 직접유출량과 적절히 추정된 기저유량을 합하여 계산한다.

유효강우량을 산정하는 간단한 방법인 ϕ-지표법과 W-지표법은 수문학에서 다루었으며 총우량주상도로부터 시간구간별 손실강우량을 제거하여 유효우량주상도를 작성하는 방법에는 일정비법, 일정손실률법, 초기손실-일정손실률법, 침투곡선법, SCS 방법 등이 있다.

5.4.1 일정비법(constant fraction method)

우량주상도에서 시간구간별 강우량의 일정비율이 손실되고 나머지가 유효강우량이 된다고 가정하는 방법([그림 5.4.1])으로 유출계수와 동일한 개념으로 유효강우량을 산정한다. 과도한 선행강우가 발생하여 유역의 지표면이 거의 포화되었을 경우에 비교적 정확한 계산이 될 수 있지만 손실이 강우에 정비례하지 않기 때문에 설계홍수량 산정의 적용에 오차가 크다.

5.4.2 일정손실률법(constant loss rate method)

강우기간 동안에 손실률 또는 침투능이 일정하다고 가정하는 방법으로 유역의 평균침투능을 결정하는 ϕ-지표법과 동일한 개념([그림 5.4.1])이다. 초기손실을 고려하지 못하기 때문에 설계홍수량 산정할 때 적용이 곤란하다. 일정비법과 같이 선행강우로 인해 토양함수량이 많고 큰 호우를 대상으로 유효강우량을 선정할 경우에 적절한 방법이다.

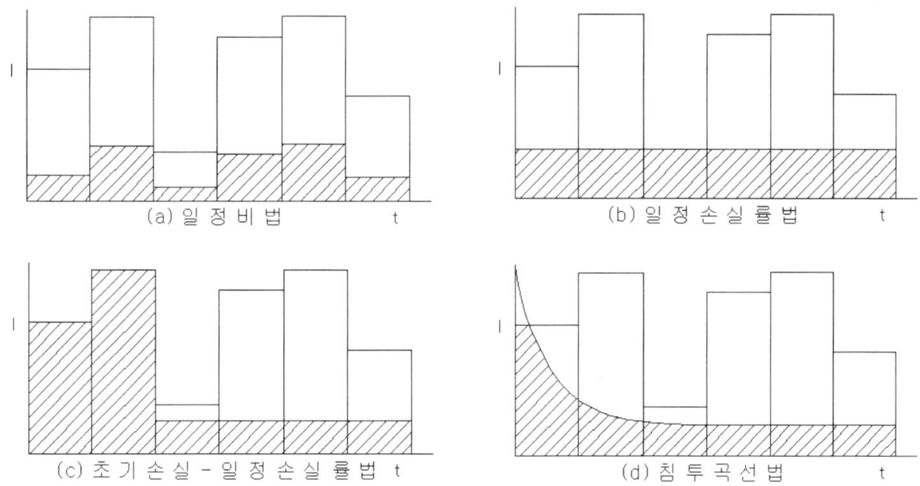

[그림 5.4.1] 유효강우량 산정방법

5.4.3 초기손실-일정손실률법(initial loss-constant loss rate method)

유역에 강우가 발생할 때 강우초기에 공극이 포화될 때까지 유출이 발생하지 않으며 초기손실이 완료되면 일정률로 손실된다고 가정한 방법([그림 5.4.1])이다.

강우-유출 실측자료에서 초기손실과 일정손실을 산정할 수 있는 경우에는 간편하게 적용할 수 있는 방법이나 실측자료의 부족으로 초기손실과 일정손실을 결정할 수 없는 경우가 대부분이므로 실무에서 적용하기가 쉽지 않다.

5.4.4 침투곡선법

강우기간 동안에 토양에서 침투율이 감소되는 특성을 침투능 곡선으로 나타내 우량주상도에 적용하는 방법([그림 5.4.1])이다. 수문학에서 소개된 바와 같이 침투능 곡선을 결정하기 위한 방법으로 Horton 방법, Phillips 방법 등이 있다. 침투율 곡선을 결정하여 적용하는 방법이기 때문에 이론적으로 가정 합리적인 방법이나 유역에 적절한 침투능 곡선을 제시하는 것이 어렵다.

5.4.5 SCS 방법

미국 농무성의 토양보존국(soil conservation service)에서 제시한 것으로 직접유출량을 구하는 방법으로서 다음과 같이 간단한 식을 제안하였다.

$$\frac{F}{S} = \frac{P_e}{P} \tag{5.4.1}$$

여기서 F는 시간 t에서 흙의 저류량(mm), S는 흙이 완전히 포화되기 위한 최대저류량(mm), P_e는 직접유출량에 해당되는 유효강우량(mm), P는 누가된 총강우량(mm)이다. 즉 강우에 의한 직접유출량은 토양이 최대로 저류할 수 있는 양(S)과 실제로 토양 속으로 흡수되는 물의 양(F)의 함수이며 F는 강우량과 유효강우량의 차($F = P - P_e$)이다. 이 관계를 식 (5.4.1)에 대입하여 유효강우량에 대해 나타내면,

$$P_e = \frac{P^2}{P + S} \tag{5.4.2}$$

이다. 이 식은 강우가 발생되면 즉시 유출이 발생되는 경우이다. 실제로 강우발생 초기에 강우강도에 따라 다르지만 강우의 대부분이 침투되며 시간이 지난 후에 유출이 발생된다. 그러므로 초기의 침투를 고려하면 식 (5.4.2)에서 P값에서 초기손실을 제하여 보정하는데 SCS의 경험에 의하면 유출이 발생하기 이전의 초기손실을 흙의 최대 저류량의 20%로 간주하여 $0.2S$를 적용하였다. 이 값을 적용하여 식 (5.4.2)를 나타내면,

$$P_e = \frac{(P - 0.2S)^2}{P + 0.8S} \quad P > 0.2S \tag{5.4.3a}$$

$$P_e = 0 \quad P < 0.2S \tag{5.4.3b}$$

이다. 이때 초기손실은 지표면 굴곡에 의한 저류, 차단, 초기침투 등을 포함하며, 나머지 80%는 유출이 진행되면서 침투가 발생된다고 할 수 있다. 그러므로 S의 결정은 침투의 진행상태에 따라 다르며, 흙의 종류, 지표의 상태에 따라 다르기 때문에 이를 고려하여 SCS는 S(mm)를 구하는 방법을 다음과 같이 제안하였다.

$$S = \frac{25400}{CN} - 254 \tag{5.4.4}$$

여기서 CN은 Curve Number로서 흙의 종류와 지표의 상태에 따른 지표이다.

CN 값을 결정하기 위해 고려될 사항은 (1) 흙의 종류, (2) 토지의 사용 용도, (3) 흙의 초기 함수 상태이다. 이 3가지 요소는 CN 값에 의하여 직접유출량 계산에 반영되기 때문에 이에 따라 CN값이 결정된다. 토양형의 분류는 토양의 특성인 유출을 발생시킬 수 있는 능력에 따라 TYPE-A, TYPE-B, TYPE-C 및 TYPE-D로 구분되며 흙의 분류는 <표 5.4.1>과 같이 모래

의 함유률, 또는 실트의 함유률이 얼마인가에 따라서 유출 발생 능력을 판단하였다. 그리고 동일한 토양에 대해서도 토지의 사용 용도에 따라서 유출 능력이 다르다. <표 5.4.2>와 <표 5.4.3>은 토지 용도에 따라서 CN값을 제시하고 있으며 이는 토양의 초기함수 상태가 보통 -2인 경우의 값이다.

〈표 5.4.1〉 토양형의 분류

토 양 형	토양의 특성
TYPE A	최저 유출 가능성(lowest runoff potential)을 가지고 있는 흙의 집단으로서 진흙, 실트가 거의 없는 깊은 모래층 또는 자갈층
TYPE B	유출 발생 가능성이 다소 높은(moderately low runoff potential) 사질토이며 침투율은 평균보다 높으나 다소 진흙이나 실트가 포함된 흙
TYPE C	유출 발생 가능이 TYPE B분류 보다 높은(moderately high runoff potential) 흙으로서 진흙과 실트가 많이 섞여 얇은 층을 구성하며 침투율은 평균보다 다소 낮은 흙
TYPE D	유출 발생 가능성이 가장 높은(highest runoff potential) 흙으로서 대부분이 진흙과 실트로서 불투수층과 직접 접하여 있는 흙

〈표 5.4.2 농경지역 및 임목지역의 유출곡선지수(AMC-2조건)

토지이용상태	피복처리상태	토양의 수문학적 조건	토양형			
			A	B	C	D
휴경지	경사 경작	-	77	86	91	94
이랑경작지	경사 경작	배수 나쁨	72	81	88	91
		배수 좋음	67	78	85	89
	등고선 경작	배수 나쁨	70	79	84	88
		배수 좋음	65	75	82	86
	등고선 및 테라스 경작	배수 나쁨	66	74	80	82
		배수 좋음	62	71	78	81
조밀경작지	경사 경작	배수 나쁨	65	76	84	88
		배수 좋음	63	75	83	87
	등고선 경작	배수 나쁨	63	74	82	85
		배수 좋음	61	73	81	84
	등고선 및 테라스 경작	배수 나쁨	61	72	79	82
		배수 좋음	59	70	78	81

토지이용상태	피복처리상태	토양의 수문학적 조건	토양형			
			A	B	C	D
콩과식물 또는 윤번초지	경사 경작	배수 나쁨	66	77	85	89
		배수 좋음	58	72	81	85
	등고선 경작	배수 나쁨	64	75	83	85
		배수 좋음	55	69	78	83
	등고선 및 테라스 경작	배수 나쁨	63	73	80	83
		배수 좋음	51	67	76	80
목초지 또는 목장		배수 나쁨	68	79	86	89
		배수 보통	49	69	79	84
		배수 좋음	39	61	74	80
	등고선 경작	배수 나쁨	47	67	81	88
		배수 보통	25	59	75	83
		배수 좋음	6	35	70	79
초지		배수 좋음	30	58	71	78
		배수 나쁨	45	66	77	83
삼림		배수 보통	36	60	73	79
		배수 좋음	25	55	70	77
관목숲	매우 듬성듬성	-	56	75	86	91
농가		-	59	74	82	86

〈표 5.4.3 도시지역의 유출곡선지수(AMC-2조건)

피복상태	평균불투수율 (%)	토 양 형			
		A	B	C	D
<완전히 개발된 도시지역>(식생처리됨)	-				
개활지(잔디, 공원, 골프장, 묘지 등) :					
나쁜 상태(초지 피복률이 50% 이하)	-	68	79	86	89
보통 상태(초지 피복률이 50-75%)	-	49	69	79	84
양호한 상태(초지 피복률이 75%이상)	-	39	61	74	80
불투수지역 :					
포장된 주차장, 지붕, 접근로 (도로경계선을 포함하지 않음)	-	98	98	98	98

피복상태	평균불투수율 (%)	토 양 형			
		A	B	C	D
도로와 길 :					
포장된 곡선길과 우수거(도로경계선 포함하지 않음)	–	98	98	98	98
포장길 : 배수로(도로경계선을 포함)	–	83	89	92	93
자갈길(도로경계선을 포함)	–	76	85	89	91
흙 길 (도로경계선을 포함)	–	72	82	87	89
도시지역 :					
상업 및 사무실 지역	85	89	92	94	95
공업지역	72	81	88	91	93
주거지역(구획지 크기에 따라) :					
150평 이하	65	77	85	90	92
300평	38	61	75	83	87
400평	30	57	72	81	86
600평	25	54	70	80	85
1,200평	20	51	68	79	84
1,440평	12	46	65	77	82
<개발중인 도시지역>	–	77	86	91	94

유역의 유출 능력은 선행강우의 크기에 따라서 다르게 된다. 선행강우가 많으면 토양의 습윤도가 높아서 침투는 작아지고 유출은 커진다. 선행강우가 없는 경우에는 매우 건조한 상태가 되어 침투가 크게 되고 유출은 작아진다. 이와 같이 유출에 영향을 주는 토양의 선행 함수 상태 조건(Antecedent Soil Moisture Condition, AMC)은 <표 5.4.4>에 나타냈으며 이를 1, 2, 3의 3개 조건으로 구분하였다.

〈표 5.4.4〉 선행토양함수조건의 분류

AMC GROUP	5일 선행강우량 P5(mm)	
	비 성 수 기	성 수 기
1	P5<12.70	P5<35.56
2	12.70<P5<27.94	35.56<P5<53.34
3	P5>27.94	P5>53.34

주) AMC-1 : 유역의 토양은 대체로 건조상태에 있어서 유출율이 대단히 낮은 상태(Lowest Runoff Potential)
AMC-2 : 유출율이 보통인 상태(Average Runoff Potential)
AMC-3 : 유역의 토양이 수분으로 거의 포화되어 있어서 유출이 대단히 높은 상태(Highest Runoff Potential)

AMC 2 조건으로 산정된 CN 2값은 AMC 조건에 따라 조정이 필요하며 AMC 1조건의 CN 1이나 AMC-3 조건의 CN 3관계는 다음과 같다.

$$CN1 = \frac{4.2CN2}{10 - 0.058CN2} \tag{5.4.5a}$$

$$CN3 = \frac{23CN2}{10 + 0.13CN2} \tag{5.4.5b}$$

[예제 5.4.1] 풍영정천의 유역면적이 68.93km^{2}이다. 이 유역의 이용형태가 다음 표와 같을 때 이 유역에 10cm의 강우가 발생하였다. AMC-1, 2, 3 조건하에서 CN 값을 계산하고 AMC- 2 조건에서 유효강우량을 구하여라.
표에서 주거지 규모는 400평으로 하고, 경작지는 배수가 좋은 경사 경작지이며, 임야에는 관목으로 이루어진 숲, 기타는 포장된 곡선길로 가정하여라. 표에서 고딕체는 주어진 값이다.

토지이용 형태	토 양 형						총면적 (km^2)	CN 1 평균	CN 2 평균	CN 3 평균
	A		B		D					
	면적	CN	면적	CN	면적	CN				
주거지	**3.95**	57	**3.36**	72	**1.15**	86	8.46	45.9	66.9	82.3
경작지	**35.69**	67	**11.30**	78	**5.65**	89	52.64	51.6	71.7	85.4
임야	**5.50**	56	**0.50**	75	**1.68**	91	7.68	43.4	64.6	80.8
기타	-		**0.01**	98	**0.14**	98	0.15	95.4	98	99.1
계							68.93	50.1	70.4	84.5

풀이

주거지에 대한 CN 2값을 계산하기 위해 유역면적을 가중치로 사용한다.

$$\frac{3.95}{8.46} \times 57 + \frac{3.36}{8.46} \times 72 + \frac{1.15}{8.46} \times 86 = 66.9$$

주거지의 CN 2값과 식 (5.4.5)를 이용하여 CN 1과 3의 값을 계산한다.

$$CN1 = \frac{4.2 \times 66.9}{10 - 0.058 \times 66.92} = 45.9 \qquad CN3 = \frac{23 \times 66.9}{10 + 0.13 \times 66.9} = 82.3$$

위와 같은 방법으로 경작지 등을 계산한다.

CN 1, CN 2, CN 3의 평균값도 유역면적을 가중치로 사용하여 계산한다. 예를 들어 CN 1의 경우는,

$$\frac{8.46}{68.93} \times 45.9 + \frac{52.64}{68.93} \times 51.6 + \frac{7.68}{68.93} \times 43.4 + \frac{0.15}{68.93} \times 95.4 = 50.1$$

AMC- 2 조건에서 유효강우량을 구하기 위해 식 (5.4.4)에 의해 S를 먼저 계산한다.

$$S = \frac{25400}{CN} - 254 = \frac{25400}{70.4} - 254 = 106.840$$

유효강우량을 구하기 위해,

$$P_e = \frac{(P - 0.2S)^2}{P + 0.8S} = \frac{(100 - 0.2 \times 106.80)^2}{100 + 0.8 \times 106.8} = 33.3 \text{ mm}$$

5.4.6 유출곡선지수(CN) 산정 : 프로그램 Arc-View

(1) 준비물

① 앞 장에서 사용된 토지피복도와 정밀토양도

(2) 분석과정[정밀토양 쉐이프(shp) 파일 만들기, 토지피복도(3장에서 설명)]

① 프로그램으로 자료 업로드는 앞의 2.2.3절에서와 같다.

- 정밀토양도 : shp로 업로드
- 유역계 : polygon으로 업로드

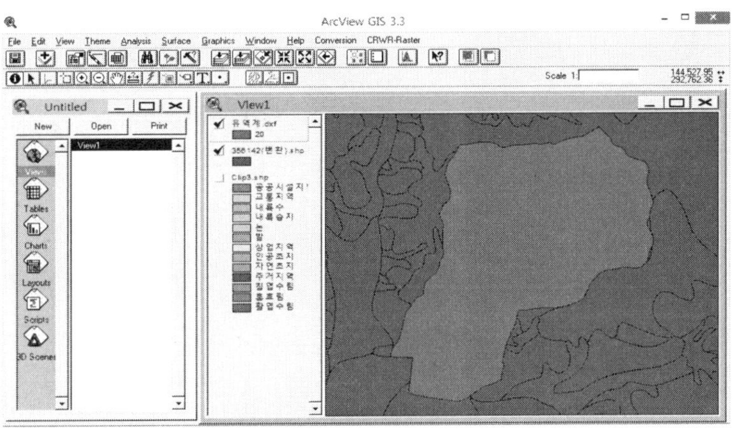

② 유역계-정밀토양도 잘라내기

- View → Geoprocessing → Clip one theme based on another

구분	선택사항
Select input theme to clip	정밀토양도.shp
Select a polygon overlay theme	유역계.dxf

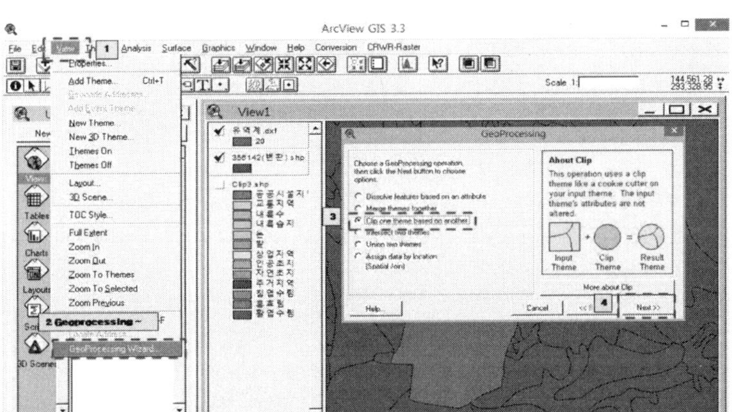

③ 정밀토양도 삽도

- 1. 『clip』된 레이어 더블클릭
- 2. 『Legend Type』 : Unique Value
- 3. 『Value Field』 : soilty(레이어 이름)
- Apply 동의

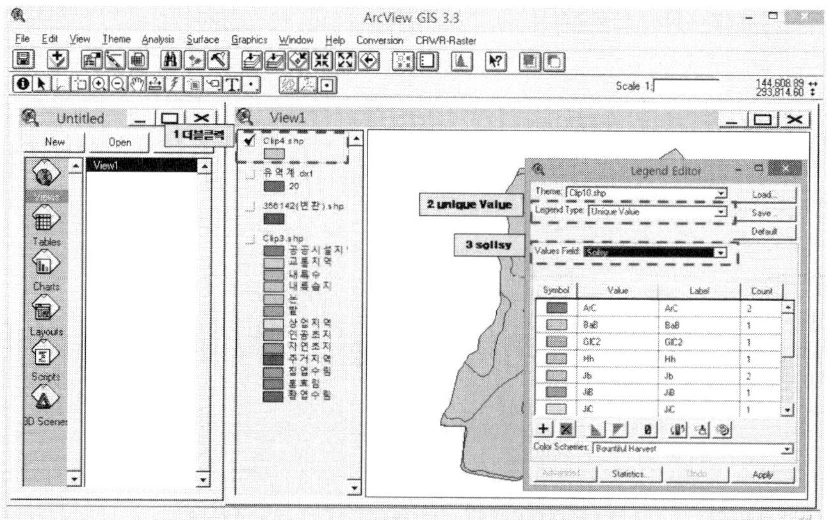

④ 정밀토양도 삽도 - 결과

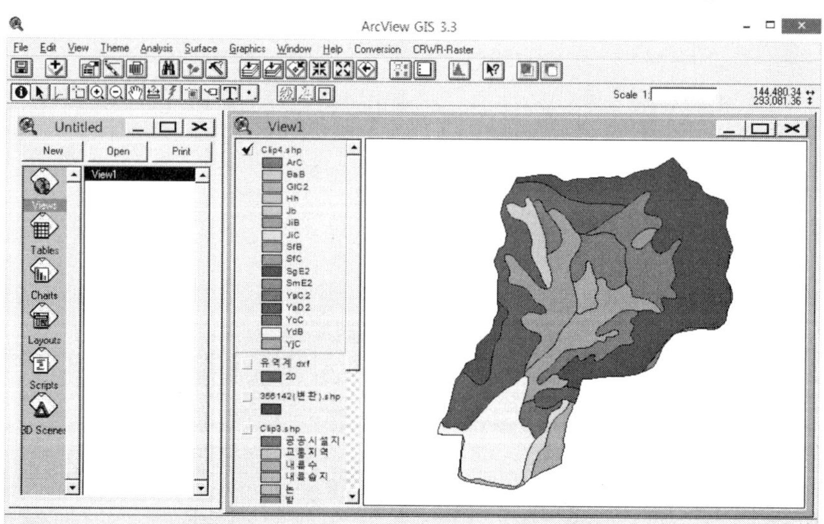

⑤ 정밀토양 – 수문학적 분류 테이블 'JOIN' – 1 : 『수문학적 분류 테이블』 업로드

– 1.『Tables』 선택

– 2. 『ADD』 선택

– 3. 『수문학적 분류 테이블』 업로드 : 폴더 이동하여 선택

– 4. 업로드 된 『수문학적 분류 테이블』

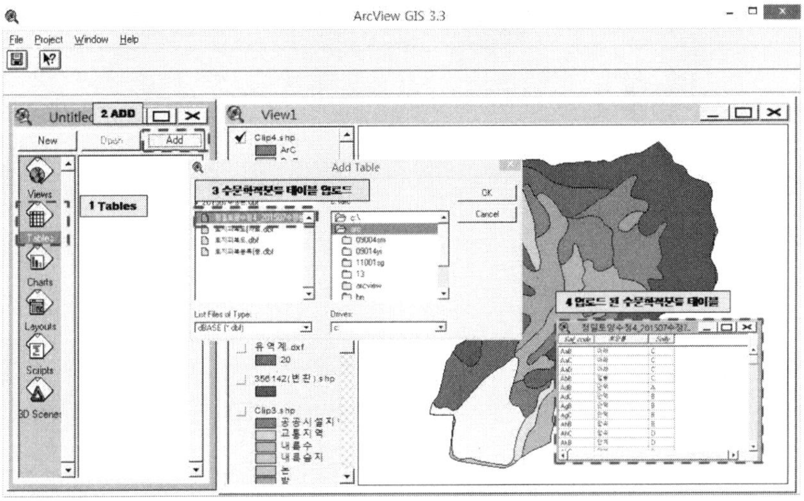

⑥ 정밀토양 - 수문학적 분류 테이블 'JOIN' – 2

– 1. 정밀토양분류 테이블 『Soil Code』 선택

– 2.『Clip된 정밀토양 아이콘』선택 후 [아이콘] 클릭하여 속성테이블 로드 후 Soilsy 선택

– 3. 『Join』아이콘 선택

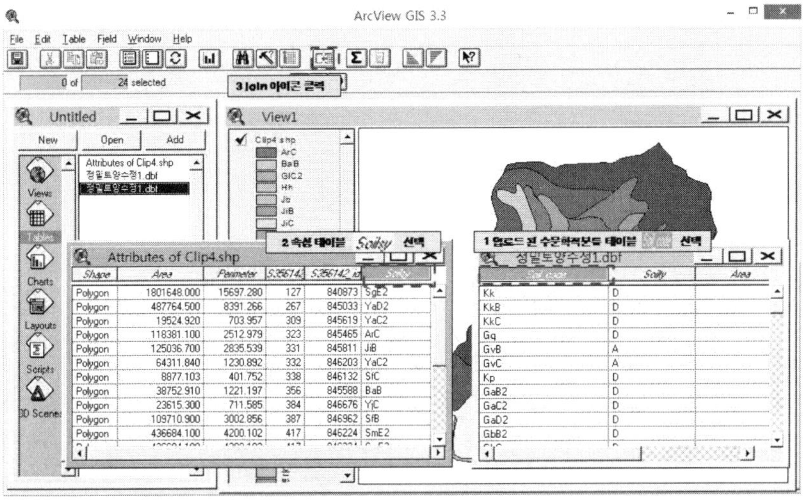

⑦ 수문학적 분류 결과

- 앞절 『③~④』에서의 과정과 동일

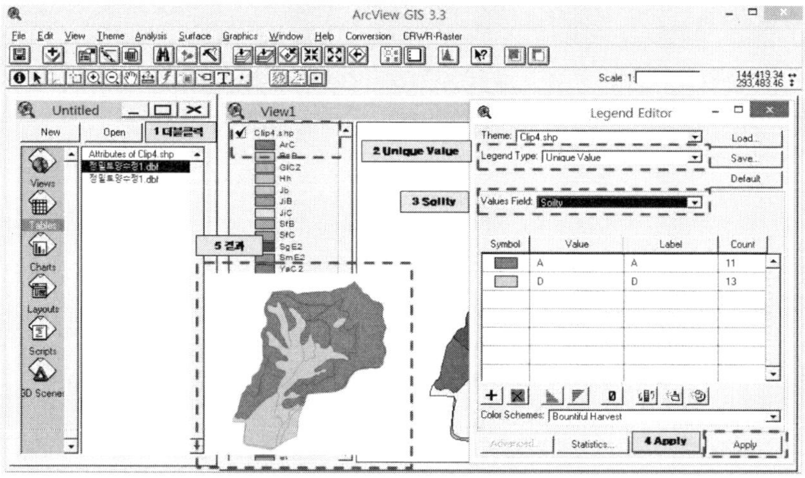

③ 토지피복도(L2－name) － 정밀토양도(Soilty) 면적 산정

- 1. Analysis

- 2. Tabulate Areas

구분	선택	비고
Row Theme	토지피복도.shp	Clip(유역계모양)
Row Field	L2_name	
Column Theme	정밀토양도.shp	Clip(유역계모양)
Column Field	Soilyt	

- 3. Cell Size : Output Grid Cell Size ('1'로 변경) 후 'OK' 선택

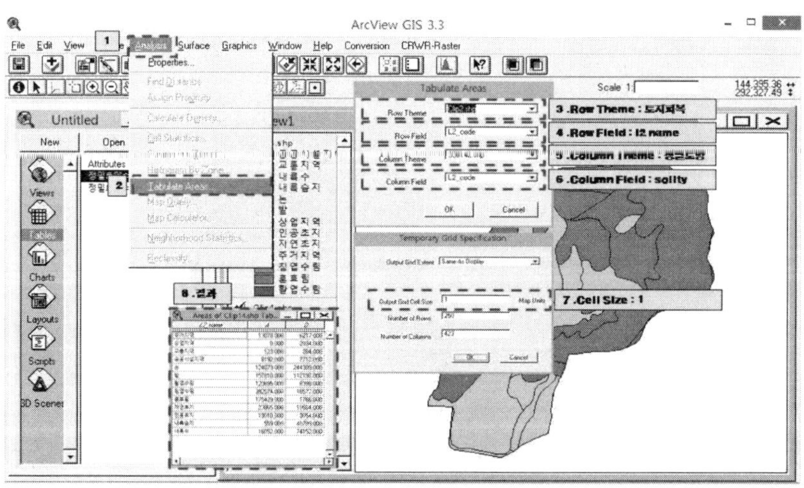

③ 유출곡선지수(CN) 산정

토지이용	총면적	TYPEA		TYPEB		TYPEC		TYPED		AMC Ⅱ	AMC Ⅲ
	(Ha)	면적	CN	면적	CN	면적	CN	면적	CN		
논	36.84	12.41	79	–	79	–	79	24.43	79		
밭	27.00	15.78	63	–	74	–	82	11.22	85		
과수원	0.00	–	70	–	79	–	84	–	88		
자연초지	4.34	2.38	30	–	58	–	71	1.95	78		
기타초지	0.00	–	49	–	69	–	79	–	84		
침엽수림	40.92	39.26	48	–	69	–	79	1.66	85		
활엽수림	12.91	12.07	48	–	69	–	79	0.84	85		
혼효림	17.72	17.54	48	–	69	–	79	0.18	85		
골프장	0.00	–	49	–	69	–	79	–	84		
기타초지	0.00	–	49	–	69	–	79	–	84		
위락시설지역	0.00	–	49	–	69	–	79	–	84		
기타나지	0.00	–	77	–	86	–	91	–	94		
주거지역	1.93	1.31	77	–	85	–	90	0.62	92		
상업지역	0.29	–	89	–	92	–	94	0.29	95		
기타나지	0.00	–	77	–	86	–	91	–	94		
교통지역	0.04	0.01	83	–	89	–	92	0.03	93		
공업지역	0.00	–	81	–	88	–	91	–	93		
기타나지	0.00	–	77	–	86	–	91	–	94		
공공시설지역	1.59	0.82	61	–	75	–	83	0.77	87		
채광지역	0.00	–	68	–	79	–	86	–	89		
공공시설지역	1.59	0.82	61	–	75	–	83	0.77	87		
채광지역	0.00	–	68	–	79	–	86	–	89		
기타재배지	0.00	–	68	–	79	–	86	–	89		
연안습지	0.00	–	100	–	100	–	100	–	100		
내륙수	9.02	1.61	100	–	100	–	100	7.42	100		
공공시설지역	1.59	0.82	61	–	75	–	83	0.77	87		
기타나지	0.00	–	77	–	86	–	91	–	94		
하우스재배지	0.00	–	76	–	85	–	89	–	91		
내륙습지	4.94	0.06	100	–	100	–	100	4.88	100		
해양수	0.00	–	100	–	100	–	100	–	100		
합계	160.72	104.88		–		–		55.83		65.65	81.47

6 Chapter

홍수량과 홍수위

하천에서의 홍수량 산정은 수위-유량 관측이 이루어져 수위-유량곡선이 있는 계측지점과 자료가 없는 미계측지점으로 구분하여 수행한다. 계측 자료가 확보되어 있는 경우에 매년 관측된 최고수위에 의한 연최대홍수량에 대해 자료계열을 구성하여 확률 해석을 통해 빈도별 홍수량을 산정한다. 미계측 소유역에 대한 홍수량 산정 방법인 합리식, 수정 Kajiyama 공식, 한장회 공식, 고재웅 공식, 비유량 방법을 3장에 간단하게 기술하였다. 본 장에서는 Snyder의 합성단위도 방법, Clark 유역추적법, Nakayasu 종합단위도법, SCS 합성단위도법에 의해 미계측유역의 홍수량 추정방법을 기술하고 관측 자료가 있는 경우에 홍수량을 산정하는 Muskingum 방법, 저수지 추적에 대해 기술한다.

산정된 계획홍수량이 하도에 흐를 때 안전하게 소통될 수 있고 유송토사에 대해서도 안정된 하상이 되도록 하도정비계획이 필요하다. 하도정비계획을 위해 필요한 사항과 빈도별 홍수량에 따른 홍수위 결정, 하상변동 분석에 대해 기술한다.

6.1 Snyder 합성단위도법

Snyder는 미국 Appalachian 지역에서 면적 10~10,000mm^2(25-25,000km^2) 되는 유역에 대해 유역의 지체시간, 첨두유량, 기저시간 등을 지형인자와 상관관계를 수립하였다([그림 6.1.1]). 유효강우의 중심과 첨두발생까지의 지체시간을 유역의 하천길이와 유역의 특성치와의 관계를 나타냈다.

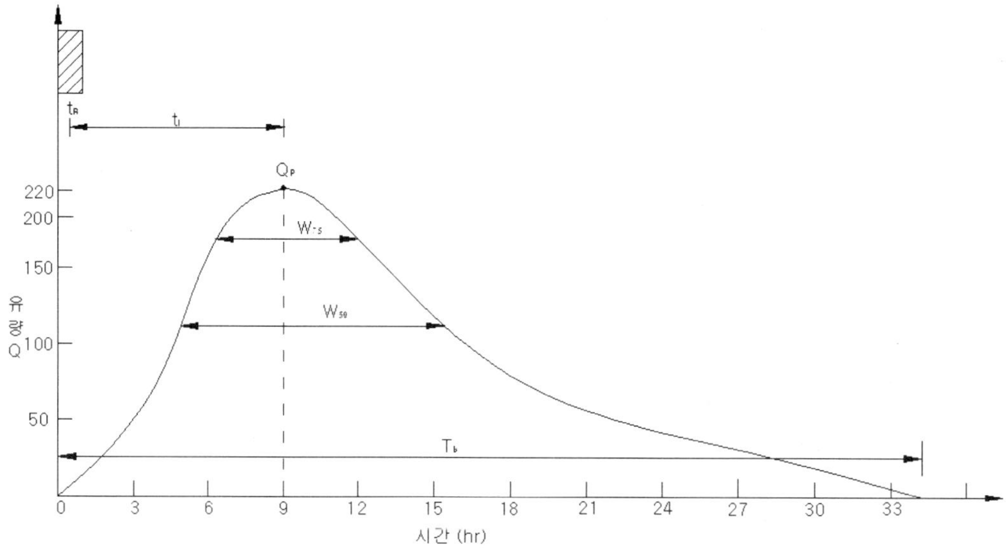

[그림 6.1.1] 단위유량도 합성에 필요한 요소

$$t_l = C_t (LL_c)^{0.3} \tag{6.1.1}$$

여기서 t_l은 지체시간(hr), L은 유역경계에서 출구지점까지의 하천 본류 길이(km, mile), L_c는 유역출구로부터 유역의 중심과 가장 가까운 하천지점까지의 길이(km, mile), C_t는 계수(km:1.4~1.7, mile:1.8~2.2)이다.

첨두유량은,

$$Q_p = C_p \frac{A}{t_l} \tag{6.1.2}$$

이다. 여기서 Q_p는 첨두유출량(m^3/s), A는 유역면적(km^2), C_p는 저류계수(1.5~1.9)이다.

기저시간은,

$$T = 3 + \frac{t_l}{8} \tag{6.1.3}$$

이다. 여기서 T는 기저시간(day)이다.

유효강우지속시간 t_R(hr)은 다음과 같다.

$$t_R = \frac{t_l}{5.5} \tag{6.1.4}$$

유효강우량의 지속시간이 식 (6.1.4)로 구한 것과 다른 지속시간 t_r인 경우에 지체시간을 다음

식으로 구하고, 첨두유량과 기저시간은 새로운 지체시간 t_{pl}에 의해 조정하여 사용한다.

$$t_{pl} = t_l + \frac{t_r - t_R}{4} \tag{6.1.5}$$

단위도를 쉽게 작성하기 위해 미국 육군공병단에서 다음과 같이 첨두유량의 50%와 75%에 해당되는 단위도의 시간폭을 제시하고 있다. 그리고 계산된 단위도 시간폭의 1/3은 첨두유량의 앞부분에 그리고 2/3를 뒷부분에 그리도록 권하고 있다.

$$W_{50} = 2.14\left(\frac{Q_p}{A}\right)^{-1.08} \tag{6.1.6a}$$

$$W_{75} = 1.22\left(\frac{Q_p}{A}\right)^{-1.08} \tag{6.1.6b}$$

여기서 W_{50}은 첨두유량의 50%에 해당하는 단위도의 폭(hr), W_{75}는 첨두유량의 75%에 해당하는 단위도의 폭(hr)이며 Q_p는 첨두유출량(m^3/s), A는 유역면적(km^2)이다.

6.2 Clark 유역추적법

이 방법은 순간단위도(IUH) 개념을 이용한 것으로 한 유역에 대해 하나의 단위도를 유도하여 적용한다. 즉, 자연하천 유역에 순간적으로 발생된 단위유효우량이 발생할 때 유역의 도달시간-유역면적 관계를 이용한다. 유역출구지점에서 유출수문곡선을 구할 수 있으며 이 곡선이 단위유효우량에 대한 수문곡선이므로 순간단위도라 할 수 있다. 유역의 저류효과가 반영되기 때문에 자연하천 유역에 적용하는 데 적절하다.

유역에서 도달시간-유역면적 관계를 나타낸 그림을 시간-면적 주상도(time-area- histogram)라 하며 이는 유역의 출구까지의 홍수도달시간이 동일한 점을 연결한 등유하시간선(isochrones)을 작성한다. 등시간선에 의해 구분되는 몇 개의 소유역으로 분할한다([그림 6.2.1]).

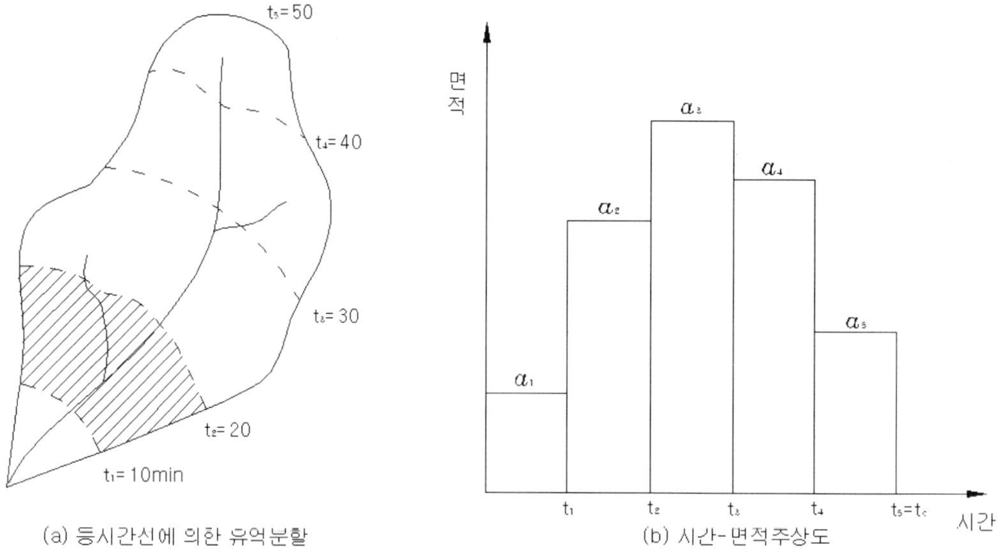

[그림 6.2.1] 등시간선과 시간-면적 주상도

유역에 순간적으로 발생된 단위유효우량으로 인해 유역 출구지점에 있는 가상의 저수지로 등시간 구간 Δt 동안에 유입하는 유량은 다음과 같다.

$$I_i = 2.778 \frac{A_i}{\Delta t} \tag{6.2.1}$$

여기서 I_i는 i번째 시간구간에서의 유입량(m^3/s), A_i는 i번째 시간구간의 소유역면적(km^2)이다.

유역출구에 위치하고 있는 저수지의 저류량과 유출량의 관계를 Clark는 선형이라고 가정하였다.

$$S = KO \tag{6.2.2}$$

여기서 S는 저수지의 저류량(m^3/s · hr), O는 저수지로부터 유출량(m^3/s), K는 저류상수(hr)이다. 식 (6.2.2)를 연속방정식에 대입하여 정리하면,

$$\frac{I_1 + I_2}{2}\Delta t - \frac{O_1 + O_2}{2}\Delta t = K(O_2 - O_1) \tag{6.2.3}$$

식(6.2.3)을 O_2에 대해 정리하면,

$$O_2 = C_0 I_2 + C_1 I_1 + C_2 O_1 \tag{6.2.4}$$

여기서, $C_0 = \dfrac{0.5\Delta t}{K+0.5\Delta t}$ (6.2.5a)

$$C_1 = \frac{0.5\Delta t}{K+0.5\Delta t} \quad (6.2.5b)$$

$$C_2 = \frac{K-0.5\Delta t}{K+0.5\Delta t} \quad (6.2.5c)$$

$$C_0 + C_1 + C_2 = 1$$

추적기간 Δt의 시점과 종점의 유입량 $I_1 = I_2 = I$라 하면 식 (6.2.4)는 다음과 같이 간단하게 나타낼 수 있다.

$$O_2 = C_3 I + C_2 O_1 \quad (6.2.6)$$

$$C_2 = \frac{K-0.5\Delta t}{K+0.5\Delta t} \quad (6.2.7a)$$

$$C_3 = \frac{\Delta t}{K+0.5\Delta t} \quad (6.2.7b)$$

식(6.2.6)에 의해 유역출구점에서 순간단위도의 종거를 결정한다. 또한 순간단위도를 이용하여 필요한 지속기간에 대한 단위유량도를 구할 수 있다. 지속기간 Δt의 단위도를 작성하는 방법은 Δt시간 만큼 오른쪽으로 지체시켜 2개의 IUH 종거를 합하여 다음과 같이 평균을 구하면 된다.

$$U_i = \frac{1}{2}(O_i + O_{i-1}) \quad (6.2.8)$$

만일 지속기간이 $n\Delta t$인 단위유량도의 세로 좌표는 다음과 같다.

$$U_i = \frac{1}{n}[0.5 O_{i-n} + O_{i-n+1} + \ldots + O_{i-1} + 0.5 O_i) \quad (6.2.9)$$

6.2.1 저류상수 K 결정

(1) 계측유역의 저류상수

식 (6.2.4)와 (6.2.6)의 저류상수 K는 유역의 저류량으로부터 방출되는 비율을 나타내주는데 저류상수는 연속방정식을 사용하여 구할 수 있다.

$$I - O = \frac{dS}{dt} \quad (6.2.8)$$

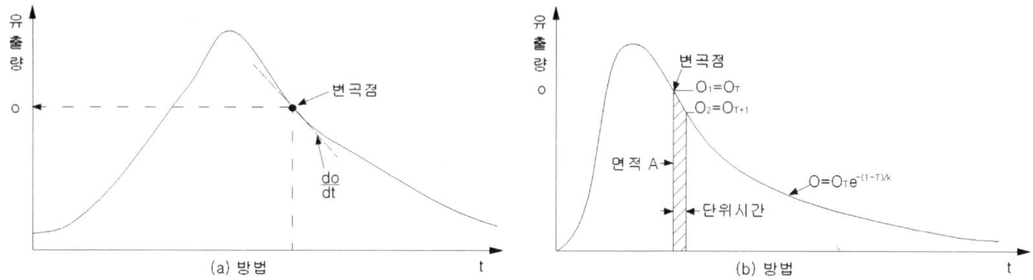

[그림 6.2.2] Clark 방법의 저류상수 결정

이 식에 식 (6.2.2)를 대입하면,

$$I - O = K\frac{dO}{dt} \tag{6.2.9}$$

이다. 지표면의 유입량이 끝난 경우에 $I = 0$ 이며 이 점은 수문곡선에서 하강부분의 변곡점이다. $I = 0$ 을 대입하여 저류상수 K에 관해 정리하면,

$$K = -O/\frac{dO}{dt} \tag{6.2.10}$$

이다. 변곡점 이후에는 유역의 저류량으로부터 방류되는 유량이다. 그러므로 수문곡선 하강부분의 변곡점에서 기울기를 구한 다음에 이 점의 유량을 기울기로 나누면 저류상수를 구할 수 있다 ([그림 6.2.2a] 참조).

다른 방법으로는 수문곡선의 감소곡선부에서 유출량의 감소율과 저류량의 감소율 관계를 이용하는 경우이다. 변곡점으로부터 미소시간 Δt 만큼 떨어진 시간구간의 수문곡선 아래의 빗금친 부분 면적 $A(m^3/s \cdot hr)$를 Δt 시간의 시점과 종점의 유출량 차$(O_1 - O_2)(m^3/s)$로 나누어 계산한다.

$$K = \frac{A}{(O_1 - O_2)} \tag{6.2.11}$$

(2) 미계측유역의 저류상수

미계측유역에서 저류상수는 도달시간 관계를 이용하여 결정한다. 도달시간은 계측유역에서는 유효우량이 끝나는 지점에서 지표면 유출이 끝나는 점(수문곡선의 변곡점)까지를 말한다. 미계측유역에서는 3장에서 기술된 Kirpich 공식, Rziha 공식, Kraven 공식 I과 II 등을 이용하여 유하시간을 구하고 유입시간을 더하여 산정한다. 참고로 유입시간이 유하시간에 비해 상대적으로

긴 소유역의 경우는 유입시간을 배제하기 곤란한 경우가 발생하는데 유입시간을 적절하게 고려하는 것이 중요하다. 실무에서 사용되는 도달시간 t_c과 저류상수의 관계는 $K=\alpha t_c$이며 계수 α는 0.8~1.2 범위이며 통상적으로 1.0을 사용하고 있다.

저류상수를 도달시간만으로 나타냈기 때문에 유역 형상이 전혀 반영되어 있지 않아 홍수량의 산정에 큰 영향을 줄 수 있는 문제점을 갖고 있다.

저류상수는 유역의 여러 인자와 관계가 있으며 유역 인자들에 의해 결정되는 몇 가지 공식을 소개하면 다음과 같다.

Clark 공식 :

$$K = C\frac{L}{\sqrt{S}} \tag{6.2.12}$$

Linsley 공식 :

$$K = \frac{bL\sqrt{A}}{\sqrt{S}} \tag{6.2.13}$$

여기서 L은 유로연장(km), A는 유역면적(km^2), S는 평균하천경사(%), 계수 C는 0.5-1.4, 계수 b는 0.01-0.03이다.

Russel 공식 :

$$K = \alpha t_c \tag{6.2.14}$$

α는 도시지역인 경우에 1.1-2.1, 자연지역 1.5-2.8, 산림지역 8.0-12.0이다.

Sabol 공식 :

$$K = \frac{t_c}{1.46 - 0.0867\frac{L^2}{A}} \tag{6.2.15}$$

여기서 t_c는 도달시간(hr)이다.

Clark 방법에서 사용되는 변수인 도달시간과 저류상수는 다음과 같은 제약 조건을 만족해야 하며 여기서 Δt는 추적기간이다.

$$t_c \geq 1.03\Delta t \tag{6.2.16}$$

$$K \geq 0.52\Delta t \tag{6.2.17}$$

6.3 Nakayasu(中安) 종합단위도법

이 방법은 수문자료가 없는 유역에서 유출량을 추정할 때 주로 적용되었으며 W.W. Hormer과 F.L. Flynt가 실측자료를 이용하여 유도한 식을 일본의 Nakayasu가 일본 하천에 도입하여 만든 식이다. 일본과 우리나라 유역 특성의 유사성을 고려하여 실무에서 사용되어 오고 있다.

Nakayasu 종합단위도 작성에 필요한 인자는 다음과 같다.

(1) 지체시간 t_l(hr)

$$t_l = 0.21L^{0.7} L < 15\,\text{km} \tag{6.3.1a}$$

$$t_l = 0.4 + 0.058L \quad L > 15\,\text{km} \tag{6.3.1b}$$

여기서 L은 총유로연장(km)이다.

(2) 첨두시간 t_p

$$t_p = 0.8t_r + t_l \tag{6.3.2}$$

여기서 t_r은 유효강우량의 지속시간(hr)이다.

(3)에 Q_p서 $0.3Q_p$로 감소하는 데 걸리는 시간 t_k

$$t_k = 0.47\,(AL)^{0.25} \tag{6.3.3}$$

여기서 A는 유역면적(km^2)이다.

(4) 첨두유량

첨두유량은 유효강우량에 의한 총유출량이 [그림 6.3.1]에서 파선으로 나타낸 사각형 면적과 동일하다는 가정 하에서 산정된다.

$$Q_p\,(0.3t_p + t_k) = R_e A \tag{6.3.4}$$

이 식을 Q_p에 관해 정리하고 단위환산계수를 사용하여 나타내면 다음과 같다.

$$Q_p = \frac{0.2778R_e A}{0.3t_p + t_k} \tag{6.3.5}$$

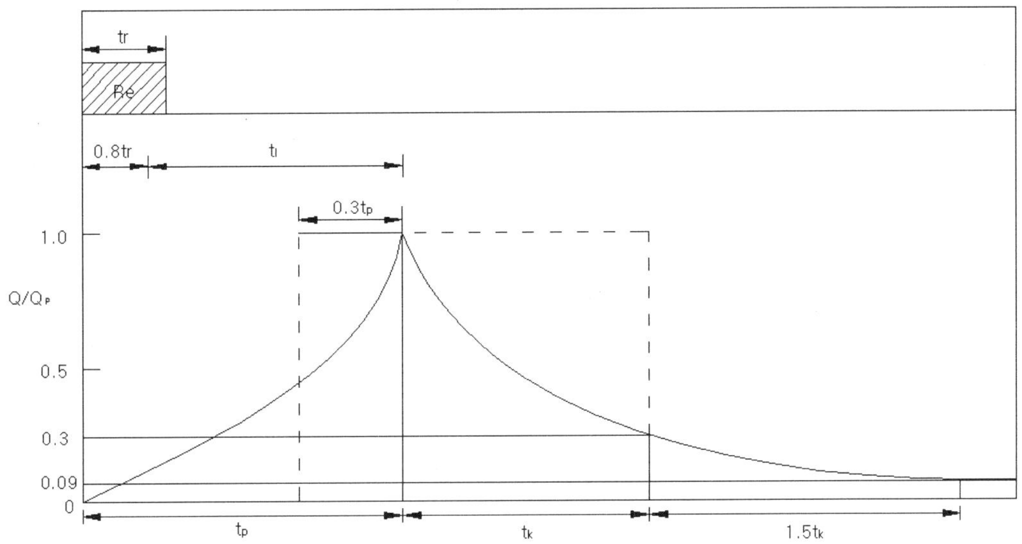

[그림 6.3.1] Nakayasu 종합단위도법 개념도

여기서 R_e는 유효강우량(10min)이다.

Nakayasu 종합단위도를 작성하는 데 필요한 인자를 이용하여 단위도의 상승부와 하강부로 구분하여 다음과 같이 수행한다.

상승부 곡선 :

$$\frac{Q}{Q_p} = (\frac{t}{t_p})^{2.4} \tag{6.3.6}$$

하강부 곡선 :

$$\frac{Q}{Q_p} = (0.3)^{\frac{t-t_p}{t_k}} \quad 0.3 \le \frac{Q}{Q_p} \le 1.0 \tag{6.3.7}$$

$$\frac{Q}{Q_p} = (0.3)^{\frac{t-t_p+0.5t_k}{1.5t_k}} \quad 0.3^2 \le \frac{Q}{Q_p} \le 0.3 \tag{6.3.8}$$

$$\frac{Q}{Q_p} = (0.3)^{\frac{t-t_p+1.5t_k}{2t_k}} \quad 0.3^2 \ge \frac{Q}{Q_p} \tag{6.3.9}$$

여기서 Q_p는 지속기간 t_r이고 유효강우량 R_e(mm)에 대한 단위도의 첨두유량(m^3/s)이다. 그리고 Q는 강우시점부터 임의 시각 t(hr)의 유량(m^3/s)이다. t_k, $1.5t_k$, $2.5t_k$는 각각 유량이 Q_p에서 $0.3Q_p$, $0.3Q_p$에서 $0.09Q_p$, $0.09Q_p$에서 $0.027Q_p$로 감소하는 데 걸리는 시간이다.

6.4 SCS 합성단위도법

이 방법은 미국 토양보존국에서 제안한 것으로 소유역의 홍수유출계산에 사용된다. 합성단위도를 작성하기 위해 첨두유량 Q_p와 첨두발생시간 t_p를 결정하고 무차원 수문곡선을 사용하여 단위도를 작성한다.

$$t_p = \frac{t_r}{2} + t_l \quad (6.4.1)$$

$$Q_p = \frac{2.083A}{t_p} \quad (6.4.2)$$

여기서 t_p는 첨두시간(hr), t_r은 강우지속시간(hr), t_l은 지체시간(hr), Q_p는 유효강우량 1cm에 대한 첨두유량(m^3/s)이다([그림 6.4.1] 참조).

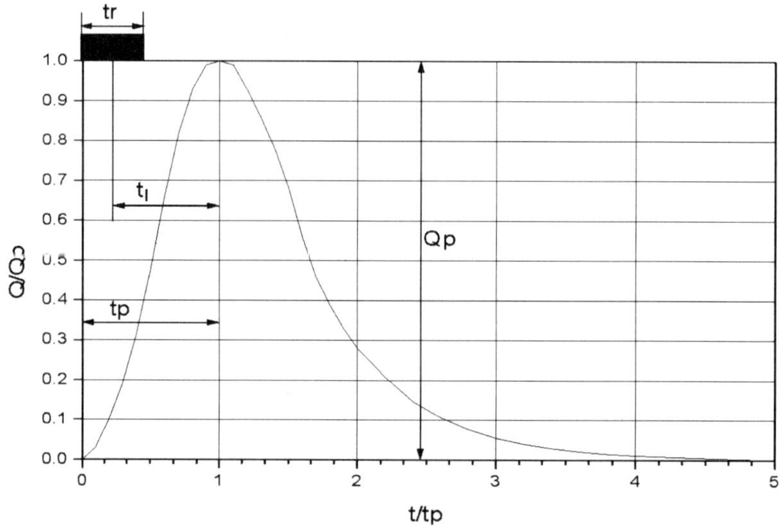

[그림 6.4.1] SCS의 무차원단위도

단위도의 Q_p와 t_p가 결정되면 무차원 단위유량도를 만들기 위해 Q/Q_p와 t/t_p의 비율을 사용하여 단위도를 합성한다. 지체시간 t_l은 유역면적이나 도달시간의 관계에 의한 식에 의해 결정된다. 우리나라의 경우에 여러 가지 공식들과 비교한 결과, McCuen 방법을 추천하고 있다.

$$t_l = 0.706 t_c \tag{6.4.3}$$

유역면적은 지체시간에 가장 큰 영향을 주는 인자인데 SCS에서 유역면적이 $8km^2$이하인 경우, 다음 식을 제안하였다.

$$t_l = \frac{L^{0.8}(2540 - 22.86\,CN)^{0.7}}{14104\,CN^{0.7}S^{0.5}} \tag{6.4.4}$$

여기서 L은 총유로연장(m), CN은 유출곡선지수, S는 유역경사이다.

6.5 수문학적 홍수추적(Hydrologic flood routing)

하도의 구간이나 저수지로 유입되는 유입수문곡선에 대해 유출수문곡선을 계산하는 것을 추적(routing)이라고 한다([그림 6.5.1] 참조). 하도의 구간이나 저수지로 유입되는 유량은 저류효과로 인하여 첨두유량이 감소되고 기저시간도 변화를 갖게 된다. 저류효과가 없는 이상적인 하도의 경우에 하도구간 하류점에서 유출수문곡선은 하도구간 상류에서 유입수문곡선을 시간적으로 평행이동한 것과 동일하다. 실제 상황에서는 저류효과와 평행이동 효과가 복합적으로 작용하기 때문에 유입수문곡선이 하도나 저수지를 통과하면서 그 형태가 변하는데 이 유출수문곡선을 추정하기 위한 추적방법들을 본 장에서 공부한다.

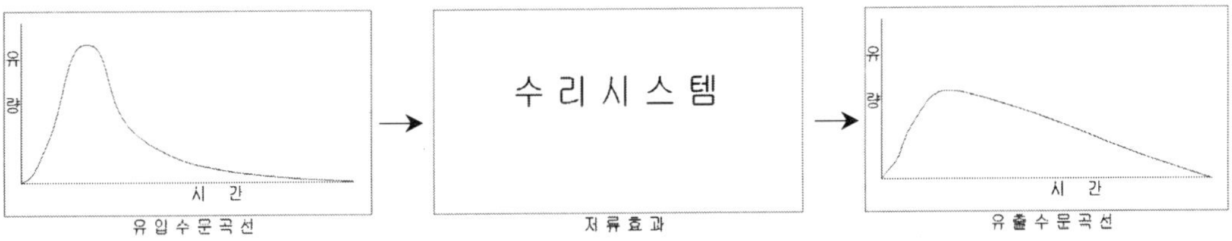

[그림 6.5.1] 홍수추적 과정

추적은 수리학적 추적과 수문학적 추적으로 분류할 수 있으며 전자는 비정상류흐름의 지배방정식을 수립하여 해를 구해야 한다. 지배방정식이 편미분방정식이므로 컴퓨터를 이용한 수치기법을 도입해야 한다. 이에 대한 사항은 다음 절에서 간단하게 기술된다. 후자는 저수지나 하도구간에 질량보존의 법칙(연속방정식, continuity equation))을 적용하는데 연속방정식의 적용대상구간이 하도구간, 저수지구간, 유역인가에 따라서 하도추적, 저수지추적, 유역추적으로 구분된다.

하도구간이나 저수지에 질량보존의 법칙을 적용한다는 것은 임의 시간에 대해 유입량과 유출량의 차이는 저류량의 변화율과 같다는 의미이다. 이를 식으로 표시하면,

$$\bar{I} - \bar{O} = \frac{\Delta S}{\Delta t} \tag{6.5.1}$$

여기서 $\bar{I}$, $\bar{O}$, ΔS는 각각 Δt시간 동안의 평균유입량, 평균유출량, 저류량의 변화이다. Δt시간의 시작과 끝을 1과 2로 표시하여 식 (6.5.1)을 풀어서 표시하면 다음과 같다.

$$\frac{I_2 + I_1}{2} - \frac{O_2 + O_1}{2} = \frac{S_2 - S_1}{\Delta t} \tag{6.5.2}$$

이 식을 연속방정식 또는 저류방정식(storage equation)이라 한다. 이 식에서 미지의 변수는 O_2와 S_2이므로 해를 구하기 위해서 2개의 방정식이 필요하다. 저류량과 유출량의 관계식을 추가하여 해를 구한다. 그리고 추적기간 Δt 동안 수문곡선을 직선으로 가정하였기 때문에 하천구간의 유하시간보다 커서는 안 되고 보통 유하시간의 1/3~1/2로 선택한다.

저류량과 유출량의 관계는 저수지 표고별 저류량과 표고별 유출량을 구한 후에 표고를 기준으로 저류량과 유출량의 관계를 수립할 수 있다. 저수지 표고별 저류량은 저수지의 지형도로부터 등고선 내의 면적을 구하고 이를 등고선의 평균 높이로 곱하여 부피를 구한 다음, 이를 연속적으로 시행함으로써 저수지의 표고에 따라 저수량의 관계를 구할 수 있다.

저수지 표고와 유출량 관계는 저수지의 여수로 형태에 따라 적용된다. 여수로의 수문이 없는 경우에는 다음과 같다.

$$O = CLH^{3/2} \tag{6.5.3}$$

여기서 O는 유출량(m^3/s), C는 유량계수, L은 여수로 폭(m), H는 여수로에서의 수두(m)이다. 수문이 있는 경우는,

$$O = \frac{2}{3}\sqrt{2g}CL(H_1^{3/2} - H_2^{3/2}) \tag{6.5.4}$$

이다. 여기서 H_1은 여수로에서의 수두, H_2는 수문 하단부에서의 수두이다. 방류수로인 경우는,

$$O = C_0 A\sqrt{2gH_0} \tag{6.5.5}$$

이다. 여기서 C_0는 오리피스의 유량계수, A는 방류수로의 단면적(m^2), H_0는 방수로의 중심에서의 전수두이다.

자연하도에서의 저류량과 유출량 관계는 지형도를 사용하여 저수지와 같은 방법으로 결정할 수 있다. 만일 추적구간의 유입지점과 유출지점에서의 유입수문곡선과 유출수문곡선의 자료가 있는 경우에는 유입량과 유출량의 차가 저류량이므로 이를 누가해서 결정할 수 있다.

6.5.1 저수지 추적

앞에서 기술된 연속방정식, 저류량과 유출량의 관계로부터 저수지 추적이 가능하다. 추적기간 동안에 유입량 I_1과 I_2, 초기유출량 O_1, 초기저류량 S_1은 기지값이고 미지값은 O_2와 S_2이다. 연속방정식 (6.5.2)를 미지항과 기지항으로 구분하여 정리하면,

$$I_1 + I_2 + \left(\frac{2S_1}{\Delta t} - O_1\right) = \left(\frac{2S_2}{\Delta t} + O_2\right) \tag{6.5.6}$$

이다. 미지항인 우변에서 유출량 O_2를 구해야 한다. 이를 구하기 위해 앞에서 기술된 저류량과 유출량 관계로부터 $\frac{2S}{\Delta t} + O$값과 유출량 O값을 그림으로 작성해 놓고 식 (6.5.6)의 좌변값을 알고 있기 때문에 즉, 기지값 $\frac{2S_2}{\Delta t} + O_2$에 해당하는 O_2의 값을 그림에서 읽어 구할 수 있다. 이와 같이 구한 O_2와 S_2는 추적기간 다음 단계의 O_1과 S_1이 된다. 이로부터 식 (6.5.6)의 좌변값은 기지값이므로 동일한 방법으로 새로운 O_2와 S_2를 구하면서 반복하면 유출수문곡선을 구할 수 있다.

식 (6.5.6)은 저수지에 수문이 없는 단순한 여수로에 대한 것이며 만일 여수로에 수문이 있는 경우에 수문의 개방정도 O_R을 반영하여 다음과 같이 식을 구성한다.

$$I_1 + I_2 - O_R + \left(\frac{2S_1}{\Delta t} - O_1\right) = \left(\frac{2S_2}{\Delta t} + O_2\right) \tag{6.5.7}$$

여기서 O_R은 Δt시간 동안에 수문을 통해서 흐르는 유량이며 수문을 통해서 흐르는 유량 산정공식에 의해 계산할 수 있다.

추적기간 Δt는 유하시간보다 짧게 하는 것이 일반적이며 저수지 추적의 경우에 상류 하천에서 유입수문곡선의 유하시간을 계산하면 된다. 미국 SCS에서 제시하는 유하시간 계산공식은 다음과 같다.

$$t_f = \frac{1}{3600}\frac{L}{V} = \frac{1}{3600}\frac{L}{Q/A} \qquad (6.5.8)$$

여기서 t_f는 유하시간(hr), L은 하천 구간의 길이(m), Q는 하천단면적 $A(m^2)$를 통해서 흐르는 유량(m^3/s)이다.

식 (6.5.6)을 이용하여 유입수문곡선으로부터 유출수문곡선을 구하는 방법을 저류지시법(storage indication method), 혹은 수정 Plus 방법(modified plus method)이라고 한다. Plus 방법은 식 (6.5.2)를 다음과 같이 수정된 식을 이용하여 저수지 추적을 하는 경우이다.

$$\frac{I_2 + I_1}{2}\Delta t + S_1 - \frac{O_1}{2}\Delta t = S_2 + \frac{O_2}{2}\Delta t \qquad (6.5.9)$$

식(6.5.9)의 단위는 저류량인 m^3이고, 식 (6.5.6)의 단위는 유량인 m^3/s이다. 추적 방법은 동일하므로 여기서는 저류지시법에 의한 계산과정을 설명하려고 한다.

(1) 여수로와 저수지의 지형도로부터 여수로를 통한 유출량과 저수지 수위 관계, 저수지의 지형도로부터 저수지 수위와 저류량 관계를 구한다.

(2) (1)에서 구한 결과를 이용하여 저류량과 유출량 관계를 구하고 이 관계에 대한 그림을 그린다.

(3) (2)에서 구한 저류량과 유출량 관계를 이용하여 $\frac{2S}{\Delta t} - O$, $\frac{2S}{\Delta t}$, $\frac{2S}{\Delta t} + O$의 값(가로축)을 구하여 유출량 O값(세로축)에 대해 그림을 그린다.

(4) $I_1 + I_2$와 $\frac{2S_1}{\Delta t} - O_1$을 합한 값이 $\frac{2S_2}{\Delta t} + O_2$가 된다. (3)에서 그린 그림을 이용하여 O_1에 해당하는 $\frac{2S_1}{\Delta t} - O_1$값을 읽으면 $I_1 + I_2 + (\frac{2S_1}{\Delta t} - O_1)$을 계산할 수 있으며 이 값이 $\frac{2S_2}{\Delta t} + O_2$이다. 그림에서 $\frac{2S_2}{\Delta t} + O_2$에 해당하는 O_2의 값을 찾는다.

(5) (4)에서 구한 O_2값이 다음 추적 단계에서 O_1이 되므로 이 과정을 계속해서 반복하면 새로운 O_2가 결정되어 유출수문곡선을 알 수 있다.

[문제 6.5.1] 저수지로 유입되는 수문곡선과 표고에 따른 저수지 저류량이 각각 아래 표에 주어져 있다. 저수지 여수로에서의 유출량은 $Q = 1.7LH^{3/2}$ 이다. 저수지에서의 유출수문곡선을 추적하여라. 단, 여수로의 폭은 35m이고 여수로 마루높이는 80m이다.

유입수문곡선 :

시간(days)	0	0.5	1.0	1.5	2.0	2.5	3.0	3.5	4.0
유량(m^3/s)	0	70	185	360	480	300	165	80	0

표고별 저류량 :

표고 (m)	80.0	80.5	81.0	81.5	82.0	82.5	83.0	83.5
저류량($10^3 \times m^3$)	231	247	277	313	353	400	452	509

6.5.2 하도추적

저수지에서 저류량과 유출량의 관계는 저수지 수면을 수평으로 가정하였기 때문에 저류량은 유출량에 의해 결정된다. 그러나 자연하도의 경우에 하도구간에서 저류량이 단지 유출량에만 의존되지 않기 때문에 저수지 추적과 다르다. 하도구간에서 유입량과 유출량에 따라서 수위가 상승하거나 하강함으로써 저류량은 유입량과 유출량의 함수가 된다.

자연하도에서 저류량은 수문곡선의 상승 부분 또는 하강 부분인가에 따라서 환형(環形, loop)을 형성한다. 이는 자연하도의 저류가 하상과 평행으로 되는 프리즘저류(prism storage)와 수면의 상승 혹은 하강으로 인한 쐐기저류(wedge storage)로 구성된다([그림 6.5.2]). 쐐기저류는 그림에서 보는 바와 같이 여러 가지 형태로 이루어지기 때문에 쐐기저류를 간단하게 정의할 수는 없다. 즉, 상승기에는 유출량이 증가하기 전에 상당한 양의 쐐기저류가 존재한다. 하강 시에는 유출량보다는 유입량이 급격히 감소하여 쐐기저류는 음의 값이 된다. 하도에서 수문학적 홍수추적은 쐐기저류량을 나타내는 유출량과 저류량의 관계가 필요하다. 이와 같은 관계를 이용한 하도추적에 사용되는 Muskingum 방법을 소개한다.

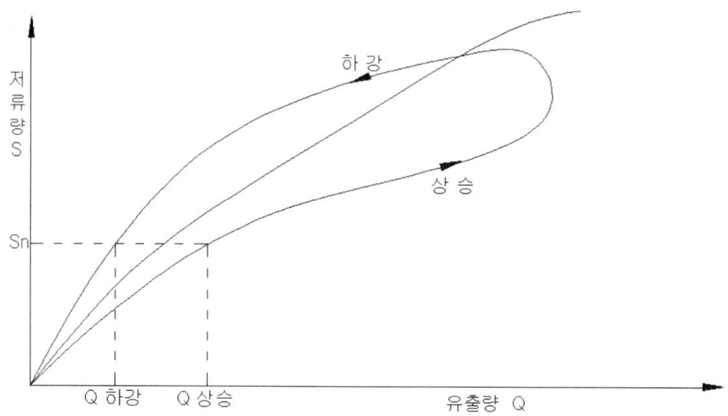

(a) 저류량과 유출량 곡선

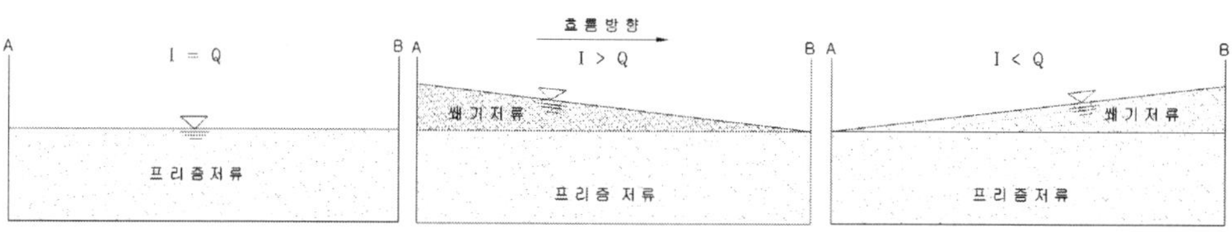

(b) 프리즘저류와 쐐기저류

[그림 6.5.2] 자연하도에서 저류 형태

Muskingum 방법은 McCarthy(1938)에 의해 개발된 방법으로 저류량이 유입량 및 유출량의 관계와 연속방정식을 이용하여 유도된 것이다. 기하학적으로 균일한 하도구간을 선택하고 하도의 상류부에서 유입량과 저류량이 수심으로 표현된다고 가정하면,

$$I = ay^n \tag{6.5.10a}$$

$$S_i = by^m \tag{6.5.10b}$$

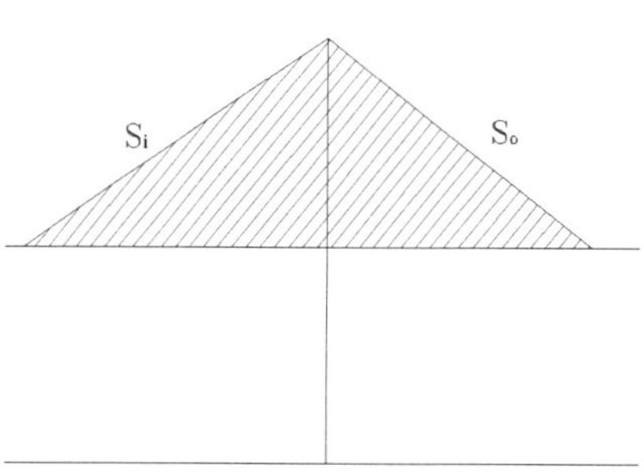

[그림 6.5.3] Muskingum 방법에서의 저류량

이다. 여기서 I는 유입량, S_i는 상류에서 저류량, y는 수심, a와 n은 수위-유량 관계($Q = ay^n$)에서의 계수, b와 m은 수위-저류량 관계($S = by^m$)에서 계수이다. 같은 방법으로 하류부에서 유출량과 저류량을 수심으로 나타내면 다음과 같다.

$$O = ay^n \tag{6.5.11a}$$

$$S_o = by^m \tag{6.5.11b}$$

여기서 O는 유출량, S_o는 하류에서의 저류량이다. [그림 6.5.3]에서 하도의 저류량을 구하기 위하여 식 (6.5.10)과 (6.5.11)로부터 상류와 하류의 저류량 S_i와 S_o를 우선 구한다.

$$S_i = b\,(I/a\,)^{m/n} \tag{6.5.12a}$$

$$S_o = b\,(O/a\,)^{m/n} \tag{6.5.12b}$$

[그림 6.5.3]에서 저류량의 형태는 유입량과 유출량의 기여도에 따라서 다르게 나타나므로 유입량과 유출량에 가중치를 부여하여 나타낸다.

$$S = XS_i + (1 - X)S_o \tag{6.5.13a}$$

$$= \frac{b}{a}\,[XI^{m/n} + (1 - X)\,O^{m/n}] \tag{6.5.13b}$$

Muskingum 방법에서 $b/a = K$로 놓고 K를 저류상수(hr)라 하고 m/n = 1로 가정하였다. 즉,

$$S = K[XI + (1 - X)\,O] \tag{6.5.14}$$

가 된다. 여기서 X값은 수위의 상승이나 하강에 관계없이 일정하게 선택되어야 하며 저수지의 경우에는 저류량이 단순히 유출량에만 의존하기 때문에 $X = 0$이 되나 하도에서 홍수파가 이동하는 경우에는 $X = 0.5$의 값을 갖는다. 그러므로 $0 \le X \le 0.5$의 값을 가지며 추적구간에서 유입수문곡선과 유출수문곡선의 자료로부터 얻을 수 있다. K는 식 (6.5.14)에서 보는 바와 같이 시간의 차원을 가지며 저류량과 유량과의 그림에서 기울기에 해당되는 값이다. 일반적으로 홍수파의 분석에 의하면 홍수의 유하시간과 같다고 한다. 홍수의 유하시간은 홍수파의 질량 중심이 추적구간 상류지점을 통과하여 하류지점까지 도달하는 데 걸리는 시간을 의미한다. 보통 홍수의 유하시간의 근삿값으로서 첨두유량이 추적구간 상하류를 통과할 때의 시간을 사용하기도 한다. 관측자료가 있을 경우에 식 (6.5.14)는 다음과 같이 추적기간 Δt 동안의 시점과 종점을 고려하여 나타낼 수 있다.

$$S_2 - S_1 = K[X(I_2 - I_1) + (1 - X)(O_2 - O_1)] \tag{6.5.15}$$

이 식을 연속방정식인 (6.5.2)에 대입하여 O_2에 관해 정리하면,

$$O_2 = C_0 I_2 + C_1 I_1 + C_2 O_1 \tag{6.5.16}$$

이다. 여기서,

$$C_0 = -\frac{KX - 0.5\Delta t}{K - KX + 0.5\Delta t} \tag{6.5.17a}$$

$$C_1 = \frac{KX + 0.5\Delta t}{K - KX + 0.5\Delta t} \tag{6.5.17b}$$

$$C_2 = \frac{K - KX - 0.5\Delta t}{K - KX + 0.5\Delta t} \tag{6.5.17c}$$

$$C_0 + C_1 + C_2 = 1$$

홍수추적기간 Δt는 K보다는 작고, $2KX$보다 크게 선정되어야 한다. 만일 선정된 Δt값이 너무 크면 구간을 n개로 구분하여 $\Delta t = K/n$로 선택하여도 된다. Muskingum 방법에 의해 하도추적을 실시할 때 I_1, I_2, O_1, Δt는 기지값이고 K와 X는 기존의 홍수자료에 의해 결정되면 식 (6.5.16)에 의해 홍수추적을 할 수 있다.

Muskingum 방법에서 저류상수 K와 가중값 X를 산정하기 위해서 유입수문곡선과 유출수문곡선이 있는 경우에 X값을 가정하고 시간 구간별로 평균 저류량($\bar{S} = \bar{I} - \bar{O}$)을 계산한다. 이를 누가하여 누가 저류량을 계산하고 가정된 X에 대해 가중 저류량 $XI + (1 - X)O$를 계산한다. 이들을 세로축에 X값을 가로축에 $XI + (1 - X)O$값을 도시한다. X값을 변경해 가면서 도시된 그림이 직선에 가까운 X값을 찾고 그 때의 기울기가 K값이 된다.

[예제 6.5.1] 하도구간에서 유입수문곡선이 다음과 같이 주어졌을 때 하도추적을 실시하여라. 이 때 $X = 0.2$, $K = 2$day로 가정하고 추적기간 $\Delta t = 1$day로 하며 1일의 유입량과 유출량은 동일하다고 가정한다.

풀이

식(6.5.17)에서 C_0, C_1, C_2를 계산한다. 이 식의 분모는 $K - KX + 0.5\Delta t = 2.1$이다.

$$C_0 = -\frac{2(0.2) - 0.5(1)}{2.1} = 0.0476$$

$$C_1 = \frac{2(0.2) + 0.5(1)}{2.1} = 0.4286$$

$$C_2 = \frac{2 - 2(0.2) - 0.5(1)}{2.1} = 0.5238$$

$$C_0 + C_1 + C_2 = 0.0476 + 0.4286 + 0.5237 = 0.9999 \approx 1$$

계수값을 식 (6.5.16)에 대입하면,

$O_2 = (0.0476)I_2 + (0.4286)I_1 + (0.5238)O_1$

이다. $t = 1$day일 때 $O_1 = I_1 = 4000$ cms

$t = 2$day일 때 $O_2 = (0.0476)7000 + (0.4286)4000 + (0.5238)4000 = 4143$ cms

$t = 3$day일 때 $O_2 = (0.0476)11000 + (0.4286)7000 + (0.5238)4143 = 5694$ cms

이와 같은 방법으로 $t = 20$day까지 반복 수행하면 유출량은 표와 같다.

시간(day)	유입량(cms)	유출량(cms)
1	4,000	4,000
2	7,000	4,143
3	11,000	5,694
4	17,000	8,506
5	22,000	12,789
6	27,000	17,413
7	30,000	22,121
8	28,000	25,778
9	25,000	26,693
10	23,000	25,792
11	20,000	24,319
12	17,000	22,120
13	14,000	19,539
14	11,000	16,758
15	8,000	13,873
16	5,000	10,934
17	4,000	8,061
18	4,000	6,127
19	4,000	5,114
20	4,000	4,583

참고로 유입수문곡선에서 최대유량의 시간은 7day이고 유출수문곡선에서 최대유량의 시간은 9day이다. 2일의 지체가 발생되었는데 이는 저류상수 K와 같음을 알 수 있다. 즉, 홍수파의 이동시간과 근사적으로 같음을 알 수 있다. 그러므로 유입, 유출수문곡선이 없는 경우에는 일반적으로 홍수파의 이동시간을 K로 가정하여 사용할 수 있으며 이 때 $X = 0.2$를 선택하여 사용한다.

[문제 6.5.2] 어느 하천 구간에서 측정된 유입량, 유출량이 다음 표에 주어져 있다. 이 하도에서 Muskingum 방법에 의해 하도추적을 수행하기 위한 저류상수 K와 X를 결정하여라.

시간(days)	평균유입량(cms)	평균유출량(cms)
1	59	42
2	93	70
3	129	76
4	205	142
5	210	183
6	234	185
7	325	213
8	554	293
9	627	397
10	526	487
11	432	533
12	400	487
13	388	446
14	270	400
15	162	360
16	124	230
17	102	140
18	81	115
19	60	93
20	51	71

6.5.3 유역추적

유역은 가상적인 저수지와 자연하도로 구성되어 있다고 할 수 있으므로 앞에서 기술된 자연하도에서 수문곡선을 추적하는 개념을 도입하여 수행할 수 있다. 유역에서 지표면 유출은 물이 흐르기 위해 적정한 수심이 필요하기 때문에 이 수심으로 인한 물의 양은 유역의 저수지 역할에 의한 저류량이라고 할 수 있다. 하도의 저류량, 복류수 등도 지표면 유출과 같이 유효강우를 일시적으로 저류한다고 볼 수 있으므로 저류효과에 의해 유역은 가상적인 저수지라고 가정할 수 있다.

유역은 하도와 같이 수문곡선의 평행이동 역할을 한다고 가정할 수 있다. 유역 내에 존재하는 하도 또는 지표면 유출에서의 흐름 상태는 수문곡선을 유하시간 만큼 평행이동의 역할을 하는 것으로 볼 수 있으므로 유역의 유효강우에 대한 반응은 하도에서 추적과 유사하다. 이와 같이 저수지와 자연하도에 대한 유역의 상사성을 이용하여 유효강우량을 입력으로 추적을 실시하여 유역의 유출수문곡선을 얻는 것을 유역추적이라고 한다.

유역추적에 널리 사용되는 방법 중의 하나가 Clark 유역추적 방법이다. 미계측 유역의 홍수량을 산정하기 위해 Clark 유역추적 방법이 6.2절에서 기술되어 있다.

[문제 6.5.3] 유역면적이 151km^{2}인 유역을 등시간선에 의해 4개의 소유역으로 구분하였다. 유하시간 1시간 간격의 면적이 다음과 같다.

유하시간(hr)	1	2	3	4
유역면적(km^2)	12	23	61	55

수문곡선을 분석한 결과, 변곡점에서 유량은 221m^3/s이고 기울기는 −80m^3/s/hr였다. 이 수문곡선의 기저유량은 10m^3/s였다고 할 때 Clark 방법에 의해 2hr, 4hr 단위유량도를 구하여라.

6.6 수리학적 홍수추적

홍수추적은 개수로의 비정상류 흐름을 지배하는 공식인 연속방정식과 운동량 공식을 적용(Saint-Venant 식)하여 해석할 수 있다. 연속방정식은 [그림 6.6.1]에서 보는 바와 같이 Δx 구간의 유입량과 유출량의 차이는 저류량의 변화와 같은 질량보존의 법칙을 적용하여 구한다.

$$\left(Q+\frac{\partial Q}{\partial x}\frac{\Delta x}{2}\right)-\left(Q-\frac{\partial Q}{\partial x}\frac{\Delta x}{2}+i\Delta x\right)=\frac{\partial A}{\partial t}\Delta x$$

$$\frac{\partial Q}{\partial x}+\frac{\partial A}{\partial t}=i \tag{6.6.1}$$

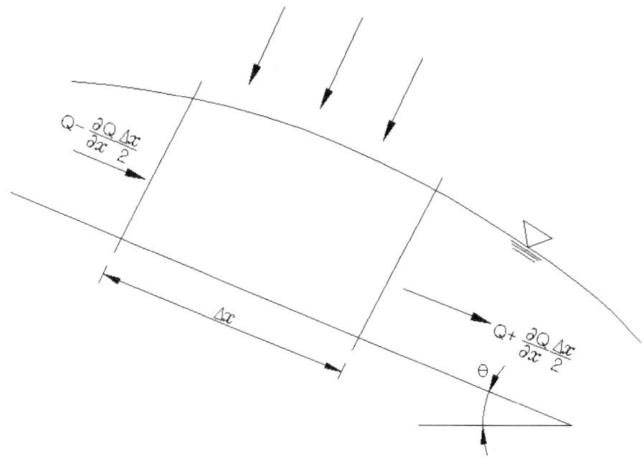

[그림 6.6.1] 연속방정식의 유도

이 식을 연속방정식이라고 하며 균일 수로(prismatic channel)와 비균일 수로에 적용이 가능하다. 이 식에서 유량 Q를 유속의 항으로 바꾸면 즉, $Q = AV$를 대입하여 정리하면 다음과 같다.

$$A\frac{\partial V}{\partial x} + V\frac{\partial A}{\partial x} + \frac{\partial A}{\partial t} = i \tag{6.6.2}$$

하천에서 단위폭당 유량을 고려하면 $A = y$이므로 이를 대입하여 정리하면,

$$y\frac{\partial V}{\partial x} + V\frac{\partial y}{\partial x} + \frac{\partial y}{\partial t} = i \tag{6.6.3}$$

이다. 이 식에서 V와 y는 미지수이므로 이에 대한 해를 구하기 위해서는 또 다른 하나의 식이 더 필요하다.

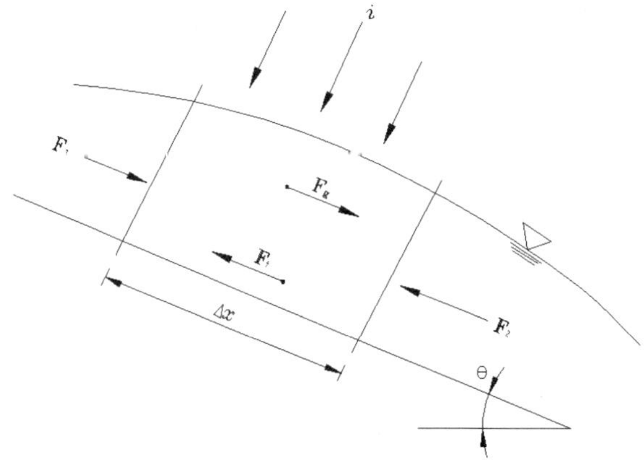

[그림 6.6.2] 운동량 방정식의 유도

[그림 6.6.2]의 Δx 구간에 Newton의 제 2법칙을 적용하여 운동량방정식을 유도할 수 있다. 즉 그림에서 Δx 구간에 작용하는 힘의 합은 운동량의 변화율과 같다는 법칙을 적용할 수 있다. 이 때 Δx 구간에 작용하는 힘은 압력에 의한 힘, 중력에 의한 힘, 저항(마찰)에 의한 힘이 작용한다. 여기서 유입량 i에 의한 운동량의 변화는 없다고 가정한다. 압력에 의한 힘을 구할 때 정수압 분포를 한다고 가정하면 압력에 의한 힘은,

$$F_1 = \gamma [\bar{y} A - \frac{\partial}{\partial x}(\bar{y} A)\frac{\Delta x}{2}] \tag{6.6.4a}$$

$$F_2 = \gamma [\bar{y} A + \frac{\partial}{\partial x}(\bar{y} A)\frac{\Delta x}{2}] \tag{6.6.4b}$$

이다. 여기서 γ는 물의 단위 중량, $\bar{y}$는 면적의 무게 중심까지의 거리이다. 정수압의 차($F_1 - F_2$)는 다음과 같다.

$$F_1 - F_2 = -\gamma \frac{\partial(\bar{y} A)}{\partial x}\Delta x \tag{6.6.5}$$

중력에 의한 힘을 흐름 방향에 대한 힘으로 바꾸면,

$$F_g = \gamma A \Delta x \sin\theta = \gamma A S_0 \Delta x \tag{6.6.6}$$

이다. [그림 6.6.2]에서 하상 경사가 작다고 가정하면 $S_0 = tan\theta \approx sin\theta$이다. 그리고 마찰에 의한 힘 $F_f = \tau_0 P \Delta x$이다. 여기서 τ_0는 바닥에서의 전단응력이며 $\tau_0 = \gamma R S_f = \gamma (A/P) S_f$이고 P는 윤변, S_f는 마찰경사이다. 이를 고려하여 마찰력 F_f를 나타내면,

$$F_f = \gamma A S_f \Delta x \tag{6.6.7}$$

[그림 6.6.2]의 검사체적에 작용하는 모든 힘은,

$$\sum F = F_1 - F_2 + F_g - F_f = -\gamma \frac{\partial \bar{y} A}{\partial x}\Delta x + \gamma A S_0 \Delta x - \gamma A S_f \Delta x \tag{6.6.8}$$

이다. 이는 Δx 구간의 운동량 변화율과 같다. 질량 m에 대한 운동량 변화율은,

$$\frac{d}{dt}(m V) = m\frac{dV}{dt} + V\frac{dm}{dt} \tag{6.6.9}$$

이다. Δx 구간에 유입하는 i는 x방향으로 속도의 변화가 없다고 가정하면 dm/dt항은 다음과 같이 표현할 수 있다.

$$\frac{dm}{dt} = \rho i \Delta x \tag{6.6.10}$$

식(6.6.10)을 (6.6.9)에 대입하여 정리하면,

$$\frac{d}{dt}(mV) = \rho A\Delta x\frac{dV}{dt} + \rho iV\Delta x = \rho A\Delta x\left(\frac{\partial V}{\partial t} + V\frac{\partial V}{\partial x}\right) + \rho iV\Delta x \tag{6.6.11}$$

식(6.6.11)과 (6.6.8)은 같다고 놓을 수 있으므로,

$$\frac{\partial V}{\partial t} + V\frac{\partial V}{\partial x} + \frac{g}{A}\frac{\partial(\bar{y}A)}{\partial x} = g(S_0 - S_f) - \frac{Vi}{A} \tag{6.6.12}$$

이며, 단위 폭에 대한 식으로 나타내면,

$$\frac{\partial V}{\partial t} + V\frac{\partial V}{\partial x} + g\frac{\partial y}{\partial x} = g(S_0 - S_f) - \frac{Vi}{y} \tag{6.6.13}$$

이 식을 비정상류의 운동량 공식이라고 한다. 만일 하천의 양안으로부터 운동량의 변화를 줄 만한 유입량(예를 들어 지하수 유입이나 지표면 흐름)이 있다면 연속방정식인 식 (6.6.3)과 운동량방정식인 식 (6.6.13)은 다음과 같이 나타낼 수 있다.

$$y\frac{\partial V}{\partial x} + V\frac{\partial y}{\partial x} + \frac{\partial y}{\partial t} = i + \frac{2q_L}{b} \tag{6.6.14}$$

$$\frac{\partial V}{\partial t} + V\frac{\partial V}{\partial x} + g\frac{\partial y}{\partial x} = g(S_0 - S_f) - [i + \frac{2q_L}{b}]\frac{V}{y} \tag{6.6.15}$$

여기서 q_L은 단위길이당 유입량이고 b는 하도의 폭이다.

하천에서의 비정상류 흐름에 대한 연속방정식과 운동량방정식을 유도하였다. 비정상류 흐름에 작용하는 중요한 힘은 관성력, 압력, 중력, 마찰력이다. 비정상류의 운동량 방정식에는 이들 항이 포함되어 있으며 유입량이 없는 경우에 각 항의 물리적 의미를 <표 6.6.1>에 제시하였다. 국부가속항은 시간에 대한 유속변화에 의한 운동량의 변화를 설명하고 이송가속항은 수로를 따라 공간적인 유속변화에 의한 운동량 변화를 설명하고 있으며 국부가속항과 이송가속항은 관성력을 나타낸다. 압력항은 수로를 따라 수심의 변화에 비례하는 운동량을 나타내고 중력항은 하상경사에 비례하는 운동량, 마찰항은 마찰경사에 비례하는 운동량을 나타낸다.

<표 6.6.1>에 Saint-Venant 식을 지배하는 힘에 따라서 분류하였다. 자연하천 흐름에서 지배적인 힘이 중력과 마찰력이라면 관성력과 압력을 무시할 수 있다. 이와 같은 흐름을 운동파(kinematic wave)라고 부른다. 운동파에서는 중력과 마찰력이 평형($S_0 = S_f$)을 이루어 등류가 형성된다. 따라서 홍수파 모양의 변화가 없고 첨두의 감쇠없이 하류방향으로만 흐른다. 운동파도 동역학파와 같이 시간-공간 평면에서 특성곡선으로 나타낼 수 있으나 파의 하류방향인 1방향 특성곡선만 존재한다. 여기서 배수나 역류가 발생하지 않고 급경사 수로에 적용될 수 있다.

〈표 6.6.1〉 Saint-Venant 식

연속방정식

- 보전형 $\dfrac{\partial Q}{\partial x} + \dfrac{\partial A}{\partial t} = 0$
- 비보전형 $\dfrac{\partial y}{\partial t} + V\dfrac{\partial y}{\partial x} + y\dfrac{\partial V}{\partial x} = 0$

운동량방정식

- 보전형 $\dfrac{1}{A}\dfrac{\partial Q}{\partial t} + \dfrac{1}{A}\dfrac{\partial}{\partial x}\left(\dfrac{Q^2}{A}\right) + g\dfrac{\partial y}{\partial x} - g(S_0 - S_f) = 0$

  국부 가속도 / 이송 가속도 / 압력항 / 중력항 / 마찰항

- 비보전형 $\dfrac{\partial V}{\partial t} + V\dfrac{\partial V}{\partial x} + g\dfrac{\partial y}{\partial x} - g(S_0 - S_f) = 0$

------- 운동파모형(정상등류)

------------- 확산파모형(정상부등류)

------------------------- 동역학파모형(비정상부등류)

에너지경사선은 수로바닥과 평행이고 짧은 구간에서 정상등류 흐름이 된다.

하천 흐름에서 지배적인 힘이 압력, 중력, 마찰력인 경우에 관성력을 무시할 경우의 흐름을 확산파(diffusion wave)라고 한다. 확산파는 홍수파의 감쇠를 고려하므로 흐름은 정상부등류이다.

동역학파에는 압력, 중력, 마찰력, 관성항 모두를 고려하여 해석하는 모형이다. 홍수파의 감쇠와 常流에서 유량이나 수위의 변화가 上流로 전파되는 배수현상도 동역학파를 이용하여 해석한다. 이 흐름은 에너지경사선과 수면경사가 짧은 구간에서 수로바닥과 평행하지 않은 비정상부등류이다.

수리학적 홍수추적을 위해서 Saint-Venant 식의 해를 구해야 한다. <표 6.6.1>에서 본 바와 같이 지배방정식이 편미분방정식의 형태이므로 컴퓨터를 이용한 수치기법을 이용해야 한다. 예를 들어 유한차분법의 Explicit 방법이나 Implicit 방법, 특성곡선법 등을 이용하여 해를 구할 수 있다. 본 절에서 이 기법에 대한 상세한 것은 생략하고, 제공되어지는 각종 프로그램을 이용하면 된다. 주로 이용되는 컴퓨터 프로그램으로는 DWOPER, UNET, FLDWAV 등이 있다. DWOPER 모형은 1970년대 초 미국 기상청에서 개발하여 여러 지역에서 적용된 모형이다. 1차원 개수로의 홍수파 거동을 모의할 수 있다. UNET 모형은 1차원 부정류 모의를 목적으로 미국 공병단에서 개발된 모형이다. 지류가 존재하는 복잡한 하도에 적용할 수 있다. FLDWAV 모형

은 DWOPER 모형에 댐붕괴 등의 해석을 할 수 있는 기능을 추가하여 미국 기상청에서 개발한 것이다.

6.7 홍수량 산정 : 프로그램 HYSIM

6.7.1 HYSIM프로그램 구동

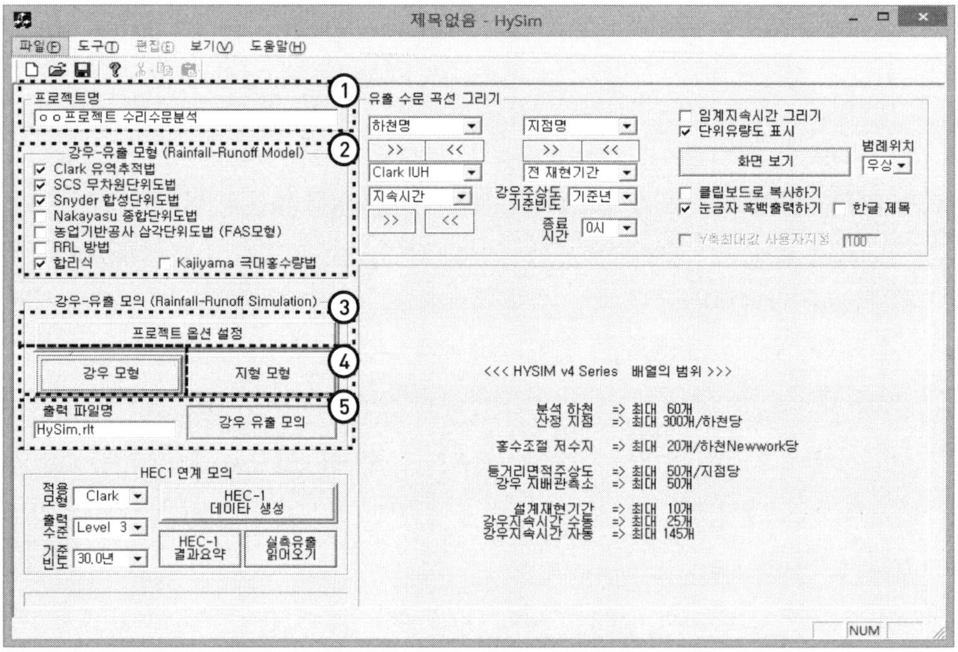

연번	항목	세부사항	비고
①	프로젝트명	프로젝트명 입력	
②	강우-유출 모형	홍수량 산정공식 채택	
③	프로젝트 옵션 설정	프로그램 구동에 필요한 매개변수 및 출력 옵션을 설정	
④	강우 모형	수문자료로 강우강도식, 시계열 등 입력	6.7.2~4 설명
⑤	지형 모형	지형인자값 입력	6.7.5 설명
⑥	강우 유출 모의	프로그램 구동	6.7.6~7 설명

6.7.2 강우모형 입력

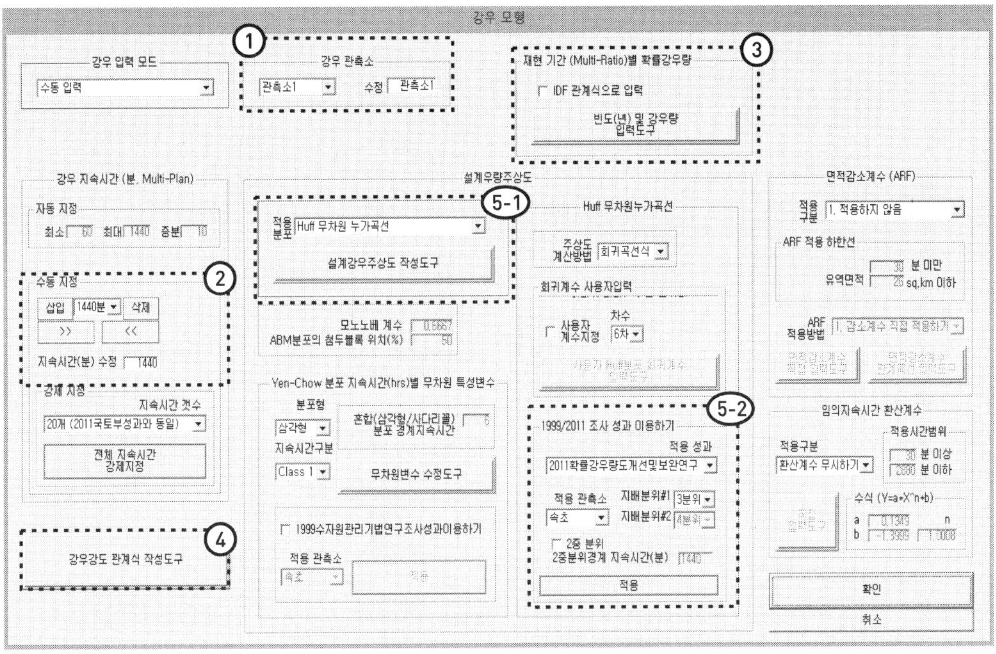

<table>
<tr><th colspan="2">연번</th><th>항목</th><th>세부사항</th><th>비고</th></tr>
<tr><td colspan="2">①</td><td>강우관측소</td><td>수정란에 관측소 명칭 입력</td><td></td></tr>
<tr><td colspan="2">②</td><td>강우지속시간</td><td>‘수동지정’에 필요한 개수만큼 삽입하고 ‘지속시간(분) 수정’을 입력</td><td>4.10 자료</td></tr>
<tr><td colspan="2">③</td><td>재현기간별 확률강우량</td><td>재현기간별 확률강우량 입력도구</td><td>6.7.3 설명</td></tr>
<tr><td colspan="2">④</td><td>강우강도 관계식 작성도구</td><td>강우강도식 공식 채택 및 매개변수 입력도구</td><td>6.7.4 설명</td></tr>
<tr><td rowspan="5">⑤</td><td>①</td><td>설계우량주상도 분포형</td><td>설계우량주상도 분포형 선택</td><td>HUFF 채택</td></tr>
<tr><td rowspan="4">②</td><td colspan="2">1. 2011확률강우량도개선 및 보완연구</td><td></td></tr>
<tr><td colspan="2">2. 적용 관측소(기상청) 선택</td><td>전주 채택</td></tr>
<tr><td colspan="2">3. 적용분위</td><td>3분위 채택</td></tr>
<tr><td colspan="2">4. ‘적용’ 클릭</td><td></td></tr>
</table>

6.7.3 재현기간별 확률강우량

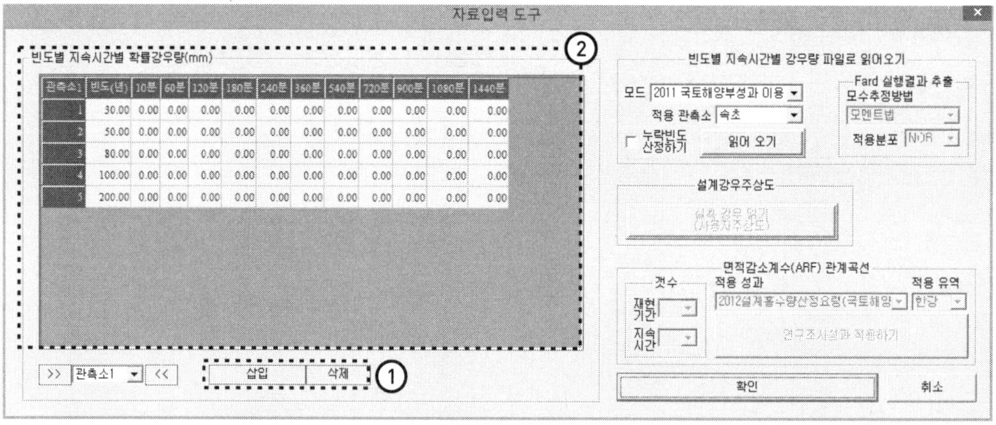

연번	항목	세부사항	비고
①	재현기간 항목	재현기간(빈도) 추가 및 삭제	
②	확률강우량 입력	빈도 및 확률강우량 입력	4.10 자료

- 4장에서 산정한 확률강우량 산정 (4.10 자료)

지속기간(분) / 빈 도(년)	10	60	120	180	240	360	540	720	900	1,080	1,440
10	22.2	64.1	84.2	98.4	112.1	133.7	156.0	166.4	175.1	182.1	193.3
20	24.4	72.7	95.4	111.7	127.8	153.1	179.3	190.4	199.8	207.6	219.9
30	25.6	77.6	101.9	119.3	136.8	164.2	192.7	204.2	213.9	222.2	235.1
50	27.2	83.8	110.0	128.9	148.0	178.1	209.5	221.5	231.7	240.5	254.2
80	28.7	89.4	117.4	137.7	158.3	190.8	224.8	237.3	247.9	257.2	271.7
100	29.4	92.1	120.9	141.9	163.2	196.9	232.1	244.8	255.6	265.2	280.0
150	30.6	97.0	127.2	149.4	172.1	207.8	245.3	258.4	269.5	279.6	295.0
200	31.5	100.4	131.7	154.7	178.4	215.6	254.6	268.0	279.4	289.8	305.6

6.7.4 강우강도 관계식 작성도구

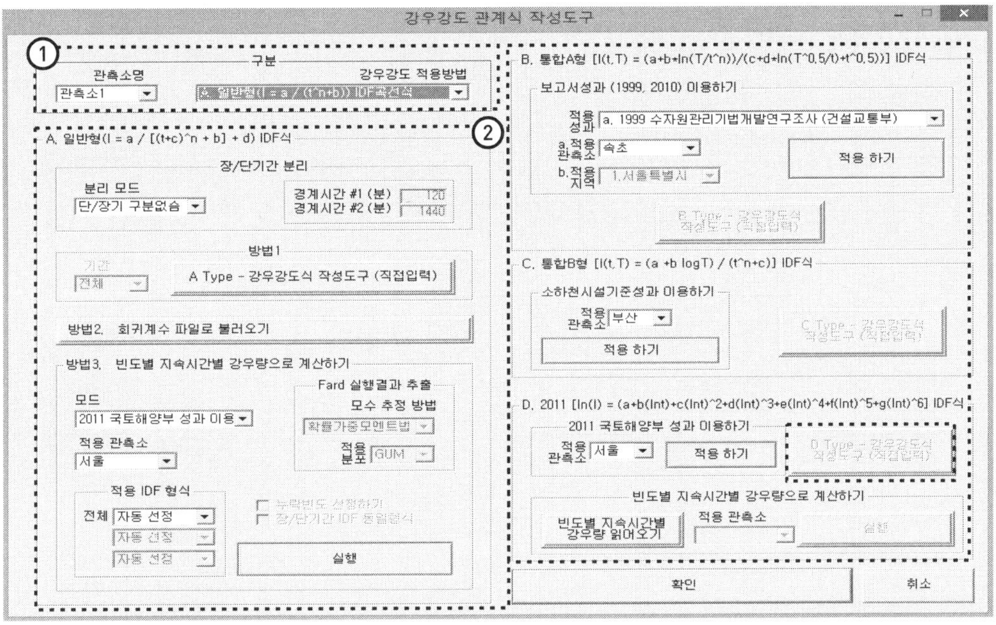

연번	항목	세부사항	비고
①	구분	강우강도 적용방법 채택	'TYPE D' 채택
②	강우강도식 매개변수 입력	'①' 항목에 따른 매개변수 입력	5.2.2 자료
③	'D TYPE' (직접입력)	강우강도식 매개변수 입력	

– 5장에서 산정한 확률강우량 산정 (5.2.2 결과 자료)

빈도	a	b	c	d	e	f	g	결정계수
10년	4.16084	−0.56853	−0.12322	0.09142	0.00972	−0.02176	0.00398	0.99999
20년	4.28677	−0.57064	−0.13001	0.10290	0.00929	−0.02401	0.00445	0.99999
30년	4.35203	−0.56573	−0.14151	0.11025	0.01108	−0.02617	0.00483	0.99999
50년	4.42890	−0.56335	−0.15072	0.11748	0.01228	−0.02809	0.00517	0.99999
80년	4.49358	−0.56077	−0.15687	0.12231	0.01310	−0.02942	0.00541	0.99999
100년	4.52334	−0.56231	−0.15625	0.12385	0.01257	−0.02955	0.00546	0.99999
150년	4.57518	−0.56540	−0.15568	0.12701	0.01165	−0.02985	0.00555	0.99999
200년	4.60965	−0.56507	−0.15708	0.12892	0.01167	−0.03027	0.00563	0.99999

6.7.5 지형인자

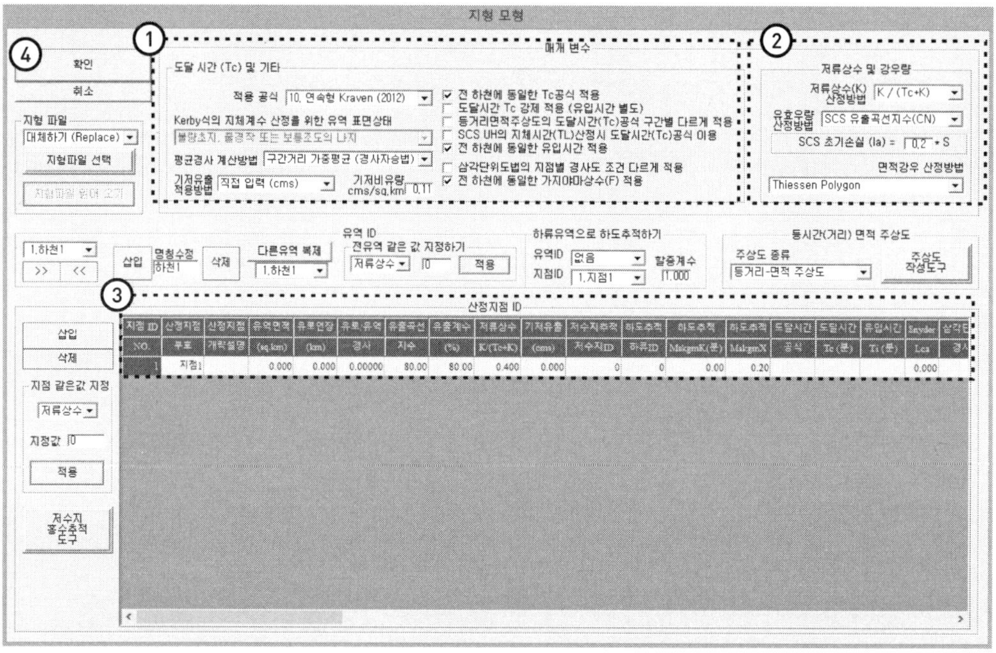

연번	항목	세부사항	비고
①	도달시간 및 기타	도달시간 산정공식 채택	연속형Kravan 채택
②	저류상수 및 유효우량 산정방법	저류상수 산정방법	Sabol 공식 채택
		유효우량 산정방법	SCS 유출지수 채택
③	지형인자입력	유역면적, 유로연장, 경사, 유출곡선, 유출계수(합리식), 티센계수입력	
④	확인	지형인자 입력후 '확인'클릭	

- HYSIM 지형인자 입력자료

유역면적 A(㎢)	유로연장 L(㎞)	하도경사 S(m/m)	유출 곡선지수 (AMC-III)	유출 계수
1.59	2.25	0.0154	81.72	63

6.7.6 홍수량 산정

① 프로젝트 옵션, 강우모형, 지형모형의 인자를 모두 입력

② 프로젝트 저장 : 결과파일(텍스트)의 저장 위치를 정함

③ '「6.7.1」의 ⑥'의 절차를 수행하게 되면 프로젝트 파일이 저장된 폴더에 다음과 같이 파일이 생성이 된다.

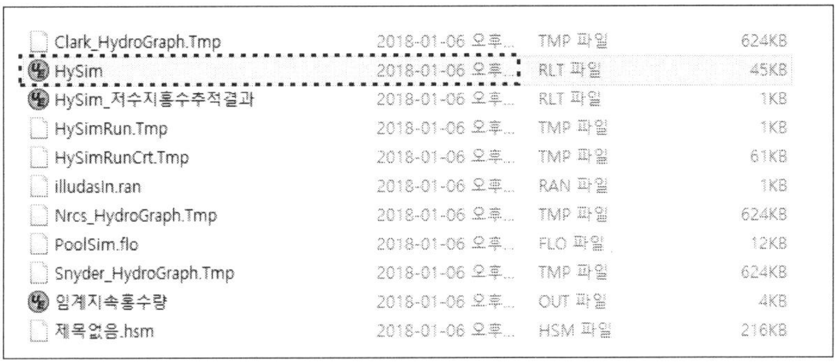

④ '.rlt' 형식의 파일이 홍수량 산정 결과 파일이다.

6.7.7 지형인자 및 홍수량 산정 결과

① 지형매개변수 산정 결과

유역 면적 (㎢)	유로 연장 (㎞)	하도 경사 (m/m)	유출곡선 지수	유출 계수	유하 시간 (min)	평균 유속 (m/s)	저류 상수 (Hr)	지체시간		
								SCS (Hr)	Snyder (Hr)	NAKAYASU (Hr)
1.59	2.25	0.02	81.70	0.63	9.83	3.82	0.25	1.20	0.99	0.37

② CLARK 지속기간별 홍수량 산정

지속기간(분) / 빈도(년)	강우지속기간별 첨두홍수량(㎥/s)							
	10년	20년	30년	50년	80년	100년	150년	200년
10	0.77	1.07	1.26	1.52	1.79	1.92	2.15	2.33
60	11.21	14.06	15.75	17.93	19.95	20.93	22.74	24.01
120	15.75	18.93	20.79	23.12	25.26	26.27	28.10	29.41
180	17.86	21.36	23.37	25.92	28.26	29.38	31.38	32.79
240	17.70	21.20	23.22	25.74	28.06	29.16	31.16	32.58
360	15.67	18.57	20.23	22.30	24.19	25.10	26.71	27.90

지속기간(분) / 빈도(년)	강우지속기간별 첨두홍수량(㎥/s)							
	10년	20년	30년	50년	80년	100년	150년	200년
540	13.14	15.65	17.08	18.88	20.52	21.30	22.70	23.69
720	10.87	12.81	13.92	15.31	16.57	17.17	18.26	19.02
900	9.30	10.89	11.79	12.93	13.97	14.46	15.34	15.97
1,080	8.14	9.50	10.27	11.25	12.14	12.57	13.35	13.89
1,440	6.57	7.65	8.26	9.03	9.73	10.06	10.66	11.09

주) ▒ : 임계홍수량

③ NRCS 지속기간별 홍수량 산정

지속기간(분) / 빈도(년)	강우지속기간별 첨두홍수량(㎥/s)							
	10년	20년	30년	50년	80년	100년	150년	200년
10	0.40	0.56	0.65	0.79	0.93	0.99	1.11	1.20
60	5.69	7.11	7.95	9.03	10.03	10.52	11.41	12.03
120	8.68	10.62	11.77	13.22	14.57	15.22	16.38	17.22
180	10.05	12.23	13.49	15.10	16.60	17.32	18.60	19.52
240	11.37	13.68	15.01	16.67	18.21	18.94	20.28	21.23
360	12.05	14.48	15.88	17.64	19.25	20.02	21.40	22.39
540	11.43	13.64	14.92	16.51	17.96	18.66	19.91	20.79
720	9.93	11.73	12.76	14.06	15.24	15.79	16.81	17.52
900	8.76	10.27	11.13	12.22	13.21	13.68	14.52	15.12
1,080	7.80	9.12	9.87	10.81	11.67	12.08	12.82	13.35
1,440	6.41	7.47	8.07	8.83	9.52	9.85	10.44	10.85

주) ▒ : 임계홍수량

④ Snyder 지속기간별 홍수량 산정

지속기간(분) / 빈도(년)	강우지속기간별 첨두홍수량(㎥/s)							
	10년	20년	30년	50년	80년	100년	150년	200년
10	0.44	0.62	0.73	0.88	1.03	1.11	1.24	1.34
60	6.42	8.04	9.00	10.24	11.38	11.94	12.96	13.68
120	9.33	11.36	12.56	14.08	15.49	16.16	17.37	18.24
180	11.36	13.74	15.13	16.89	18.52	19.31	20.71	21.71
240	12.13	14.70	16.19	18.06	19.80	20.62	22.13	23.20
360	13.22	15.85	17.36	19.26	21.00	21.83	23.32	24.39

지속기간(분) / 빈도(년)	강우지속기간별 첨두홍수량(㎥/s)							
	10년	20년	30년	50년	80년	100년	150년	200년
540	12.40	14.77	16.13	17.84	19.39	20.13	21.47	22.41
720	10.66	12.57	13.66	15.03	16.28	16.87	17.94	18.69
900	9.31	10.91	11.82	12.96	14.02	14.52	15.43	16.07
1,080	8.25	9.66	10.47	11.48	12.39	12.83	13.62	14.18
1,440	6.77	7.88	8.51	9.30	10.02	10.37	10.98	11.42

주) ▬ : 임계홍수량

⑤ 홍수량 산정방법에 따른 첨두홍수량

산정방법 / 빈도(년)	산정방법에 따른 첨두홍수량(㎥/s)							
	10년	20년	30년	50년	80년	100년	150년	200년
합리식	21.94	24.85	26.42	28.44	30.27	31.20	32.90	34.04
Clark	17.86	21.36	23.37	25.92	28.26	29.38	31.38	32.79
SCS	12.05	14.48	15.88	17.64	19.25	20.02	21.40	22.39
Snyder	13.22	15.85	17.36	19.26	21.00	21.83	23.32	24.39

6.8 하도정비계획

하도는 하천의 유수가 소통하는 공간으로 제방(levee) 또는 하안(bank)과 하상(river bed)으로 둘러싸인 부분이다. 하도정비계획은 계획홍수량 이하의 유량을 안전하게 소통하고 유송토사에 대해 안정된 하상을 유지할 수 있도록 해야 한다. 또한, 토지이용도 증진, 자연환경 보전, 그리고 하천 인접지역 토지이용의 효율성을 증대시킬 수 있도록 평면계획, 종단계획, 횡단계획 등을 수립하여야 한다.

6.8.1 평면계획

평면계획은 계획홍수량을 안전하게 소통시킬 수 있는 하도노선 선정, 제방법선 결정, 저수로 법선 결정, 지류 합류점 계획, 신설 하천 계획 등을 결정하는 계획이다. 하천의 치수기능만을 유지할 목적으로 홍수소통 및 통수단면적의 확보를 위하여 하도를 직선화 및 확폭하는 경우가 과거에 많았다. 이는 흐름의 형태를 단순화하고 하상재료 및 수심을 균일하게 하여 여울과 소 등 어류의 서식과 산란장의 저해, 자정능력 감소, 저수로변 식생상태의 단순화 등 하천환경의 변화를 초래한다. 그러므로 하구부가 아닌 구간에서 하도를 가급적 직선화하지 않고, 가능한 자연 상태의 선형을 유지하며, 하천정비가 필요한 곳에는 원래 하천의 연장과 비슷하게 하는 하도 평면계획을 수립하여 자연형 하천이 되도록 계획한다.

6.8.2 종단계획

종단계획은 계획홍수량을 안전하게 소통할 수 있고, 유수에 대해 안정하도가 유지될 수 있도록 계획하상경사 및 계획하상고를 결정하는 계획이다.

계획하상경사는 장래의 하상유지, 공사비 절감 측면에서 기존 평균하상경사를 따라 결정하는 것이 원칙으로 현황 조사를 최대한 반영한다. 그러나 첩수로 건설과 같이 부분적으로 하상을 변경하는 경우에 계획구간 전후의 하상변화를 감안하여 결정하고, 전체적으로 하상을 변경하는 경우에 장래의 안정하도를 충분히 고려하여 결정한다.

계획하상경사는 상류에서 하류로 내려가면서 급경사에서 완경사로 점변시키도록 계획하여 연속성을 부여한다. 지점별 소류력이 거의 평형을 이루게 되어 하상세굴과 퇴적현상이 일어나지 않는 안정하도가 되도록 계획한다. 계획하상경사의 변화점은 기존 주요 구조물, 암반 노출지점, 지천 합류점, 지형 변화, 계획하폭 변화 등을 고려하여 결정하며, 짧은 구간으로 세분하는 것을 지양한다. 하상경사가 급하여 하상경사를 낮추어 세굴에 의한 하상저하 등을 방지할 필요가 있는 경우에는 낙차공과 같은 하상유지공 신설을 계획한다.

6.8.2 횡단계획

하도계획 시 횡단형은 하상변동을 충분히 예측하고 하상변동을 억제하여 안정하도를 유지할 수 있도록 결정하여야 한다. 현하도(現河道)의 이용형태 및 현황 등 여러 제반조건을 고려하여 단단면 또는 복단면으로 계획을 수립한다. 비탈경사는 호안의 안정성 및 하천의 접근성 등을 고려하여 적정한 경사(예, 1:1.5~2.0)로 계획한다.

계획하폭은 현 지형, 연안 토지 이용현황, 유로의 형상 및 하천의 종·횡단경사 등과 계획홍수량을 고려하여 유속 및 소류력에 문제점이 없도록 계획한다. 계획하폭의 결정기준은 하천설계기준·해설(한국수자원학회, 2009)의 계획홍수량에 따라서 제안된 내용을 [그림 6.8.1]과 <표 6.8.1>에 제시하였다.

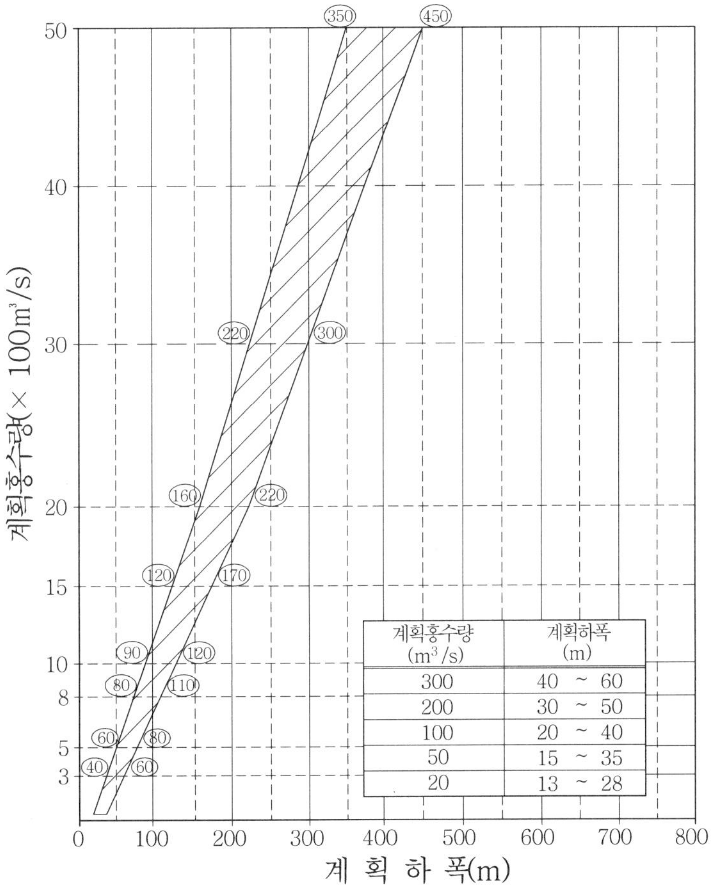

[그림 6.8.1] 계획홍수량 크기에 따른 계획하폭 산정도

〈표 6.8.1〉 계획홍수량 크기에 따른 계획하폭

계획홍수량 (m^3/s)	계 획 하 폭 (m)
300	40 ~ 60
500	60 ~ 80
800	80 ~ 110
1,000	90 ~ 120
1,500	120 ~ 170
2,000	160 ~ 220
5,000	350 ~ 450
5,000이상	계획홍수량을 안전하게 소통하고 안정하도를 유지할 수 있도록 적절히 결정하되 기존에 발표된 경험공식을 참고한다.

하천설계기준 · 해설에 제시된 기타 계획하폭 공식은 다음과 같다.

대하천 공식

$$B = \alpha Q^{0.73} \tag{6.8.1}$$

여기서, B는 계획하폭(m), α는 하상 경사에 따른 계수, Q는 계획홍수량(m^3/s)이다. 하상 경사에 따른 계수 α값을 <표 6.8.2>에 제시하였다.

중소하천 공식

$$B = 1.698 \frac{A^{0.318}}{\sqrt{S}} \quad \cdots\cdots\cdots\cdots\text{남부지방 (호남, 영남)} \tag{6.8.2}$$

$$B = 1.303 \frac{A^{0.318}}{\sqrt{S}} \quad \cdots\cdots\cdots\cdots\text{중부지방 (경기, 강원, 충남 · 북)} \tag{6.8.3}$$

여기서, B는 계획하폭(m), Q는 계획홍수량(m^3/s), S는 하상경사(m/m), A는 유역면적(km^2)이다.

〈표 6.8.2〉 하상경사에 따른 α 값

하상경사 S	1/1,000	1/2,000	1/3,000	1/4,000	1/5,000
α	1.09	1.18	1.27	1.36	1.45

6.9 홍수위 결정

산정된 빈도별 홍수량이 하도를 흐를 때 빈도별 홍수위를 개수전과 개수후로 구분하여 산정한다. 이를 산정하기 위해 기점홍수위와 조도계수 등이 입력 자료로서 필요하다.

6.9.1 기점홍수위

하천기본계획수립지침(2015, 국토교통부)에 의한 하천에서의 기점홍수위 결정 방법은 다음과 같다.

① 바다로 유입되는 하구지점에서 지역의 중요도에 따라 대조평균만조위, 약최고만조위, 기왕 최고조위 중 경제적이고 안전한 값을 선택한다.

② 하구둑 또는 다목적댐 등 홍수조절효과가 있는 구조물 지점에서는 빈도별 홍수량을 조절한 후 생성되는 빈도별 최고 수위로 한다.

③ 배수효과가 있는 지천 하구지점은 합류되는 본류의 빈도별 홍수위와 지천 하구지점의 빈도별 홍수량에 해당하는 등류수위를 비교하여 큰 값을 선택한다.

④ 배수효과가 없는 구간에서 수공구조물에 의한 한계수심이 발생할 경우에는 한계수심에 대응하는 수위로 한다.

⑤ 하도의 급확대, 단락, 만곡, 또는 교각에 의해 수위변화가 발생하는 곳은 손실수두를 더하여 계산한 수위로 한다.

⑥ 사수역이 발생하는 곳은 유수단면적에서 사수역을 빼고 계산한 수위로 한다.

⑦ 수리모형실험에 의해 추정된 수위로 결정한다.

⑧ 하나의 하천을 2개 이상의 구간으로 나누어서 하천기본계획을 수립하는 경우에 분리되는 측점의 빈도별 홍수위로 한다.

기점홍수위 결정에 도움이 될 수 있도록 [그림 6.9.1]을 제시하였다. 또한, 합류점(본류하천과 지류하천)의 계획홍수위는 일치시켜 연속성을 가지도록 하여야 하며, 일치시킬 수 없는 경우에는 그 사유를 명시하여야 한다.

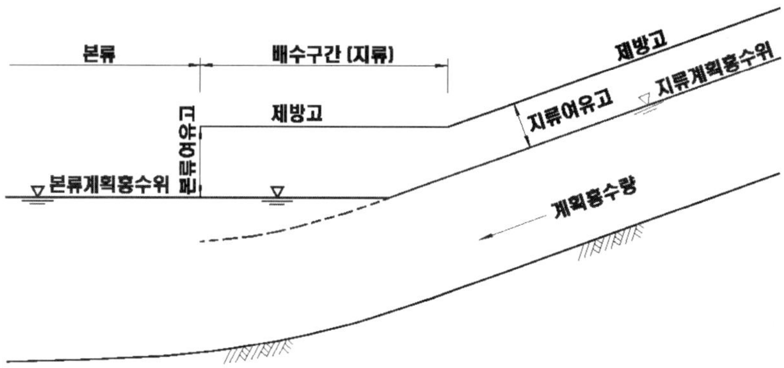

[그림 6.9.1] 기점수위 결정

6.9.2 조도계수 결정

흐름에 대한 하도의 저항 정도를 표시하는 조도계수는 하천의 수리계산에 있어서 가장 중요한 기본인자이다. 부등류 계산에는 Manning의 조도계수가 가장 많이 사용되고 있다. 조도계수를 산정하는 방법은 흔적수위와 흔적수위 발생 시의 유량 자료를 부등류 계산으로 역산하여 산정하는 방법과 하천상태에 따라 도표에서 추정하는 방법으로 구분된다.

(1) 적절한 수위 자료가 있는 경우

해당 하도구간에 대한 적절한 홍수위 관측 자료가 있는 경우 조도계수는 흔적 홍수위 자료와 흔적 홍수위 발생 시의 유량을 산정할 수 있는 수위-유량곡선 또는 실측 홍수량 자료로부터 역산하여 산정하거나 실측 자료가 있는 경우 부등류 계산을 시행하여 산정하여야 한다.

(2) 적절한 수위 자료가 없는 경우

하천기본계획 수립지침에 의하면 적절한 수위 자료가 없는 경우에 한하여 하천설계기준 상에 제시된 하천 및 수로의 상황에 따른 조도계수 표에 의한 방법 또는 Manning-Strickler 공식에 의한 조도계수를 사용할 수 있도록 하고 있다. 하천설계기준・해설(2009)에서 제시한 도표에 의한 방법, Manning-Strickler공식, Cowan(NRCS법)방법, 경험공식 등에 의해 산정하는 방법을 소개한다.

① 도표에 의한 방법

하천 및 수로의 상황 등에 따른 조도계수 산정방법으로 하천 및 수로 상황에 따른 조도계수 값을 <표 6.9.1>과 <6.9.2>에 제시하였다.

〈표 6.9.1〉 자연하천의 조도계수

하천의 상태	최솟값	중간값	최댓값
1. 소하천 : 홍수 시 수면폭이 30m 이하			
(1) 평지하천			
① 깨끗한 직선수로이며, 수위가 높고, 깊은 소(pool)가 없는 경우	0.025	0.030	0.033
② ①과 같으나 잡초와 돌이 더 많은 경우	0.030	0.035	0.040
③ 하상에 만곡이 없고 약간의 소과 여울이 있는 경우	0.033	0.040	0.045
④ ③과 같으나 잡초와 돌이 더 많은 경우	0.035	0.045	0.050
⑤ ④와 같으나 수위가 낮고, 영향을 없는 경사와 단면이 많은 경우	0.040	0.048	0.055
⑥ ④와 같으나 ④보다 돌이 더 많은 경우	0.045	0.050	0.060
⑦ 유속이 느린 구간으로 잡초가 많으며 깊은 소가 경우	0.050	0.070	0.080
⑧ 잡초 매우 많은 구간, 깊은 소가 존재, 수목과 덤불이 무성한 경우	0.075	0.100	0.150
(2) 산지하천 : 하도내는 식생이 없고 하안은 급경사이며 고수위시 잠기는 하안에는 식생이 있음			
① 하상바닥이 자갈, 작은 호박돌과 약간의 호박돌로 구성된 경우	0.030	0.040	0.050
② 하상바닥이 작은 호박돌과 호박돌로 구성된 경우	0.040	0.050	0.070
2. 대하천 : 홍 수시 수면폭이 30m 이상 (하안의 유효저항이 작아 소하천보다 약간 작음)			
① 단면이 일정하고 호박돌이나 덤불이 없는 경우	0.025	–	0.060
② 단면이 불규칙하고 거친 심한 경우	0.035	–	0.100

〈표 6.9.2〉 하천 및 수로의 조도계수

하천 및 수로의 상황		조도계수(n) 범위
인공수로 개수하천	콘크리트 인공수로	0.014 ~ 0.020
	나선형(spiral) 반관수로	0.021 ~ 0.030
	양안에 돌붙임이 적은 수로	0.025(평균치)
	암반을 굴착하여 방치한 하상	0.035 ~ 0.050
	다듬은 암반 하상	0.025 ~ 0.040
	점토성 하상, 세굴이 일어나지 않을 정도의 유속	0.016 ~ 0.022

하천 및 수로의 상황		조도계수(n) 범위
	사실 Loam, 점토질 Loam	0.020(평균치)
	Drag Line 굴착준설, 잡초 적음	0.025 ~ 0.033
자연하천	평야부 소하천 (잡초없음)	0.025 ~ 0.033
	평야부 소하천 (잡초와 관목 있음)	0.030 ~ 0.040
	평야부 소하천 (잡초 많음, 잔자갈 하상)	0.040 ~ 0.055
	산지하천 (호박돌)	0.030 ~ 0.050
	산지하천 (큰 호박돌)	0.040 이상
	대하천 (점토, 사질하상, 사행이 적음)	0.018 ~ 0.035
	대하천 (자갈하상)	0.020 ~ 0.040

② Manning-Strickler 공식

하상재료 및 하도특성을 평가할 자료가 충분히 있을 경우, 이동상의 저항특성을 반영하는 Manning-Strickler 공식을 이용하여 조도계수를 산정한다. 평균유속에 관한 경험공식으로 Manning 공식이 있다.

$$V = \frac{1}{n} R^{2/3} S^{1/2} \tag{6.9.1}$$

여기서, V는 평균유속(m/s), R은 동수반경(m), S는 하상경사(m/m)이다.

Strickler(1923)는 평균유속에 관한 경험공식을 제안하였으며 이 식을 Manning 공식과 비교하면 다음과 같은 식이 된다.

$$n = 0.047 D^{1/6} \tag{6.9.2}$$

여기서, D(m)는 수로의 벽면과 바닥에 부착된 균일한 모래의 입경이며, Strickler 식은 원칙적으로 균일한 입경의 하상재료로 된 수로에서만 이용이 가능하다.

③ Cowan 방법

수로 특성부터 시작하여 흐름 저항에 영향을 주는 요소를 하나씩 고려하여 최종적으로 대상 수로의 조도계수를 구하는 방법을 제시하였으며 조도계수와 보정계수가 <표 6.8.3>에 제시되어 있다.

$$n = (n_0 + n_1 + n_2 + n_3 + n_4) m_5 \tag{6.9.3}$$

〈표 6.9.3〉 Cowan 방법의 기본 조도계수 및 보정계수

하천상태		계 수		비 고
하상재료	흙	n_0	0.020	기본 조도계수
	분쇄된 암		0.025	
	가는 자갈		0.024	
	굵은 자갈		0.028	
하상 표면조도	매 끈	n_1	0.000	보정 계수
	약간 거침		0.005	
	보통 거침		0.010	
	매우 거침		0.020	
하도단면 변화	점진 변화	n_2	0.000	보정 계수
	가끔 변화		0.005	
	자주 변화		0.010~0.015	
장애물 영향	무시 가능	n_3	0.000	보정 계수
	작 음		0.010~0.015	
	보 통		0.020~0.030	
	심 함		0.040~0.060	
식 생	적 음	n_4	0.005~0.010	보정 계수
	보 통		0.010~0.025	
	많 음		0.025~0.050	
	아주 많음		0.050~0.100	
만곡정도	작 음	m_5	1.000	보정 계수
	보 통		1.150	
	심 함		1.300	

④ 경험공식

국토교통부(1991)에서 한강을 대상으로 경사에 따라 조도계수를 산정할 수 있는 공식을 제시한 바 있다.

$$n = 0.04773 - \frac{3.8124 \times 10^{-6}}{S} \tag{6.9.4}$$

여기서, n은 조도계수, S는 하도경사이다.

<표 6.9.1>과 <6.9.2>에 주어진 하천의 특성과 유사할 경우 신뢰할 만한 조도계수를 산출할 수 있으나, 표에 주어진 하천 특성과 다른 하천의 경우에 n값의 선정에 주관적일 수 있다. Manning-Strickler 공식에서 수로경계면의 조도높이(k_s)는 모래, 자갈 등 하상재료의 대표입경과 연관시킬 수 있다. 그러므로 합리적인 경계면의 조도높이는 1/6승에 비례하기 때문에 조도높이 추정에서 큰 오차를 내도 그 결과에는 큰 영향을 미치지 않은 것으로 알려져 있다. Cowan 방법은 조도계수의 추정을 최대한 정량화하려고 노력하였으나, 이 역시 대표 n값의 선정에서 일부 주관적일 수 밖에 없다. 한강을 대상으로 경사에 따라 조도계수를 산정할 수 있는 경험공식은 한강 유역의 지형학적 및 하도 특성에 한정된 것이므로 주의를 요한다. 실제 자연하천의 조도계수는 유량에 따라 크게 변하기 때문에 실측 자료에 의하지 않고 각 흐름 조건에 맞는 조도계수를 정확히 구한다는 것은 어려운 일이다.

6.9.3 재현기간별 홍수위

홍수위 계산 방법에는 부등류 및 부정류 계산 등이 있으며 일반적으로 하도내에서 홍수는 시간에 따라 비교적 완만하게 변화하기 때문에 주로 부등류 계산 방법을 이용한다. 부등류 계산은 시간별 수위수문곡선을 계산할 수 없는 단점을 가지고 있지만 일반 자연하천에서 대부분 적용 가능하며, 부등류 계산은 표준축차법(standard step method)을 주로 채택하고 있다.

표준축차법은 수위를 알고 있는 기지단면에서 일정 거리 떨어진 임의단면의 수위를 가정한 후, 그 수위가 베르누이 방정식을 이용하여 계산된 수위와 일치되도록 시행착오법으로 결정하고 이를 축차적으로 연결해 나가는 방법이다. [그림 6.9.2]에 베르누이 방정식을 적용하여 나타내면 다음과 같다.

$$WS_2 + \alpha_2 \frac{V_2^2}{2g} = WS_1 + \alpha_1 \frac{V_1^2}{2g} + h_e \tag{6.9.5}$$

$$WS_2 = Y_2 + Z_2$$

$$WS_1 = Y_1 + Z_1$$

$$h_e = L\overline{S_f} + C\left[\alpha_2 \frac{V_2^2}{2g} - \alpha_1 \frac{V_1^2}{2g}\right]$$

여기서 WS_1 과 WS_2는 단면 ①과 ②에의 수위(EL.m), V_1과 V_2는 단면 ①과 ②에서 평균유속(m/s), α_1과 α_2는 에너지 보정계수, g는 중력가속도, h_e는 에너지 손실수두 (m), L은 단면 ①과 ② 사이의 거리(m), $\overline{S_f}$: 단면 ①과 ②에서 평균마찰경사, C : 단면 ①과 ②에서 확대 및 수축계수이다. 대부분의 자연하천은 저수로와 홍수터(둔치)로 구성되어 있으며, 홍수 시 에너지 보정계수와 마찰특성은 저수로와 좌우 홍수터가 서로 다르므로 이를 고려하여 수면곡선을 계산하여야 하며 에너지 보정계수와 마찰경사는 다음과 같이 계산한다.

$$\alpha = \frac{A^2}{K^3}\sum\left(\frac{K_i^2}{A_i^2}\right) \tag{6.9.6}$$

$$S_f = \frac{Q^2}{K^2} \tag{6.9.7}$$

여기서 α는 에너지보정계수, S_f는 마찰경사, A는 소단면 면적(A_i)의 합, K는 소단면 통수능(K_i)의 합, Q는 소단면 유량(Q_i)의 합이다.

실무에서 부등류 계산 모형 중에 HEC-RAS(river analysis system) 모형이 가장 많이 사용되고 있다. HEC-RAS 모형을 사용할 경우에 가장 유의해야 되는 부분은 하상경사가 급한 경우, 또는 수공구조물에 의해 지배단면이 발생할 경우 사류가 발생하게 되는 것을 처리하는 방안이다.

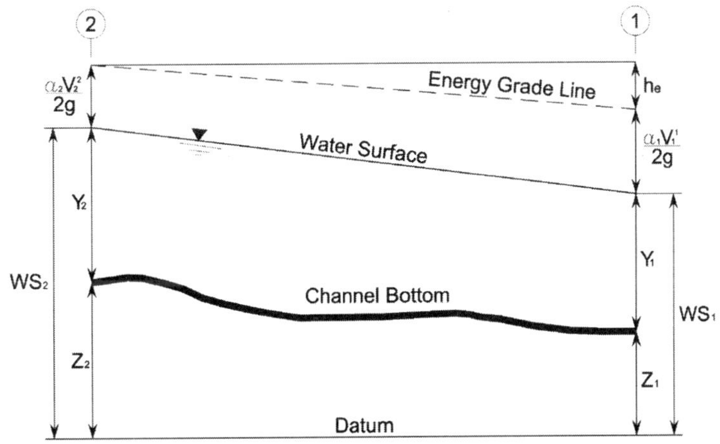

[그림 6.9.2] 부등류 계산

HEC-RAS 이전 모형인 HEC-2 모형에서는 하도구간에서 상류(subcritical flow)와 사류(supercritical flow)가 공존하는 혼합류(mixed flow)일 경우에 구간 중간에 지배단면이 나타난다. 지배단면에서 사류가 발생하여 상·하류의 수위는 서로 영향을 미치지 않는 단절이 발생하는 것으로 간주한다. 이에 따라 지배단면의 한계수심을 기점수위로 하고 지배단면 상류방향으로 계산과 하류방향으로 계산을 구분하여 실시하여야 하므로 복잡하게 되며 지배단면 하류의 경우에는 계산방향이 바뀌게 된다.

HEC-RAS 모형에서는 상류단과 하류단에 모두 경계조건을 입력한 후 혼합류(mixed flow)로 처리하면 한 번에 계산할 수 있으며 구체적인 계산방법은 다음과 같다.

하류단에서 상류단으로 상류(subcritical) 수면곡선을 계산하고, 사류가 발생되는 지점은 한계수심(critical depth)이 발생하는 것으로 간주하고, 이 지점은 차후 분석에 사용하기 위하여 표시하여 둔다.

상류단에서 하류단으로 사류(supercritical) 수면곡선을 계산하기 위해서는 추가적으로 하류단 경계조건과 동일한 방법으로 상류단 경계조건을 입력하여야 한다. 사류계산 방법은 사류를 채택하는 것이 타당한 지를 검토하여 타당하면 사류계산을 계속하고, 반대의 경우에는 그 지점부터 상류계산에서 미리 계산된 다음 한계수심이 발생하는 하류 지점까지는 상류계산 결과를 채택하여 내려가서 다음 한계수심에서 사류계산을 다시 시작하는 방식을 채택한다.

상류단 경계조건이 사류조건이면 상류단 경계조건의 비력(specific force)을 이미 계산된 상류상태의 수면곡선의 비력과 비교한다. 사류조건이 크면 상류단을 지배단면으로 채택하여 상류단부터 하류로 사류계산을 수행한다. 사류계산 수행 시에 상류상태와 사류상태의 계산값이 동시에 유효한 단면까지 사류 수면곡선을 계산해 내려 가면서 상류와 사류 중에서 더 큰 비력을 가지는 계산값을 채택한다. 사류계산값의 비력이 더 큰 경우에 하류로 사류계산을 계속 수행하여 가면서 비력을 비교하여 채택하는 과정을 반복한다. 상류계산값의 비력이 더 큰 경우에 다음 한계수심이 발생하는 단면까지 내려가서 이와 같은 과정을 반복한다.

일반하천의 경우 혼합류 계산의 수면곡선이 상류계산의 수면곡선과 달라지는 것은 상류계산의 한계수심 발생 지점의 수위가 사류로 변환되어 약간 낮아지는 경우만 발생하는 것으로 나타났다. 상류계산에 의한 홍수위가 사류계산에 의한 홍수위보다 높으므로 상대적으로 설계의 안전측이다. 수면곡선의 연속성도 상류계산에 의한 수면곡선이 보다 양호하므로 상류계산 결과를 채택한다.

6.9.3 홍수위 계산 프로그램 : HEC-RAS

1) HEC-RAS 5.0 구동

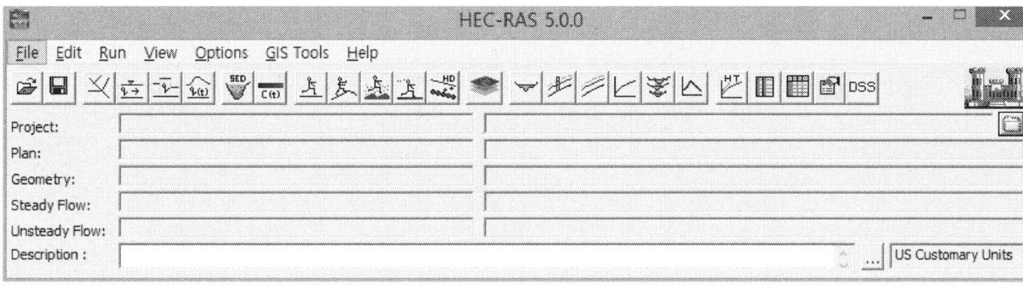

아이콘	Name	해석	설명
	OPEN	파일열기	
	SAVE	파일저장	
	Geometric Data	지형데이터	측점에 따른 횡단 입력
	Steady Flow Data	수문데이터	수문조건(홍수량, 경계 조건 설정) 입력
	Steady Flow Analysis	수리분석	해석(Run)
	View Profiles	종단선형	지형데이터에 따른 종단면도
	View Summary output tables...	결과파일	분석 결과 테이블

주의사항 : HEC-RAS의 파일은 위의 그림과 같이 Project(데이터구동) / Plan(해석) / Geometry(지형) / Steady Flow(정류흐름 수문조건) / Unsteady Flow(부정류흐름 수문조건)이다. 이들의 데이터를 입력 후 각각 저장을 한다. 모든 파일은 한 폴더에 저장되어야 정상적으로 작동한다.

2) Project 데이터(파일) 만들기

- Plan, Geometry, Steady Flow, Unsteady Flow 파일의 저장경로 및 데이터를 불러오는 파일이다.
- 프로젝트 파일을 만드는 방법은 다음과 같다.

(1) File 클릭

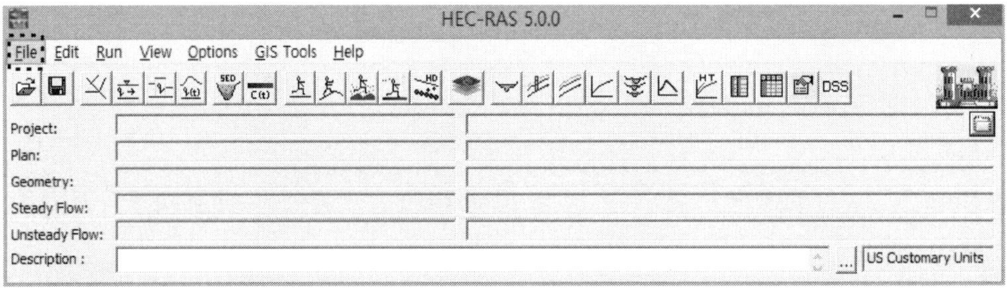

(2) New Project 클릭

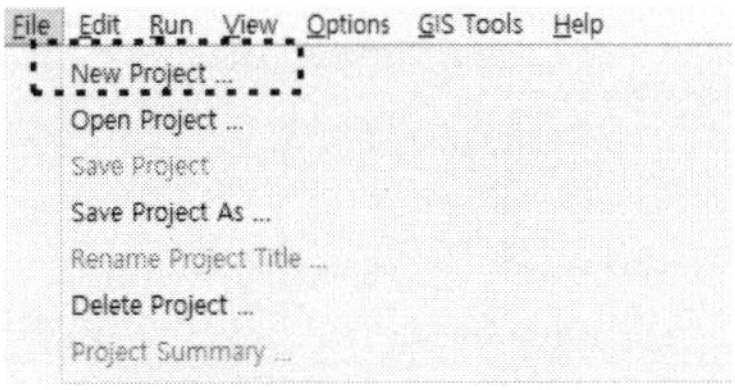

(3) 파일경로 설정 후 Title(②)에 저장할 명칭 입력후 'OK(③)' 클릭

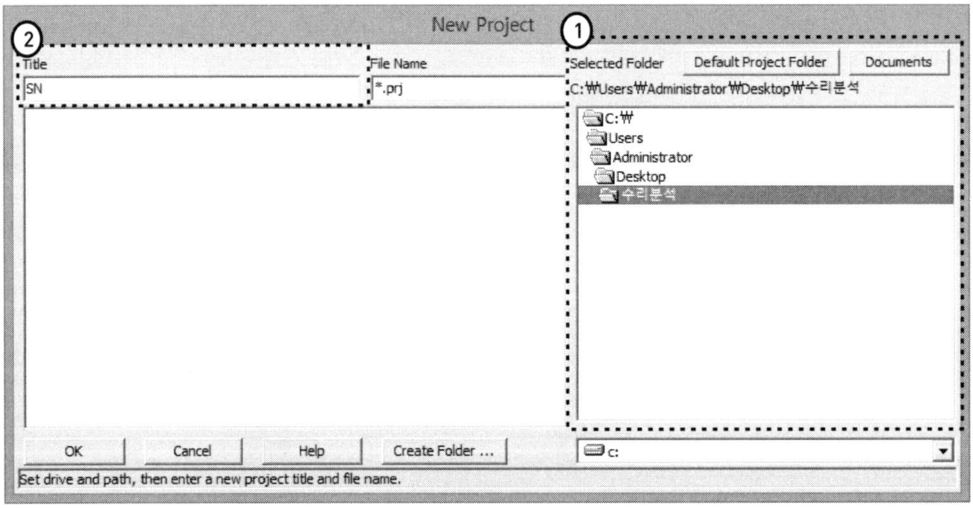

(4) '새로운 파일을 설정한 폴더에 저장할 것인가?' '미국 단위계를 사용할 것인가?'를 묻는 창이 뜨면 '확인' 클릭한다. 단위계를 변환시키려면 메인 창 "Options"에서 선택한다.

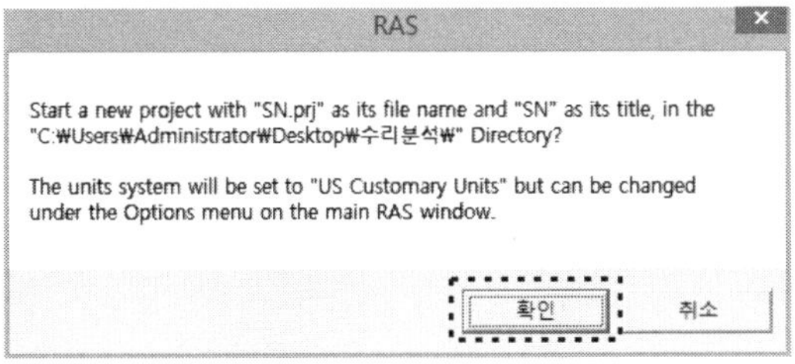

(5) 완료되면 다음과 같이 「Project」의 타이틀에 설정한 명칭과 저장경로가 표시된다.

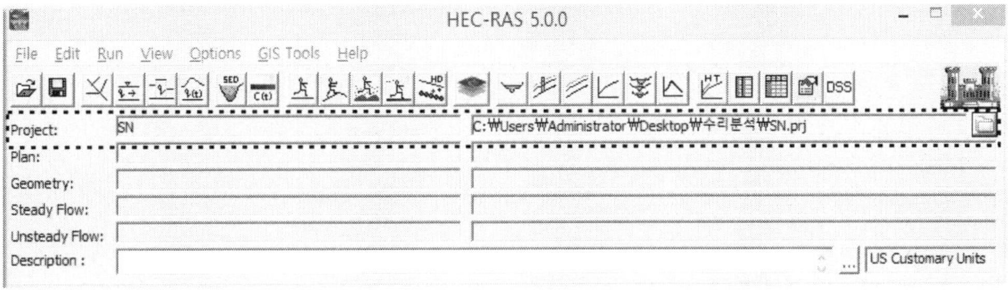

(6) 단위계변경(US Customary → SI단위계)

① 「Options–Unit system (US Customary/SI)... 클릭

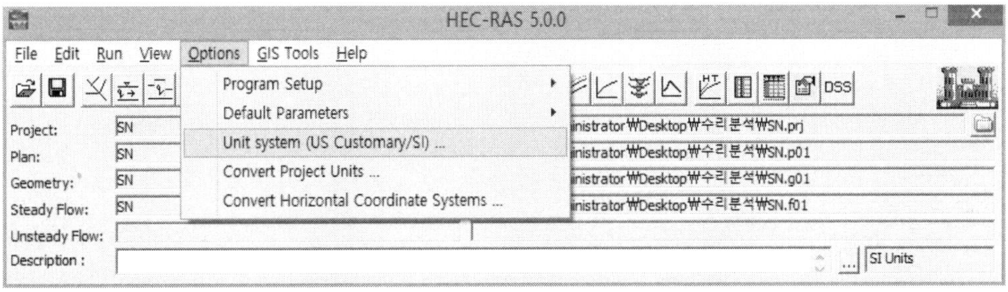

② 「System International (Metric System)」 선택 –「OK」

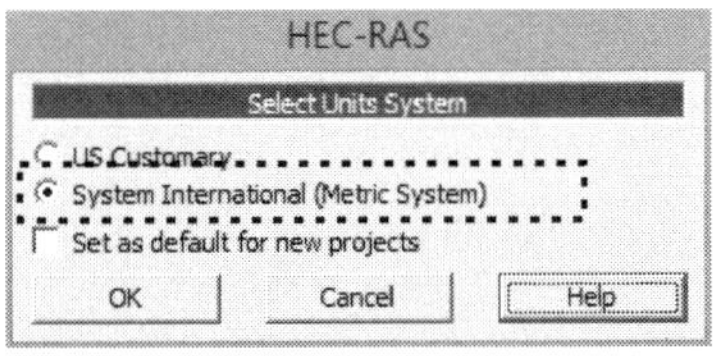

3) Geometry(지형)데이터 파일 만들기

(1)  클릭

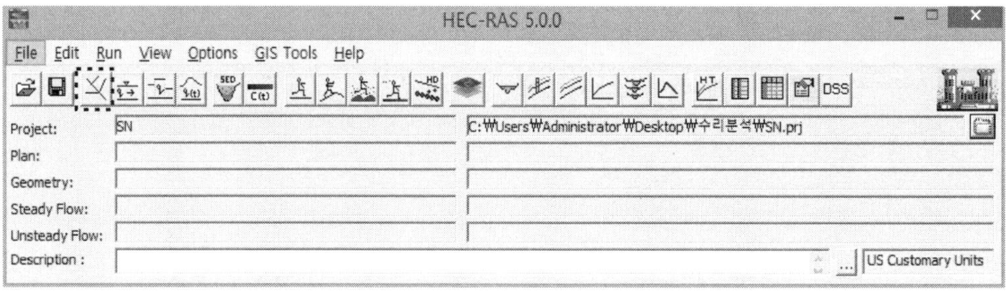

(2) 지형데이터 입력도구창

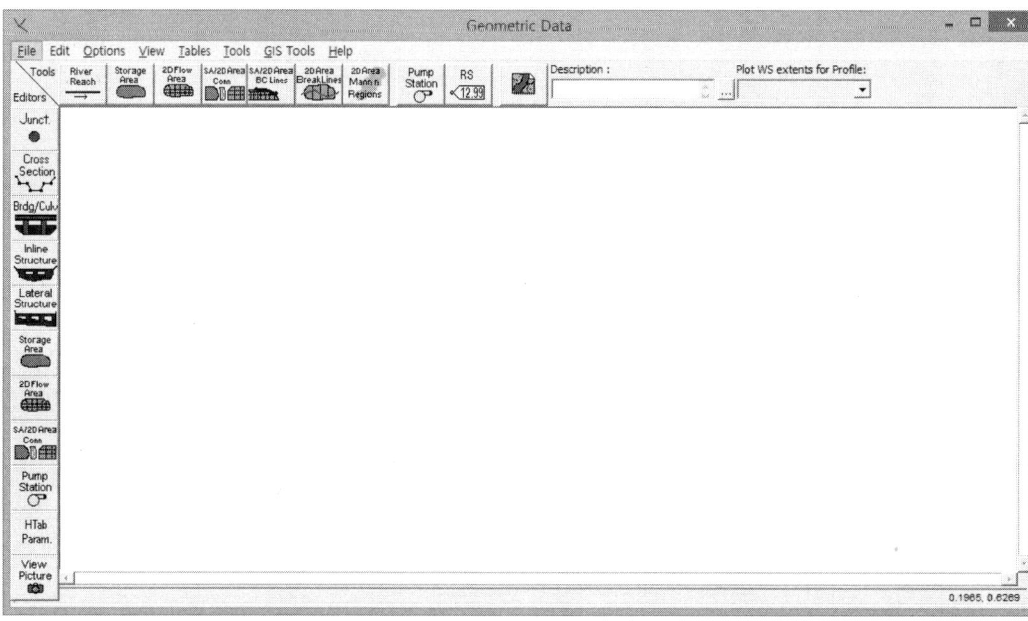

아이콘	Name	해석
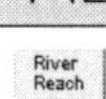	Add New River Rich	하천 및 구간 추가
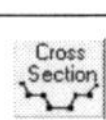	Edit and/or create Cross Section	횡단데이터 입력 및 수정
	Edit and/or create bridge and culverts	교량 및 암거 구조물 입력 및 수정
	Edit and/or create inline structures	낙차 및 보 구조물 입력 및 수정

(3) 하천 및 구간 입력(추가)

①  아이콘 클릭하여 오른쪽 윈도우 창에 선형을 작도하고 끝 처리는 '마우스 왼쪽 더블 클릭'하여 완료한다. (※선형 작도는 자유롭게 해도 무관)

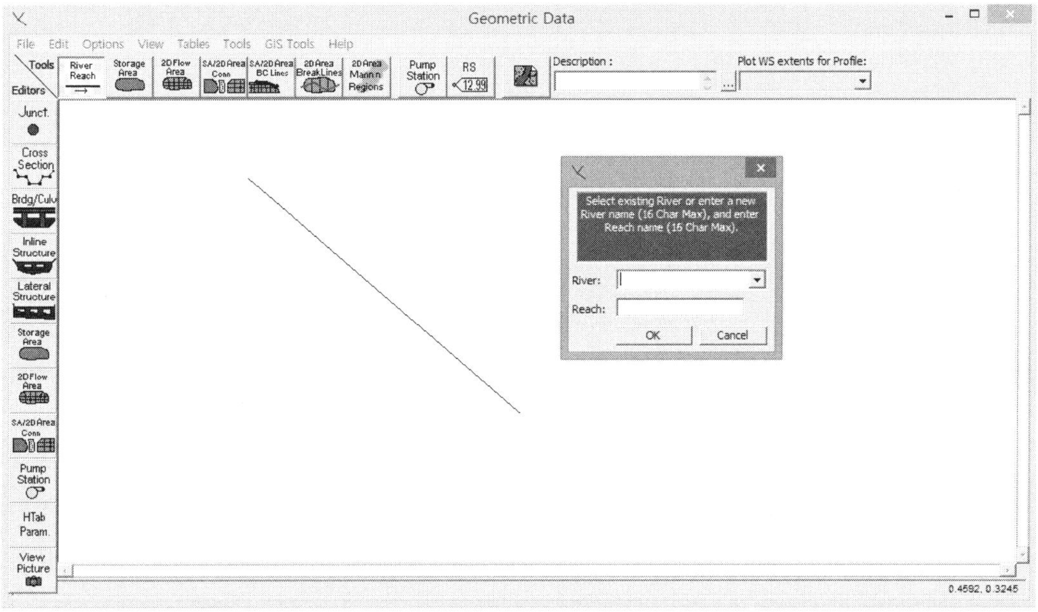

② 'River' / 'Reach' 명칭 입력

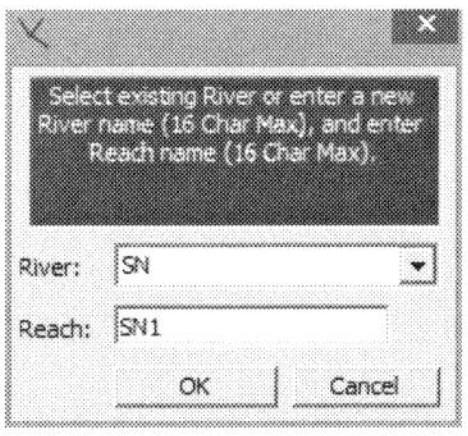

④ 정상적으로 입력이 되었다면, 윈도우 창에 다음과 같이 표시가 된다.

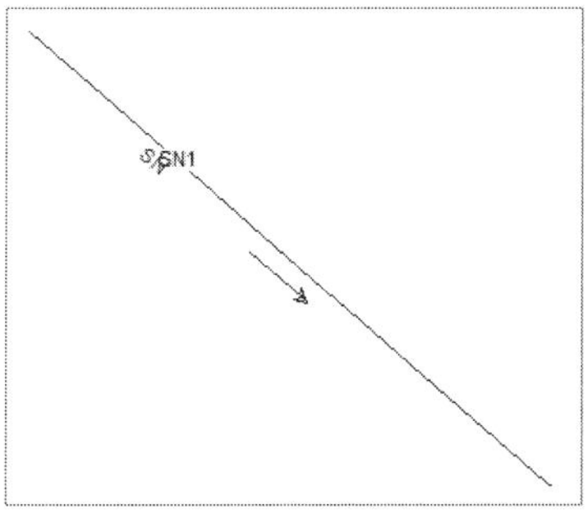

(4) 횡단데이터 클릭(Cross Section)

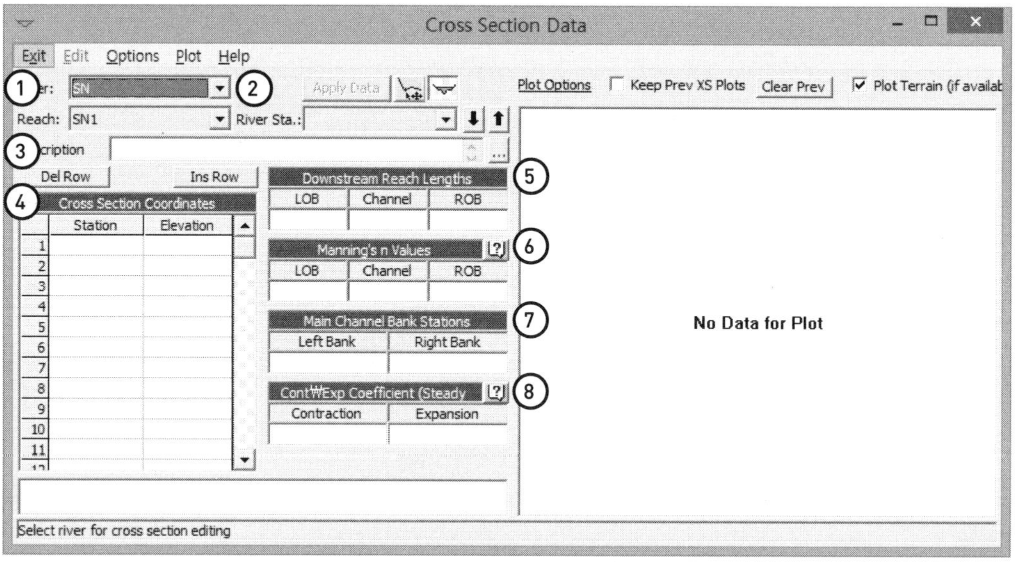

연번	항목	세부사항	비고
①	River Reach	하천 및 구간 선택	
②	River Sta	측점번호	
③	Description	측점에 대한 설명으로 입력하지 않아도 무관	
④	Cross Section Coordinates	횡단자료 입력(X좌표, Y좌표)	
⑤	Downstream Reach Lengths	전 측점과의 거리	
⑥	Manning's n Values	조도계수 n	
⑦	Main channel Bank Staions	제방좌표입력(X좌표)	
⑧	Cont\Exp coefficient(steady)	축소/확대 손실계수(라스 설정값 0.1/0.3)	

(5) 횡단데이터 입력

– 지형데이터(예시)

측점	0+00		0+12		1+00		2+00		2+02	
거리	0.00		12.00		38.00		50.00		2.00	
좌표	X	Y	X	Y	X	Y	X	Y	X	Y
1	0.00	3.95	0.00	3.95	24.69	5.50	24.82	5.70	24.82	5.70
2	27.82	3.95	27.82	3.95	27.69	5.50	27.82	5.70	27.82	5.70
3	27.82	1.03	27.82	1.03	29.75	1.20	29.88	1.59	30.02	1.31
4	32.22	1.03	32.22	1.03	30.64	1.20	29.88	1.29	30.63	1.31
5	32.22	4.04	32.22	4.04	32.69	5.50	30.77	1.29	32.82	5.70
6	60.00	4.04	60.00	4.04	35.69	5.50	30.77	1.59	35.82	5.70
7							32.82	5.70		
8							35.82	5.70		
비고	교량유출		교량유입		자연단면		보 유출		보 유입	
조도계수	0.03		0.03		0.03		0.03		0.03	

① 새로운 측점 생성하기 (Options–Add a new Cross Section..)

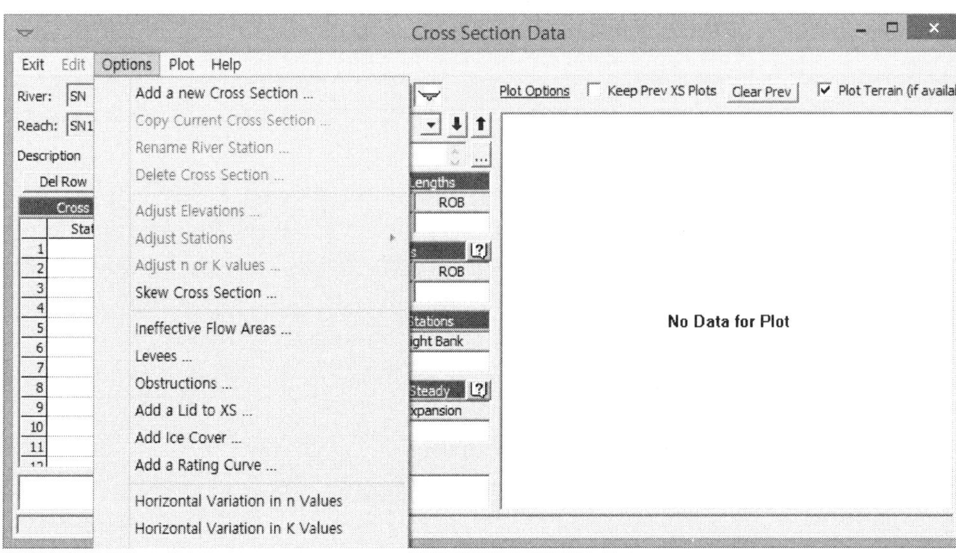

② 측점번호 입력(숫자로만 입력)

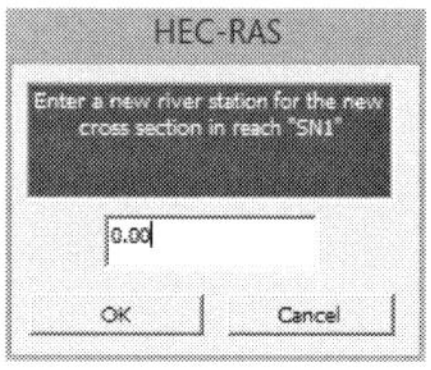

③ 횡단면도 좌표/ 거리/ 조도계수/ 제방좌표/ 확대 및 축소 손실계수 입력 후「Apply Data」 클릭 → 모든 측점에 대하여 다음과 같이 입력할 것

(0+00 교량 유출)

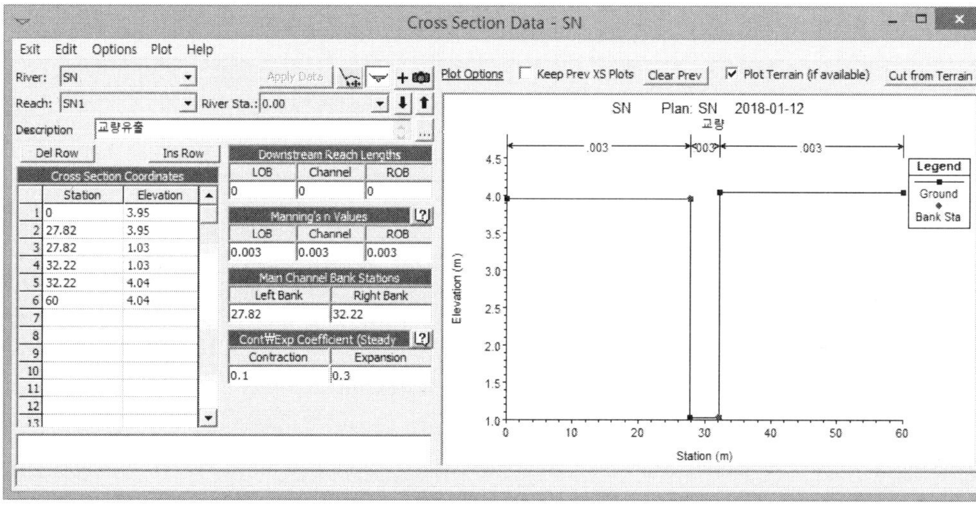

(0+12 교량 유출)

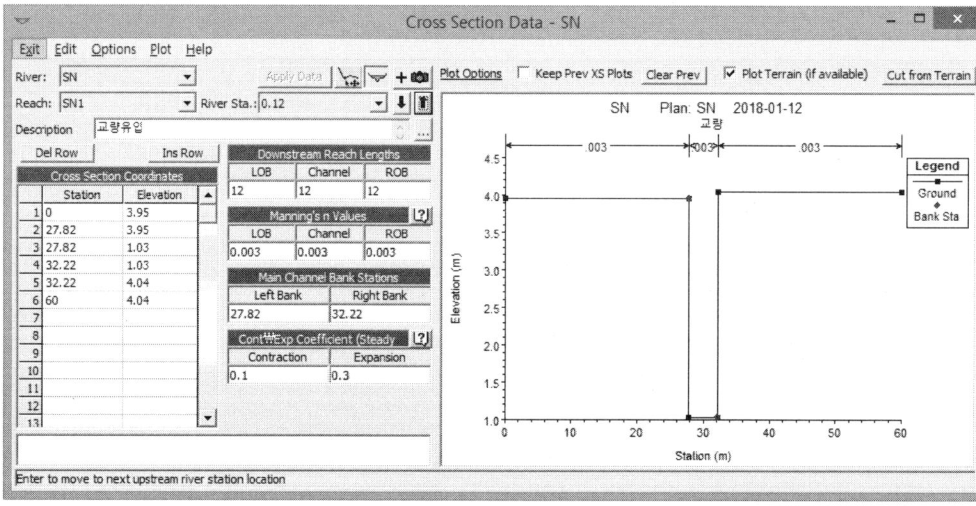

(1+00 자연단면)

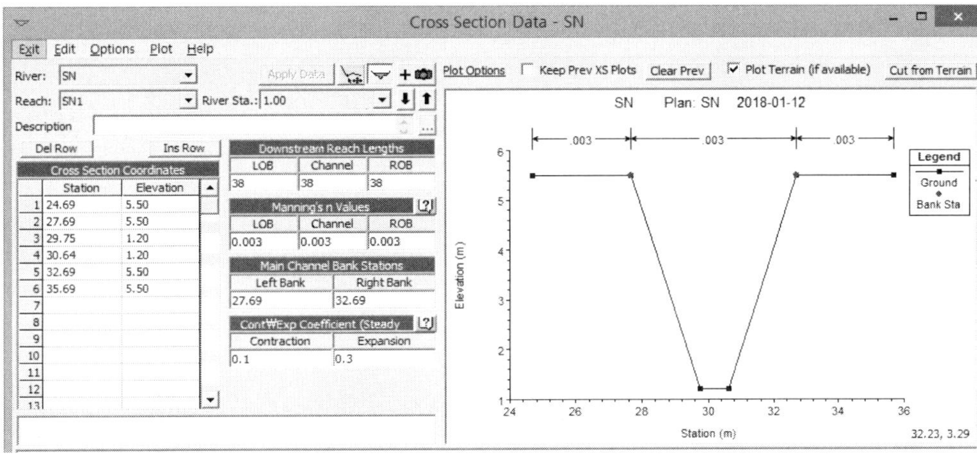

(2+00 보 유출)

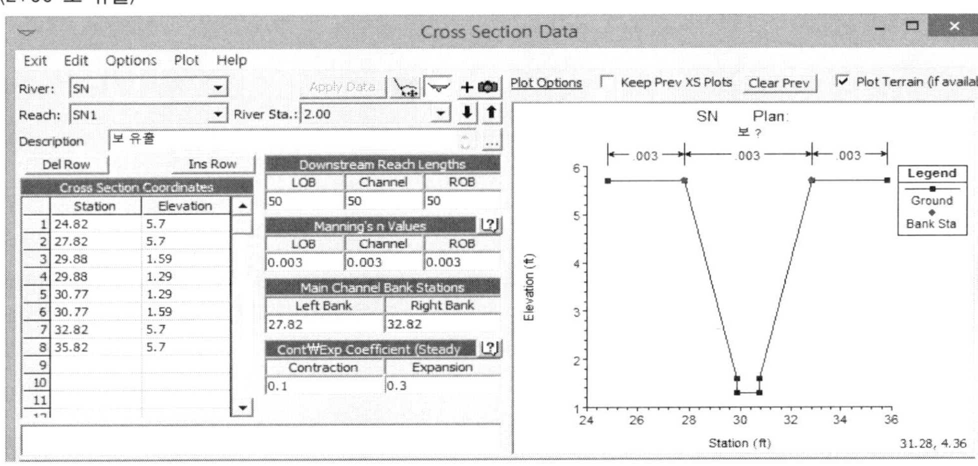

(2+01 보 유입)

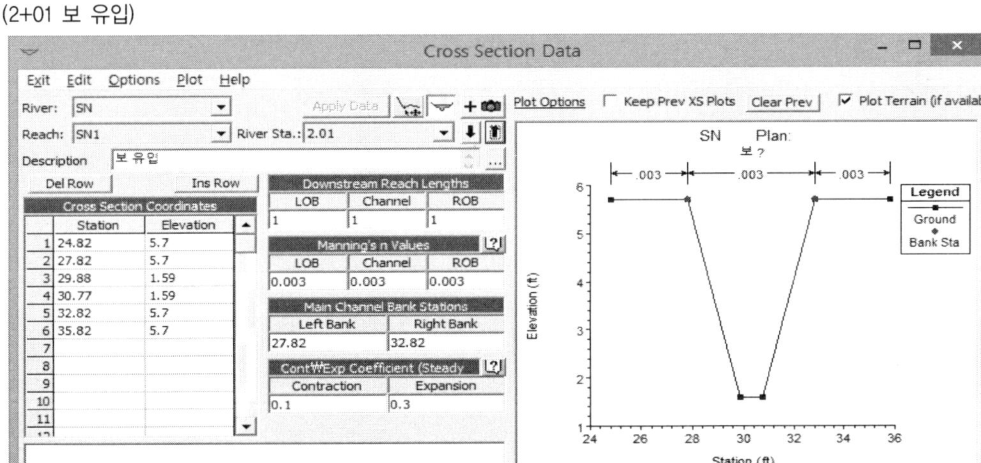

④ 횡단 입력이 완료되면 「Geometric Data」윈도우에 측점이 생성된다.

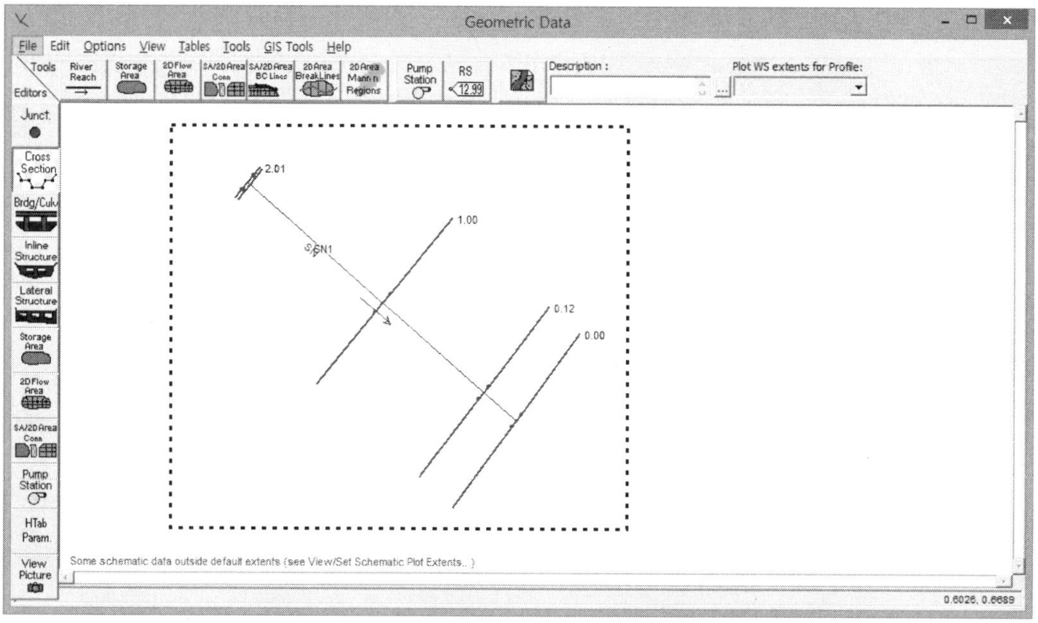

(6) 교량 구조물 입력

① 「Geometric Data」윈도우의  클릭

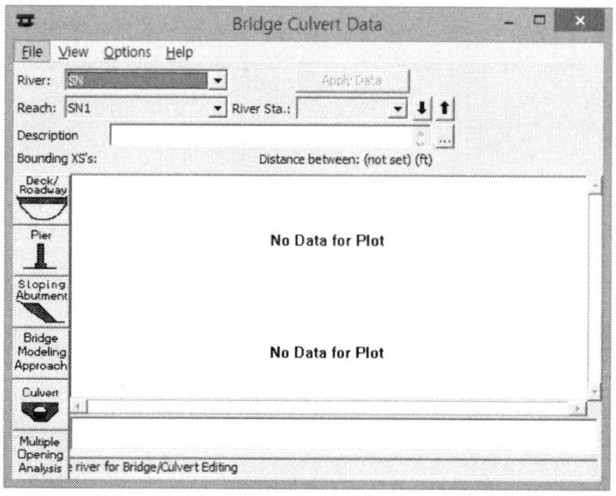

아이콘	Name	해석	설명
	Deck / Roadway	교량 상판(슬래브)	슬래브 교량의 제원입력
	Pier	교각	교각이 존재할 시 구조물의 제원 입력
	Culvert	암거	암거형태의 구조물 제원 입력

② 교량 측점 생성(Options-Add a Bridge and/or Culvert...클릭)

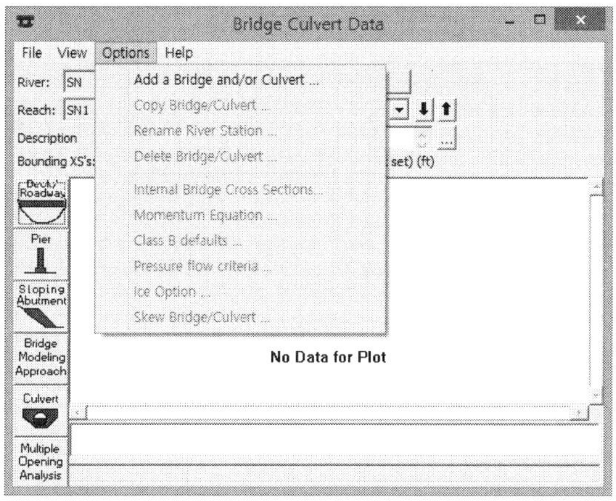

③ 교량 측점 : 일반적으로 구조물의 가운데 측점을 사용한다(0+00 - 0+06 - 0+12).

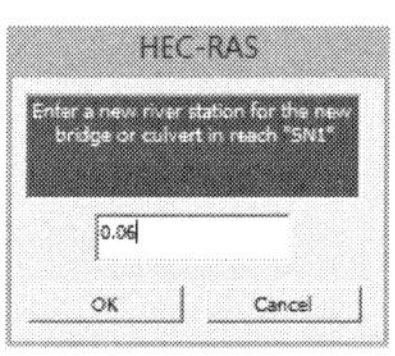

④ 측점이 생성되면 다음과 같이 횡단데이터가 불러 들여진다.

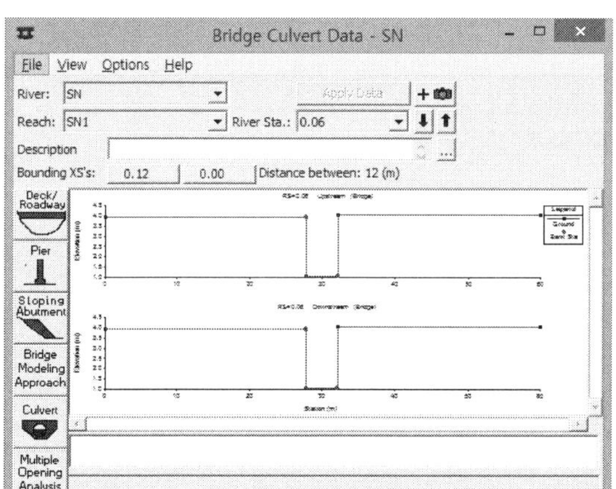

⑤ 예시 자료의 교량은 '슬래브 교량'으로 「Deck」제원만 입력하면 된다.

- 횡단자료 같이 좌표(X, Y좌표)를 입력
- Upstream : 상류부(유입부)
- DownStream : 하류부(유출부)
- Weir Coeff. : 웨어 계수(교량 구조물-상판을 월류시)

- Distance+Width = 교량연장 (12m=)

 * 금회 검토시 Distance(경계부 거리)는 1m로 적용!

** Distance = 상류부 1m+하류부 1m = 총 2m

*** 따라서 Width = 12m−2m = 10m

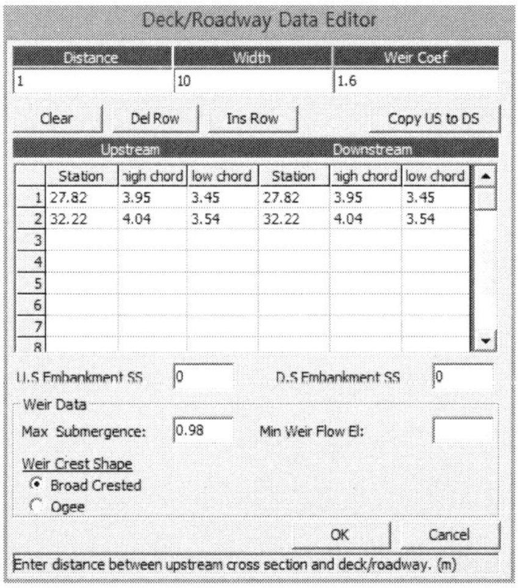

(7) 낙차, 보 등의 Inline 구조물 입력

① 「Geometric Data」윈도우의 Inline Structure 클릭

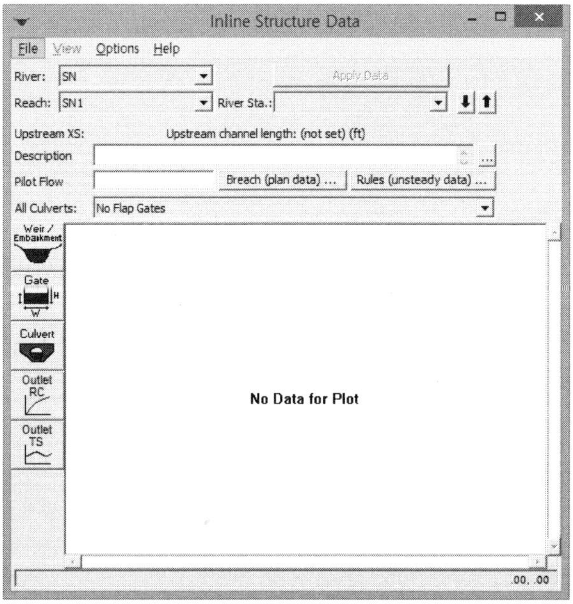

아이콘	Name	설명
	Embankment editor	구조물의 제원 입력
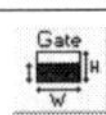	Gate	게이트 제원입력
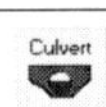	Culvert	Inline 상의 암거 및 관제원

② 교량 측점 생성(Options−Add a inline structe...클릭)

③ 교량 측점 : 일반적으로 구조물의 가운데 측점을 사용한다(2.00 − 2.02 − 2.01).

④ 측점 생성되면 다음과 같이 횡단데이터가 불러 들여진다.

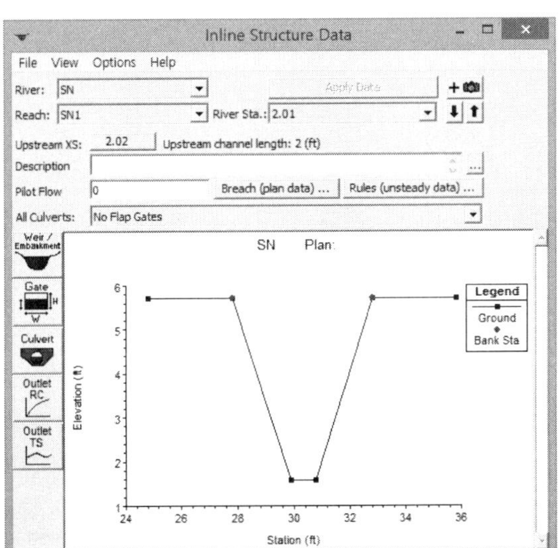

⑤ 「Weir/Embankment」제원 입력

- 횡단자료 같이 웨어의 상단 좌표(X, Y좌표)를 입력
- 좌표 입력순 : 횡단상의 좌측부터 순서대로 입력

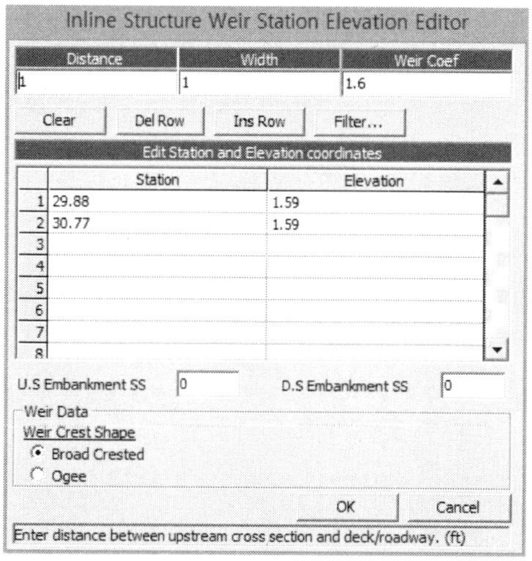

(8) 지형데이터 저장하기

① 「Geometric Data」윈도우의 「File – Save Geometry Data」 클릭

② 「Title」에 입력 후 「OK」클릭!

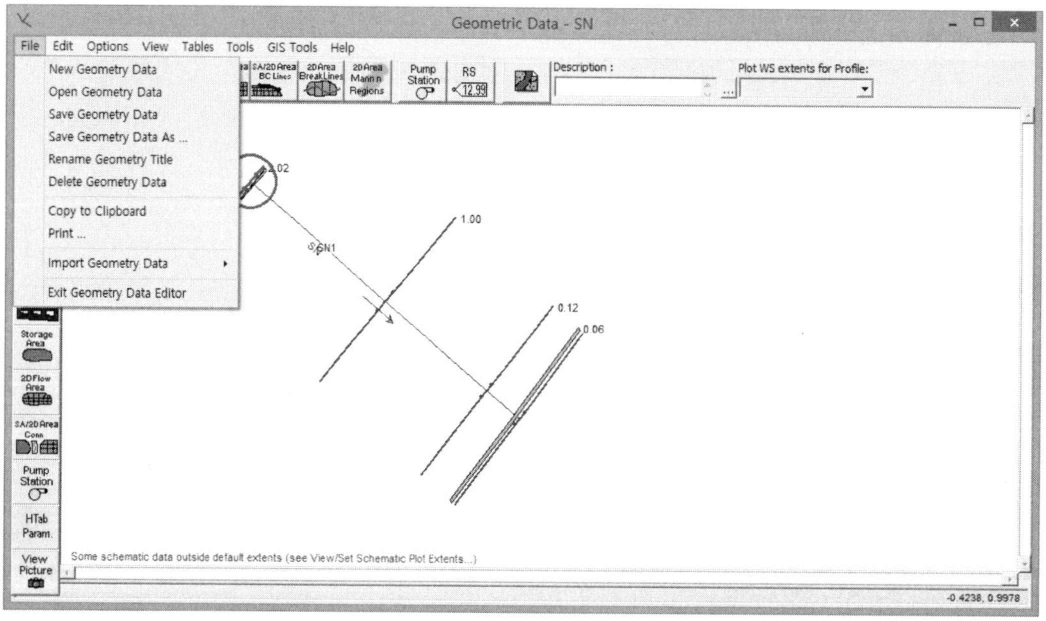

4) Steady Flow Data(정류흐름 수문)데이터 파일 만들기

(1) 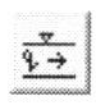 클릭

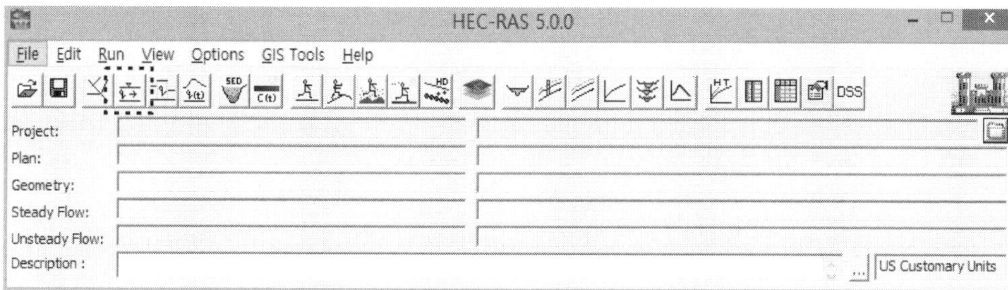

(2) 수문데이터 작성도구

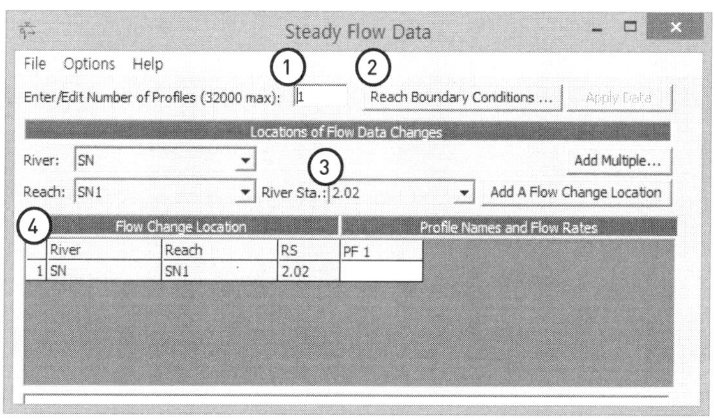

연번	Name	설명
①	Enter/Edit Number of Profiles	빈도 개수
②	Reach Boundary Conditions ..	상하류 경계조건 설정
③	River Sta	수문자료 입력할 측점 선택
④	table	빈도별 홍수량 입력 테이블

(3) 빈도 개수 설정

- 본 검토 시 적용 빈도 개수(6.7.7 홍수량 산정 결과 자료)

산정방법 / 빈도(년)	빈도별 첨두홍수량(m^3/s)							
	10	20	30	50	80	100	150	200
Clark	17.86	21.36	23.37	25.92	28.26	29.38	31.38	32.79

① 「Enter/Edit Number of Profiles」에 '8' 입력 → Apply Data

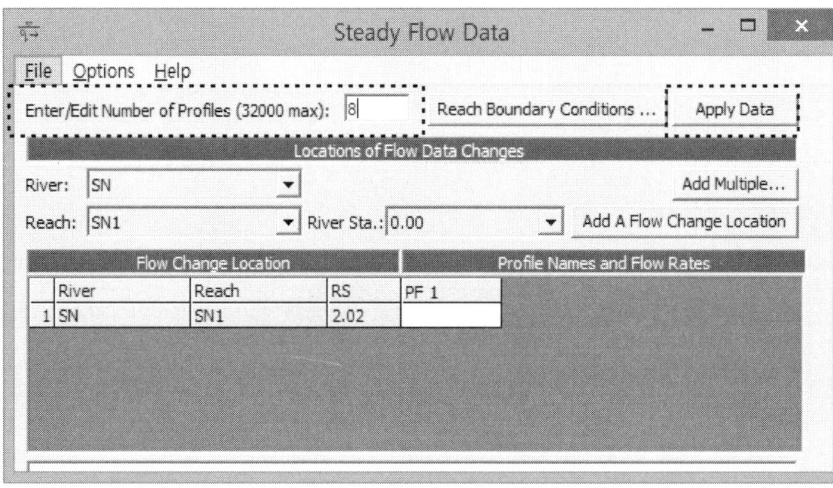

② 빈도 개수 설정 완료

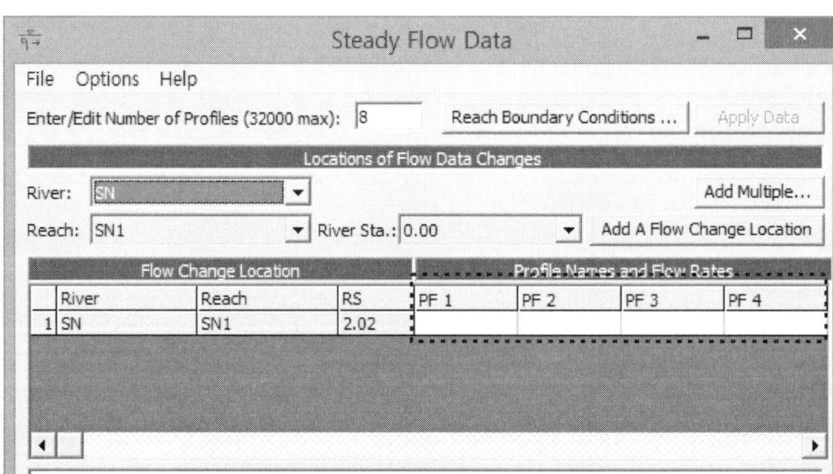

(4) 빈도 이름 변경

변경 전	PF1	PF2	PF3	PF4	PF5	PF6	PF7	PF8
변경 후	10YR	20YR	30YR	50YR	80YR	100YR	150YR	;200YR

① 「Options-Edit Profile Names ...」 클릭

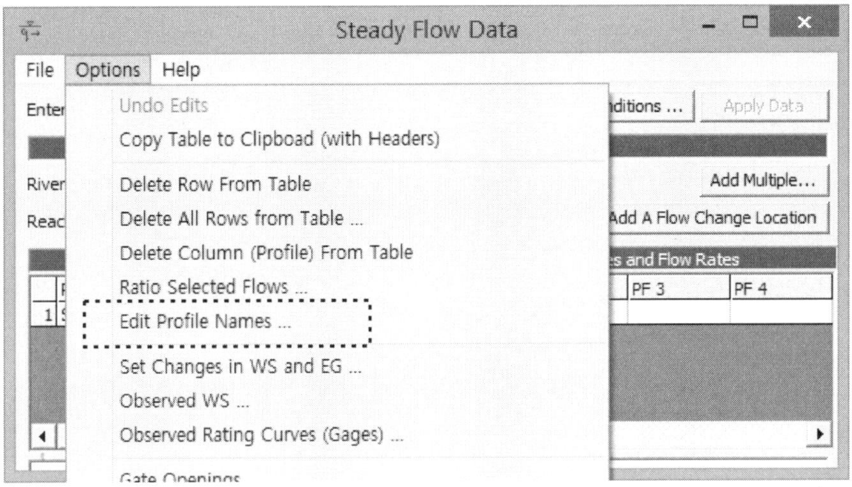

② Profile Name에 변경할 내용을 입력

변경 전	변경 후
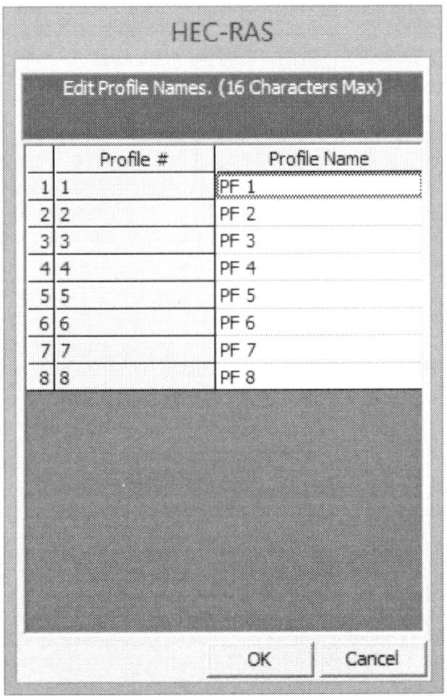	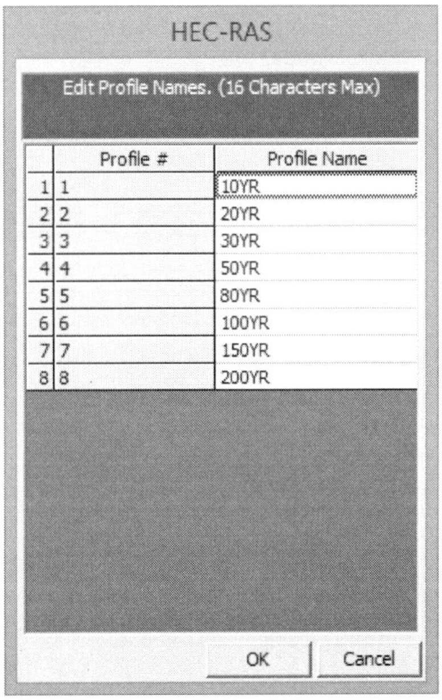

(5) 수문자료(홍수량) 입력 (6.7.7 홍수량 산정 결과 자료)

산정방법 / 빈도(년)	빈도별 첨두홍수량(m^3/s)							
	10	20	30	50	80	100	150	200
Clark	17.86	21.36	23.37	25.92	28.26	29.38	31.38	32.79

① 다음 표기된 곳에 빈도별 첨두홍수량을 입력

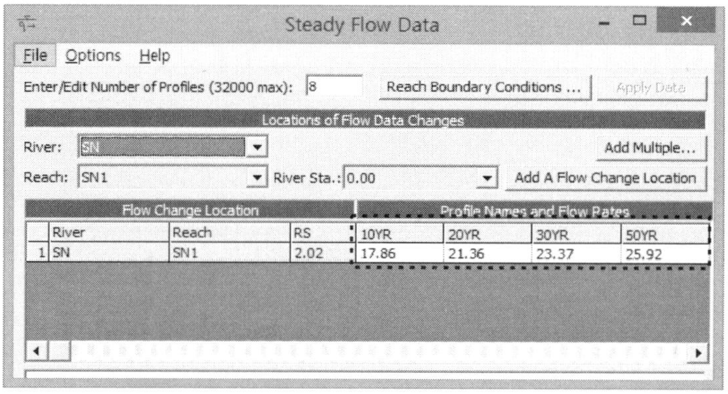

(6) 상하류부 경계설정 (Reach Boundary Conditions ... 클릭)

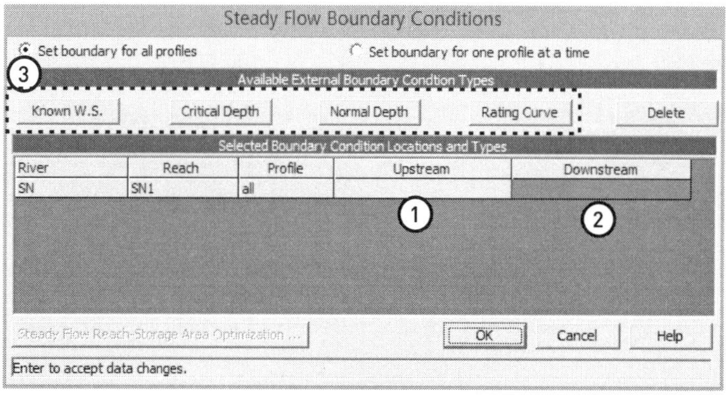

연번	Name	설명	
①	UpStream	상류 경계조건 설정	상/하류 설정할 곳을 클릭하여 블럭이 되도록 한다.
②	DownStream	하류 경계조건 설정	
③	Known W.S	기점수위	합류되는 곳의 빈도별 수위를 알고 있을 때
	Critical Depth	한계수심	한계조건에서 분석
	Normal Depth	등류수심	등류조건에서 분석
	Rationg Curve	수위-유량 곡선	수위-유량 곡선을 알고 있을 때

① DownStream 클릭(블럭상태)

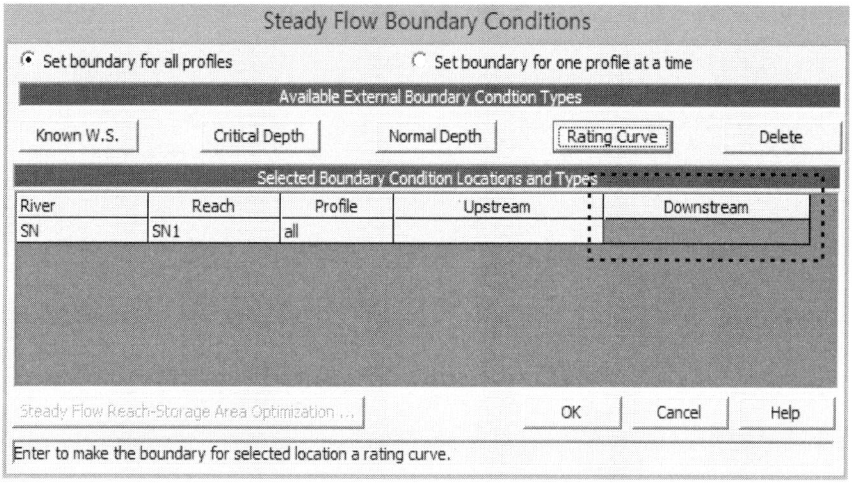

② 본 검토에 적용된 하천의 경우 기점수위가 있어 기점수위 조건으로 검토

빈도(년)	10	20	30	50	80	100	150	200
기점수위	1.95	2.38	2.61	2.91	3.18	3.30	3.53	3.72

③ Known W.S. 아이콘 클릭

변경전	변경후
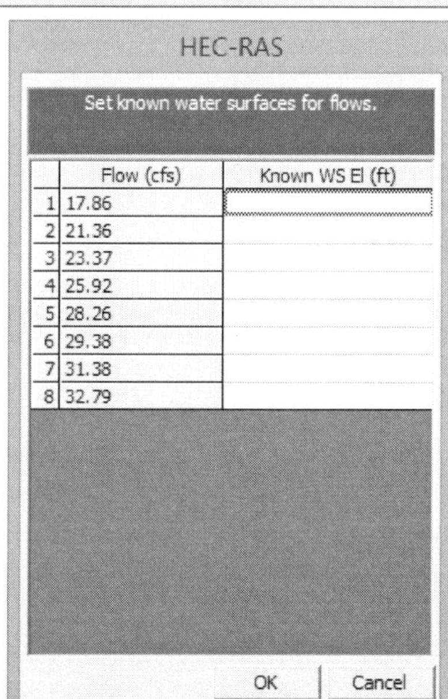	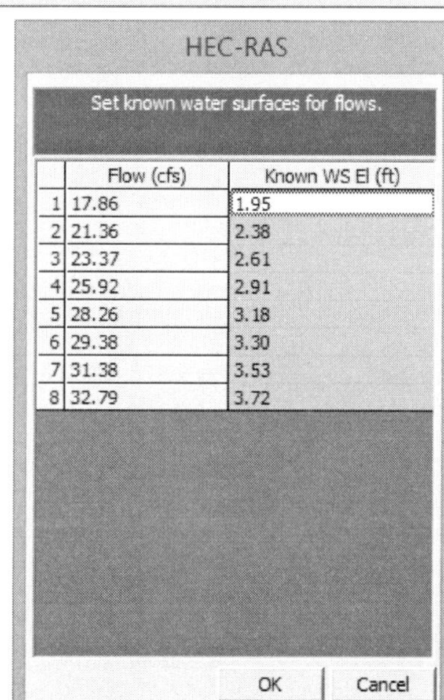

(7) 수문자료 저장

① 「Steady Flow Data」 윈도우에서 「File-Save Flow Data」선택

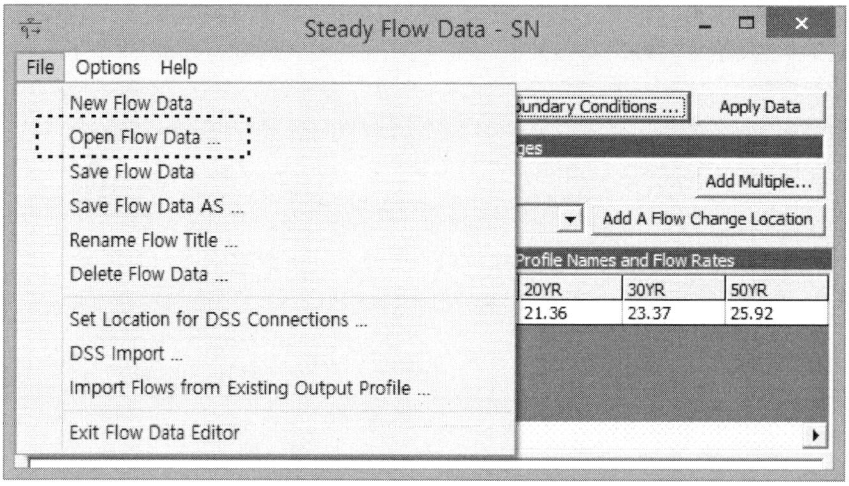

② 「Title」에 입력하고 「OK」

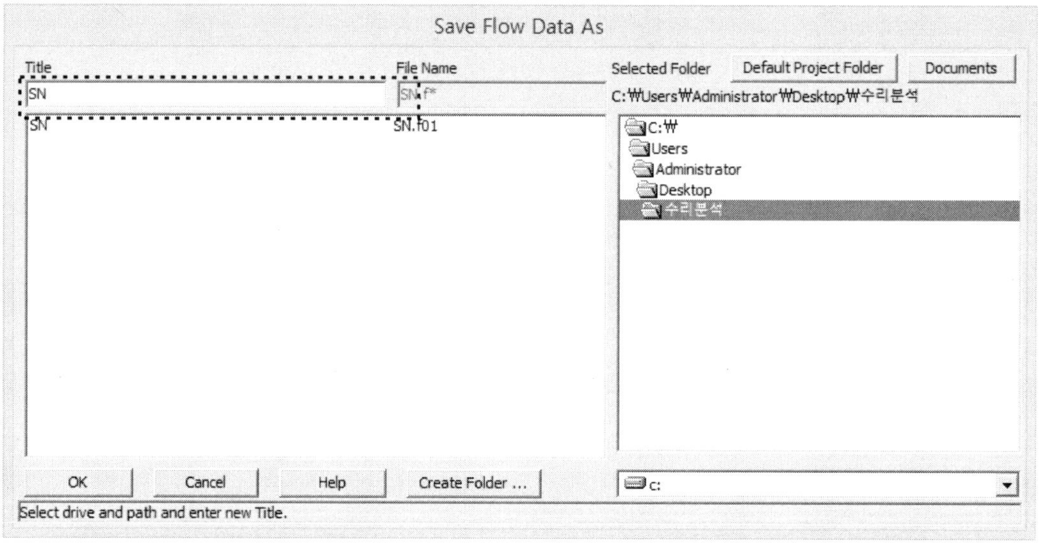

5) 계산 수행(Run)

(1) (Run) 아이콘 클릭

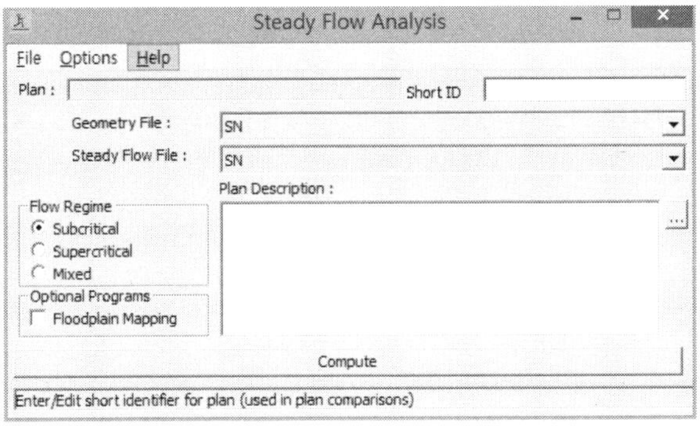

(2) Plan 파기

① 「File-NewPlan」클릭

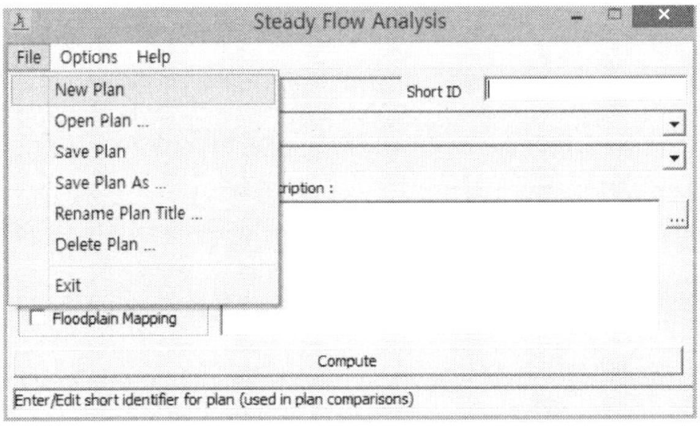

② 「Title」입력 후 「OK」-「OK」

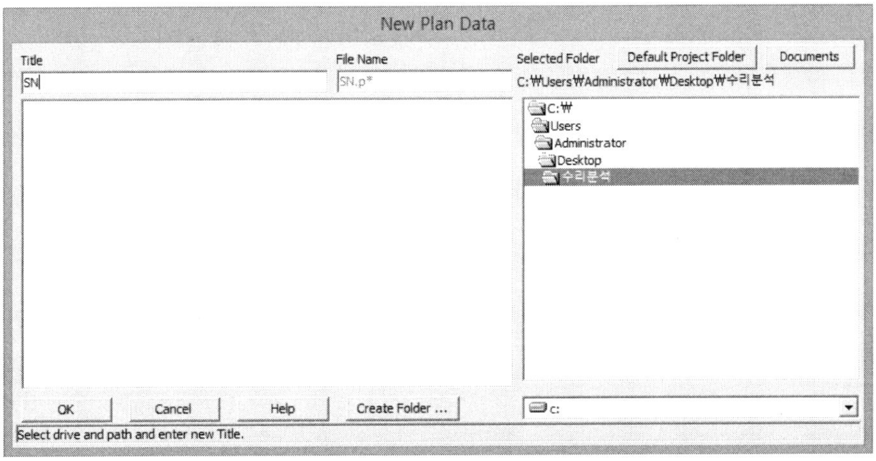

③ 「Compute」 클릭

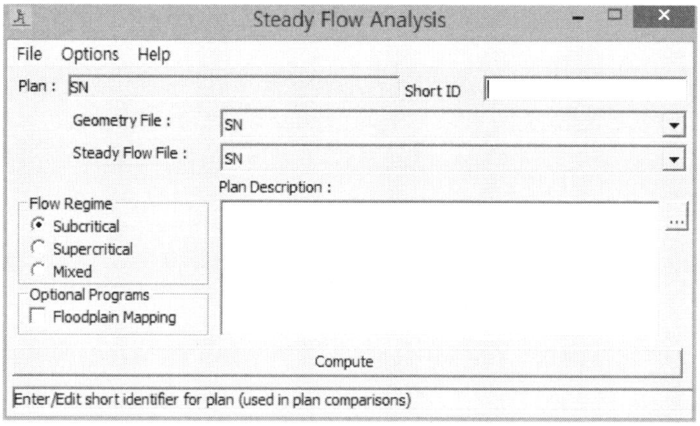

④ 계산 완료 화면

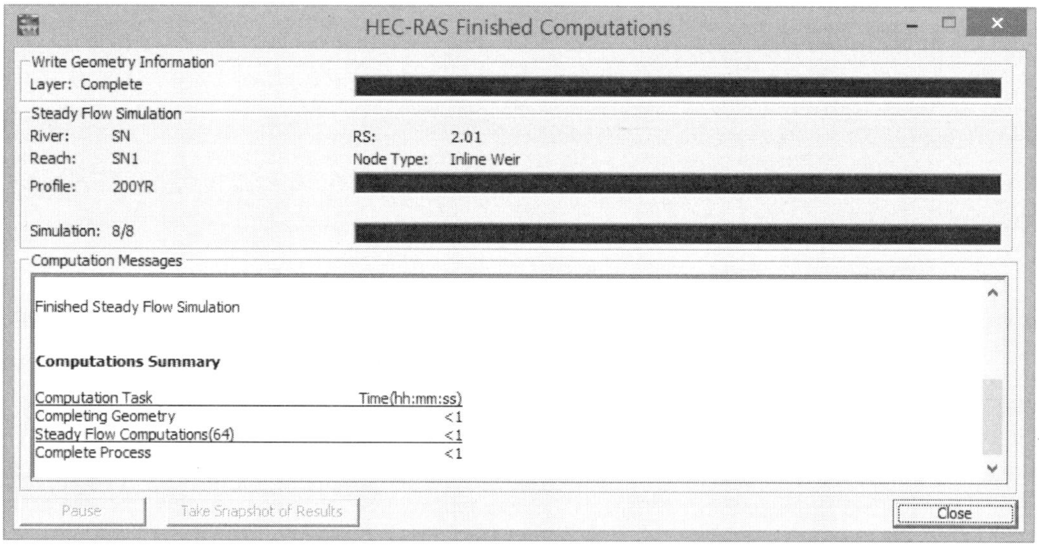

6) 분석 결과

(1) 아이콘 클릭 : 텍스트 결과

(2) 재현기간 선택하여 결과 도출 (Option–Profiles)

① Clear All(Clear All) 클릭

② 「Avail..」에서 원하는 재현기간 클릭(중복선택 가능)

– 50YR / 80YR / 100YR / 200YR

③ → 클릭하여 우측화면으로 이동

④ OK(OK) 클릭

최초화면

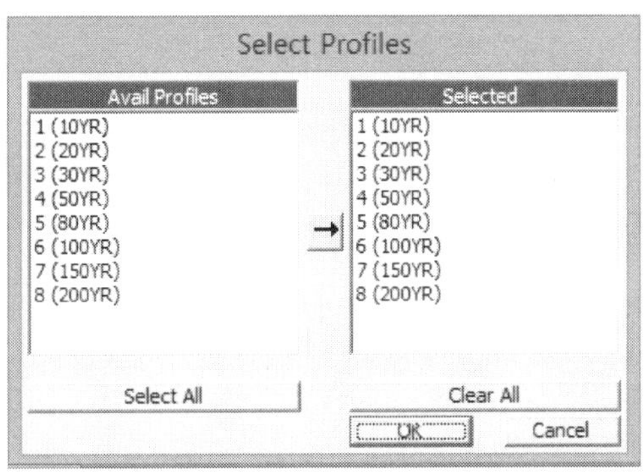

↓

수정

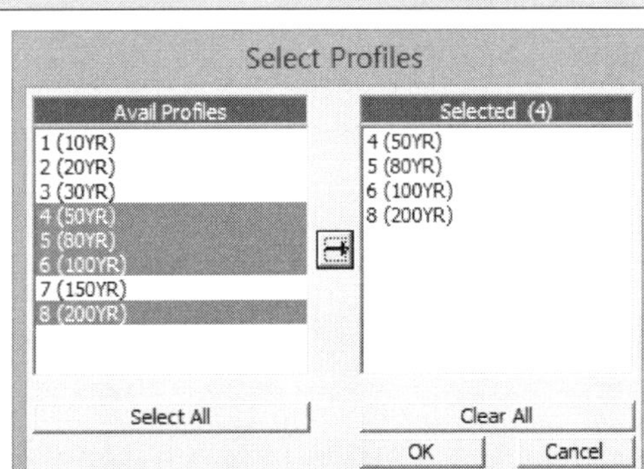

(3) 데이터파일 결과

Reach	River Sta	Profile	Q Total	Min Ch El	W.S. Elev	Crit W.S.
하천명	측점	빈도	홍수량	최심하상고	홍수위	한계조건홍수위

E.G. Elev	E.G. Slope	Vel Chnl	Flow Area	Top Width	Froude # Chl
에너지고	에너지경사	유속	면적	하폭	프루드수

Profile Output Table - Standard Table 1

File Options Std. Tables User Tables Locations Help

HEC-RAS Plan: SN River: SN Reach: SN1 — Reload Data

Reach	River Sta	Profile	Q Total	Min Ch El	W.S. Elev	Crit W.S.	E.G. Elev	E.G. Slope	Vel Chnl	Flow Area	Top Width	Froude # Chl
			(m3/s)	(m)	(m)	(m)	(m)	(m/m)	(m/s)	(m2)	(m)	
SN1	0.00	50YR	25.92	1.03	2.91	2.55	3.41	0.000087	3.13	8.27	4.40	0.73
SN1	0.00	80YR	28.26	1.03	3.18	2.64	3.63	0.000072	2.99	9.46	4.40	0.65
SN1	0.00	100YR	29.38	1.03	3.30	2.68	3.74	0.000067	2.94	9.99	4.40	0.62
SN1	0.00	200YR	32.79	1.03	3.72	2.81	4.11	0.000054	2.77	11.84	4.40	0.54
SN1	0.06		Bridge									
SN1	0.12	50YR	25.92	1.03	2.91	2.55	3.41	0.000087	3.13	8.28	4.40	0.73
SN1	0.12	80YR	28.26	1.03	3.18	2.64	3.64	0.000072	2.99	9.47	4.40	0.65
SN1	0.12	100YR	29.38	1.03	3.30	2.68	3.74	0.000067	2.94	9.99	4.40	0.62
SN1	0.12	200YR	32.79	1.03	3.77	2.81	4.14	0.000051	2.72	12.04	4.40	0.53
SN1	1.00	50YR	25.92	1.20	3.99	3.99	4.88	0.000186	4.17	6.21	3.56	1.01
SN1	1.00	80YR	28.26	1.20	4.11	4.11	5.03	0.000185	4.25	6.66	3.68	1.01
SN1	1.00	100YR	29.38	1.20	4.17	4.17	5.11	0.000185	4.28	6.86	3.73	1.01
SN1	1.00	200YR	32.79	1.20	4.34	4.34	5.31	0.000183	4.37	7.50	3.89	1.00
SN1	2.00	50YR	25.92	1.29	4.26	4.26	5.15	0.000201	4.18	6.21	3.56	1.01
SN1	2.00	80YR	28.26	1.29	4.38	4.38	5.30	0.000199	4.25	6.65	3.68	1.01
SN1	2.00	100YR	29.38	1.29	4.44	4.44	5.37	0.000198	4.29	6.85	3.74	1.01
SN1	2.00	200YR	32.79	1.29	4.62	4.62	5.58	0.000192	4.35	7.54	3.92	1.00
SN1	2.01		Inl Struct									
SN1	2.02	50YR	25.92	1.59	4.84	4.35	5.35	0.000091	3.18	8.16	4.14	0.72
SN1	2.02	80YR	28.26	1.59	4.98	4.47	5.51	0.000090	3.23	8.75	4.28	0.72
SN1	2.02	100YR	29.38	1.59	5.04	4.53	5.58	0.000089	3.25	9.03	4.34	0.72
SN1	2.02	200YR	32.79	1.59	5.18	4.69	5.77	0.000093	3.39	9.66	4.48	0.74

Total flow in cross section.

(4) 횡단면도 결과 : 「Geometric Data 」클릭

횡단형	범례
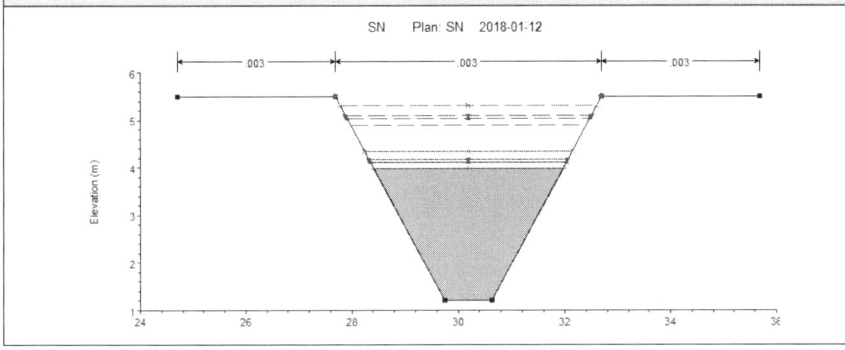	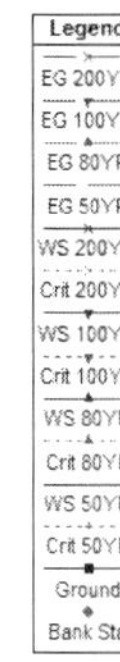

(5) 종단면도 결과 : 「View Profile 」클릭 (Profiles ... 에서 재현기간 선택가능)

① 50년 빈도

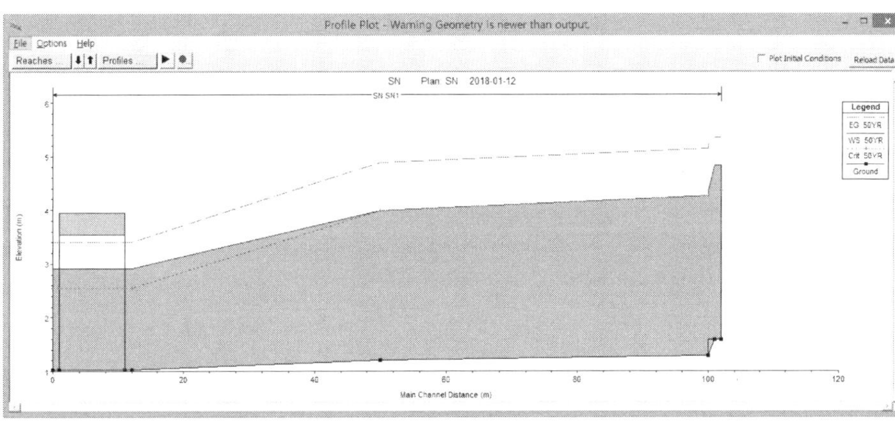

② 80년 빈도

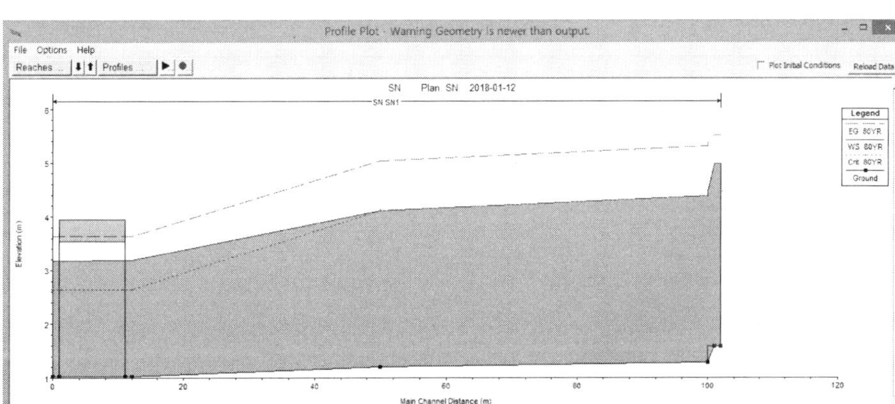

③ 100년 빈도

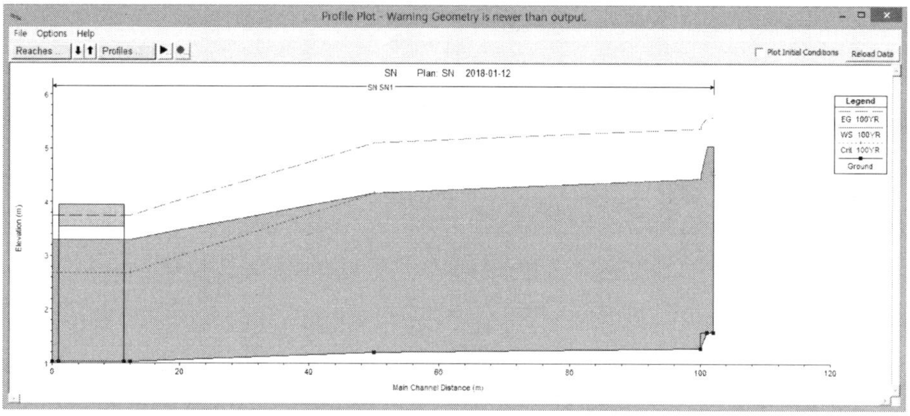

④ 200년 빈도

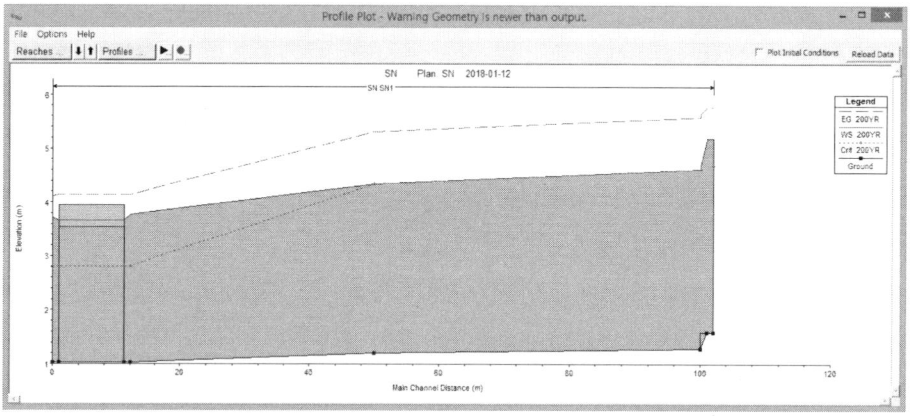

6.10 하상변동 분석

하천유황 및 하상재료의 인위적인 변화, 하도 내 구조물에 의한 장기적인 하상변동 효과를 예측하고 분석하는 것은 하천계획 및 관리에서 중요한 사항이다. 예를 들어 상류에 댐을 축조하는 경우, 하류 하천의 하상변동은 피할 수 없으며 하천의 한 지점에서 유로변경이나 대량취수 등으로 유황을 변경시키는 경우 그 지점의 상·하류는 계속적인 하상변동이 발생하게 된다. 이러한 하상변동은 단기적인 면에서 하천에서의 취수, 배수, 주운 등 하천관리에 직접적인 영향을 주며, 장기적인 면에서 하천구조물의 안정, 홍수위 변화, 지하수위 변화, 홍수터와 같은 하천부지의 변화 등 하천 및 유역관리에 광범위한 영향을 미치고 있다.

하상변동 분석에 필요한 하상재료 조사는 하상의 특성분석, 특히 조도계수의 산정, 상류 유역의 침식과 하천의 유사이송 특성, 유사량 공식과 하상변동 모형의 적용, 하천 서식처와 같은 하천환경의 조사 등에 필수적인 사항이다. 현장에서 적절한 방법으로 시료를 채취하고 실험실에서 분석한 후 그 결과를 체계적으로 정리하는 사항으로 구분되며, 자갈이상, 모래, 실트이하로 나누어 각기 시료채취방법과 분석방법을 달리하여 실시한다.

6.10.1 하상변동 및 하도안정 분석

하상변동이란 하천의 일정 구간에서 상류단면으로부터 유입하는 유입 토사량과 하류단면을 통한 유출 토사량과의 차이에 의해 그 구간에 하상상승이나 하상저하가 발생하게 되는 현상을 말한다. 인위적인 변화가 없는 자연상태의 하천들은 일반적으로 평형 하천이라 간주할 수 있고, 그 하천의 하상경사는 평형 하상경사라 할 수 있다. 만일, 인위적인 변화가 하천에 주어졌을 때 그 하천의 대응이 어떻게 될 것인가는 하천 실무에서 상당이 중요하다. 예를 들어, 하천에서 수자원 개발을 하는 경우, 하천의 자연적 평형상태는 일시적으로 깨어지게 되며 그 영향은 수자원 개발의 규모 또는 범위, 하천의 자연적 대응 상태에 따라 장·단기적으로 계속된다. 이러한 인위적인 하천변화는 유량, 유속, 난류특성, 수심, 하폭, 하상경사, 유사량, 하상재료 등 수리 및 유사 특성과 하천의 평면형태 등 하천특성을 변화시켜 크건 작건 하천의 평형상태를 깨뜨리게 된다. 이러한 변화는 그 하천이 다시 새로운 평형상태를 유지할 때까지 계속된다.

(1) 하상변동원인 분석

하천은 흐름에 의해 끊임없이 변화하며 그 변화에는 하천의 평면형, 종단면형, 횡단면형 등 하천형태의 변화와 하상재료의 변화 등이 포함된다. 이러한 변화는 장기간에 걸쳐 광역적으로 일어날 수도 있고, 단기간에 걸쳐 국부적으로 일어날 수도 있다.

적어도 100년 정도의 공학적 시간대에서 제방축조와 하도정비 등 인위적인 원인이나 지진, 산사태, 기록적인 홍수 등 특별한 자연현상이 없는 한 자연하천은 대부분 유수의 자연스런 유사이송에 의해 평형을 이루고 있는 상태라 할 수 있다. 이와 같이 하천을 변화시키는 변동원인 중 인위적인 원인에는 하도상황의 변경, 유역 토지이용의 변화, 하천에서의 골재채취, 댐과 저수지의 건설 등을 들 수 있고, 자연적인 원인에는 유수에 의한 유사이송, 홍수, 산사태, 지진 등을 들 수 있다.

(2) 인위적인 변동원인

자연상태의 하도에 제방축조, 직강화, 준설, 하도정비, 하도 내 잡목이나 부목의 제거 등을 하는 경우에 하상변동을 유발한다. 이중 하도의 직강화는 보편적으로 하상의 저하를 가져오며, 이러한 하상저하 현상은 통상 초기에 급작스럽게 진행되고 시간의 경과에 따라 변화가 급속히 감소한다.

하천 상류유역에서 도시화, 농경, 노천광 또는 벌목작업을 하는 경우에는 이 영향으로 하류하천의 하상이 변화하게 된다. 이러한 유역 활동은 통상 장기간에 걸쳐 일어나므로 때로는 하도에 미치는 영향이 쉽게 식별되지 않는다. 유역의 벌목이나 농경활동은 하류 하천에 첨두홍수량과 유사유출을 증대시키며, 도시화의 경우에는 첨두홍수량이 증가할 뿐 아니라 유출지속시간도 짧게 된다.

하천에서의 골재채취는 단시간에 가장 급속히 하상변동을 가져올 수 있으며, 이러한 골재채취는 국내에서 가장 빈번하고 통상적인 하상변동 원인 중 하나이다. 골재가 채취된 하천의 흐름은 변화되어 하도의 최심선 등 흐름양상이 달라질 수 있으며 골재채취로 인한 두부침식(head-cutting)은 상류 하천에 영향을 주게 된다. 따라서 충적하천에서 대규모로 골재를 채취하는 경우, 그에 따른 영향을 면밀히 검토하여 필요 시 적절한 대응책을 마련하여야 할 것이다.

댐은 유사이송을 제한하여 하류에 유사를 거의 포함하지 않는 맑은 물을 지속적으로 방류하게 된다. 이러한 방류량은 통상 홍수 시에 자연하천의 유량보다 크고 갈수 시에 자연하천의 유량보다 작다. 모래 하천에 댐이 건설되는 경우에 토사공급을 차단한 맑은 물의 방류로 인하여 댐

하류의 하상은 하강하게 된다. 하류 하천의 하상저하는 지하수위의 저하로 이어지고 하천변 토지의 식생과 경작에 영향을 준다. 강턱 침윤선의 저하를 가져와 강턱의 포락을 발생시킬 수 있다. 반면 자갈 하천에서의 댐 축조는 오히려 하류 하상의 상승을 가져올 수 있다. 이는 댐에 의한 유황 조절로 홍수가 없어지게 되면 하류 지류에서 유입하는 자갈을 본류에서 충분히 세굴시키지 못하기 때문이다.

(3) 자연적인 변동원인

자연적으로 일어나는 하상변동 원인으로 유수에 의한 유사이송이 대부분을 차지하며 그 외에 충적 선상지 활동, 자연적 하상 장갑화, 하도의 분기, 만곡과 자연 첩수로의 형성, 기록적인 홍수, 산불, 부목, 토석류, 지진, 화산활동, 산사태, 지각활동 등의 특수한 경우를 들 수 있다. 이 중 우리나라 하천에서 주로 나타나는 현상은 기록적인 홍수와 함께 홍수 시에 발생하는 산사태 등으로 인한 하상변동이다.

기록적인 홍수로 인한 하상변동은 장기적, 지속적으로 나타나기보다는 단기적, 일시적으로 일어난다. 홍수로 인한 하상변동은 통상 자연적으로 곧 원상회복되지만 때로는 영구히 회복되지 않고 변화된 상태에서 평형을 유지하기도 한다. 그 외에 홍수 시 부목이 교량 등에 걸리는 경우 교량 주위의 흐름 변화를 가져와 국부적인 하상변동을 가속화시킬 수 있다. 이러한 하상변동과 세굴은 부목에 의해 교량에 미치는 수압의 증가와 함께 교량의 붕괴를 초래할 수도 있다.

6.10.2 장래 하상변동

평형하상이란 하천의 일정 구간에서 상류로부터 유입되는 유입 토사량과 하류로 유출되는 유출 토사량이 같아 그 구간에서 퇴적이나 침식이 어느 한 방향으로 계속되지 않고 하상의 상승이나 저하가 일어나지 않아 실질적인 하상변화가 없는 안정된 하상을 의미한다. 평형하상은 정적 평형상태와 동적 평형상태로 구분되는데, 정적 평형상태는 소류력과 하상재료의 저항력이 평형을 이루어 하상재료의 입자들이 움직이기 직전의 상태여서 일체의 세굴 및 퇴적이 발생하지 않는 것을 의미한다. 동적 평형상태는 상류로부터 유입되어 퇴적되는 토사량과 그 구간에서 하류로 세굴되는 토사량이 평형을 이루어 국부적인 하상변동이 야기되지 않는 상태를 말한다. 하상변동은 단기적인 측면에서 보면 하천에서의 취수, 배수 등의 하천관리에 직접적인 영향을 주며, 장기적인 측면에서는 하천 시설물의 안정, 홍수위, 하천구역 등 하천에 미치는 영향이 크다.

하천의 평형하상경사를 산정하는 방법을 구분하면 <표 6.10.1>에 제시된 바와 같이 정적인 모형의 경우 Aki koichi 공식과 Kubo masasi 공식 등이 있다. 동적평형 하상의 모의가 가능한 모형은 1차원 모형인 HEC-RAS Sediment(HEC-6), GSTARS 등이 있고, 2차원 해석방법인 TABS2 및 SEDIMENT-41 등이 있다.

〈표 6.10.1〉 평형하상 경사 산정 방법

구분	종류	산정방법
정적모형	1차원 해석	安藝皎一(Aki-koich), 物部, 久寶雅史(Kubo-Masasi)
동적모형	1차원 해석	HEC-RAS Sediment, STARS, GSTARS IALLUVIAL, CHARIMA, UUWSR
	2차원 해석	TABS 2, RESSED TWODSR, SEDIMENT-4H

7 Chapter

하천환경 관리계획

1960년대 이후, 우리나라의 급격한 산업화와 도시화의 진전, 그리고 인구의 증가에 따라 도시하천을 중심으로 하천수량의 감소, 하천수의 오염, 하천공간의 황폐화가 심해 졌다. 90년대 초반까지 우리나라에서는 홍수로 인한 피해의 경감과 경제발전에 필요한 각종 용수를 확보하기 위하여 하천이 가지는 여러 가지 기능 중에서 이수와 치수 기능만을 관리하여 왔다. 즉 하천관리가 치수와 이수를 중심으로 시행되다가 하천환경이 심각한 상태에 이르렀다. 그 결과, 자연스럽고 아름다운 하천의 모습은 인공적으로 많이 변하였을 뿐만 아니라 그 안에 서식하는 동식물의 서식처 환경에도 영향을 미쳤다. 최근에 이와 같은 변화에 따른 역기능을 최소화하고 환경적으로 건전한 하천 정비의 필요성이 대두되었다. 더불어 국민의 생활수준 향상과 문화 및 정서적 욕구 증가에 따라 하천환경에 대한 관심이 증대되었다. 국토교통부에서는 기존의 이수와 치수 기능의 증진뿐만 아니라 조화되고 효율적인 하천환경 관리체계의 필요성을 제기하고 환경적 기능의 증진을 위해 다양한 하천정비 공법을 도입하고 검토하려는 하천환경관리의 제도적 시행과 하천환경관리기법의 개발을 추진하고 있다. 본 장에서는 하천의 환경기능을 중심으로 하천환경관리 계획에 대해 하천설계기준에 제시된 내용을 반영하여 기술하려고 한다.

7.1 하천환경

하천환경이란 물과 그 주변 공간과의 통합체인 하천 그 자체로서 수량, 수질, 공간의 3요소로 구성된다. 즉, 흐르는 물의 양과 질, 주변의 모래 사장, 섬, 하천부지와 제방 등을 포함한 자연적·인공적인 모습을 말한다.

하천은 이수, 치수 기능 이외에도 환경적 기능이 있으며 환경적 기능은 자연보전 기능, 친수 기능, 공간 기능으로 분류된다. 하천의 기능을 분류하여 <표 7.1.1>에 나타냈다.

7.1.1 자연보전 기능

자연보전 기능은 크게 물의 자정 기능과 생태적 서식처 기능으로 나눌 수 있다. 하천에 흐르는 물은 공기 중의 산소를 물속으로 용해시켜 수중의 유기물을 분해하는 자정 능력이 있으며

〈표 7.1.1〉 하천의 기능

<table>
<tr><td rowspan="3">이수 기능</td><td colspan="2">이수 : 생활용수, 공업용수, 농업용수</td></tr>
<tr><td colspan="2">교통 : 수운</td></tr>
<tr><td colspan="2">산업 : 수력발전, 어업, 골재채취</td></tr>
<tr><td rowspan="4">치수 기능</td><td colspan="2">홍수소통</td></tr>
<tr><td colspan="2">하・폐수의 배수</td></tr>
<tr><td colspan="2">지하수 함양・배제</td></tr>
<tr><td colspan="2">토사소통</td></tr>
<tr><td rowspan="8">환경 기능</td><td rowspan="2">자연보전기능</td><td>자정작용</td></tr>
<tr><td>생태적 서식처</td></tr>
<tr><td rowspan="3">친수기능</td><td>수상위락</td></tr>
<tr><td>수변경관</td></tr>
<tr><td>정서함양</td></tr>
<tr><td rowspan="3">공간기능</td><td>공간이용</td></tr>
<tr><td>피난 및 방재공간</td></tr>
<tr><td>지리분할</td></tr>
</table>

이와 같은 기능을 흔히 간과하기 쉬우나 매우 중요한 자연 기능이다.

생태적 서식처 기능은 하천에 서식하는 어류, 수조류(水鳥類, 물새), 담수식물, 수서곤충류 등의 서식처로서의 자연적인 기능이다. 이러한 생태적 서식처 기능은 하천환경을 고려하지 않은 하천정비 사업이나 인간 활동에 파괴되기 쉬운 기능으로 환경적으로 건전하며 지속가능한 개발(ESSD; Environmentally Sound and Sustainable Development) 개념*이 요구되는 기능 중의 하나이다.

7.1.2 친수 기능

하천의 친수 기능은 수상위락, 수변경관, 정서함양 등과 같은 하천과 인간과의 교류기능이다. 수상위락은 인간의 친수성에 대한 본능적 심리의 표출로 중요성이 점점 증대되고 있는 시점이다. 현대 산업 사회의 발달과 소득의 향상으로 레크레이션 활동은 활발해지고 정서함양에 대한

* WCED(world commission on environment and development)에 의한 ESSD 정의: 다음 세대들이 그들 자신의 수요를 만족시키기기 위한 능력을 저해시키지 않고 현재의 수요를 충족시킬 수 있는 개발

욕구가 심해지고 있는 상황이다.

수변경관과 정서함양 기능은 하천과 그 주변 자연과 인공물의 조화가 인간에게 주는 심미적 기능이며 수상위락과 마찬가지로 현대사회에서 도시민들에게 절실히 필요한 것이다.

7.1.3 공간 기능

하천의 공간 기능은 공간 이용, 피난 및 방재공간, 지리분할 기능 등으로 구분되며, 공간 이용 기능은 하천부지를 집회장소, 놀이장, 자연학습장 등으로 직접 이용하는 것이다.

하천의 공간은 대형 화재나 긴급사태 발생 시 피난 및 방재공간으로 활용될 수 있다. 또한 하천 공간은 마을과 마을, 혹은 나라와 나라를 구분하는 지리분할의 역할을 해왔다.

7.1.4 하천환경관리

하천환경관리란 자연보전 기능, 친수 기능, 공간 기능 등의 하천의 환경적 기능을 향상시키고 이에 상반되는 역기능을 저하시키기 위해 하천 및 하천구역에서 실시하는 조직적인 제반활동을 의미한다.

하천환경관리는 하천의 이수와 치수 기능을 증진시키고 더불어 하천관리의 중요한 구성요소이므로 이수 기능, 치수 기능, 환경 기능은 유기적으로 서로 연관되어 있다. 또한 하천 환경 기능은 자연 보전 관리, 친수 관리, 공간 관리로 구분되지만 이들은 서로 독립적이 아니라 상호 유기적인 관계가 있다. 예를 들면 하천 환경관리 사업의 하나인 하천의 유지유량을 확보하는 것은 수중생태계의 보호, 하천 수질의 향상시키는 것은 물론 하천에서 수상 활동 및 아름다운 경관을 제공하는 친수 기능을 증진시킨다.

7.2 하천환경관리의 기본계획

하천환경관리는 호소를 포함한 하천에서 이수, 치수, 그리고 하천환경 기능이 전체적으로 조화를 이루도록 하여야 한다. 따라서 하천환경관리는 치수 기능을 확보함과 동시에 장기적인 시야를 가지고 하천환경을 보전하고 나아가 창조할 수 있어야 한다. 또한 갈수기에 수량감소와 수질악화를 적절히 조절할 수 있어야 하며, 하천과 그 주변에 존재하는 자연적 환경을 보전하면서 하천공간을 효율적으로 이용할 수 있도록 기본계획에 포함되어야 한다.

기본계획은 하천환경을 계획적으로 관리할 수 있도록 기본적 사항을 정하는 것으로 수환경관리 기본계획과 하천공간관리 기본계획으로 구분하여 수행한다.

수환경(수량 및 수질)관리 기본계획은 하천수의 수량 및 수질을 종합적으로 관리할 수 있는 기본 구상, 하천시설물 관리, 수환경 개선사업 실시에 관한 계획 등 기본적인 사항을 포함한다. 수환경을 적절하게 관리하기 위해 유역 강우량, 하천의 수위, 유량, 수질 등을 관측하고 감시 체계를 정비한다.

하천공간관리 기본계획은 하천공간을 적절히 보전하고 이용할 수 있는 기본 구상, 하천공간 정비를 위한 사업실시 계획, 하천공사 및 허가공작물 설치 시 하천공간관리 측면에서 고려해야 할 사항 등을 포함한다. 기본계획에는 해당 하천을 포함하는 상하류 하천계획과 일관성이 있도록 수립되어야 한다.

하천환경관리 기본계획 수립 방법과 과정을 [그림 7.2.1]에 제시하였다. 그림에서처럼 파악된 유역과 하천 현황을 바탕으로 지역사회가 요청하는 하천환경의 모습을 정하여 계획의 목표와 주제를 설정하여 계획의 기본을 구상한다. 하천환경관리에 대한 전체적인 기본방침을 설정하고, 구분된 구역별 하천환경관리의 기본방침을 설정한다. 기본방침은 장기적 관점에서 수립해야 한다.

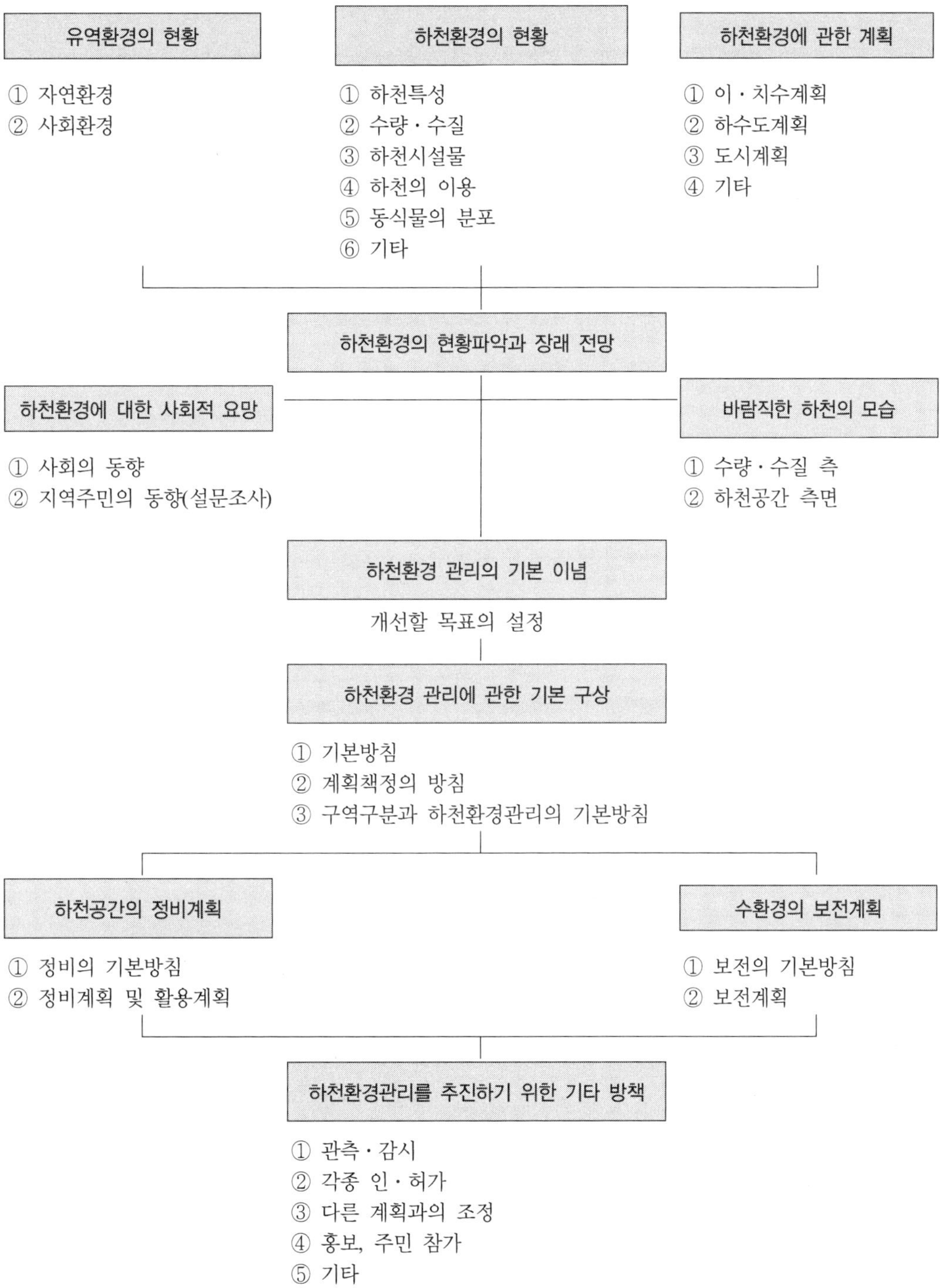

[그림 7.2.1] 하천환경관리 기본계획을 수립하는 흐름도

수환경보전 계획은 하천 수량과 수질을 종합적으로 관리할 수 있는 목표가 달성될 수 있도록 하여야 한다. 수환경을 보전할 수 있는 기본방침과 구체적인 내용이 포함되어야 한다. 이 계획의 구체적인 내용은 하천시설 관리계획과 수량확보 및 수질보전 방안 등을 포함하여야 한다.

하천공간 정비계획은 우선 기본방침에 따라 계획 추진방향을 설정하고, 이에 따라 공간정비계획을 수립하여야 하며 전체적인 흐름도는 [그림 7.2.2]와 같다.

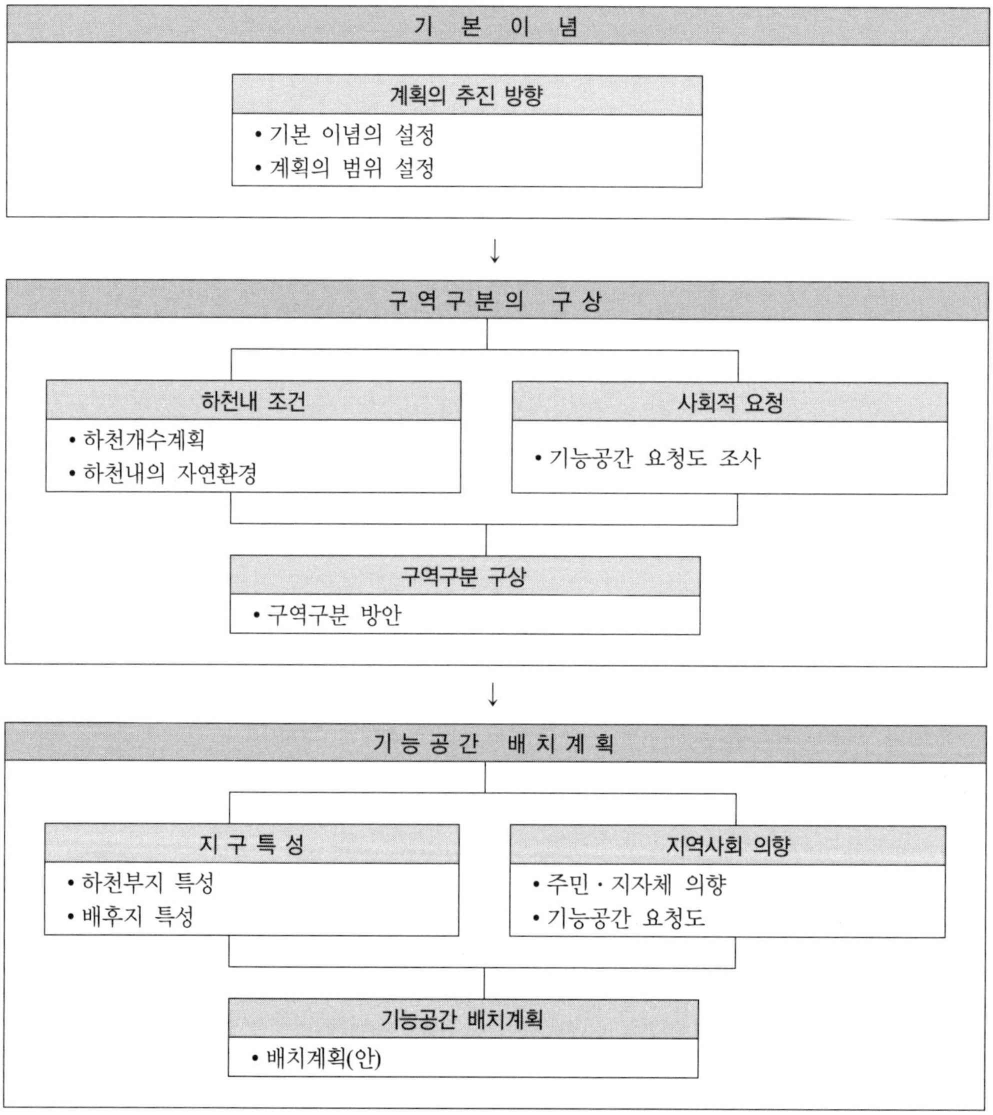

[그림 7.2.2] 하천공간 정비계획 수립 흐름도

하천공간정비를 위해 하천 상태와 유역의 문화, 역사 및 사회적 현황을 근거로 지역사회와 일체감이 형성되도록 하천환경이 갖추어야 할 모습을 표현하는 주제를 설정한다. 하천공간을 정비하는 데 구역 구분이 필요하다. 구역 구분은 기능 공간을 배치하는 것이며, 하천정비 규모 등을 고려하여 소하천 정비구역 전체를 특정구역으로 설정할 수 있다. 하천 전체를 질서 있게 보전·이용하기 위해 하천 유역 내 하천공간 전체를 몇 개의 구역으로 나누고, 각 구역에 대한 성격을 부여하고, 방향을 설정하여 구상한다. 구역 구분을 하는 절차를 [그림 7.2.3]에 제시하였다. 해당 하천의 특성과 수계를 일관성 있게 계획하기 위해 소하천이 합류되는 하천의 특성 등을 고려할 수 있다. 구역 구분은 인공적 요소와 자연적 요소의 비중에 따라 <표 7.2.1>과 같이 3단계로 구분된다. 구역에 대한 하천환경평가 기준은 <표 7.2.2>와 같고, 평가항목 및 가중 점수는 해당 하천에 따라 합리적으로 조정할 수 있다. 이 평가기준에 의한 하천구역 구분은 <표 7.2.3>에 따른다.

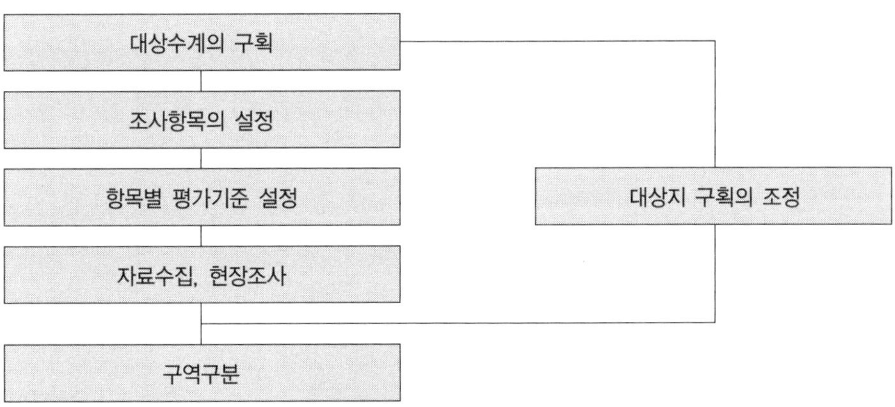

[그림 7.2.3] 구역구분 과정

〈표 7.2.1〉 구역구분 형태

구역구분	내용
정비구역	운동시설, 위락시설, 수상시설, 편의시설 등 인공시설을 중심으로 적극적으로 정비하는 구역이다.
정비·자연구역	인공적 이용과 자연적 이용이 공존하는 구역이며, 산책로, 휴식시설 등 정적 이용이 고려된다.
자연보전구역	자연생태계 및 자연경관을 보전할 목적으로 설정한 구역이며, 사람이 적극적으로 이용하기 위한 시설은 원칙적으로 도입하지 않는다.

〈표 7.2.2〉 하천환경 평가 기준

환경항목	구분	점 수	기준
야생성	자연지역 반자연지역(농경지 포함) 개발지역 (인공호안, 도로, 기타 인공화 지역)	30 20 10	- 녹색자연도에서 1-3등급은 개발지역으로, 4-8등급은 반자연지역으로, 9-10등급은 자연지역으로 간주 - 국립공원·상수원 보호구역과 특별히 보전할 필요가 있는 수중 및 수변 생태계 서식처의 경우(천연기념물, 희귀종 등) 25점 이상 부여
수질 (수중생태계 포함, BOD 기준)	1급수(1ppm 이하) 2급수(1-3ppm) 3급수(3-6ppm) 4급수(6-8ppm) 5급수(10ppm 이상) 하·폐수(100ppm 이상)	25 20 15 10 5 1	- 최근 3년간 해당하천의 대부분 구간에서 월평균 수질이 연중으로 기준 이하인 경우(단 전체기간 중 1-2개월만 특별히 기준 이상인 경우 기준 이하로 고려) 해당 수질등급으로 간주
친수성(자연경관, 지질 및 지형상 특별성, 수변·수상 위락활동 등)	높음 보통 낮음	20 10 3	자연경관, 지질 및 지형상 특별성, 수변·수상 위락활동 등을 종합적으로 고려하여 판정.
물의 흐름	자연 보통 인공	10 6 1	- 자연적인 물의 흐름 유지 - 물의 흐름 유지, 소규모의 제방, 도로 절개지 등 반인공 하천 - 댐, 대규모 제방, 수로 준설 등 인공하천
기타(하천과 지역사회 관계 등 기타 특별히 고려하여야 할 사항)	있음 보통 없음	12-15 1-111	- 낙동강 하회마을, 금강변 공주, 부여 백제유적지 등 전통적으로 하천과 지역사회와의 관계가 이어져 오는 경우는 '있음'으로 간주(국가 문화재) - 전국적으로 잘 알려져 있지 않으나 지역적으로 알려져 하천과 지역사회 관계가 있는 경우 '보통'으로 간주(지방 문화재) - 전혀 없는 경우는 '없음'으로 간주
계		16-100	

〈표 7.2.3〉 하천환경평가에 따른 구역구분

구역	평가점수
자연보전	81점 이상
정비·자연	41-80
정비구역	40점 이하

7.3 하천환경정비

하천환경정비 사업은 하천 수변을 다양한 생물의 서식 공간의 핵으로써 가급적 자연 형태에 가까운 모습의 하천으로 재생하기 위한 것이다. 더불어 치수상의 안정성을 바탕으로 자연성이 풍부한 수변 공간이 되도록 한다. 이 사업의 목적은 자연 하천이 지니고 있는 하천의 역학관계(dynamics)를 고려하면서 치수상의 안정성을 확보하고 생물에게는 친근하며 인간에게는 아름다운 경관을 제공하는 것이다. 자연 하천을 복원하고자 하는 하천환경정비 사업은 기존 하천정비 사업과 기본 방향이 크게 다르며, 그 영향은 하천 계획, 하도 계획, 하천구조물의 설계·시공 및 유지관리 등 하천관리업무 전반에 걸쳐 이루어져야 한다.

하천환경정비는 하천의 환경적 기능을 증진시킬 목적으로 시행하는 개선사업으로 수량 확보 및 수질개선, 그리고 하천변 개선사업이 중요하다. 하천 정비사업이 치수사업의 일환으로 추진되는 경우에도 이른바, 자연형 하천정비 개념을 적극 도입하여야 한다. 하천환경정비는 하천의 3대 요소인 수량, 수질, 공간 요소를 종합적으로 고려하여 추진하되, 수질개선과 함께 자연형 하천 만들기에 초점을 맞추어 하천 수량 확보, 오염 부하 저감에 의한 수질 개선, 그리고 하천의 자연형 하천 정비를 병행하여 추진하여야 한다.

[문제 7.2.1] 수환경 개선 및 보전을 위해 수량확보 대책과 하천수질 개선 대책에 대해 기술하시오.

7.4 자연형 하천공간정비

하천공간정비는 치수기능 및 환경기능을 향상시킬 수 있도록 치수기능을 기본적으로 확보하면서 하천환경기능을 증진시킬 수 있는 정비방안을 모색하여야 한다. 하천의 환경기능에는 친수성, 생태계 서식처로서의 기능, 경관과의 조화, 이용시설물의 유지·관리 효율성 증대 등을 종합적으로 고려하여 수립되어야 한다. 이를 위해 설계 대상 하천의 종단과 횡단면은 옛 지도를 이용하여 가능한 한 그 하천의 본래의 모습과 선형으로 복원시키도록 노력한다. 하천에 쓰이는 재료가 부득이 무생명 재료(기존의 토목용 재료)일 경우, 지속적으로 사용하지 않는다. 해당 하천에서 과거부터 주로 서식하는 수목류 등을 주재료로 사용하고, 하도 구조는 모래 및 자갈로 이루어지는 사구 및 사행 형성을 유도한다. 어류 및 하천 서식 동물의 이동에 지장을 주기 때문에 하천수를 좁은 배수관으로 통과시키지 않게 한다. 기존의 복개된 하천은 자연광에 노출될 수 있도록 열어준다. 분절된 지류는 본류와 연결시키고 연결이 곤란한 웅덩이는 대상 하천에 맞게 호소로 만들어 준다. 지류의 수질이 좋을 경우에만 본류에 연결한다. 유로 연장은 축소시키지 말아야 하며 축소된 유로는 복원시키도록 한다. 급변하는 낙차공보다는 연속되는 완경사 낙차 하도나 어도를 설치한다. 필터는 가능한 한 사용하지 말며, 사용할 경우 반드시 기공이 큰 것을 사용하며 필터 위에 15cm 이상의 자연재료를 덮어준다. 생태학적으로 유리한 흐름의 형성 및 유속의 변화를 위해 큰 돌 또는 죽은 나뭇가지 걸치기 등을 할 수 있다.

친수 기능을 확보하면서 하천 환경기능을 조화시키기 위해 하도 정비 시에는 자연형 하천공법을 적극 도입한다. 자연형 하천 설계는 대상 하천뿐만 아니라 하천 주변은 물론 하천설계로 인해 발생할 수 있는 영향에 대해 진단 및 평가를 실시한다. 이를 위해 설계의 목적 설정, 현장조사와 자료 수집, 현황 조사와 자료에 대한 분석 및 평가, 대안 제시, 대안에 대한 평가 및 선택, 그리고 기본 설계의 절차를 따른다.

자연형 하천정비는 도시화와 산업화로 훼손된 하천을 원래의 모습에 가깝게 되돌리거나 치수 또는 다른 목적으로 하천을 새롭게 정비할 필요가 있을 경우 살아있는 나무, 풀, 돌, 흙 등 자연재료를 최대한 이용하여 하천을 자연에 가깝게 가꾸는 개선사업이다. 국토관리청은 이러한 정비를 통하여 하천의 자정능력 향상, 생태적 서식처 조성, 친수 공간 조성 등을 조성하여야 한다.

자연형 하천 공간 정비는 기본적으로 하천 평면상의 수제부에 대한 자연형 호안 공법의 개발 및 적용, 자연형 보 및 낙차공 등과 같은 자연형 횡단 구조물, 자연형 고수부비 및 제방 조성 공법, 생물의 이동통로(eco-corridor) 조성 공법, 습지 및 바이오톱 조성 공법, 자연형 수질 정화 기법, 그리고 조류의 서식처 조성 공법을 목표로 추진하되 반드시 필요한 구간에서만 적용하여야 한다.

8 Chapter

자연형 하천계획

하천은 수천 년 동안에 지질, 지형, 기후의 영향을 받으면서 변하였다. 인간에 의한 개발로 인해 하천이나 습지가 사라졌다. 자연형 하천계획은 자연이 가진 다양성의 존중, 하천의 자연조건을 규정하는 아름다운 강변과 물 순환의 보전 및 창출, 생태계가 고립되지 않도록 물과 강변식물의 상호 연계가 구현되도록 하여야 한다. 하천에 자연형 하천 가꾸기를 시행하고자 할 때는 일반적인 자연형 하천 가꾸기의 취지를 살리되, 해당 하천에 대한 자연형 하천 가꾸기의 목적과 개념, 설계 일반에 대한 기준을 책정하여 적용하여야 한다. 자연형 하천 가꾸기는 하천 생태계 보전 또는 복원에 유리한 설계 기준과 재료 및 공법을 우선 도입하여 설계한다. 하천은 하천 개개의 고유 특성을 갖고 있기 때문에 하천의 특성을 우선 파악하고 고유의 특성을 반영할 수 있는 공법을 도입하여 설계에 임해야 한다. 그러므로 공법을 표준화하기란 어려운 일이다. 즉, 하천은 공학적으로 통제하거나 조절할 수 없는 자연 현상에 의한 생태계 공간이지만 아직까지 국내 하천에서 하천환경, 즉 자연형 하천 조성에 대한 표준화되거나 정례화된 기준이 없는 실정이다. 본 내용은 하천설계기준에 준하여 기술된 것이다.

8.1 용어의 정의

무생명 재료 : 생명력이 없는 재료로서 광물성 또는 합성 연료로 만든 재료와 목재를 말한다. 자연형 하천에서 무생명 재료의 사용은 생명 재료로는 하천의 안정성이 보장되지 않는다고 판단되는 경우에 이용할 수 있으나 그 하천의 화학적 특성을 변경시키지 않아야 한다.

수생역(aquatic zone) : 연중 360일 이상 물이 있는(침수) 곳으로 식물의 종류는 그들의 특성에 따라 뿌리를 땅속에 내리지 않는 부유 수생식물, 물속에서 하상에 뿌리를 내리는 수생식물 또는 물속에 침수하여 살아가는 침수 수생식물, 부분적으로 침수하여 살아가는 식물 등으로 나눌 수 있다.

정수역(추수역, emergent zone) : 연중 185일 이상 물이 닿는 지역으로 평균수위와 고수위에 의해서 침수되고 저수위에 의해서 건천화된다. 이 구역을 흔히 갈대역이라고 하기도 한다.

하원역(riparian zone) : 정수역 바로 위, 즉 평균수위 윗부분에서 시작하여 홍수에 의해 침수의 영향을 받는 모든 육지구간이다. 이 구역은 또한 연중 185일 이내로 침수되는 구역과 30일

이내의 침수구역으로도 나눌 수 있다. 이 두 구역의 주요 특징은 홍수에 의한 침수로 세굴된 곳에 웅덩이 또는 주 하도와 연결되는 작은 지류들이 있다는 점이다.

수심연속선 : 어떤 하천에서 일정 기간에 매일 수심을 측정하여 그 높이를 정리하거나 또는 수심빈도의 합으로써, 물의 깊이는 수직으로, 수평은 365일 또는 임의 기간으로 표시한다.

8.2 자연형 하천설계

하천의 환경 요소 중 하나인 자연 생태계 서식처의 복원을 위한 자연형 하천 공법의 목표가 필요하다. 우리나라 경우에 하천의 특성에 적합한 구조와 안정성을 갖추면서 하천 생태계와 조화를 이루며, 도시 및 전원 지역의 중소하천에서 친수성 및 경관 등과 같은 하천의 환경기능을 향상시킬 수 있어야 한다. 기존의 직강화, 콘크리트화, 획일화된 하천에서 치수와 이수 목적을 달성하면서 원래의 하천 형태와 생태계 등 자연환경을 고려하여 자연 하천으로 되살리는 방법과 기술을 개발하여 적용한다.

하천환경의 보전 및 훼손된 하천환경의 복원을 위해서 대상 하천의 특성을 진단하여, 하천환경을 평가하는 방법을 개발하여 적용한다. 자연형 하천 가꾸기는 지속적으로 자연형 하천공법을 개발하고, 개발된 공법들을 실제 하천에 적용할 수 있는 지침을 작성하여 제시할 필요가 있다. 각종 하천의 수리·수문·수질·형태·생태계·경관 등 각종 자료를 수집, 분석하여 실제 하천 사업과 연결시키고, 해당 공법은 하천에서 실제 사용되는 각종 공법들(저수로 호안, 제방 사면, 여울과 웅덩이(沼), 보와 낙차공, 어도 등)을 망라하여야 한다.

구체적으로 저수로 호안과 여울-웅덩이(沼) 구조, 자연형 고수부지와 제방 조성, 중소하천에서의 종합적인 자연형 하천공법의 개발 시공, 바이오톱 조성, 자연형 하천수질 정화기법, 그리고 생태적 서식처 조성을 위한 자연형 수제 등을 개발하여 적용한다.

자연형 하천 공법의 핵심은 도시화와 산업화로 훼손된 하천을 원래의 모습에 가깝게 되돌리거나, 치수나 다른 목적으로 하천을 새롭게 정비할 필요가 있는 경우 살아있는 나무, 풀, 돌, 흙 등 자연재료를 최대한 이용하여, 하천을 자연에 가깝게 가꾸는 방법과 기술이어야 한다.

자연형 하천 공법은 자연의 재생 또는 복원, 하천을 정비할 때 단순히 이수 또는 치수 문제뿐만 아니라 자연생태계에 대해 고려하여야 한다. 즉 무생물 재료의 일종인 콘크리트 제방을 최대한 지양하고, 거석, 통나무, 식생 등 자연재료를 이용하여 제방이나 호안을 만들어야 한다. 또한 하천의 형태도 직선을 피하고 완만한 평면상의 사행과 여울, 웅덩이(沼) 등을 적절히 구성하여 자연의 형태에 가깝게 정비한다. 자연형 하천을 조성하기 위한 과정을 요약하면 다음과 같다.

① 해당 유역의 하천정비 현황 및 문제점을 검토한다.

② 하천정비관련 제도 및 법령을 검토하여 법적인 위상을 유지한다.

③ 하천정비관련 기술 수준을 분석하여 활용한다.

④ 하천의 수리·수문·수질·형태 특성을 분석한다.

⑤ 하천 수생식물 특성, 어류 및 저서 생물 특성, 조류 및 육상 동물 특성, 그리고 토양의 물리화학적 특성 등과 같은 하천 생태계의 구조를 분석한다.

⑥ 주로 식물 수질 정화능 평가 및 모형화 등과 같은 하천생태계의 기능을 분석한다.

⑦ 하천경관 특성의 분석으로 하천경관단위의 조사·분석이 여기에 해당된다.

자연형 하천 조성을 위해 하천 고유의 특성을 분석하고 대상 하천에 대해 다음과 같은 사항을 조사하여 설계에 반영해야 한다.

① 하천의 수리·수문·수질·형태 분석을 위해 저수로 계획에서 고려할 미시적 하상변동 분석, 여울-웅덩이(沼) 구조의 수리학적 검토, 시험 하천의 조사 및 분석, 폭기·라군·박층류에 의한 정화기법, 그리고 시험 하천의 수질 특성을 분석한다.

② 생태계의 구조 및 기능은 하천 생태계의 구조, 기능 분석, 그리고 하천 경관 특성을 분석한다.

해당 하천에 대해 하천 수량, 수질, 생태계, 경관 등 하천 환경을 평가한다. 국내 중·소 도시하천에 적합한 자연형 저수로 호안공법을 적용하기 위해 어류 서식 및 피난처 조성 공법 개발(여울과 웅덩이(沼)), 자연형 고수부지·제방 조성 공법 검토, 그리고 개발된 공법의 수리적 안정성을 검토한다.

위의 결과들을 이용하여 다음과 같은 자연형 하천 공법을 개발하고, 해당 하천에 대해 설계 결과를 반영하여 시공한다. 구체적인 개발 대상 공법의 선정, 제 공법의 모니터링 및 평가, 자연형 하천 공법의 안정성 검토, 그리고 제 공법의 사후관리방안을 검토하여야 한다. 또한 자연형 하천 공법을 실제 하천에 적용하는 데 필요한 지침서를 지속적으로 보완하면서 작성하여 제시한다.

국내에서 시험되고 있는 자연형 하천 공법은 ① 자연형 저수로 호안 공법, ② 자연형 보·낙차공, ③ 다공질 블록 및 녹화 블럭 호안공 법, ④ 생물 이동통로(eco-corridor) 조성 공법, ⑤ 어류 서식 및 피난처 조성 공법, ⑥ 습지 및 바이오톱(biotope) 조성 공법, ⑦ 자연형 수질 정화 기법 등이 있다.

각 공법을 도입하기 위해서는 자연 하천의 특성을 파악해야 한다. 자연형 하천의 모델이 되는 것은 가장 원시적으로 보전된 자연하천이다. 자연하천이란 인간의 영향력을 받지 않은 하천으로 실제로 산업화와 도시화가 된 우리 주변에서 찾아보기 어려운 실정이나, 자연하천을 자연형 하천설계의 기본 모델로 보아야 한다. 하천은 흐름 방향으로 보아 크게 상류, 중류, 하류로 나누어지며 그 대체적인 특성은 <표 8.2.1>과 같다. 하천은 여러 가지 생물체가 살고 있는 서식공간인 복합적 생태계이다. 하천의 횡단은 크게 물 자체 및 하상(수생역), 물의 변화구역(정수구역), 물의 영향을 받는 주변구역(고수부지)으로 나눌 수 있다. 자연형 하천설계를 위해서는 필요에 따라 침수기간을 고려하여 하천 횡단을 자세히 구분한다.

〈표 8.2.1〉 자연 하천의 종단 특성

하천의 형태	상류	중류	하류
수심	얕다	상 하류의 중간	깊다
유역지형	가파르고 좁다	넓다	평평하다
하도	짧고 꺾임이 많다	곡류와 직류가 함께 나타난다	심한 곡류
하상경사	가파르다	상하류의 중간	완만
유속	빠르다	상하류의 중간	느리다
유량의 변화	크다	적다	거의 없다
소류형태	큰돌	자갈	모래, 진흙
소류정도	많다	상하류의 중간	적다
침식형태	하상침식	하안침식과 퇴적	퇴적
수온	변화적고 낮다	온도변화 있다	온도가 높다
용존산소	많다	상하류의 중간	적다
염기와 양분	적다	상하류의 중간	많다
동식물의 종류	적다	많다	매우 많다

8.3 자연형 하천의 설계와 시공법

자연형 하천설계를 위한 하천 유형은 자연형태별 또는 인문사회적 특성별로 다양하게 구분할 수도 있으나, 대규모 하천의 규모와 하천유역의 특성을 중심으로 분류한다. 하천유역의 특성을 결정하는 기준은 하상경사에 따라 산지하천과 평지하천으로 분류할 수 있다. 하천주변의 토지 이용도에 따라 '도시하천'과 '전원하천'으로 나뉜다. 대상하천의 주어진 환경에 인간의 영향력이 적게 미치는 곳과 강하게 미치는 곳으로 구분하기 때문에 자연형 하천설계의 방향설정에 주요한 요인이다. 도시하천은 전원하천에 비해 주변 토지이용에 대한 홍수로부터의 안전성이 우선적으로 보장되어야 함은 물론 도시민의 휴식 및 위락공간에 대한 요구를 반영하기 위해 하천의 생태적 발전에 바람직하지 않은 시설물 등도 고려될 수 있다.

자연형 하천에서 무생명 재료는 생명 재료만으로 수리 안전성이 보장되지 않는다고 판단될 경우에 이용될 수 있다. 하천의 화학적 특성을 변경시키지 않으며 동·식물계에 나쁜 영향을 미치지 않는 것을 사용하여야 한다. 무생명 재료를 이용한 설계 공법들과 그들의 특성 및 적용 범위에는 주로 다음과 같은 것이 있다.

① 돌붓기 : [그림 8.3.1]과 같이 굵은 자갈, 잘게 쪼갠 돌, 조약돌, 크게 쪼갠 돌들은 손 또는 기계를 이용하여 일정한 면적의 표면에 부어 고른다. 돌붓기의 정도는 연평균수위 위까지 올라오도록 설계한다. 식재를 할 경우 흙채우기가 필요하며 가는 모래가 많은 경우 필터(부직포)를 깔아주도록 한다.

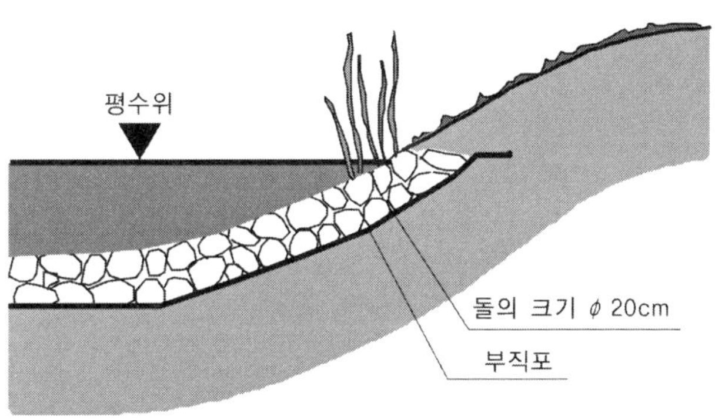

[그림 8.3.1] 돌붓기 (poured stones)

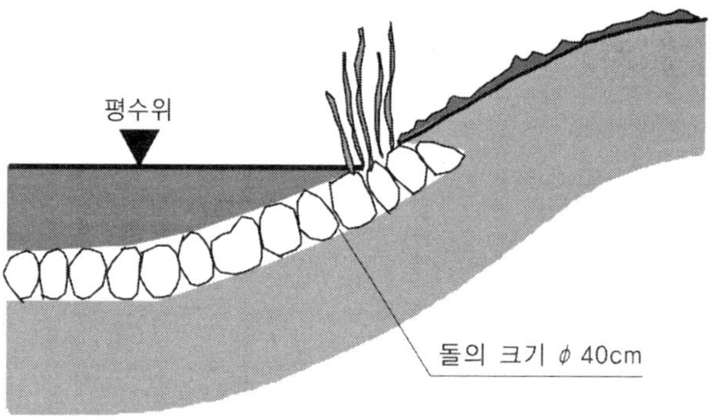

[그림 8.3.2] 돌놓기 (Putting stones)

② 돌놓기 : [그림 8.3.2]와 같이 크게 부순 거친 돌을 하상과 하안구역까지 일정한 높이로 어긋나게 놓는 것으로 돌과 돌 사이의 큰 공간은 작은 돌을 이용하여 메꾸어 준다. 이 방법은 미생물, 어류 서식처를 제공하지 못하는 경우가 많다. 이 방법을 사용할 경우 하상경사가 아주 급한 곳, 예를 들면 산지하천의 상류구역, 또는 평지하천의 경우 시설물 주변 등에만 제한적으로 사용하도록 한다. 돌놓기도 하상에 적용될 수 있다.

③ 메쌓기 : [그림 8.3.3]과 같이 네모난 형태로 다듬어진 돌을 축대 쌓는 모양으로 쌓는다. 돌과 돌사이 틈이 거의 없기 때문에 식물체의 뿌리가 뻗을 수 없다. 이 방법은 하안에 이용하면 안전하나, 인건비와 시공비가 비싸며 생태학적으로 유리하지 못하다.

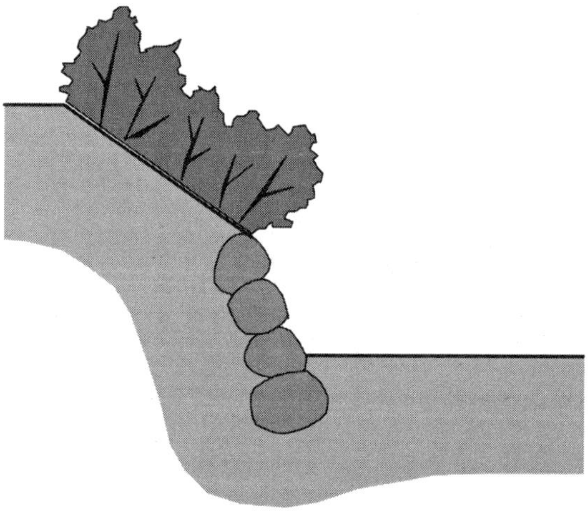

[그림 8.3.3] 메쌓기 (Laid stones)

④ 자연석 포장재 : 자연석 포장재료를 깔기 위하여 기초(모래, 자갈 등)를 만들고 포장재와 포장재 사이에는 흙 또는 동질의 재료를 채워주는 방법이다.

⑤ 필터 : 비닐 또는 섬유로 직조된 '부직포'를 말한다. 하천에서는 주재료의 보조재료로 주로 침전에 의한 침식방지용으로 쓰인다. 모든 필터는 천연섬유 또는 인공섬유에 상관없이 물과 미생물의 출입을 방해하지 않아야 한다. 필터를 하상바닥에 깔 경우에 깊이가 깊을수록 생물체의 서식공간이 방해를 받지 않는다. 이 재료의 수명은 재료의 종류, 짜임새, 또는 그 위에 덮이게 되는 물체의 종류에 따라 다르다.

⑥ 원통형 잔 나뭇가지 묶음(섶단) : [그림 8.3.4]와 같이 죽은 나뭇가지 또는 맹아력(萌芽力)이 없는 여러 종류의 잔나뭇가지를 원통형으로 만들어 이용한다. 길이는 임의로, 지름은 약 20~40 cm를 갖는 묶음을 철사 또는 유연한 철근으로 묶는다. 원통형 잔 나뭇가지 묶음들은 하안 가장 밑부분에 놓고, 고정시키기 위한 말뚝을 박는다. 죽은 나뭇가지의 재활용으로 경제적이고 손쉽게 시공할 수 있는 장점은 있으나 수명이 짧기 때문에 하안의 어린 수목 식재를 함께 계획한 경우에 적당하다.

⑦ 엮은 나무울타리 · 나뭇가지 엮기 : [그림 8.3.5]와 같이 0.3~0.5m 간격으로 나무 말뚝을 수직 또는 비스듬하게 박은 후 맹아력이 없는 잔나무 가지를 바구니 엮듯이 엮어주는 방법으로 잔나뭇가지가 하상바닥 근처까지 닿아야 한다. 이 공법은 간단하게 시공할 수 있으나 재료의 생명력이 짧기 때문에 하안 식재가 하안의 안전성을 보장하기 전까지의 침식방지에 적합하다.

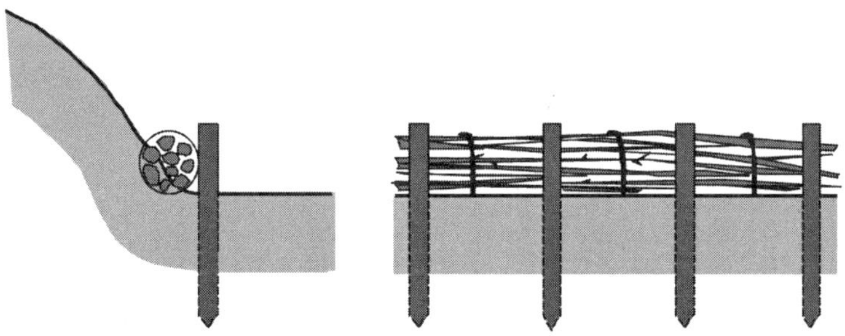

[그림 8.3.4] 원통형 잔나무 가지 묶음 (Branch fascine)

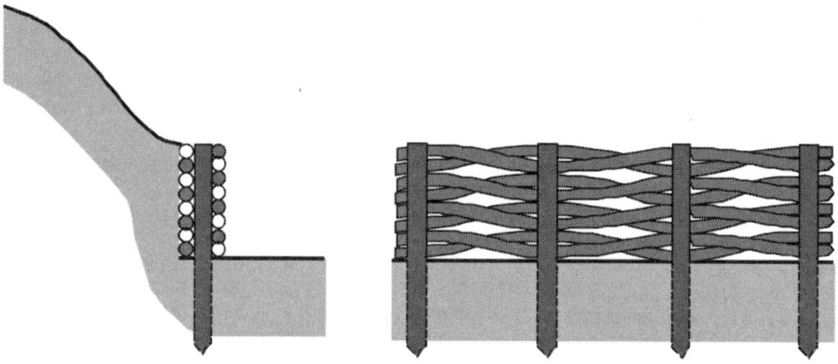

[그림 8.3.5] 엮은 나무울타리 (Weaving branch fence)

⑧ 잔 나뭇가지 덮기(윗가지 덮기) : [그림 8.3.6]과 같이 맹아력이 없는 재활용 나뭇가지들을 하안에 가지런히 늘어놓거나 또는 맹아력이 있는 잔가지를 묶어서 가지런히 늘어놓은 후 말뚝으로 고정시키는 방법이다. 이 재료들은 일시적인 물의 침범에 강하나 무생명 재료로 지속적인 효과를 기대하기 어렵다. 단지, 생명 재료와 혼합한다면 자연형 하천설계의 기본 원칙에 적합하다.

생명 재료들은 하천단면의 안전을 도모함은 물론 자연에 가까운 생물의 서식처를 형성하는 데 매우 중요하다. 또한 하천 자연경관을 이루는 요소가 된다. 생명재료는 토목재료 가치, 유지관리 측면, 야생 동식물 서식처로서의 가치 및 하천의 물질 및 에너지대사에 미치는 영향력에 따라 구분할 수 있다.

하천수목은 하천변에 서식하는 교목 및 관목류를 말한다. 하천에는 평균수심선 바로 위로부터 물이 잘 닿지 않는 하안의 윗부분까지 여러 종류의 수목들이 여러 줄로 조합되어 있다. 이들의

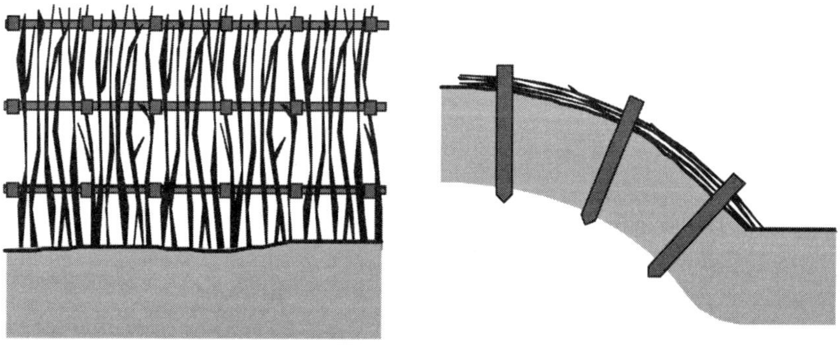

[그림 8.3.6] 잔 나뭇가지 덮기 (Brush mat)

공학적, 생태적 역할을 살펴보면, 하천 수목의 뿌리구조가 침식방지 및 땅굴을 파는 동물의 침입을 방지하여 하안을 안전하게 할 수도 있다. 하천수목은 그늘을 형성하여 유속을 방해하는 수생식물 및 기타 녹조류 등의 번성을 자연적으로 억제한다. 그늘 형성은 또한 강한 햇빛으로 지나치게 뜨거워질 수 있는 수온을 낮춰주기 때문에 어느 정도 수질악화를 방지하여 준다. 자연적으로 어류 등과 같은 동식물의 서식처가 이루어진다. 하천수목을 식재한 경우 유지관리비가 목초류를 파종한 경우보다 경제적이다.

자연하천의 횡단구조 및 침수수심 연속선을 기준으로 하천변 식재, 특히 수목의 식재 위치를 결정한다. 침수기간이 짧은(연중 30일 이내) 육지구역, 고수부지에 살아갈 수 있는 수목의 주요 선택기준은 생태적, 경관적 효과보다 일시적인 침수에도 견딜 수 있는 자생 수종으로 연수역의 하천 주식생을 억압하지 않아야 한다. 일반적으로 교목은 대안으로 하고 관목을 우선적으로 선택하는 것이 바람직하다. 특히 침엽수의 잎은 물속에서 잘 분해되지 않으므로 식재하지 않는다. 이 구역에 어린 수목을 식재할 경우 시공초기의 지표면의 침식방지를 위하여 키가 작은 다년생 초본류의 파종을 병행한다.

침수기간이 연중 30일 이상 185일 이내인 연수역에서는 평균수심선 위에서 약 0.3~0.5m 까지 하천특성 및 하천종단에 따라 그 폭이 약간씩 다르다. 이 구역의 주요 수종선택 기준은 첫째는 자생종으로 오랜 침수에 잘 견디는 것, 둘째는 생물공학적 효과가 있는 것, 즉 하안침식 방지의 효과가 있는 것, 셋째는 물의 흐름을 가능한 한 방해하지 않는 것이어야 한다.

적절한 하천수목의 종류(중부지방 기준)로 연수역에는 버드나무(*Salix koreensis, S. dependens, S. gracilistyla(관), S. purpurea v. japonica(관)*), 물푸레나무류(*Fraxinus rhynchophylla, F. mandshurica*), 참느릅나무(*Ulmus parvifolia*), 그리고 오리나무류(*Alnus maximowiezii*) 등이다. 경수역에는 *Quercus* 종류, 귀룽나무(*Prunus padus*), Betula 종류, 까치박달(*Carpinus cordata*), 개암나무류(*Corylus heterophylla(관), C. mandshurica(관)*), 신나무(*Acer ginnala*), 그리고 기타 *Cornus, Euonymus, Viburnum, Populus, Sorbus, Sambucus, Rubus* 종류 중에 하천수목으로 우수한 생물공학적 특성을 갖춘 국내자생종을 선정한다.

갈대류의 식재위치는 평균수심선의 2~3cm 위로 연중 185일 이상 침수되는 정수역, 또는 갈대역이다. 갈대류는 자연형 하천의 횡단면구성에 중요한 역할을 하며 수륙지역에 뿌리를 내려 하안의 침식방지 역할을 한다. 또한 수면의 일부에 그늘을 형성도 하여 다양한 동식물의 서식처가 된다. 희귀한 또는 멸종위기에 있는 종들을 보호해 주는 역할을 한다. 갈대류는 하천의 자정능력을 증가시킬 수 있으며 하천의 아름다운 경관 조성효과도 크다. 그러나 수위변동이 심한 곳이나 수면 폭이 작은 소하천의 경우, 또는 심한 그늘이 있는 곳에는 식재를 재고하여야 한다. 특히 유속이 심한 곳에는 꺾임에 약한 갈대는 적절하지 않다.

하천에서 다년생 숙근류(비화본과)의 식재 위치는 약 갈대역 부근이다. 때때로 갈대류나 수목의 식재를 하지 않아도 되는 구간에 다년생 숙근류를 식재할 수 있다. 예를 들면 주로 경사가 심하지 않은 하안, 또는 친수성을 요구하는 공간으로 경관적 효과를 올리고자 할 때 등이다. 적절한 수종으로는 터리풀(Filipendula glaberria), 털부처꽃(Lythrum salicaria), 참좁쌀풀(Lysimachia coreana), 머위(Petasites japonica) 등이다. 식재 시 고려할 사항은 하천에 저절로 이입되는 숙근류가 많으므로 많은 무리로 심지 않아야 한다.

다년생 화본과(초본류)는 잔디류를 가리킨다. 하천 하안을 잔디로 덮는 것은 결코 자연에 가까운 방법이 아니다. 그러나 시공이 쉽고 값이 싸며 유지관리비가 적게드는 방법 중의 하나이다. 적절한 종류의 선택기준으로 우선 침수에 잘 견디는 것과 키가 크게 자라지 않는 것이 관리에 유리하다. 아울러 많은 런너(뿌리가 있는 덩굴 또는 줄기가 앞서 나가는 식생 형상)가 형성되는 것이 지표면의 피복을 빠르게 하여 침식방지 효과를 높일 수 있다.

8.3.1 하천의 평면설계

하천의 평면설계는 치수를 위한 제방과 고수부지, 그리고 저수로에 대한 공간 조성 및 유지를 위한 계획으로서 자연 하천에서 형성되는 여울과 웅덩이(沼)를 치수와 생태 측면을 고려할 수 있다. 여울과 웅덩이(沼)의 구조는 자연상태에서 하천의 안정성이 하상이 일정하게 유지되어 달성되지 않고, 시간 및 공간이 주기적으로 퇴적과 침식을 반복하면서 그 하천 구간의 특성(하천규모, 하상경사, 유량 등)에 맞는 하상과 하도를 형성되도록 하여야 한다. 하천의 흐름과 유사의 침식, 퇴적 현상을 충분히 고려하지 못한 설계에 의해 평탄화되고, 직선화된 인공하도가 형성될 수 있으며, 지형학적 관점에서 구조적으로 안정된 하도라 할 수 없다. 기존의 하도 설계 방법에서 이와 같은 여울과 웅덩이 구조를 고려하지 못한 경우에 하도 조성 후의 흐름(유속과 수위) 변화에 능동적으로 대처하여야 한다. 하천 생태계에 영향을 미치는 1차적인 요소는 수량과 수질이나, 수생 생물에 필요한 물리적 환경이 갖추어지지 않으면 생존이 불가능하다. 하천에서 수생 생물이 생존할 수 있는 환경을 만들어 주는 가장 간편하고 효과적인 방법은 여울과 웅덩이가 형성되도록 해야 한다. 하천생태계의 기반이 되는 것은 물과 하상재료이며, 수질, 흐름의 상태(유속, 수심)와 하상재료의 종류에 많은 영향을 받는다. 일반적으로 여울과 웅덩이 구조는 다양한 흐름 상태와 하상재료를 제공하므로 종의 다양성에 유리한 환경을 제공하여야 한다. 유속이 빠른 여울은 폭기 작용을 통하여 용존산소량을 증가시키며, 유속이 빠른 구간에 정착되는 부착조류 등에 의해 특정 수생생물의 먹이를 제공하기도 한다. 유속이 느린 웅덩이는 각종 영양물질과 부착조류 등이 풍부하여 어류를 비롯한 수생생물의 서식처를 제공하며, 홍수시에 피난처를 제공하기도 한다.

자연형 여울과 웅덩이 설계는 기본적으로 자연하천의 여울과 웅덩이 구조를 흉내 내는 것이다. 즉 여울의 형태, 재료, 기능 등을 자연하천에 근사하도록 설계한다. 이 때에 이용되는 방법은 자연하천에서 조사된 여울과 웅덩이의 통계적 특징을 이용한다. 수공학적 관점에서 효율적으로 여울과 웅덩이를 조성하기 위해서,

(1) 여울과 웅덩이의 평면 배치에 하폭, 사행파장, 하도의 곡률을 계산한다.

(2) 여울의 높이는 하상과 고수부지의 표고, 하상경사 등을 고려하여 결정한다. 충분한 기능을 수행하기 위해 상하류 여울의 정상부 표고를 조정하며 통수능과 수위 상승을 검토하여 계획홍수위에 문제가 없도록 높이를 결정한다.

(3) 여울의 조성재료는 폭기 효과가 잘 발생되고 부착조류의 형성이 용이하도록 다양한 크기의 돌을 사용한다. 이를 위해 돌의 크기, 표준편차 및 공극정도에 따른 폭기효과와 부착조류의 특성을 현장 조사하여 분석한다.

수리적 안정성은 소류력의 발생이 큰 저수로 만제 수위(bankfull water level)를 기준으로 여울과 웅덩이 자체의 안정성을 검토하며, 수위 계산을 통하여 홍수위에 대한 영향을 파악한다. 이를 통해 적정한 여울과 웅덩이의 형태, 재료 등을 결정한다. 자연형 여울과 웅덩이의 평면 설계에서 필요한 설계인자는 하폭, 여울 사이의 간격, 사행파장, 하도의 곡률 등이다. 기본이 되는 설계 인자는 하폭을 기준으로 하며 하폭은 여울 사이의 간격, 사행파장 등을 결정하는 기본 변수이다. 하천의 하상재료와 지형학적 특성에 따라 다르지만 대체적으로 여울 사이의 간격은 하폭의 4~6배 정도이며, 사행 파장은 8~12배 정도이다([그림 8.3.7]).

설계 시 하폭과 여울사이의 간격, 사행 파장을 결정할 때는 반드시 현장조사를 실시하여야 한다. 설계 대상이 되는 하상경사, 하상재료, 유역면적, 주변 구조물 등을 고려하여 적절히 재조정되어야 한다. 현장 조사 시에 침식과 퇴적 흔적을 조사하여 대략적인 그 하천의 사행특성을 파악하고, 이를 통해 제시된 기준 내에서 재설계하여야 한다. 인위적으로 하도의 곡률을 조정할 경우에는 일반적으로 자연하천의 곡률반경 · 하폭 = 2~3으로 알려져 있다. 인위적으로 하도의 곡률반경을 적게 할 경우 저수로의 안정성에 문제가 발생할 수 있다.

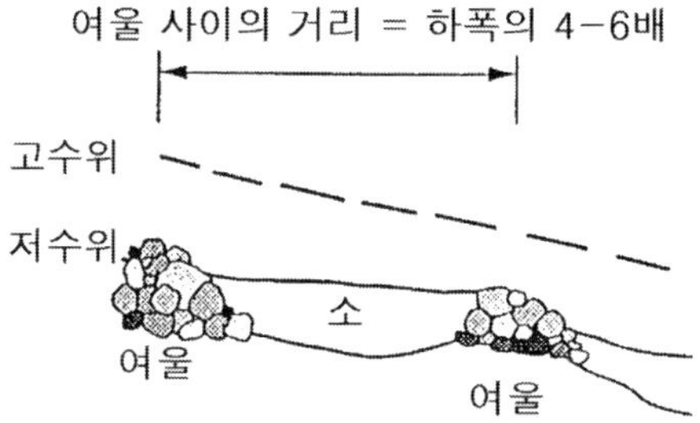

[그림 8.3.7] 여울과 웅덩이(소)의 종단 및 평면 구조

곡률반경 산정 시에는 최심선이 아닌 하도의 기하학적인 중앙선을 취한다. 자연형 여울의 형상 설계에서 중요한 변수인 여울의 높이는 하상과 고수부지의 표고, 하천의 경사, 저수시의 웅덩이의 수심 등에 따라 결정한다. 여울이 충분한 기능을 수행하기 위해서 하류 여울의 정상부 표고는 상류 여울의 정상부 표고를 초과해서는 안 된다.

저수로 만제 수위에서 여울 지점에 한계류가 발생한다고 가정할 수도 있다. 홍수 시의 통수능을 계산하여 통수능에 문제가 있을 경우에는 여울의 높이를 조정하거나 위치를 조정하여 필요한 통수능을 확보하도록 설계한다. 전체적인 여울의 형상은 V자로 설계되는데 이는 V자 형태의 여울(V자 여울과는 구별됨)이 여울 주변부 호안의 세굴을 감소시키며, 여울 위와 아래 하도의 양안에 와류를 형성하여 물고기의 피난처를 제공한다. 여울 조성에 사용되는 재료는 일반적으로 다양한 크기의 돌을 사용할 수 있으며, 가장 큰 소류력을 받는 여울 정상부에는 저수로 만제 유량에서 떠내려가지 않는 크기의 거석을 사용한다. 여울의 하류부에는 일정 구간까지 하상에 돌을 깔아서 과도한 침식이 발생하지 않도록 한다.

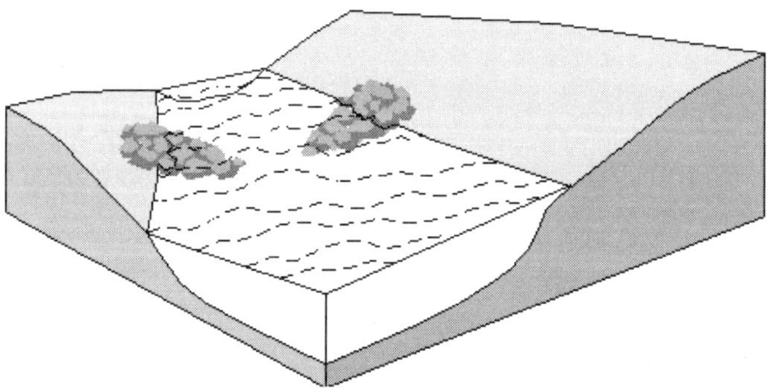

[그림 8.3.8] V자 여울

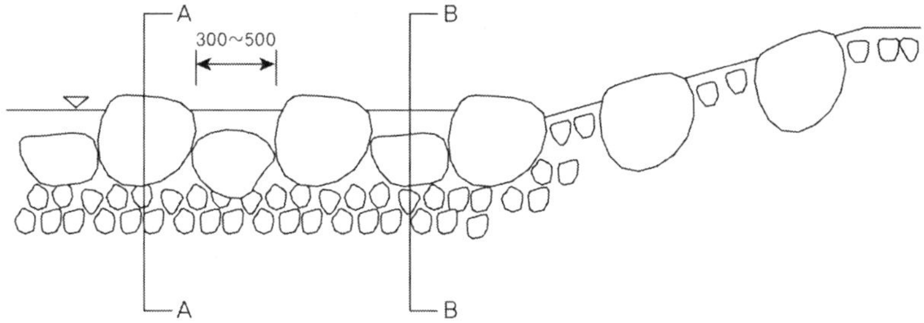

[그림 8.3.9] 징검다리형 여울

공법의 종류에는 V자 여울이 있으며 [그림 8.3.8]과 같이 V자 여울은 인공여울의 한 형태로서 하상 전부분에 설치하는 구조물이 아니고 하안 부분에서 하도 중앙까지의 일정 부분에만 설치된다. V자 여울은 일반적인 여울의 하안보호 효과 등이 있지만, 그 설치목적은 적극적인 어류보호 및 서식처 제공에 두어야 한다. V자 여울 중앙 직하류부에는 홍수 시 수류가 집중된다. 이곳은 수심이 깊은 웅덩이가 형성되어 갈수기 어류의 서식처 또는 피난처로서의 역할을 한다. 홍수 시에 중앙에는 유속이 빠른 흐름이 집중되지만 양안의 상하류부에는 와류가 형성되면서 유속이 약한 구간이 생기게 되는데, 홍수 시에 어류가 피할 수 있는 피난처의 역할을 하게 된다. V자 여울조성 시에는 수류가 집중되는 하도 중앙부의 안정성에 유의하여야 하는데, 저수로 만제 유속을 구하여 적정한 돌의 크기를 산정하여야 한다.

징검다리형 여울은 [그림 8.3.9]와 같이 큰 돌과 작은 돌을 교대로 배치하여 징검다리로서의 기능과 경관 측면에서 친수성 향상, 폭기에 의한 산소량의 증가 등 다양한 목적으로 계획할 수 있다.

8.3.2 하천의 종단설계

하천 종단은 하도 및 하상경사와 아울러 하천의 횡단설계와 밀접한 관계를 두고 설계한다. 하천의 발원지에서 하구에 이르기까지 하천의 자연적 특성을 가능한 한 크게 변경시키지 않도록 하여야 한다. 하천의 일정 구역의 하도를 바꾸려면 현장조사를 통해 고도를 표기한다. 직강화된 하도를 자연 하도화하기 위해서는 옛 하도가 그려진 지도를 현재의 하도가 그려진 지도와 비교하여 옛 하도의 복원이 가능한 곳은 설계에 반영시킨다. 안전한 하상경사, 즉 침식방지를 위해서는 자연적 평형 하상경사를 따르는 것을 권장한다. 하천에서 침식구간은 특정생물의 서식처가 될 수 있기 때문에 획일적인 하안의 경사도 조성과 침식방지만을 위한 하안공법들은 하천의 생태적 기능을 증진시킬 수 있는 최선책은 아니다. 퇴적구간 밑에 나타날 침식구간을 미리 점검하여 이를 허용할 것인지 또는 방지할 것인지 결정하여야 한다. 하천에서 지속적인 수심과 유속의 변화는 여러 동·식물의 서식을 유리하게 하므로 자연형 하천의 목적을 이루는 데 주요한 요소가 된다. 자연형 하천의 종단 설계에서는 대상하천의 유동을 고려한 여러 가지 시설물을 설치할 수 있다. 그 종류는 징검다리돌, 수제, 경사 낙차공, 모래무덤, 낙차공, 보 등이 있고, 보와 낙차공은 어류 및 기타의 수중 동물의 통행을 방지하여 자연형 하천설계방법에 원칙적으로 허용하지 않는다.

공법은

(1) 징검다리돌로서 소하천의 경우에 친수적인 효과는 물론 하상과 하안의 물의 흐름을 바꾸어 주는 중요한 역할을 한다. 징검다리돌 밑의 고요한 부분은 어류 및 물속 미생물의 발생을 유도하며, 미세하게는 하안과 하상의 조도값을 상승시키되 큰 수리적 변화는 일으키지 않는다. 돌의 크기는 약 25~30cm정도가 어류에 유리하다.

(2) 수제의 방향은 물의 흐르는 방향 또는 반대 방향으로 설치할 수 있는데 가장 유리한 것은 물 흐르는 반대방향의 75~80°가 하안의 안전성과 바이오톱 조성에 가장 유리하다고 한다. 또한 수제와 수제와의 간격은 수제길이의 1.5~2.5배가 넘어서는 안 된다. 수제의 재료는 돌, 통나무, 또는 돌과 통나무를 혼용하여 설치할 수 있으며 때에 따라 살아있는 재료(식물류)를 이용할 수 있다. 재료 선택은 대상하천의 지역적 특성에 따라 결정한다.

(3) 경사낙차공은 낙차공 대신 자연형 하천에서 설치하는 구조물로 하상의 경사를 완만하게 하여 (1:10~1:30) 물의 유동에 점진적인 변화를 준다. 즉, 유속을 적게 하고 수심을 크게 하는 동시에 어류의 이동에 지장이 없도록 고안된 공법이다.

(4) 하상침사지는 [그림 8.3.10]과 같이 주로 하천의 일정구역에 많은 세사 또는 기타 퇴적물로 인하여 하천하류의 유속이 방해되어질 때 설치하는 모래 및 퇴적물을 모이게 하는 하상의 웅덩이를 말한다. 웅덩이의 단면은 사각형, 원형 또는 타원형 등이 있는데 정형적인 단면보다는 비정형적인 단면이 적합하다.

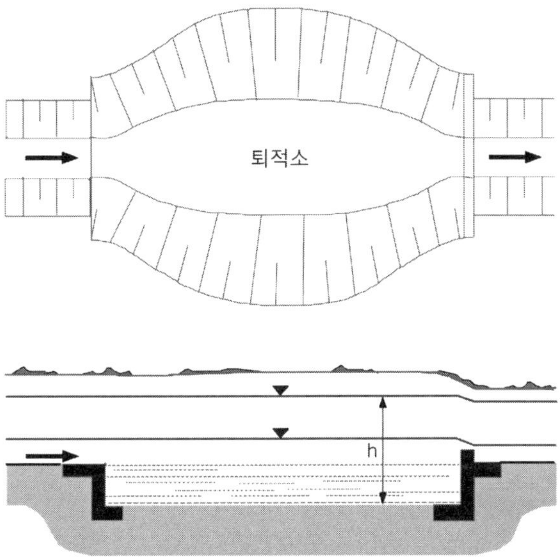

[그림 8.3.10] 하상 침사지(River bed settling basin)

8.3.3 하천의 횡단설계

자연형 하천의 횡단설계의 모델은 자연하천의 횡단면이다. 즉 하안의 설계 및 식생계획은 자연하천과 가깝게 이루어져야만 한다. 하천의 횡단면은 예상 홍수량에 견디면서 무난히 통과시켜야 함을 우선으로 하며 설계의 기본원칙은 다음과 같다.

(1) 이송되는 물, 얼음 또는 유사를 무리 없이 통과시켜야 한다.

(2) 갈수기에는 가능한 한 깊은 수심이, 홍수기에는 낮은 수심이 유지되어질 수 있어야 한다.

(3) 유량을 통과시킬 때 최대 한계소류력 및 한계유속치를 넘어서는 안 된다.

(4) 지하수위 유지를 위한 여러 조건들이 보장되어야 한다.

(5) 구부러진 하도의 바깥 하안에는 심한 침식이 발생하지 않게, 안쪽 하안은 심한 퇴적이 발생하지 않게 설계되어야 한다.

(6) 하천의 횡단은 지형적 조건에 맞게 설계되어야 하고, 적용 재료의 종류는 그 지역의 여건에 맞는 것으로 선택되어야 한다.

(7) 경관적인 요소는 지역적 특성과 조화되어질 수 있게 하며 다양한 동·식물의 서식처가 이루어질 수 있게 한다.

(8) 경제적인 측면을 고려한 유지관리가 이루어질 수 있어야 한다.

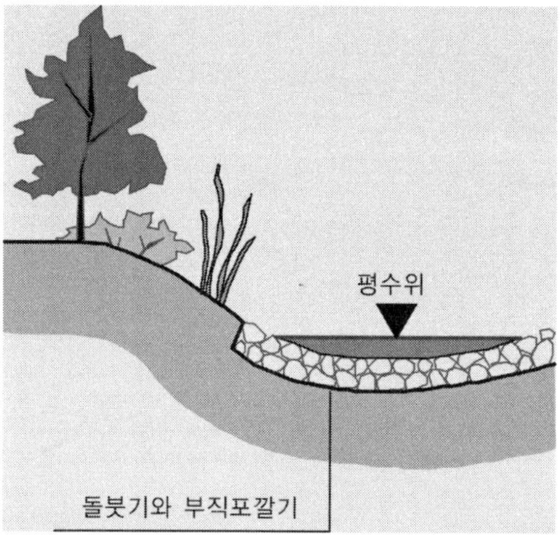

[그림 8.3.11] 하상보호공법 (River bed protection technique)

치수적 측면 이외에도 자연형 하천에서 평균유량시의 저수로의 사행을 위해 홍수시의 복단면의 하상폭은 평균유량을 중심으로 한 저수로폭의 약 3배가 이상적이다. 단면의 형태는 사다리꼴, 네모꼴, 웅덩이꼴 등이 있는데 자연에 가까운 형태는 웅덩이꼴이며 생태적으로 특히 유리하다고 알려져 있다.

하안의 기울기는 완만할수록 다양한 식생대를 이룰 수 있으며 하안의 물리적 안전성을 위하여 유리하다. 그러나 토양의 입자가 작은 진흙이면 사다리꼴 단면에서 1:1~1:1.5 정도로 하는 것이 안전하며, 모래는 1:2~1:3 정도가 적합하다. 사행하는 하천에서 완만한 하안, 즉 퇴적이 예상되는 구간은 1:2~1:5 정도까지 허용될 수 있다.

하천단면 크기는 홍수시의 수위선 및 토지의 높이를 종단면에 점선으로 표시한 후 최고 수위선이 토지의 높이에서 15~20cm 정도 밑에 올 수 있도록 수위선을 잡는다. 평균유량시의 수위선은 토양의 종류에 따라 다르지만 지면에서 약 15~30cm의 깊이가 적합하다. 하상 깊이를 우선 개략적으로 높이를 결정한 후 선택한 하천단면의 유량정도를 계산한다.

하천단면의 공법 선택은 그 위치(하상, 물과 육지가 만나는 곳, 경사면, 하안밑, 그리고 고수부지, 제방)에 따라 다르며 자연형 하천설계에서는 원칙적으로 기존의 무생명 토목용 재료보다 생명 재료인 식물류를 재료로 한 공법을 선택하도록 한다.

공법의 종류에는 하상보호공법이 있으며 [그림 8.3.11]과 같이 하상보호가 필요한 경우는 대상하천의 소류력이 최대 한계소류력보다 클 때와 누수가 발생하는 하천에서 실시할 수 있다. 재료는 물속 미생물의 서식에 유리하지 못하므로 사용하지 않는다. 부득이 하상보호를 위한다면

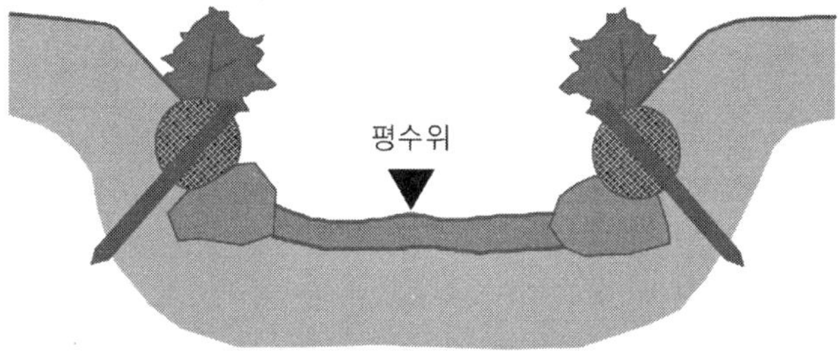

[그림 8.3.12] 섶단과 돌놓기 (Fascines and poured stones)

쇄석 또는 부직포를 이용하여 국부적으로 설치할 수 있다. 정수역 및 하안 기초의 보호공법이 필요한 곳으로는 수륙구역인 물과 육지가 만나는 곳으로 호소와는 달리 물의 유동과 수심의 변화에 따라 연중 물리적, 생태적 변화가 심한 하천의 횡단구역이다. 정수역을 보호하지 않을 경우, 원하지 않는 하안의 침식으로 진전되기 때문에 정수역 보호는 하안밑 보호와 병행한다. 공법의 종류는 [그림 8.3.12]와 [그림 8.3.13]과 같으며 추수역은 무생명 재료와 생명 재료를 혼합한 공법과 무생명 재료만을 이용한 공법으로 나눌 수 있으며, 하안 밑에는 주로 무생명 재료만을 이용할 수 있다. 공법 및 재료의 선택은 하천의 특성, 즉 하천의 종류, 하도의 사행성, 또는 기대효과 등에 따라 다르다. 일반적으로 산지형 하천, 평지하천의 상류 등에서 공법선택은 시공 후에 빠른 효과가 있는 무생명 재료의 비율이 높은 강력한 공법을 결정하여야 하지만, 산지하천의 하류나 평지하천의 중·하류에는 생명 재료의 비율이 높은 공법을 선택한다.

호안(護岸)공법이 적용되는 구역은 하원역(riparian zone)의 일부구간, 즉 평균수위선에서부터 고수부지가 시작되기 전의 비탈진 면이다. 호안공법의 종류는 매우 다양하며 재료의 종류에 따라 나눌 수 있으나, 공법선택은 대상하천의 특성에 따라 적절하게 이루어져야 한다.

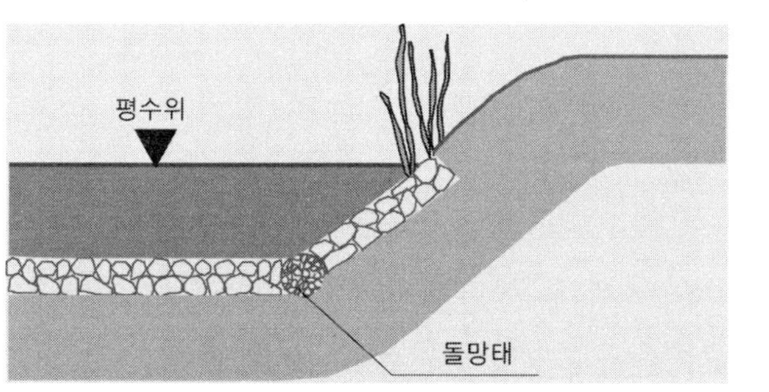

[그림 8.3.13] 돌망태 (Gabion)

고수부지보호공법은 고수부지를 보호하고 하안 식생대의 조성을 위해 필요하다. 공법선택은 하천의 관리를 위한 통행로, 또는 산책로는 가능한 한 생명 재료만으로, 즉 다년생 초본류를 파종하는 것이 적당하고 통행로가 없는 구간은 유지관리의 절감 측면과 자연에 가까운 하천 식생대의 조성을 위해 수목류의 식재를 권장한다. 고수부지에 적절한 수목은 관목 70%, 교목 30%의 비율이 적절하다. 그러나 소하천 중에서 저수로 폭이 4m 미만인 경우 고수부지의 수목류는 유속저해의 영향력이 크므로 가급적 수목류의 식재는 피하고 다년생 초본류만으로 고수부지를 보호한다. 그 밖의 하천의 고수부지는 가급적 지역적 특성에 맞는 수목류의 식재로 고수부지를 보호하며 나아가서 하천의 경관성을 높이도록 한다.

제방보호공법은 제방에 주로 시멘트 블록이나 돌망태를 이용하여 치수적 안전성을 확보하도록 설계되어야 한다. 그러나 제방의 사면은 그 주어진 환경적 특성을 잘 이용할 경우 치수의 염려 없이도 그 여건에 맞는 바이오톱 조성이 가능한 곳이다. 따라서 앞으로는 획일적으로 블록 등을 이용한 방법들은 가능한 한 지양하고 동·식물의 서식공간이 될 수 있도록 하는 공법적용이 필요하다.

8.4 어도(魚道) 계획

하천개발에 따라 부수적으로 나타날 수 있는 하천 생태계 교란과 파괴를 최소화하여야 한다. 폭포나 급류와 같이 어류의 이동에 대한 장애물, 보나 낙차공의 인위적 수리구조물 등에 의해 어류가 이동할 수 없다. 하천에서 어종의 보존이나 어류분포의 확산이 가능하도록 어류의 이동 통로를 인위적으로 개설한 하천생태환경 수공시설물을 어도라고 한다.

어도의 설치를 위해서 소상 및 강하 어종의 생식여부, 어폐류의 산란장소, 소상 및 강하시기, 이동방법, 어폐류의 소상력 및 유영력 등 대상 어폐류에 대한 생태조사가 선행되어야 한다. 어도 설치 필요성 여부, 설치 가능한 어도형식 및 어도설치가 곤란한 경우의 대책 등을 검토하여야 한다. 따라서 하천 기본 계획에서 향후 하천 실시설계 단계에서 반영할 수 있도록 어도를 설치할 때 고려사항 및 어도설계 흐름도, 어도의 종류를 알아보자.

어도는 설치하지 않는 것이 가장 좋다. 물고기의 통로를 차단하는 수리구조물을 놓아두고 아무리 어도를 잘 설치하여도 수리구조물이 없을 때보다는 물고기의 이동이 자유스러울 수는 없다. 어도를 설치하기 전에 먼저 어도를 설치하려는 구조물이 꼭 필요한 것인지, 철거할 수는 없는지, 철거할 수 없다면 몇 개를 통합하여 하나로 만들어 어도의 수를 줄일 수는 없는지, 그것도 안 되면 수리구조물의 높이를 낮출 수 없는지를 검토하여, 이들 모두가 불가능할 때 어도를 계획하여야 한다.

좋은 어도의 조건으로 ① 소상어가 어도입구 이외의 장소에 모여들지 않아야 한다. ② 소상어의 손상이나 극도의 피로를 피하도록 하여야 한다. ③ 어도의 입구에 모인 소상어의 유인이 용이하여야 한다. ④ 어도 내에 진입한 모든 소상어가 신속하게 쉽고 안전하게 그 어도를 소상할 수 있어야 하며, 어도 통과 후에 안전하고 신속하게 하천 상류로 소상할 수 있어야 한다. ⑤ 구조는 견고하고 관리가 쉬어야 한다. ⑥ 설치 및 유지관리가 간편하고 비용이 경제적이어야 한다. ⑦ 공사로 인한 추가영향이 최소화되고 주변 환경과 조화되어야 한다.

국내 하천에 적용 가능한 어도의 종류는 크게 Pool형식, 수로형식, 조작형식으로 분류되며 각 어도별 특징을 <표 8.4.1>에 제시하였다(하천설계기준, 2009, 한국수자원학회).

〈표 8.4.1〉 어도의 분류

어도구분	어도명칭	주요특징
Pool형식	전면월류식 어도 : 계단식 어도(노치, 잠공형) 부분월류식 어도 : 아이스하버식 어도, 버티컬슬롯식 어도	풀이 계단식으로 연속되어 있음
수로형식 조작형식	데닐(Denil)식 어도, 도벽식 어도, 인공하도식 어도	낙차가 없이 연속된 유로형상
기 타	리프트/엘리베이터식 어도, 갑문식 어도, Fish pump식 어도	시설이 인위적인 조작으로 작동
	암거식(Culvert), 혼합식(병용식), 복합식(Hybrid)	

어도설치 시 검토사항으로 피라미, 뱀장어 등 모든 어종과 참게 등이 유영력에 관계없이 모두 이용할 수 있어야 하고, 경제성에 관계없이 모든 하천생물이 이용 가능해야 한다. 구조가 간단해 운영이 쉽고 홍수기에 하천 통수량에 영향을 주지 않아야 한다. 어도 형식에 따른 장·단점을 <표 8.4.2>에 기술하였으며 그 형식을 [그림 8.4.1]에 제시하였다.

〈표 8.4.2〉 어도형식별 장·단점

형 식	장점	단점
계단식	• 구조가 간단하다. • 시공이 간편하고, 시공비가 저렴하다. • 유지관리가 용이하다.	• 어도 내의 유황이 고르지 못하다. • 풀내에 순환류가 발생할 수 있다. • 도약력, 유영력이 좋은 물고기만 이용하기 쉽다.
아이스 하버식	• 어도 내의 유황이 고르며, 소상중인 물고기가 쉴 휴식공간을 따로 둘 필요가 없다.	• 계단식보다는 구조가 복잡하여 현장시공이 어렵다.
인 공 하도식	• 모든 어종이 이용할 수 있다.	• 설치할 장소가 마땅치 않다. • 길이가 길어져서 공사비가 많이 든다.
도벽식	• 구조가 간편하여 시공이 쉽다.	• 유속이 빨라 적당한 수심을 확보하기 어렵다. • 어도 내 수심을 20cm 이상으로 할 경우 수리시설물에서 배출되는 수량이 많아 용수손실이 크다.
버디컬 슬롯식	• 좁은 장소에 설치가 가능하다.	• 구조가 매우 복잡하고, 공사비가 많이 든다. • 어도 내 수심을 20cm이상으로 할 경우 수리시설물에서 배출되는 수량이 많아 용수손실이 크다. • 경사를 1/25 이상으로 완만하게 하지 않을 경우 빠른 유속으로 어류이동이 제한되며, 폭이 좁아 많은 물고기가 이용곤란하다.

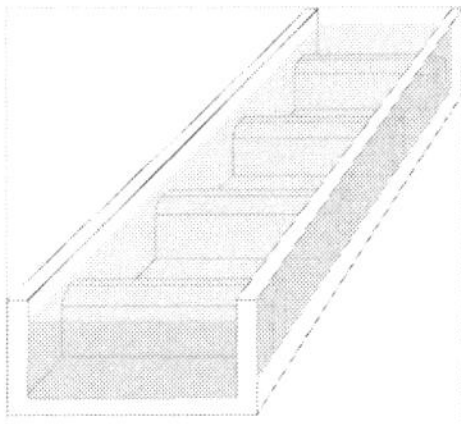

전면월류형 어도(계단식)

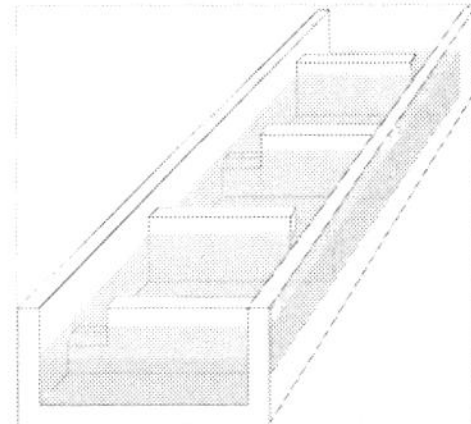

전면월류형 어도(계단식, 노치형)

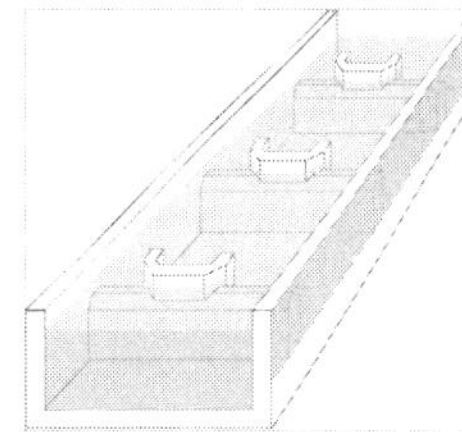

부분월류형 아이스하버식 어도

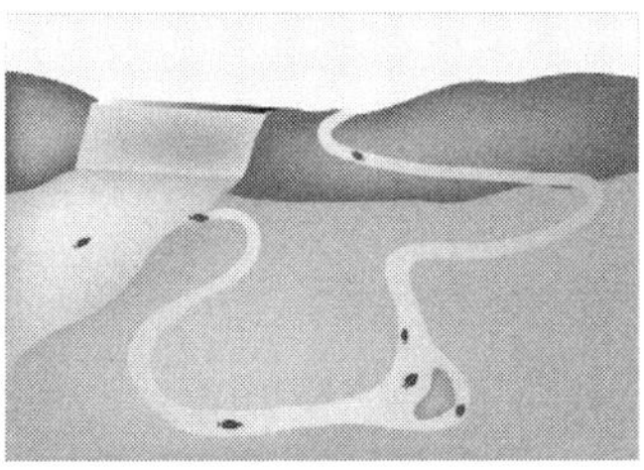

인공하도식 어도

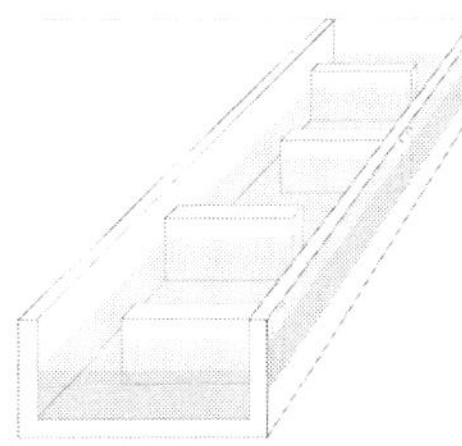

도벽식 어도

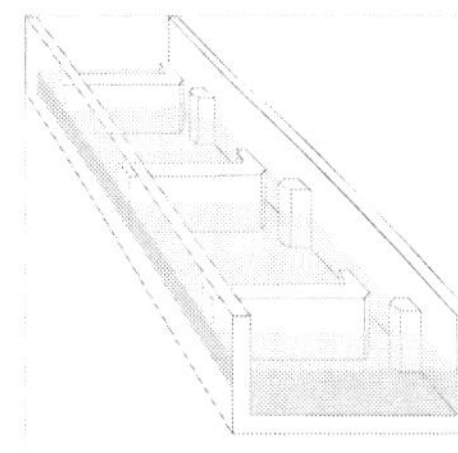

부분월류형 버티칼슬롯식 어도

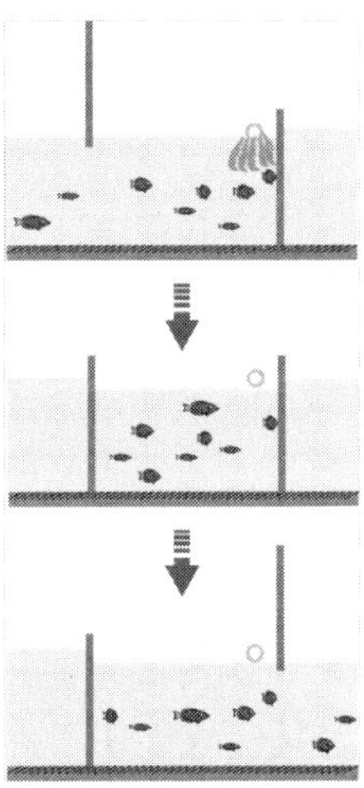

갑문식 어도

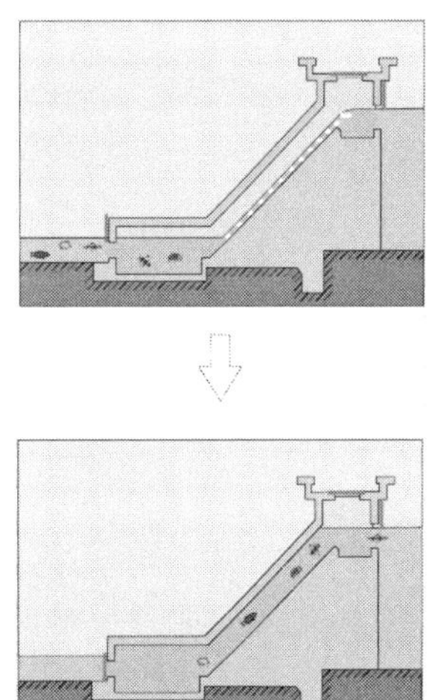

볼랜드식 어도

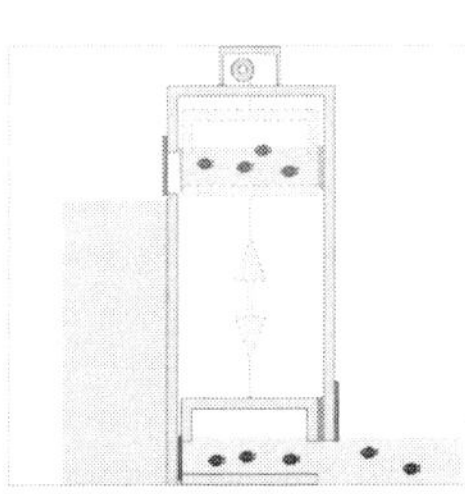

엘리베이터식 어도

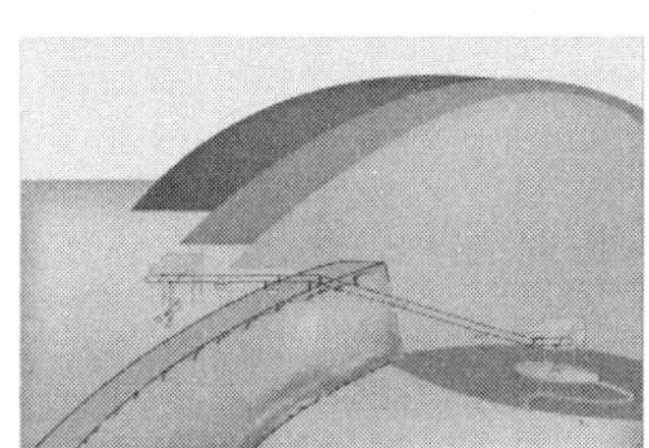

리프트식 어도

[그림 8.4.1] 어도 형식별 일반도

어도를 계획할 때 설치위치는 중요하다. 어도가 홍수 시에 수리시설물이나 제방에 영향을 주지 않아야 하며, 어도 입·출구가 퇴적되어 막히는 일이 없어야 한다. 어도 입구가 하천의 유심과 연결되어 가뭄 때에도 수로가 단절되지 않아야 한다.

어도 입구는 물고기가 모이는 곳으로 물고기의 길에 설치해야 한다. 물고기는 주로 하천의 가장자리로 이동하므로 어도의 입구는 저수로의 가장자리가 좋다. 어도는 저수로의 양쪽 가장자리에 설치하는 것이 좋으나, 한 쪽에만 설치해야 되는 경우 퇴적되는 곳을 피하고 수로가 유지될 수 있는 곳에 설치해야 한다. 대부분의 수리시설물은 하천과 직각으로 설치되지 않기 때문에 어도는 예각(상류쪽으로 올라간)이 되는 쪽에 설치하는 것이 좋다. 물고기에게 어도는 장애물이기 때문에 물고기는 장애물을 피하여 조금이라도 더 상류로 올라가는 성질을 이용하는 것이다. 일반적으로 물고기가 모이는 곳은 수리시설물 전체로 물이 넘을 때 수리시설물의 아래 부분 전체, 가동언이나 조절수문 등으로 방류할 경우는 방류에 의해 발생되는 깅한 흐름의 좌우에 모이게 된다. 따라서 이들과의 관계를 잘 설계해야 물고기가 이용할 수 있다.

어떤 경우도 수리시설물에서 어도 입구가 멀어지면 물고기가 어도 입구를 찾기 힘들게 되나 방류량이 많아 수리시설물의 바로 아래 부분의 유속이 물고기의 유영력 이상이 되면 강한 유속에 밀려 물고기가 어도 입구에 접근하지 못하므로, 어도 입구를 하류로 옮기든지 아니면 어도 입구에 유속이 느리게 감세공 등을 설치하는 것을 검토해야 한다. 기존 수리시설물에 어도를 추가하는 경우에 어류가 모이는 곳을 조사하여 현재 모이는 곳에 어도 입구를 설치하는 것이 어류의 어도 이용에 유리하며 그 예를 [그림 8.4.2]에 나타냈다.

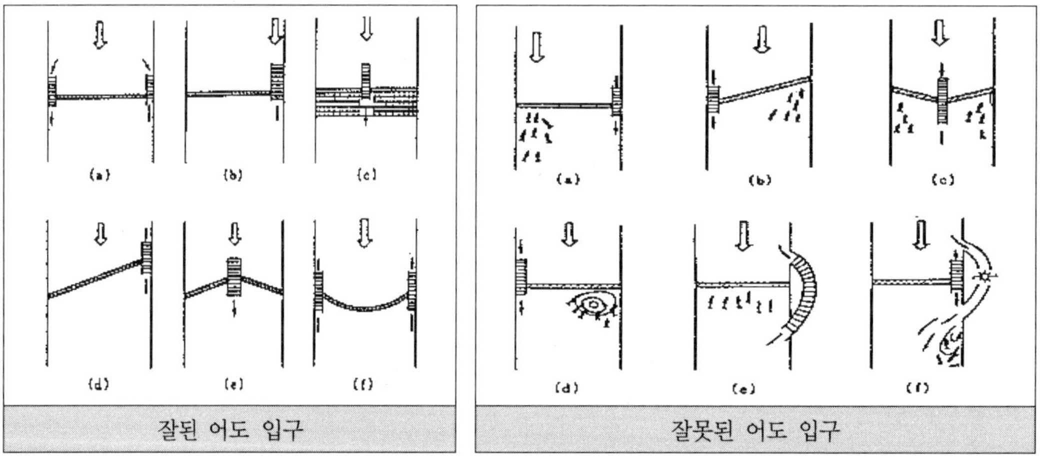

[그림 8.4.2] 어도 입구 선택

어도의 출구는 퇴적되는 곳에 설치하지 말아야 한다. 어도를 통과하여 소상한 물고기가 어도 출구에서 나와 목적하는 상류로 올라갈 수 있도록 출구 근처에 취수구나 배수문 등이 없어야 한다. 취수구가 있으면 어렵게 올라온 물고기가 취수구를 통하여 다른 곳으로 갈 수 있고, 배사문(排砂門)을 열면 배사문으로 다시 끌려 내려갈 수 있기 때문이다.

어도 내의 통수 유속은 소상 의욕을 느낄 수 없이 느린 것이 좋으나, 우리나라의 하천 유황을 감안하여 0.5~1.0m/s 정도의 유속분포를 갖도록 조성하는 것이 바람직하다. 유속은 격벽 중심의 중간수심에서 측정하는 것을 대푯값으로 한다.

어도의 유량은 많은 것이 좋으나 대상하천의 유량, 취수조건, 대상 물고기의 종류 등 여러 가지 조건을 고려해서 설정한다. 많을수록 좋다고 어도의 폭을 과다하게 설치하고 물을 많이 보내면 물 사용을 위하여 어도 출구(유입부)를 막고 어도로 물을 보내지 않을 수 있어, 가능하면 취수하고 남는 물을 모두 어도로 보낸다는 기본개념으로 설계하는 것이 좋다. 어도설계는 하천의 특성이 일관되지 않고 시간적으로나 공간적으로 변화하기 때문에 매우 어려운 문제이다. 따라서 하천에 서식하는 다양한 어류가 이용할 수 있는 어도를 실제 하천에 대하여 설계하기 위해서 신중하게 고려해야 할 사항이 있다.

어도설치 하천의 유황은 어도설계에서 가장 기본적인 자료인 어도의 설계유량이다. 하상변동은 어도설치 후 발생할 홍수에 따른 어도 하류부 하상저하로 인하여 어도입구와 하상 사이에 심한 낙차가 발생되거나 하천에서 회유성 어류의 소상경로인 저수로 위치가 변화될 수도 있다. 이 때문에 어도설치 위치결정 및 어도와 저수로 부의 연결구간 설계에 고려되어야 할 중요한 사항이다.

어도를 이용할 어류의 생태는 하천에 서식하는 회유성 어류의 종류, 회유시기, 회유시기 어류의 크기 및 유영력, 선호하는 소상방법 등과 같은 특성이 달라지기 때문에 어도의 형식선정과 설계유량 결정에 큰 영향을 미친다.

어도 내의 유속과 휴식공간은 어류의 종류에 따라 돌진속도나 순항속도 같은 유영력이 달라지므로 다양한 형태의 유속분포와 소상 중에 있는 어류가 완전한 휴식을 취할 수 있는 공간이 어도 설계에 충분히 반영되어야 한다. 어도 형식을 결정하기 위해서 모든 어종이 유영력에 관계없이 이용할 수 있어야 한다. 수위가 변해도 어도 기능 유지가 가능해야 하며, 유지관리가 용이하여야 하고, 경관 등을 고려하여야 한다. 일반적으로 하천의 어도 선정 기준은 서식어종의 다양성 및 유영력, 수리시설물의 길이, 유량 및 낙차, 공사비 및 유지관리비 등을 고려해서 계획해야 한다. 상황별 어도형식을 선정하는 기준을 참고(하천에서의 수산자원 보호를 위한 어도시설 표준설계 시공 등 표준모형 개발 및 운영관리 제도 연구, 2004, 해양수산부)하면 된다.

8.5 자연형 하천설계 과정

자연형 하천설계는 대상하천만을 다루는 것이 아니라 하천주변은 물론 하천설계로 인하여 발생할 수 있는 영향에 대하여도 진단 및 평가를 실시한다. 따라서 설계의 목적 설정, 현황조사와 자료수집, 현황조사와 자료에 대한 분석 및 평가, 대안제시, 대안에 대한 평가 및 선택, 그리고 기본설계와 같은 절차에 따른다. 설계를 할 때에는 하천 및 주변 환경을 고려한 기존 또는 새로운 요구도(대개는 발주자의 요청)를 반영하여야 한다. 그리고 자연보존 및 자연환경의 발전을 꾀할 수 있는 사항을 고려해야 한다. 이를 위해 ① 자연보존과 자연보호 구간, ② 도시구간, ③ 농촌구간, ④ 오락 및 휴식구간, ⑤ 교통도로 구간, ⑥ 기타 등으로 구분하여 시행한다.

설계를 위한 현황조사는 대상하천 및 유역의 자연적, 생태적, 경관적, 사회적, 법적인 측면을 포함한다. 자료수집 및 현황조사의 양은 설계의 목적에 따라, 하천 주변 환경의 상관정도에 따라 또는 계획되고 있는 대상지 내의 다른 설계내용의 수용성에 따라 결정한다. 기본적인 현황조사 및 자료수집의 내용에 대해 여러 개의 지도 위에 표시하여 한눈에 알아보기 쉽게 하며, 부득이 지도 위에 표시할 수 없는 내용은 다른 방법, 즉 간단한 문장 또는 도표 등을 이용하여 정리한다. 현황조사에 포함되는 항목은 실무자들의 이해를 돕기 위해 몇 가지 구체적인 사례를 제시하였다. 사례의 항목들은 실무자들이 직접 현장에서 수행해야 하는 것과 간접적으로 기존의 자료를 수집할 수 있는 것들을 구분하여 제시하였다.

지형, 지질, 지하수위 및 토양의 종류, 강우, 기후, 다른 하천수와의 연계성, 유역 내의 종단 및 횡단, 하상 및 하안의 재료, 홍수위를 포함한 장기간의 유량 측정 자료, 수질 측정 자료, 기타 하도 및 유역의 변천사 등을 파악해야 한다. 식물의 종류와 식물 사회적 군락을 조사하여 지역적 특수성과 관계있는 식생, 대상지의 자연식생, 보호대상인 바이오톱의 종류 및 생태적 가치가 있는 구역을 구분하여 시행한다. 동물의 종류 및 출현빈도를 파악하기 위해 하천 및 주변 환경과 관계있는 어류, 조류, 곤충류 및 소동물 등을 조사한다. 또한 농업, 임업, 수산업, 양식업, 스포츠 및 휴식, 주거, 공장 및 산업, 쓰레기 매립, 탄광, 교통, 송전 등의 존재 여부를 파악하고 자연보호지역, 수자원 보호지역, 기타 다른 상위법에 의해서 설계에 포함할 수 없는 지역을 조사한다.

자연환경에 악영향을 주는 요인으로는 수질오염, 쓰레기, 유해물질, 자연적이지 못하며 자연과 거리가 먼 하천환경요소(하안공법 및 하안구조물 등등), 하천의 이용에 따른 악영향 등을 조사한다.

조사된 기초 자료는 설계의 목적성에 부합할 수 있도록 분석 및 평가되어야 한다. 이 과정에서 하천공학적, 하천생태학적인 자료에 대한 분석이 필요하다. 종합적으로 대상하천의 종류와 설계의 목적성과 크게 상관없이 하천의 자연도 평가를 실시할 수 있으며 하천 자연도에 따라서 설계의 당위성도 수립할 수 있어야 한다. 평가척도와 기준들은 지형적 발달상, 하천의 동 · 식물상, 하천의 정비재료, 하도의 형태, 하천의 횡단구조물의 종류 등을 기준으로 생태계를 평가하여야 한다. 하천자연도 평가방법에서 일반적으로 하천 자연도를 5 단계 내지 7 단계로 나누며, 등급 척도에 하도, 하천의 종단 및 횡단, 하상 및 하안 재료 등의 다양성이 고려되어야 한다.

하천자연도 1은 자연하천으로서 인간의 간섭을 전혀 받지 않은 하천이며, 하천자연도 2는 자연과 가까운(자연형) 것으로 하천의 종단 및 횡단이 자연하천과 비슷하나 인간의 영향력을 받은 흔적이 있는 경우를 의미한다. 하천자연도 3은 약간 자연과 가까운 것으로 하도가 직강화되어 있으며 수심의 다양성 및 다양한 하상 재료가 규칙적으로 있고 하천정비에 의한 변형과 다양하게 조성된 하안 구조로 되어 있다. 하천자연도 4는 자연과 거리가 먼 것으로 규칙적인 단면구조와 전형적으로 직강화된 하도이며 하천의 구조적 요소가 적다(하안 및 하상의 퇴적 및 침식구간). 하천자연도 5는 거의 자연적이 못한 것으로 자연도 4와 같으며 하천의 구조적 요소와 하안대가 존재하지 않고, 하안 보호는 주로 생명력이 없는 재료를 이용한 것이다. 하천자연도 6은 전혀 자연적이지 못한 것으로 하안은 물론 하상까지 죽은 재료를 이용하였으며 예를 들면 시멘트 콘크리트판 등을 이용한 것이다.

현황 및 자료조사의 분석 및 평가(하천 자연도에 따라)를 토대로대상하천의 설계목적에 부합할 수 있는 여러 가지 대안을 작성하여 도식화한다. 모든 대안들은 기술적 기본 요강(要綱)을 갖추어야 하며 대상하천의 종합적 수자원 계획을 고려하여야 한다. 아울러 모든 대안들은 하천 설계로 인해 발생할 수 있는 자연환경의 피해정도를 추측하고 보상할 수 있는 방안을 포함하여야 한다. 여러 개의 대안 중에는 기존의 상태를 그대로 둔 경우도 포함하여 여러 개의 대안들과 비교한다. 만약 기존의 하천상태보다 대안들이 하천의 생태적 발전에 큰 도움을 가져오지 못할 경우, 예를 들면 수리적 효과만을 기대할 수 있는 경우에는 하천의 전면적인 설계보다는 부분적인 방안으로 대치하는 것이 생태적으로나 경제적으로 유리할 수 있다. 각각의 대안들은 또한 홍수의 영향력과 그에 대비할 수 있는 방안을 제시하여야 하고 시공비 및 유지관리비도 포함하고 있어야 한다.

이와 같이 제시된 대안에 대해 비교 평가를 수행하고 선택하는 과정이 필요하다. 자연형 하천계획 및 설계 시 공학적으로 가장 중요한 사항은 하천구역 안의 나무 또는 나무 군락에 의한 통수단면적의 감소와 나무에 의한 흐름저항의 영향을 고려하여 수위와 유속을 계산하여야 한다. 이에 대한 상세한 것은 별도의 수리 계산 방법을 이용하여 타당성을 검토하여야 한다.

참고문헌

Chow V.T., Open Channel, McGraw Hill.

Gupta R.S.(1989). Hydrology and Hydraulic Systems, Prentice Hall.

McCuen R.H.(1989). Hydrologic Analysis and Design, Prentice Hall.

- 광주광역시(2005). 풍영정천하천정비기본계획.
- 광주광역시(2017). 대촌천/수춘천 하천정비기본계획.
- 국토교통부(2017). 도시계획현황 통계.
- 국토해양부(2004). 하천에서의 수산자원 보호를 위한 어도시설 표준설계 · 시공 등 표준모형개발 및 운영 · 관리제도 연구.
- 전라북도(2005). 칠보천하천정비기본계획.
- 한국수자원학회(2009). 하천설계기준 · 해설.
- 한국수자원학회(2000). 하천설계기준.

권오헌(1995). 수자원공학. 새론.

서규우(2005). 하천공학원론. 구미서관.

선우중호(2002). 수문학. 동명사.

윤태훈, 응용수문학. 청문각.

이길영외 역(1997). 하천공학. 희중당.

이재수(2006), 수문학. 구미서관.

이재형외 역(2000). 수자원공학. 구미서관.

이종석(2003). 하천공학. 새론.

정은성, 김사욱, 손민우(2016). 물순환과 수자원공학. 동화기술.

정종호외(2003). 수자원설계실무. 구미서관.

찾아보기

P

R

S

T

V

W

기타

ㄱ

ㄴ

ㄷ

ㅁ

ㅂ

ㅅ

실무 프로그램을 이용한

물순환과 하천계획

1판 1쇄 발행 2018년 2월 20일

저 자 | 김민환 · 서승환

발 행 인 | 서철종
발 행 처 | 도서출판 지우북스
주 소 | 경기도 고양시 일산서구 강성로 147 동문시티프라자 814호
전 화 | 031-915-6670(代)
팩 스 | 031-915-6671
이 메 일 | jwbooks@nate.com
출판등록 | 2017년 2월 16일 제 410-2017-000032 호

ISBN 979-11-88673-08-7

정가 20,000원